"十二五"普通高等教育本科国家级规划教材　　全国电力行业"十四五"规划教材

国家级线上一流本科课程配套教材　　中国电力教育协会
　　　　　　　　　　　　　　　　高校电气类专业精品教材

DESIGN OF OVERHEAD POWER TRANSMISSION LINES

U0169340

架空输电线路设计

（第三版）

唐　波　孟遂民　郑维权　隗　刚　编著

易　辉　主审

中国电力出版社

CHINA ELECTRIC POWER PRESS

内 容 提 要

本书为"十二五"普通高等教育本科国家级规划教材。本书共分十二章，主要内容包括架空输电线路基本知识、设计用气象条件、架空线的机械物理特性和比载、均布荷载下架空线的计算、气象条件变化时架空线的计算、连续档架空线的应力和弧垂、非均布荷载下架空线的计算、架空线的断线张力和不平衡张力、架空线的振动和防振、架空输电线路的初步设计及其要点、架空输电线路的施工图设计及其要点、输电线路设计的数字化技术。

本书可作为高等学校相关专业课程的教材，也可供从事输电线路设计、运行、检修等有关工程技术人员参考。

图书在版编目（CIP）数据

架空输电线路设计/唐波等编著 . —3 版 . —北京：中国电力出版社，2024.1（2024.7重印）
ISBN 978－7－5198－6362－3

Ⅰ.①架… Ⅱ.①唐… Ⅲ.①架空线路－输电线路－设计 Ⅳ.①TM726.3

中国版本图书馆 CIP 数据核字（2022）第 115049 号

出版发行：中国电力出版社
地　　址：北京市东城区北京站西街 19 号（邮政编码 100005）
网　　址：http://www.cepp.sgcc.com.cn
责任编辑：陈 硕（010－63412532）
责任校对：黄 蓓　王海南
装帧设计：郝晓燕
责任印制：吴 迪

印　　刷：北京雁林吉兆印刷有限公司
版　　次：2007 年 8 月第一版　2015 年 2 月第二版　2024 年 1 月第三版
印　　次：2024 年 7 月北京第二十一次印刷
开　　本：787 毫米×1092 毫米　16 开本
印　　张：19.75
字　　数：473 千字
定　　价：58.00 元

前言

《架空输电线路设计》第一版于 2007 年由中国电力出版社出版，2012 年入选"十二五"普通高等教育本科国家级规划教材，2015 年出版第二版，本次修订为第三版。本书自 2007 年以来，重印 18 次，累计印数达 3 万余册，这作为专业性非常强的教材来说实属不易。

近十年来，我国输电线路的建设实现了重大突破，多个创造多项世界纪录的重大输电工程相继顺利建成投运，如准东—皖南±1100kV 特高压直流输电工程、"电气天路"阿里电力联网工程、张北柔性直流电网工程、特高压 1000kV 苏—通 GIL 综合管廊工程，我国在输电领域的理论研究、技术标准以及工程应用等方面均处于世界领先水平。

在此背景下，架空输电线路设计的技术和手段也有了较大的变化和进步，信息化和现代化水平显著提升，特别是三维设计软件的应用，极大地改变了传统勘察设计方式。本次修订结合当前电力工程设计的发展，立足于培养学生"两个基本一个应用"（基本概念、基本理论、综合应用）的科学素质和技术能力，按照现行规范和标准，对教学内容进行了更新。同时，结合工程教育专业认证的需求，在内容上既重视知识理论的学习，也重视人文和资源环境对输电线路工程设计的影响，培养学生的工程伦理素养。为此，本次修订相对第二版章节结构进行了较大调整，并另外增加了架空输电线路的初步设计和施工图设计等内容。通过以上内容的修订，可使读者在理论学习中能够对设计的基本思想、基本知识、基本公式等进行严谨的分析，在实践学习中能够掌握初步设计和施工图设计的知识要点，了解三维设计软件实际工程情景的设置，提升解决线路设计复杂工程问题的能力。

本版第六章由东北电力大学郑维权编写，第十二章由北京道亨软件股份有限公司隗刚编写，其余章节由三峡大学唐波改写，全书由三峡大学孟遂民教授统稿。易辉教授级高级工程师担任本书主审。

在本书的修订过程中，参考了有关文献资料，对其作者表示感谢。

编　者

2023 年 1 月于三峡大学

第一版前言

为贯彻落实教育部《关于进一步加强高等学校本科教学工作的若干意见》和《教育部关于以就业为导向深化高等职业教育改革的若干意见》的精神,加强教材建设,确保教材质量,中国电力教育协会组织制订了普通高等教育"十一五"教材规划。该规划强调适应不同层次、不同类型院校,满足学科发展和人才培养的需求,坚持专业基础课教材与教学急需的专业教材并重、新编与修订相结合。本书为新编教材。

本书介绍了架空输电线路设计方面的有关知识和优化换位方式、紧凑型输电线路等内容,重点阐述了考虑刚度影响、滑轮悬挂等特殊情况下的架空线计算问题,对输电线路 CAD 也作了比较深入的讨论。相关内容曾作为教学讲义在三峡大学、东北电力大学、南京工程学院等学校使用多年,本次出版按照最新国家有关标准和有关研究成果进行了修订。

全书共分十二章。第一章介绍输电线路的基本知识、各组成部分的选用,架空线的排列方式、换位及其优化,紧凑型输电线路以及线路设计的一般内容和步骤。第二、三章介绍线路设计用气象条件和架空线的机械物理特性、安全系数的选取、比载的计算。第四章重点导出均布荷载下的架空线悬链线形式的有关公式,并以此为基础,导出了斜抛物线形式的有关公式,分析了斜抛物线和平抛物线形式有关公式的误差。第五章讲述架空线的状态方程式、临界档距和控制气象条件,研究作图法和列表法判定有效临界档距的原理和方法。第六章对均布荷载下架空线的计算进一步研究,论述刚性架空线的有关计算,给出架空线刚度的测试方法,论述架空线的初伸长及其与时间的关系,介绍常用的初伸长补偿方法,过牵引现象及其计算,水平档距和垂直档距,极大档距和允许档距以及极限档距,研究确定架空线放松系数的方法。第七章研究非均布荷载作用下的架空线计算问题,给出耐张串的比载、水平投影和垂直投影长度的计算公式,分析孤立档施工观测和竣工弧垂的计算特点,讲述判定孤立档控制条件的方法。第八章研究连续档架空线的有关计算,讲述代表档距法和精确计算法,并就滑轮悬挂架空线的情况进行比较深入的分析研究,论述连续档架空地线应力的选配方法以及连续倾斜档的架线观测弧垂及线长的调整。第九章研究架空线的断线张力和不平衡张力,给出校验跨越限距时断线档的选取原则,讲述求解断线张力的解析法、图解法以及地线支持力的计算,介绍不均匀覆冰的计算特点。第十章研究架空线的振动和防振,重点讲述架空线振动的基本理论、微风振动的影响因素、微风振动的强度表示和测量方法、微风振动的防振设计。第十一章研究线路路径的选择,介绍对地距离和交叉跨越的有关规定,讲述弧垂曲线模板和杆塔定位方法,重点研究了杆塔定位的校验内容及其方法,并讲述了杆塔中心位移问题。第十二章研究计算机在输电线路设计中的应用,从数据库、3S 技术、CAD 技术的角度论述输电线路计算机辅助设计,介绍目前流行的三种输电线路 CAD 软件。

本书第一、三、四章由东北电力大学孔伟编写，其余章节由三峡大学孟遂民编写，全书由孟遂民教授统稿，由华北电力大学刘观起主审。

由于编者水平的局限，书中难免有疏漏和不足之处，恳请读者批评指正。

编　者

2007 年春节

第二版前言

本书第一版于 2007 年由中国电力出版社出版以来，得到了广大读者的欢迎，已多次印刷，并入选"十二五"普通高等教育本科国家级规划教材。在此期间，我国输电线路工程迅猛发展，几乎同时出现了 1000kV 特高压交流和 ±800kV 特高压直流输电线路，且数量持续增加。同时输电线路方面的科学研究取得了丰硕成果，架空输电线路设计的有关主要规范标准也进行了修订。本书第二版力图反映这些新的变化。

本书第二版对有关章节的内容进行了适当调整，并按最新有关规范标准进行了改写。主要是增加了绪论一章，论述了输电技术与输电线路的研究与发展趋势；增加了导线热平衡的详细计算内容；增加了新的绝缘子结构，绝缘配合介绍了考虑有效系数的爬电比距法；风速的计算增加了梯度高度和截断高度，以利于理解不同地面粗糙度之间风速的关系；对孤立档架空线应力弧垂计算举例的计算过程进行了细化，更利于读者学习和理解；增加了施工基面和长短腿的内容，以提高水土保持和环境保护意识；航片、卫片以及遥感影像等已广泛用于输电线路的选线和定位中，最后一章对此和有关设计软件进行了更新介绍。另外，在有关的章节中增加了 1000kV 线路的相应规定，对有关的练习题进行了完善和补充。

本书第二版第十三章由三峡大学唐波编写，各章例题由研究生秦坤进行了核算，其余内容由三峡大学孟遂民改写。全书由孟遂民统稿。

在本书的修订过程中，参考了有关文献资料，对其作者一并表示感谢。

编　者

2014 年 10 月于三峡大学

目　录

第一章　架空输电线路基本知识

第一节　概　　述

一、输电线路及其任务

输送电能的线路通称为电力线路。电力线路分为输电线路和配电线路。由发电厂向电力负荷中心输送电能的线路以及电力系统之间的联络线路称为输（送）电线路，架设于变电站（开关站）与变电站之间。由电力负荷中心向各个电力用户分配电能的线路称为配电线路。

发电厂发出的电能，通过升压变电站升压后，由输电线路输送到电力负荷中心附近，再通过降压变电站降压后，由配电线路传输到各电力用户的用电设备消耗掉。发电厂、输电线路、升降压变电站以及配电线路和用电设备构成了电力系统。其中，输电线路、升降压变电站和配电线路称为电力网。

目前我国火电和水电发电量合计约占全国发电量的 95%，火电仍基本依靠燃煤发电。而地球上的煤炭和水力等动力资源的分布是自然决定的，通常远离电力负荷中心。火力发电厂可以建在煤炭能源基地，也可以建在负荷中心附近，这取决于远距离输电经济还是运送燃料经济。一座 300 万 kW 的现代化燃煤发电厂，其年耗标准煤约 800 万 t，这么多原煤燃烧必会产生一定程度的污染，而负荷中心往往人口密集。因此从技术上、经济上和环境污染等方面比较，现代化的大型火电厂宜建在煤炭能源基地。水力发电厂则只能建在水力资源处。这些电厂发出的电能通过输电线路向负荷中心输送。

电能的生产和消费须在同一时间内完成，必须时刻保持平衡。发电能力需要满足高峰用电需求。为了减少系统的备用容量，错开高峰负荷，实现跨区域跨流域调节，增强系统的稳定性，提高抗冲击负荷的能力，在电力系统之间采用高压输电线路进行联络（联网）。电力系统联网，既提高了系统的安全性、可靠性和稳定性，又可实现经济调度，使各种能源得到充分利用。起系统联络作用的输电线路，可进行电能的双向输送，实现系统间的电能交换和调节。

因此，输电线路的任务就是输送电能，并联络各发电厂、变电站使之并列运行，实现电力系统联网。

二、输电线路的分类

（1）按电压等级，输电线路分为高压、超高压和特高压线路。在我国，35~220kV 的线路为高压（HV）线路，330～750kV 的线路为超高压（EHV）线路，交流 1000kV、直流 ±800kV 及以上的是特高压（UHV）线路。一般地，输送电能容量越大，线路采用的电压等级就越高。相邻的电压等级通常相差 2～3 倍。根据 GB/T 156—2017《标准电压》，我国交流输电线路的电压等级有 35、66、110、220、330、500、750kV 和 1000kV。

（2）按架设方式，输电线路分为架空线路、电缆线路和气体绝缘金属封闭输电线路。架空线路由于结构简单、施工简便、建设费用低、施工周期短、检修维护方便、技术要求较低等优点，得到广泛的使用。但是架空线路设备长期露置在大自然环境中，易受各种气象条件（如大风、覆冰、气温变化、雷击等）的侵袭、化学气体的腐蚀以及外力的破坏，出现故障的概率较高。电缆线路受外界环境因素的影响小，但需用特殊加工的电力电缆，费用高，施工及运行检修的技术要求高，目前仅用于城市居民稠密区和跨海输电等特殊情况。

气体绝缘金属封闭输电线路（gas‐insulated metal‐enclosed transmission line，GIL）是一种近年来出现的，采用气体绝缘，外壳与导体同轴布置的高电压、大电流电力传输设备。其相对于传统的架空线路或电缆线路，具有不受恶劣气候和特殊地形等环境因素影响、有效利用空间资源、减少电磁影响、增大载流量以及故障率低、维护方便等优点，是当前输电系统的发展趋势。但由于 GIL 制造成本较高，因此使用受到投资和经济合理性的影响。2019 年 9 月，世界电压等级最高、输送容量最大、单体 GIL 最长的苏州—南通 GIL 综合管廊工程正式投运，打通了华东特高压交流环网，是特高压输电领域又一项重大技术创新。

（3）按电流性质，输电线路分为交流线路和直流线路。最常见的是三相交流线路。在输电线路的送端，交流电经换流站内的换流变压器送到整流器，将高压交流电变为高压直流电后送入直流输电线路；直流电通过输电线路送到受端换流站内的逆变器，将高压直流电又变为高压交流电，再经过换流变压器将电能输送到交流系统。与交流线路相比，在输送相同功率的情况下，直流线路需要的投资较少，主要材料消耗低，线路的走廊宽度也较小；作为两个电网的联络线，改变传送方向迅速方便，可以实现相同频率甚至不同频率交流系统之间的不同步联系，能降低主干线及电网间的短路电流。按 GB/T 156—2017《标准电压》的规定，我国高压及以上直流输电线路的电压为 ±160、±320、±400、±500、±660、±800、±1100kV。

（4）按杆塔上的回路数，输电线路分为单回路、双回路和多回路线路。除架空地线外，单回路杆塔上仅有一回三相导线，双回路杆塔上有两回三相导线，多回路杆塔上有三回及以上的三相导线。

（5）按相导线之间的距离，输电线路分为常规型线路和紧凑型线路。紧凑型输电线路是与常规型线路相比较而提出来的。在保证安全运行的前提下，紧凑型线路尽量缩小相间距离，增加相导线的分裂数和间距，优化导线排列，可大幅度提高线路的自然输送功率。

本书重点论述常规型架空交流输电线路设计的有关问题。

三、 架空输电线路的组成

架空输电线路主要由导线、地线、绝缘子（串）、线路金具、杆塔和拉线、基础以及接地装置等部分组成，如图 1-1 所示。

1. 导线

导线用以传导电流，输送电能。它通过绝缘子串悬挂在杆塔上。导线长期暴露在自然环境中，长期受风、冰、雪和温度变化等气象条件的影响，不仅处于强电磁场环境中，还承受着各种机械力的作用，同时还受到空气中污物的侵蚀，因此除应具有良好的导电性能外，还必须有足够的机械强度和防腐性能，并要质轻价廉。

2. 地线

地线的全称为架空地线，又称避雷线，是悬挂在导线上方的一根或两根金属线。它的主要作用是防止雷电直击导线，同时在雷击杆塔时起分流作用，对导线起耦合和屏蔽作用，降低导线上的感应过电压。

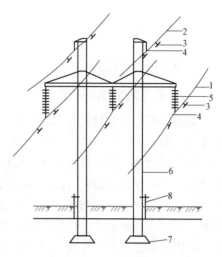

图 1-1　架空输电线路的组成
1—导线；2—地线；3—防振锤；4—线夹；
5—绝缘子（串）；6—杆塔；
7—基础；8—接地装置

3. 绝缘子（串）

绝缘子（串）用来支持或悬挂导线和地线，保证导线与杆塔间不发生闪络，保证地线与杆塔间的绝缘。绝缘子长期暴露在自然环境中，经受风、雨、冰、霜及气温突变等恶劣天气的考验，同时还会受到大气以及各种污秽物的污染，因此绝缘子必须具有足够的电气绝缘强度和机械强度，还应具有一定的抗污能力，并应定期检修。

4. 线路金具

线路金具是输电线路所用金属部件（除杆塔外）的总称。线路金具种类繁多，用途各异，常用的有线夹、接续金具、连接金具、保护金具以及拉线金具等。线路金具通常承受较大的荷载，需要有足够的强度。与导线相连的金具，还必须具有良好的电气性能。金具质量的好坏，使用和安装是否正确，对安全输电有很大的影响。在设计线路时，应尽量选择标准金具。

5. 杆塔和拉线

杆塔用来支持导线、地线及其他附件，使导线以及地线之间彼此保持一定的安全距离，并保证导线对地面、交叉跨越物或其他建筑物等具有允许的安全距离。目前常用的杆塔有钢筋混凝土杆塔和铁塔两种。在线路总投资中，杆塔部分约占 40%，因此设计时应尽量做到结构简单、材料消耗量少、机械强度高、便于施工安装和维护。

拉线用来平衡杆塔的横向荷载和导线张力，减少杆塔根部的弯矩。使用拉线可减少杆塔材料的消耗量，降低线路的造价。

6. 杆塔基础

杆塔基础的作用是支撑杆塔，传递杆塔所受荷载至大地。杆塔基础的型式很多，应根据所用杆塔的型式、沿线地形、工程地质、水文和施工运输等条件综合考虑确定。

7. 接地装置

接地装置的作用是导泄雷电流入地，保证线路具有一定的耐雷水平。

第二节　架　空　线

导线和地线通称架空线。

一、　常用架空线的材料

铜是理想的导线材料，其导电性能和机械强度均好，但价格较贵，除特殊需要外，输电线路一般不使用。

铝质轻价廉，导电性能仅次于铜，但机械强度较低，仅用于两相邻杆塔间水平距离（档距）较小的配电线路。此外，铝的抗腐蚀性也较差，不宜在污秽区使用。

铝合金的导电性能与铝相近，机械强度接近铜，价格却比铜低，并具有较好的抗腐蚀性能，不足之处是铝合金受振动断股的现象比较严重，其使用受到限制。随着断股问题的解决，铝合金已成为一种很有前途的导线材料。

钢具有较高的机械强度，且价格较低，但导电性能差。钢材料的架空线一般作为地线使用，作为导线使用仅用于跨越江河山谷的大档距及其他机械强度高的场合。为防腐蚀，钢线需要进行镀锌等方式的防腐蚀处理。

二、　常用架空线的结构及型号规格

各种架空线的断面结构如图 1-2 所示。

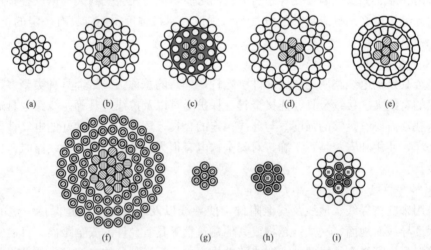

图 1-2　各种架空线的断面结构

(a) 单一金属绞线；(b) 钢芯铝绞线；(c) 防腐钢芯铝绞线；(d) 扩径导线；(e) 自阻尼导线；

(f) 钢芯铝包钢绞线；(g) 铝包钢绞线；(h) OPGW 型光纤复合地线（中心束管式）；

(i) OPGW 型光纤复合地线（层绞式）

目前输电线路中最常用的导线是钢芯铝绞线。钢芯铝绞线的内芯为多股镀锌钢绞线或铝包钢绞线，外层为单层或多层的铝绞线，如图 1-2（b）所示。由于交流电的集肤效应，四周电阻率较小的铝部截面主要起载流作用，机械荷载则主要由芯部的钢线承受，因此钢芯铝绞线既有较高的电导率，又有较好的机械强度。防腐型钢芯铝绞线是为了提高架空线

的防腐性能，对部分或全部线股涂以防腐材料，可仅对钢芯施涂、对除外层外的所有线股施涂[见图1-2（c）]、对除外层线股的外表面外均为施涂、对所有线股施涂。

扩径导线[见图1-2（d）]主要为增大导线外径，以减少线路的电晕和无线电干扰。

图1-2（e）所示的自阻尼导线，其铝线层之间和铝线层与钢芯之间有0.3～3mm的间隙，铝线股呈拱形断面以保持层体与间隙的稳定。微风振动时，由于其各层的固有频率不同而产生动态干扰和层间的摩擦、碰击，消耗能量。其阻尼是一般绞线的3～15倍，可以不再采取其他抑制微风振动的防振措施，并可以提高导线的平均运行应力，常用于大跨越段。

超高压及以上输电线路中广泛采用了分裂导线。分裂导线使用普通型号的导线，安装间隔棒保持其间隔和形状，如图1-3所示。这相当于大大增加了导线的半径，其表面电位梯度小，临界电晕电压高，单位电抗小，导纳大，且无须专门制造。我国220kV和330kV线路多用二分裂导线，分裂间距为400mm；500kV线路除个别大跨越外，均采用四分裂，分裂间距为450mm；±800kV特高压直流线路通常采用六分裂导线，分裂间距为450mm；1000kV特高压交流线路通常采用八分裂导线，分裂间距为400mm。

智能电网需要传输的信息量大，可以选用OPGW型光纤复合地线[见图1-2（h）和图1-2（i）]，作为地线架设。

GB/T 1179—2017《圆线同心绞架空导线》等效于国际电工委员会的IEC 61089：1991。在该标准中，导线产品用型号、标称截面、绞合结构及该标准编号表示，之间用"-"相连。型号第一个字母均用J，表示同心绞合；J后面为组成导线的材料代号，单一材料为单线代号，组合材料为外层线（或外包线）和内层线（或线芯）的代号，二者用"/"分开；在型号尾部加防腐代号F，表示导线采用涂防腐油结构。标称截面以相应导线材料的标称截面积表示，单位为mm²。绞合结构用构成导线的单线根数表示；单一导线直接用单

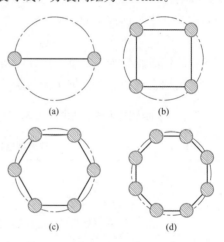

图1-3 分裂导线的不同形式
（a）二分裂；（b）四分裂；
（c）六分裂；（d）八分裂

线根数；组合导线采用前面为外层线根数，后面为内层线根数，中间用"/"分开。性能指标中的规格号，表示以mm²为单位的相当于硬拉圆铝线的导电截面积。绞线常用的单线有硬铝线（L），高强度铝合金线（LHA1、LHA2、LHA3、LHA4，其中A1、A2、A3、A4分别表示导电率为52.5%IACS、53%IACS、57%IACS和58.5%IACS），镀锌钢线（G1A、G1B、G2A、G2B、G3A、G4A、G5A，其中1、2、3、4、5分别表示强度级别，A、B分别表示普通、加厚镀层厚度），铝包钢线（LB14、LB20A、LB20B、LB27、LB35、LB40，其中数字分别表示导电率为14%IACS、20.3%IACS、27%IACS、35%IACS和40%IACS，A、B表示抗拉强度性能）。例如，JL/G1A-500/35-45/7表示由45根硬铝线和7根A级镀层普通强度镀锌钢线绞制成的钢芯铝绞线，硬铝线的标称截面为500mm²，钢的标称截面为35mm²；JLHA1/G3A-500/65-54/7表示由54根1型高强度铝合金线和7根A级镀层特高强度镀锌钢线绞制成的钢芯铝合金绞线，铝合金线的标称截面为500mm²，钢的标称截面为65mm²；JL3/LB20A-630/55-54/7表示由54根L3型硬

铝线和 7 根 20.3％IACS 电导率 A 级铝包钢线绞制成的铝包钢芯铝绞线，硬铝线的标称截面为 630mm²，铝包钢的标称截面为 55mm²；JG1A - 250 - 19 表示由 19 根 A 级镀层普通强度镀锌钢线绞制成的镀锌钢绞线，钢的标称截面为 250mm²。

在 YB/T 5004—2012《镀锌钢绞线》中，钢绞线按断面结构分为 1×3、1×7、1×19、1×37 四种，按公称抗拉强度分为 1270、1370、1470、1570MPa 和 1670MPa 五级，按钢丝锌层级别分为 A、B、C 三级。结构 1×7、公称直径 9.0mm、抗拉强度 1670MPa、B 级锌层的钢绞线标记为 1×7 - 9.0 - 1670 - B - YB/T 5004 - 2012。当对导线抗腐蚀性要求较高时，可考虑使用稀土锌铝合金镀层钢绞线。

目前在架空输电线路中大量使用着按旧标准制造的架空线。架空线的型号规格由材料、结构和标称载流面积三部分组成。材料和结构以汉语拼音的第一个字母大写表示，载流面积以 mm² 为单位表示。如标称截面为 120mm² 的铝绞线表示为 LJ - 120；标称截面铝 300mm²、钢 50mm² 的钢芯铝绞线表示为 LGJ - 300/50；标称截面铝 150mm²、钢 25mm² 的防腐型钢芯铝绞线则表示为 LGJF - 150/25。根据 GB 9329—1988《铝合金绞线及钢芯铝合金绞线》，LH_AJ - 400 表示标称截面为 400mm² 的热处理铝镁硅合金绞线，LH_BGJ - 400/50 表示标称截面为铝合金 400mm²、钢 50mm² 的钢芯热处理铝镁硅稀土合金绞线。按铝钢截面比的不同，钢芯铝绞线分为正常型（LGJ）、加强型（LGJJ）和轻型（LGJQ）三种。

常用架空线的有关数据示于附录 A。

三、常用架空线的用途及技术特性比较（见表 1-1）

表 1 - 1　　　　　　　　常用架空线的用途及技术特性比较

用途	类别	强度	载流量	防腐	允许运行温度	耐振能力	相同载流量单价
普通线路导线	铝合金绞线	一般	高	高	一般	一般	一般
	钢芯铝绞线	一般	较高	一般	一般	一般	一般
	防腐型钢芯铝绞线	一般	较高	高	一般	一般	一般
	铝包钢芯铝绞线	一般	较高	高	一般	一般	一般
	铝合金芯铝绞线	一般	高	高	一般	一般	一般
普通线路地线	钢绞线	高	—	一般	—	高	—
	OPGW 型光纤复合地线	较高	—	高	—	一般	—
大跨越导线	钢芯铝绞线（大钢比）	较高	较高	一般	一般	一般	较高
	高强度钢芯铝合金绞线	高	较高	一般	一般	一般	高
	铝包钢芯铝合金绞线	高	较高	高	一般	一般	高
	防腐型高强度钢芯铝合金绞线	高	较高	高	一般	一般	高
	高强度钢芯耐热铝合金绞线	高	高	一般	高	一般	高
	防腐型高强度钢芯耐热铝合金绞线	高	高	高	高	一般	高
	铝包钢绞线（高电导率）	高	一般	高	一般	一般	较高
大跨越地线	铝包钢绞线	高	—	高	—	高	—
	钢绞线	高	—	一般	—	高	—
	OPGW 型光纤复合地线	较高	—	高	—	一般	—
重覆冰线路	钢芯铝绞线（中钢比）	较高	较高	一般	一般	一般	一般
	钢芯铝合金绞线	较高	较高	一般	一般	一般	较高
重污染线路	防腐型钢芯铝绞线	较高	较高	高	一般	一般	一般
	铝包钢芯铝绞线	一般	较高	高	一般	一般	一般
增容改造线路导线	钢芯耐热铝合金绞线	一般	高	一般	高	一般	较高
	碳纤维复合芯导（绞）线	高	高	高	高	一般	高

第三节 绝缘子和绝缘子串

一、常用绝缘子

架空输电线路常用的绝缘子有针式绝缘子、悬式绝缘子、横担绝缘子、棒型绝缘子和复合绝缘子等，如图1-4所示。

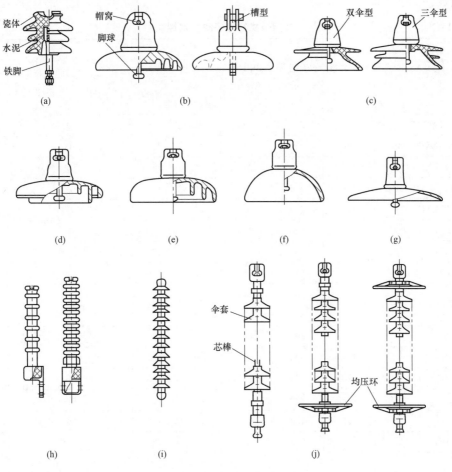

图1-4 各种绝缘子

(a) 针式绝缘子；(b) 悬式绝缘子（标准型）；(c) 悬式绝缘子（多伞型）；(d) 悬式绝缘子（深棱型）；
(e) 悬式绝缘子（钟罩型）；(f) 悬式绝缘子（球面型）；(g) 悬式绝缘子（草帽型）；
(h) 瓷横担绝缘子；(i) 棒型悬式瓷绝缘子；(j) 复合绝缘子

1. 针式绝缘子

针式绝缘子［见图1-4（a）］制造简单、价格便宜，但耐雷水平不高，易闪络。用金属线将架空线绑扎在针式绝缘子顶部的槽中。这种绝缘子多用于电压不高（35kV以下）和架空线张力不大的线路。

2. 悬式绝缘子

悬式绝缘子形状多为圆盘，又称盘型绝缘子，以往均为陶瓷制成，俗称瓷瓶，现在我国已广泛使用钢化玻璃制造。盘型玻璃绝缘子机械强度高，电气性能好，寿命长不老化，并且有故障时自爆破碎，易于巡线人员查出，维护方便。

盘型悬式绝缘子类型很多，如图1-4（b）～图1-4（g）所示，连接方式有球窝与槽型之分，其技术性能见表1-2。悬式绝缘子型号中，X表示悬式瓷绝缘子，LX表示悬式玻璃绝缘子，W表示防污型，H表示钟罩防污型，Z表示直流型，C表示槽型连接（球窝连接不表示），D表示地线用，P表示机电破坏负荷，后面的数字是以kN为单位的机电破坏负荷数。

表1-2　　　　　　　　　　　　　　常用悬式绝缘子的技术性能

型　号	公称高度（mm）	公称盘径（mm）	爬电距离（mm）	工频电压有效值（不小于，kV）		雷电全波冲击耐受电压峰值（不小于，kV）	机电破坏负荷（kN）
				1min湿耐受	击穿		
XP-70，LXP-70	146	255	295	40	110	100	70
XP-100，LXP-100	146	255	295	40	110	100	100
XP-120，LXP-120	146	255	295	40	110	100	120
XP1-160，LXP1-160	146	255	305	40	110	100	160
XP-210，LXP-210	170	280	335	42	120	105	210
XP-300，LXP-300	195	320	370	45	120	110	300
XWP-70	146	255	400	45	120	120	70
XWP-100	160	280	450	45	120	120	100
XWP-120	160	280	450	45	120	120	120
XWP-160	155	300	400	50	120	130	160
XHP-210	170	300	470	50	120	130	210
XHP-300	195	320	460	50	120	140	300
LXZP-160	170	320	545	65	130	140	160
LXZP-210	170	320	545	65	130	140	210
LXZP-300	195	400	635	70	140	150	300
LXQP-120	140	255	305	45	120	100	120
XDP-70C XDP-70CN	200	160	160	30	110	可调间隙为10～30mm 间隙20mm时工频放电电压为8～30	70
XDP-100C XDP-100CN	210	170	170	30	110	可调间隙为10～30mm 间隙20mm时工频放电电压为8～30	100

标准型悬式绝缘子结构简单，适合在清洁地区使用。耐污悬式绝缘子按伞型结构分为多伞型、钟罩型、深棱型、草帽型等，主要是增大了绝缘子的爬电距离和自洁性能。多伞型耐污悬式绝缘子爬电距离大，伞型开放，裙内外光滑无棱，积灰速率低，风雨自洁性能

好，易清扫，适合在重污秽、高海拔和沙漠干燥地区使用。钟罩型耐污悬式绝缘子利用伞内受潮的不同期性及伞下高棱的抑制放电作用，防污性能较好，适合在沿海、多雾潮湿和盐碱地区使用。草帽型耐污悬式绝缘子为单伞大盘径结构，一般将其穿插在悬式绝缘子串的上部和中部，用于抑制线路污闪及贯穿性结冰情况的发生。

3. 瓷横担绝缘子

输电线路瓷横担绝缘子起杆塔横担和绝缘子两种作用，如图 1-4（h）所示。瓷横担绝缘子采用实心不可击穿的瓷件与金属附件胶装而成，具有自洁性好、维护简单、线路材料省、造价低、运行安全可靠等优点。瓷横担绝缘子有水平安装和直立安装两种形式，绝缘子水平安装时导线用细金属丝绑扎在瓷件头部侧槽处，绝缘子直立安装时导线绑扎在瓷件顶槽上。瓷横担绝缘子瓷件头部也可带有连接金具，用以固定导线。目前 110kV 及以下线路已广泛使用瓷横担绝缘子。瓷横担绝缘子的缺点是承受弯矩和拉力的强度低，易发生脆断，引起断线倒杆事故。常用瓷横担绝缘子的技术性能列于表 1-3。

表 1-3　　　　　　　　常用瓷横担绝缘子的技术性能

型号	线路额定电压（kV）	额定弯曲破坏负荷（kN）	工频湿耐受电压（有效值，kV）	标准雷电冲击全波耐受电压（峰值，kV）	最小公称爬电距离（mm）
S-10/2.5	10	2.5	45	165	320
S1-10/2.5	10	2.5	50	185	380
S-10/5.0	10	5.0	45	165	360
S-35/5.0	35	5.0	85	250	700
S2-35/5.0	35	5.0	100	265	1120

4. 棒型瓷绝缘子

棒型瓷绝缘子是一个瓷质整体，形状如图 1-4（i）所示。其作用相当于若干悬式绝缘子组成的悬垂绝缘子串，但质量较轻，长度短，可节省钢材，还可以降低杆塔高度。棒型瓷绝缘子的缺点是制造工艺复杂，成本较高，且运行中易因振动而断裂。

5. 复合绝缘子

复合绝缘子是悬式复合绝缘子的简称，又称合成绝缘子，由伞套、芯棒和端部金具组成，如图 1-4（j）所示。伞裙护套由高温硫化硅橡胶制成，具有良好的憎水性，抗污能力强，用来提供必要的爬电距离，并保护芯棒不受天气影响。芯棒由玻璃纤维增强材料、环氧树脂作基体的玻璃钢制成，具有很高的抗拉强度和良好的减振性、抗蠕变性以及抗疲劳断裂性。端部金具用外表面镀有热镀锌层的碳素钢制成，根据需要其一端或者两端可以制装均压环。复合绝缘子尤其适用于污秽地区，能有效地防止污闪的发生。常用悬式复合绝缘子的主要尺寸和特性见 GB/T 21421.2—2014《标称电压高于 1000V 的架空线路用复合绝缘子串元件　第 2 部分：尺寸与特性》。型号中，CS 表示悬式复合绝缘子，SML 表示额定机械负荷，XZ 是按照 IEC 61466-1：1997 的标准连接方式的标记，"-"后的两个数据分别是标准雷电冲击耐受电压和最小爬电距离。例如，CS100S16B16-450/3150 是指额定机械负荷为 100kN、上附件采用 16 标记球窝、下附件采用 16 标记球头、标准雷电冲击耐受电压为 450kV、最小爬电距离为 3150mm 的悬式复合绝缘子。

二、绝缘子串

架空输电线路的电压等级高，为保证绝缘水平，需将数只悬式绝缘子串接起来，与金具配合组成架空线悬挂体系，即绝缘子串。根据受力特点，在直线型杆塔上组成悬垂串，耐张杆塔上组成耐张串。输电线路的绝缘配合，应使线路能在工频电压、操作过电压、雷电过电压等各种条件下安全可靠地运行。

1. 悬垂串

悬垂串在线路正常运行情况下，仅承受垂直线路方向的荷载，如架空线自重、冰重、风载等；在断线情况下，还要承受断线拉力。为减少悬垂串的风偏，可采用 V 字型或人字型等悬垂串。图 1 - 5 所示为悬垂串的几种组装方式。

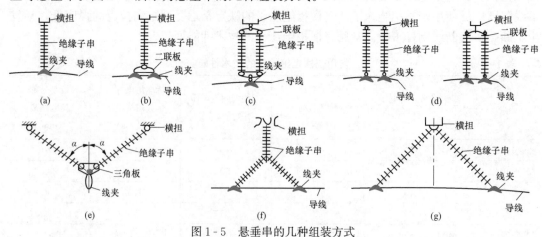

图 1 - 5　悬垂串的几种组装方式

（a）单联单线夹单挂点；（b）单联双线夹单挂点；（c）双联单线夹单挂点；（d）双联双线夹；
（e）V 字型；（f）人字型；（g）八字型

2. 耐张串

耐张串除承受垂直线路方向的荷载外，主要承受正常和断线情况下顺线路方向的架空线张力。当架空线张力很大时，常采用双联或多联耐张绝缘子串，其组合形式如图 1 - 6 所示。两边耐张串通过跳线（引流线）连接，如图 1 - 7 所示。特高压线路宜采用刚性跳线。

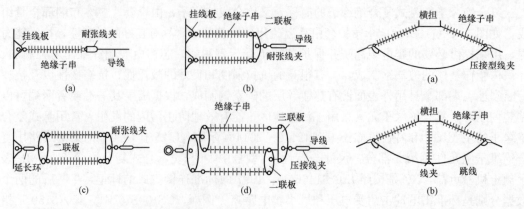

图 1 - 6　耐张串的几种组合形式　　　　图 1 - 7　跳线与耐张串的连接

（a）单联；（b）双联之一；（c）双联之二；（d）三联　　（a）连接之一；（b）连接之二

第四节　常用金具

一、线夹

线夹用来握持架空线。它应具有足够的强度和握持力，合理的线槽形状，较小的电磁损失，并能较好地适应架空线的振动。在直线杆塔上，与悬垂绝缘子串相配合使用悬垂线夹。在耐张杆塔上，与耐张绝缘子串相配合使用耐张线夹。还有一类接续跳线用的跳线线夹，主要是并沟线夹和压缩跳线线夹，归属接续金具。

1. 悬垂线夹

悬垂线夹根据船体的旋转轴中心与架空线轴线的相对位置，分为中心回转式、下垂式和上扛式三类，如图 1-8 所示。

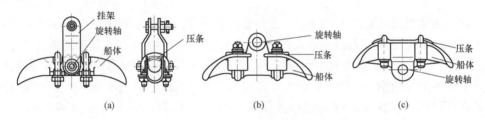

图 1-8　悬垂线夹
(a) 中心回转式；(b) 下垂式；(c) 上扛式

中心回转式线夹的船体旋转轴位于架空线的轴线上，其旋转与架空线的偏转一致。过去认为，这种形式的线夹由于能自由灵活地转动，可以把振动能量传向下一档距，从而降低悬挂点处架空线的应力，减少断线事故。实际运行经验否定了这种观点，因为实际线路中相邻档距的振动频率和相位很难一致，线夹一般不转动。所以，此种线夹并不能防振。

下垂式线夹的船体旋转轴位于架空线轴线以上，其旋转落后于架空线的偏转。这种线夹结构简单，制造方便，大多数国家都有应用。

上扛式线夹的船体旋转轴位于架空线轴线以下，其旋转往往超过架空线的偏转，有不稳定的趋势。这种线夹只在特殊需要的地方才采用，例如地线需要顶在塔顶和分裂导线需上扛布置时采用。

悬垂线夹根据对握持力的要求，可分为固定型、滑动型和有限握力型三类。图 1-8 所示线夹均属于固定型，依架空线型号和结构的不同规定了最小握持力，最大握持力不作规定。滑动型线夹规定了最大握持力，荷载达到该力后，架空线应在线夹内出现滑动，以减小线夹两侧架空线的张力差。有限握力型线夹同时规定了最小和最大握持力，当荷载不大于最小握力值时，架空线不得在线夹内滑动；当荷载大于最大握力值时，架空线应在线夹内出现滑动现象。

若悬垂线夹本身具有防电晕特性，则称为防晕型线夹，可用于 330kV 及以上电压等级的线路。

悬垂线夹的选择主要根据所握持架空线的类型、截面和直径以及线路的电压等级确定。

2. 耐张线夹

耐张线夹按其结构和安装方式主要分为螺栓型、压缩型和楔型以及预绞式等几种，其典型结构如图 1-9 所示。

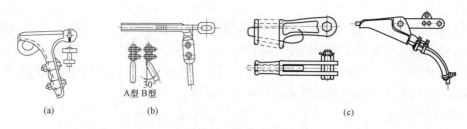

图 1-9 常用耐张线夹
(a) 螺栓型；(b) 压接型；(c) 楔型（2种）

螺栓型耐张线夹［见图 1-9 (a)］主要靠前面的圆弧段产生的摩擦力滞住架空线，尾部的 U 型螺栓的正压力引起压条以及线槽对架空线产生摩擦力，固定住架空线。

如图 1-9 (b) 所示，压接型耐张线夹一般由铝（铝合金）管和钢锚组成，钢锚用来接续和锚固架空线的钢芯，铝（铝合金）管用来接续架空线的铝线部分。采用液压或爆炸压接的方法使铝（铝合金）管和钢锚产生塑性变形，从而使线夹与架空线结合为一个整体。

楔型线夹利用楔型结构将架空线锁紧在线夹内，图 1-9 (c) 表示了两种典型结构。

预绞式耐张线夹由金属预绞丝及其配套附件组成，将架空线预绞在一起张拉在耐张杆塔上。

二、接续金具

电线的制造长度是有限的，架线时需要用接续金具将其连接起来。接续金具按其承受张力的情况分为承力型和非承力型。承力型一般分为压缩型和预绞式。压缩型俗称压接管，又分为钳压、液压和爆压三种，修补管也归于此类。钢芯铝绞线用的压接管通常由定型钢管和铝管组成，压接时钢线部分用钢管，铝线部分用铝管，如图 1-10 所示。非承力型接续金具主要用于跳线的接续。

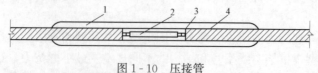

图 1-10 压接管
1—铝管；2—钢管；3—钢芯；4—铝绞线

三、连接金具

连接金具主要用于绝缘子串与杆塔和线夹的连接，也用于拉线。连接金具是输电线路中较为庞杂的一类元件，可分为球头挂环（球头挂板）、碗头挂板、U 型挂环、挂环、挂板、延长拉杆、调整板、牵引板、U 型螺栓和联板等。几种常用连接金具的典型结构如图 1 - 11 所示。

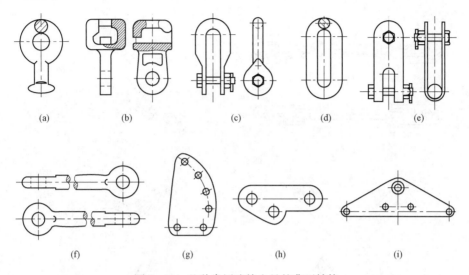

图 1 - 11　几种常用连接金具的典型结构

(a) 球头挂环；(b) 碗头挂板；(c) U 型挂环；(d) 延长环；(e) Z 型挂板；
(f) 延长拉杆；(g) 调整板；(h) 牵引板；(i) 联板

四、保护金具

保护金具可分为机械保护和电气保护两大类。机械保护类主要有防振锤、阻尼线、护线条、间隔棒等，电气保护类主要有均压环、屏蔽环、均压屏蔽环以及重锤等。

防振锤用于抑制架空输电线路上的微风振动，保护线夹出口处的架空线不疲劳破坏。常用防振锤如图 1 - 12 所示，FD 型用于导线，FG 型用于钢绞线，FF 型用于 500kV 导线，FR 型为多频防振锤。

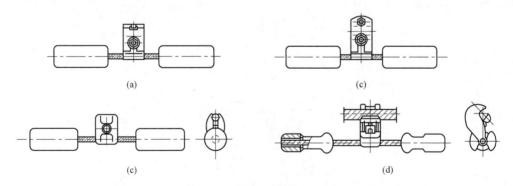

图 1 - 12　常用防振锤

(a) FD 型防振锤；(b) FG 型防振锤；(c) FF 型防振锤；(d) FR 型防振锤

间隔棒用于维持分裂导线的间距，防止子导线之间的鞭击，抑制次档距振荡，抑制微风振动。常用间隔棒如图 1 - 13 所示。间隔棒有刚性和阻尼式两大类。刚性间隔棒现只用于线路中的跳线。阻尼式间隔棒的活动关节中嵌有胶垫，胶垫的阻尼特性能起消振作用。

为了降低舞动的发生，间隔棒不应限制子导线绕其自身轴线回转。

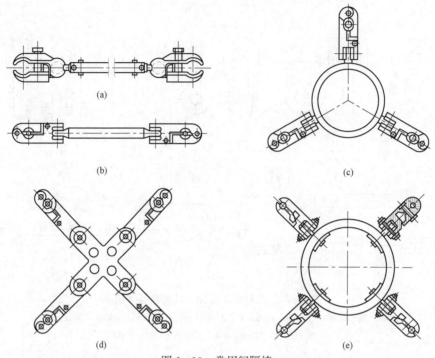

图 1-13　常用间隔棒

（a）FJQ 型刚性双分裂间隔棒；（b）FJZ 型阻尼双分裂间隔棒；（c）FJZ 型阻尼三分裂间隔棒；
（d）FJZ 型阻尼四分裂间隔棒；（e）JX4 型阻尼四分裂间隔棒

均压屏蔽金具属电气保护金具，用来避免绝缘子和其他金具上的电晕和闪络的发生，常用的有均压环和屏蔽环等。图 1-14 中，均压环 1 用以降低导线侧绝缘子的场强，屏蔽环 2 防止线夹和连接金具上的电晕；虚线部分所示为均压屏蔽环，起均压和屏蔽两种作用。330kV 及以上线路的绝缘子串和金具应考虑均压和防电晕措施，220kV 及以上线路的复合绝缘子的两端都应加均压环。

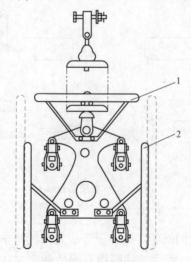

图 1-14　均压屏蔽金具

1—均压环；2—屏蔽环

第五节　杆　　塔

杆塔分为电杆和铁塔两大类。附录 B 给出了典型杆塔的结构型式和有关尺寸。

钢筋混凝土电杆结构简单，节约钢材，基础简易，工程量小，工程造价低，施工周期短，且具有较高的强度，经久耐用，运行维护费用低。其缺点是笨重，运输困难。因此对于较高的混凝土电杆均采用分段制造，现场组装，每段电杆的重量在 5000～10000kN 以下。在 35～110kV 线路上大量使用的是钢筋混凝土电杆，新建 330kV 及以下线路，在平地、丘陵等便于运输和施工的地区，应首先考虑采用钢筋混凝土电杆。

近年来城市人均用电量不断增加，110～220kV 变电站开始进入市区，受线路走廊的限制，常规塔型不便使用，人们研制出了占地面积小的钢管杆。钢管杆虽加工工艺复杂，投资较大，但美观大方，适应市区环境，在城市架空输电线路中发展迅速。

常见的铁塔是用型钢经螺栓连接或焊接起来的空间桁架，少数国家也有铝合金塔或钢管混凝土结构塔。铁塔具有坚固可靠，使用周期长的优点，但钢材消耗量大，造价高，施工工艺复杂，维护工作量大。根据结构型式和受力特点，铁塔可分为拉线塔和自立塔两类。拉线塔能比较充分地利用材料的强度特性，较大幅度地降低钢材消耗量。在空旷地区，采用拉线塔既有良好的承载能力，也有较好的经济效益。自立塔仅使用在 220kV 以上线路或交通不便和地形受限必须使用铁塔的地方。技术经济分析表明，目前 500kV 线路采用铁塔比较合理。

根据受力性质，杆塔可分为直线型和耐张型。直线型杆塔又可分为直线和直线转角杆塔，耐张型杆塔又可分为耐张直线、耐张转角和终端杆塔。根据回路数目，杆塔可分为单回路、双回路和多回路。

直线杆塔又称中间杆塔，用于线路的直线段，其数量最多，约占杆塔总数的 80%。在正常情况下，直线杆塔主要承受架空线、绝缘子串、金具等的重量，其上的绝缘子串呈悬垂状态。图 1-15 所示为双回路直线杆塔。直线杆塔也具有一定的顺线路方向的强度，用以承受断线事故或其他情况下产生的纵向张力。直线杆塔因所受荷载小，所以材料消耗量少，造价亦低。

耐张型杆塔主要用来承受正常运行和断线事故情况下顺线路方向的架空线张力，保证不倒杆，限制事故范围的扩大。图 1-16 所示为双回路耐张杆塔。两基耐张杆塔之间构成一个耐张段，如图 1-17 所示。若线路发生严重断线事故，使架空线产生很大的纵向不平衡张力时，直线型杆塔因强度较低可能会被逐基拉倒，但耐张型杆塔强度较高可以承受此不平衡张力，从而将事故限制在一个耐张段内。所以耐张杆塔又称为锚型杆塔。

转角杆塔用于线路的转角处，主要承受两侧架空线产生的角度力，如图 1-18 所示。角度力的大小决定于线路转角的大小和架空线张力的大小。当线路转角不大于 3°时，角度力较小，可采用直线杆塔带转角。直线转角杆塔的转角角度，对 330kV 及以下线路不大于 10°，对 500kV 及以上线路不大于 20°。当角度较大时，宜选用耐张型转角杆塔。

图 1-15 双回路直线杆塔

图 1-16 双回路耐张杆塔

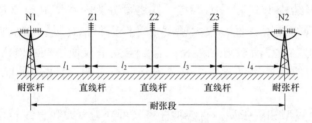

图 1-17 线路的一个耐张段

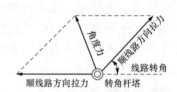

图 1-18 转角杆塔的受力图

终端杆塔是线路进出线的第一基杆塔，一侧作用的是架空线正常张力，另一侧是较小的松弛张力。终端杆塔一般还兼作转角塔，因此承受较大的荷载，材料消耗量和造价也就较大。

线路跨越河流、湖泊、山谷等时，两侧杆塔具有悬点高、荷载大、结构复杂、耗钢量大及投资高等特点，常称为跨越杆塔。国内跨越杆塔目前大多采用组合构件铁塔、钢管塔或独立式钢筋混凝土塔等。为合理分配杆塔荷载，跨越处常采用耐张杆塔—直线杆塔—直线杆塔—耐张杆塔（N—Z—Z—N）的跨越方式，即采用直线杆塔实现跨越。我国扬州扬东至无锡斗山 500kV 输电线路江阴长江大跨越，跨宽 2303m，江南塔高 346.5m。舟山 220kV 大猫山大跨越档距 2756m，两个跨越塔高达 370m，质量达 6000t，塔身高度和质量均为全球第一。

根据杆塔的形状，有上字型、三角形、干字型、门型、拉 V 型、猫头型、酒杯型、鼓型杆塔等称谓。

选择杆塔主要应考虑线路的电压等级、线路回数、导线型号、地形地质情况以及使用条件等，并应考虑施工、运行维护方便，通过综合技术经济比较，择优选用，但应注意一条线路采用的杆塔型式不宜过多。

16

第六节　基　　础

基础用来支承杆塔，承受所有上部结构的荷载，一般受到下压力、上拔力、倾覆力等作用。其型式应结合线路沿线地质特点、施工条件、杆塔形式等因素综合考虑来选择。根据支承的杆塔类型，基础分为电杆基础和铁塔基础两类。

一、电杆基础

电杆基础主要采用装配式预制基础，分为本体基础、卡盘和拉线基础，如图 1 - 19 所示。本体基础即底盘，用以承受电杆本体传递的下压力。卡盘承受倾覆力，起稳定电杆的作用。拉线基础承受上拔力的作用，可分为拉盘基础、重力式拉线基础和锚杆拉线基础，一般使用拉盘基础。当土质较差、最大一级拉盘基础也满足不了上拔力的要求时，必须使用重力式拉线基础。锚杆基础是将拉线棒用水泥砂浆或细石混凝土直接锚在岩孔内而成，一般用于微风化或中风化的岩石地基。

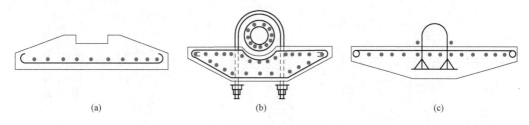

图 1 - 19　电杆基础
(a) 本体基础；(b) 卡盘；(c) 拉线基础

二、铁塔基础

铁塔基础根据铁塔类型、地形地质、施工条件以及承受荷载的不同而不同，常见的有现浇混凝土基础、装配式基础、桩式基础、锚杆基础等，多用现浇混凝土基础。

现浇混凝土基础根据情况可配筋或无筋，塔腿下段主材可直接插入混凝土，或在混凝土内预埋地脚螺栓，以便与塔座连接，如图 1 - 20 所示。无筋混凝土基础多用于铁塔的上拔腿。

装配式基础（见图 1 - 21）通常采用镀锌角铁组成格构式基础，铁塔主材下段是基础的一部分。施工时，基坑底层浇制混凝土垫层，装配格构式基础置于其上，回填土夯实即成装配式基础。装配式基础常用于线路基础的抢修。

桩式基础（见图 1 - 22）主要采用钢筋混凝土灌注桩，多用于河滩、淤泥地带等地基为弱土层的塔基以及跨越高塔的基础。

锚杆基础（见图 1 - 23）适用于山区岩石地带，利用岩石的整体性和坚固性做成，所以又称为岩石基础。

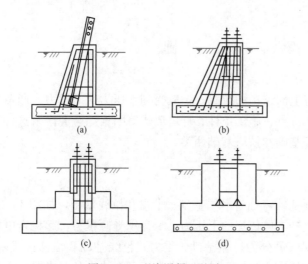

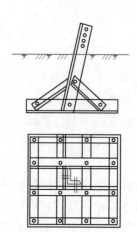

图 1-20 现浇混凝土基础

图 1-21 装配式基础

（a）主材插入式钢筋混凝土基础；（b）地脚螺栓式钢筋混凝土基础；

（c）直阶式无筋混凝土基础；（d）无筋混凝土基础

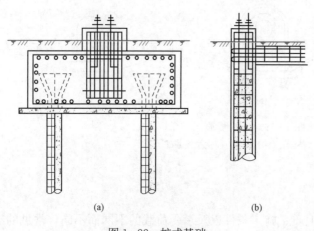

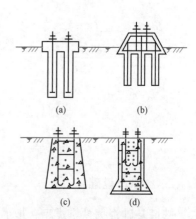

图 1-22 桩式基础

图 1-23 锚杆基础

（a）双桩承台式；（b）单桩横梁式

（a）直锚式；（b）承台式；

（c）嵌固式；（d）掏挖式

第七节 接 地 装 置

有地线的杆塔应当接地，在雷季干燥季节，杆塔不连地线的工频接地电阻不宜大于表 1-4 所列数值。根据土壤电阻率的大小，接地装置可采用杆塔自然接地或人工设置接地体。土壤电阻率较低的地区，当杆塔的自然接地电阻不大于表 1-4 所列数值时，可不装人工接地体。如果土壤电阻率超过 2000Ω·m，接地电阻很难降到 30Ω 时，可采用 6～8 根总长不超过 500m 的放射形接地体或连续伸长接地体，其接地电阻不受限制；也可采用物理型降阻剂措施，有效降低接地电阻。放射形接地极每根的最大长度见表 1-5。

表 1-4　　　　　　　　　有地线杆塔的工频接地电阻允许值

土壤电阻率（Ω·m）	100 及以下	100 以上至 500	500 以上至 1000	1000 以上至 2000	2000 以上
工频接地电阻（Ω）	10	15	20	25	30

表 1-5　　　　　　　　　放射形接地极每根的最大长度

土壤电阻率（Ω·m）	≤500	≤1000	≤2000	≤5000
最大长度（m）	40	60	80	100

中性点非直接接地系统的无地线钢筋混凝土电杆和铁塔，在居民区应接地，接地电阻不应超过 30Ω。利用钢筋兼作接地引下线的钢筋混凝土电杆，其钢筋与接地螺母、铁横担或地线支架之间应有可靠的电气连接。外敷的接地引下线可采用镀锌钢绞线，其截面积应按热稳定要求选取且不小于 25mm²。接地体引出线的截面积不应小于 50mm²，并应进行热稳定验算，引出线的表面应进行有效的防腐处理。

通过耕地的输电线路的接地体，应埋设在耕作深度以下；位于居民区和水田的接地体，应敷设成环形，以减小跨步电压。绝缘地线的接地引线和接地装置，长期通电时，必须校验其热稳定，并应设置保护人身安全的防护措施。

第八节　架空输电线路设计的内容和流程

架空输电线路的设计，一般按设计阶段分为可行性研究设计、初步设计、施工图设计和竣工图设计四个阶段，也可以采用其他的划分形式。比较简单或小型的设计项目，可将可行性研究设计、初步设计合并设计或简化成为设计原则报告或设计纲要。

设计必须贯彻国家建设的各项方针政策和技术经济政策；遵循规程、规范、现行国家标准及上级机关对工程设计的批示文件；应符合国家基本建设部门颁发的设计文件编制、审批方法的有关规定和各部委颁发的现行技术标准、规程、规范、导则等有关规定。设计的工程应做到安全可靠、技术先进、经济适用。

一、可行性研究设计

可行性研究是基本建设程序中为项目核准提供技术依据的重要设计阶段。通常 110kV 及以上新建、扩建、改建的交直流输变电工程均要做可行性研究设计，其他小型工程可根据情况确定是否需进行可行性研究。

输电线路工程的可行性研究一般与输变电工程（包括系统、输电、变电工程）可行性研究同步进行，是其中的一个重要的组成部分。

输电线路工程可行性研究必须贯彻国家技术政策和产业政策，符合国家现行的有关设计标准的规定；推进资源节约型、环境友好型线路的建设，积极稳妥地采用新技术，提高输电线路建设的技术水平；注重环境保护，促进节地、节能、节材；降低输电成本，控制工程造价，提高输电线路工程的建设效益。

可行性研究设计应对新建线路的路径方案进行全面的技术经济比较。对于大跨越工程的跨越点位置，应结合一般段线路的路径方案进行全面的技术、节能及经济比较，并进行必要的调查、资料收集、勘测和试验工作，提出推荐意见。

可行性研究报告线路部分应给出线路路径方案、工程设想、投资估算以及相应的附件和附图。一般情况，尚应提出正式的环境影响、水土保持、压覆矿产、地质灾害、地震灾害及文物等的评估报告。

可行性研究设计流程如图 1-24 所示。

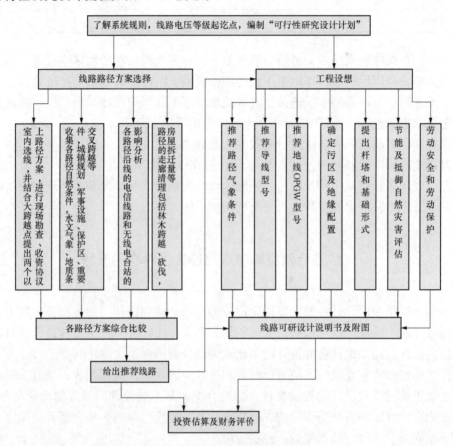

图 1-24　可行性研究设计流程

二、 初步设计

初步设计是工程设计的重要阶段，这一阶段的技术原则应符合国家现行的标准、规范的规定。在初步设计阶段，着重对线路路径方案进行综合技术经济比较，取得有关协议，选择最佳的路径方案；充分论证导线和地线、绝缘配合及防雷设计的正确性，确定各种电气距离；认真选择杆塔及其基础型式；合理地进行通信保护设计。对于严重污秽区，大风和重冰雪地区，不良地质和洪水危害地段，特殊大跨越设计等，要进行专题调查研究，提出专题报告；根据工程的特点及设计的实际情况，列出新技术的科研专题。从实际出发，积极慎重地采用新技术。

初步设计需编写初步设计书并附有关图纸，编写设备材料清册，编写施工组织设计，编写概算书，因此常分为相应的四卷。需要注意的是，有大跨越时，应作为初步设计书中的单独部分提出。

初步设计的流程如图 1-25 所示，但实际上不可避免有一定的交叉、反复和充实的过程。

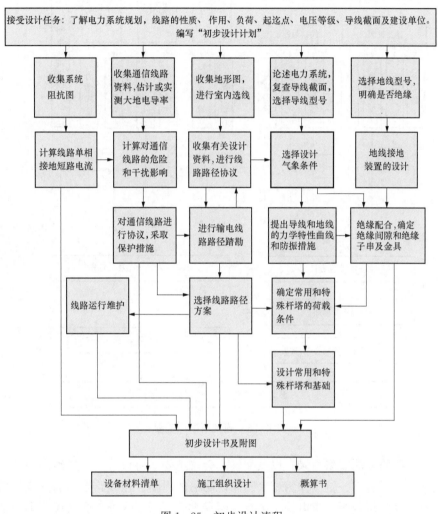

图 1-25　初步设计流程

三、施工图设计

施工图设计是按照初步设计原则和审核意见所作的具体设计，由施工图纸和施工说明书、计算书、地面标桩等组成。施工图设计的主要内容包括：施工图总说明书及附图、线路平断面图及杆塔位明细表、机电施工图及说明书、杆塔施工图及说明书、基础施工图及说明书、通信保护施工图及说明书、预算书、线路勘测、工程技术档案资料等。线路有大跨越时还应有大跨越设计施工图及说明书。施工图设计流程如图 1-26 所示。

施工图总说明书主要包括施工图设计依据和设计范围，对初步设计审核意见的执行情况，列入科研计划的项目，工程技术性能，经济指标，主要设备材料汇总表，设计说明书

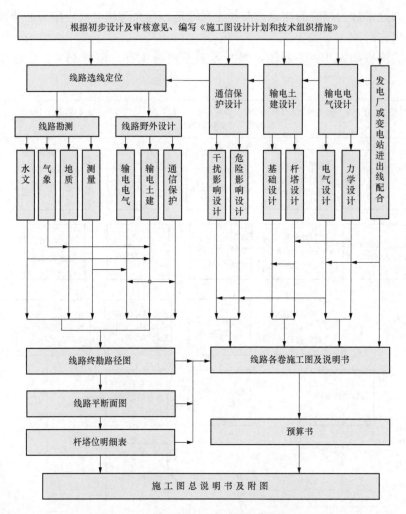

图 1-26　施工图设计流程

及卷册目录，线路勘测成果目录，以及文件、会议纪要、协议等附件。线路路径图、全线杆塔一览图、全线基础一览图作为施工图总说明书的附图。在线路平断面图及杆塔位明细表中，要有交叉跨越分图。机电施工图及说明书主要包括架线施工图及说明书、金具施工图及说明书、接地装置施工图及说明书。杆塔施工图及说明书主要包括杆塔施工说明、杆塔图纸说明、杆塔设计图纸等。基础施工图及说明书主要包括基础施工说明、基础图纸说明、基础设计图纸等。通信保护施工图及说明书主要包括设计原则和依据、计算结果及保护措施、通信保护设备材料表、通信保护施工图纸等。预算书主要包括预算编制说明、本体工程预算、辅助设施工程预算等。线路勘测主要包括线路测量、水文测量、地质测量等。

四、竣工图设计

竣工图设计是指线路工程竣工后，按工程实际临工情况所编制的图纸和文件。这些图纸和文件包括由于设计原因对施工图的修改和由于工程施工情况变化对施工图的修改。新建、改建的线路工程项目，在竣工后均要编制竣工图。竣工图要完整、准确、真实地反映项目竣工时的实际状态。通常设计单位受项目建设单位的委托编制竣工图。

竣工图编制时，竣工图委托方应负责收集编制竣工图文件所需的原始资料，包括设计、施工、监理、调试和建设单位在项目建设过程中的有效记录文件和变更资料等，汇总后提交给竣工图编制单位。竣工图编制单位应以施工图最终版为基础，并依据由设计、施工、监理或建设单位审核签字的变更通知单、工程联系单、澄清单等与设计修改相关的文件，以及现场施工验收记录和调试记录等资料编制竣工图。

竣工图的编制范围为一级图、二级图、三级图和部分重要的四级图，可根据建设工程项目具体情况或合同约定的内容酌情调整。一级图宜包括线路路径图，全线杆塔一览图；二级图宜包括全线基础一览图、材料总表、两端变电站进出线平面布置图、全线导线换位图；三级图宜包括导地线力学特性曲线、放线曲线，线路平断面定位图，杆塔明细表，导地线绝缘子串及金具组装图，与电信线路平行接近位置图，防振措施，接地装置安装图，杆塔结构图，基础施工图，各类杆塔单线图，各类杆塔组装图；四级图宜包括防雷保护接线、安装图，屏蔽地线接地、放电管接地装置安装图。

新编制的竣工图内部审核应由编制单位负责，由编制人完成，技术负责人审核并在图标上签署。国家重大建设项目工程的竣工图委托方应明确竣工图的审核单位。审核单位应对竣工图的内容与变更通知单、工程联系单、澄清单等与设计修改相关的文件，以及施工验收记录和调试记录等的符合性进行审核。审核单位在审核后应在竣工图章中的审核人栏中签字。

竣工图编制和审核完成后，由竣工图编制单位负责印制。印制后的竣工图应按现行国家标准 GB/T 10609.3—2009《技术制图　复制图的折叠方法》的规定执行。竣工图编制单位应将印制后的竣工图，按照合同约定提交给竣工图委托方，并将竣工图编制工作中的变更通知单、工程联系单、澄清单等编制依据性文件归档。

竣工图设计流程如图 1 - 27 所示。

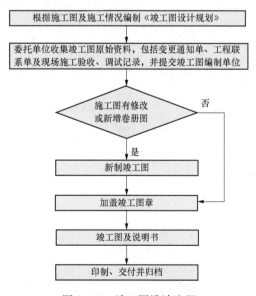

图 1 - 27　竣工图设计流程

练 习 题

1. 输电线路的任务是什么？有哪几种电压等级？
2. 架空输电线路主要由哪几部分组成？各部分有何作用？
3. 与常规交流输电线路相比，高压直流输电线路主要有什么特点？
4. 与常规架空线路和电缆线路相比，GIL 输电线路主要有什么优缺点？
5. 常用架空线的型号、规格如何表示？
6. 架空输电线路的杆塔有哪些类型？
7. 架空输电线路设计一般分哪几个阶段？每个设计阶段的主要内容是什么？

第二章 设计用气象条件

第一节 主要的气象参数

一、 主要的气象参数及其对线路的影响

架空输电线路长期暴露在自然环境中，承受着四季气温、风、冰以及雷电等气象变化的影响，主要引起架空线载荷和悬挂曲线长度发生变化，使架空线的张力（应力）、弧垂随之改变，进而影响到杆塔、基础所受荷载大小以及与其他物体间的电气安全距离。一般来说，雨水难以在架空线上停留，雪的密度较小，它们对线路影响不大。雷电对线路的影响，可以用加强防雷措施来解决。风、覆冰和气温对架空输电线路的机械强度和电气间距有较大影响，是线路设计需考虑的主要气象参数，称为气象条件三要素。

风作用于架空线上形成风压，产生水平方向上的荷载。风速越高，风压越大，风载荷也就越大。风载荷使架空线的应力增大，杆塔产生附加弯矩，会引起断线、倒杆事故。微风可以引起架空线的振动，使其疲劳破坏断线。大风可以引起架空线不同步摆动，特殊条件下会引起架空线舞动，造成相间闪络，甚至产生鞭击。风还使悬垂绝缘子串产生偏摆，可造成带电部分与杆塔构件间电气间距减小而发生闪络。

覆冰是一定气象条件下架空线和绝缘子串上出现的冰、霜、雨凇和积雪的通称。覆冰增加了架空线的垂直载荷，使架空线的张力增大；同时也增大了架空线的迎风面积，使其所受水平风载荷增加，加大了断线倒塔的可能。覆冰的垂直载荷使架空线的弧垂增大，造成对地或跨越物的电气距离减小而产生事故。覆冰后，下层架空线脱冰时，弹性能的突然释放使架空线向上跳跃，这种脱冰跳跃可引起与上层架空线之间的闪络。覆冰还使架空线舞动的可能性增大。

气温的变化引起架空线的热胀冷缩。气温降低，架空线线长缩短，张力增大，有可能导致断线。气温升高，线长增加，弧垂变大，有可能保证不了对地或其他跨越物的电气距离。在最高气温下，电流引起的导线温升可能超过允许值，导线因温度升高强度降低而断线。

二、 主要气象资料的搜集内容

为了保证架空输电线路的可靠运行，使其机械强度和电气间距满足气象条件变化的要求，必须对沿线地区的气象情况进行全面了解，详细搜集线路设计所需要的气象资料。主要气象资料的搜集内容及其用途，见表2-1。

表 2-1   **主要气象资料搜集内容及其用途**

序号	搜集内容	用　　途
1	最高气温	计算架空线的最大弧垂，保证对地或跨越物具有一定的安全距离
2	最低气温	计算架空线可能产生的最大应力，检查悬垂绝缘子串的上扬等
3	平均气温	微风振动的防振设计条件，计算内过电压下的电气间距，耐张绝缘子串的倒挂等
4	最高气温月的最高平均气温	计算导线的发热和温升
5	最大风速及相应月的平均气温	考虑架空线和杆塔强度的基本条件，也用于检查架空线、悬垂绝缘子串的风偏
6	地区最多风向及其出现频率	用于架空线的防振、防腐及绝缘的防污设计
7	覆冰厚度	架空线和杆塔强度的设计依据，计算架空线的最大弧垂，验算不均匀覆（脱）冰时架空线的不平衡张力、上下层架空线间的接近距离等
8	雨天、雾凇天、雪天的持续小时数	计算电晕损失的基本数据
9	平均雷电日数（或小时数）	防雷设计的依据
10	土壤冻结深度	用于杆塔基础设计
11	常年洪水位及最高航行水位、相应气温	用于确定跨越杆塔高度，验算交叉跨越距离

气象资料应选用线路附近 100km 以内的气象台（站）的记录，当此范围内的气象台（站）较少时，可以扩大搜集范围或向省级气象台搜集。附近已有线路的运行经验，是气象资料的重要来源。通信、铁路和军事部门等其他非专业气象单位，也是气象资料的重要搜集对象，但其数据应交有关气象单位鉴定。必要时应进行实地考察，访问当地群众。若沿线气象台（站）的记录存在很大差异且线路较长（100km 以上）时，应考虑分为若干气象区段。

第二节　气象参数值的选取

搜集来的沿线气象资料，一般需要经过数理统计分析计算，使其符合线路设计有关标准的要求。

一、气象条件的重现期

气象条件的重现期是指该气象条件"多少年一遇"，如年最大风速超过某一风速 v_R 的强风平均每 R 年发生一次，则 R 即为风速 v_R 的重现期。GB 50545—2010《110kV～750kV 架空输电线路设计规范》和 GB 50665—2011《1000kV 架空输电线路设计规范》（以下两者统称规范）规定了不同电压等级线路及其大跨越的基本风速和设计冰厚的重现期，见表 2-2。

表 2-2　　设计气象条件的重现期

电压等级（kV）	110～330	500～750	1000
重现期（年）	30	50	100

大跨越是指线路跨越通航大河流、湖泊或海峡等，因档距较大（1000m以上）或杆塔较高（100m以上），导线选型或杆塔设计需特殊考虑，且发生故障时严重影响航运或修复特别困难的耐张段。

二、最大设计风速的确定

风速是划分为等级的，风速与风级的视力鉴别方法见表 2-3。因 13～17 级风力无名称和征象对应，故表中未列入。

规范规定了架空输电线路的基本风速。确定基本风速时，应以 10min 时距平均的年最大风速为样本，并宜采用极值 I 型分布作为概率模型；统计风速的高度，对一般线路应取离地面 10m，大跨越应取离历年大风季节平均最低水位以上 10m。

许多气象台（站）早期采用的是风压板一天观测 4 次的 2min 平均风速，需将这种风速值转换成规范要求的自记 10min 时距平均风速值，即要进行风速的次时换算。根据 30、50 年或 100 年一遇的年最大风速重现期，需要经过概率计算得到基本风速。由于风速仪的测量高度和规范规定的统计高度不尽相同，线路的平均高度一般也不是统计高度，因此还需要进行风速的高度换算。

表 2-3　　风级与风速鉴别表

风力等级	名称	相当风速（m/s）		海面物征象			陆地物征象
		范围	中值	一般浪高（m）	最高浪高（m）	海岸渔船动态	
0	无风	0～0.2	0.1	—	—	海面平静	静、烟直立
1	软风	0.3～1.5	0.9	0.1	0.1	微波如鱼鳞状，没有浪花。一般渔船正好使舵	烟能表示风向，但风向标不能转动
2	轻风	1.6～3.3	2.5	0.2	0.3	渔船张帆时可行 2～3km/h	人面感觉有风，树叶有微响，风向标能移动
3	微风	3.4～5.4	4.4	0.6	1.0	渔船感觉簸动，可随风移行 5～6km/h	树叶和微枝摇动不息，旌旗展开
4	和风	5.5～7.9	6.7	1.0	1.5	渔船满帆时，可使渔船倾斜一方	能吹起地面尘土和纸张，树的小枝摇动
5	劲风	8～10.7	9.4	2.0	2.5	渔船收帆（即收去帆之一节）	有叶的小树摇摆，内陆的水面有小波

27

续表

风力等级	名称	相当风速（m/s）		海面物征象				陆地物征象
		范围	中值	一般浪高（m）	最高浪高（m）	海岸渔船动态		
6	强风	10.8~13.8	12.3	3.0	4.0	渔船加倍收帆，捕鱼需注意风险		大树枝摇动，电线呼呼有声，举伞困难
7	疾风	13.9~17.1	15.5	4.0	5.5	渔船不再出港，在海里下锚		全树摇动，大树枝弯下来，逆风步行感觉不便
8	大风	17.2~20.7	19.0	5.5	7.5	所有近海渔船都要靠港，停留不出		可折毁树枝，人向前行感觉阻力甚大
9	烈风	20.8~24.4	22.6	7.0	10.0	汽船航行困难		建筑物有小损，烟囱顶盖和平瓦移动
10	狂风	24.5~28.4	26.5	9.0	12.5	汽船航行颇危险		陆上少见，见时可使树木拔出，建筑物损坏较重
11	暴风	28.5~32.6	30.6	11.5	16.0	汽船遇之极危险		陆上很少见，有则必有广泛破坏
12	飓风	32.7~36.9	34.8	14.0	—	海浪滔天，能见度严重受到影响		陆上绝少见，其摧毁力极大

1. 风速的次时换算

欲将定时 4 次 2min 平均风速 v_2 换算成自记 10min 时距平均风速 v_{10}，需要有两种观测方法的平行测量记录，然后通过相关分析建立二者之间的回归方程式。常用的一元线性回归方程为

$$v_{10} = Av_2 + B \qquad (2-1)$$

$$A = \frac{\sum_{i=1}^{n} v_{2i}v_{10i} - n\bar{v}_2\bar{v}_{10}}{\sum_{i=1}^{n} v_{2i}^2 - n\bar{v}_2^2} \qquad (2-2)$$

$$B = \bar{v}_{10} - A\bar{v}_2 \qquad (2-3)$$

式中　A——换算系数；

B——换算系数，m/s；

v_{2i}，v_{10i}——两种观测方法的第 i 对平行观测记录值；

$\bar{v}_2$，$\bar{v}_{10}$——两种观测记录的平均值，$\bar{v}_2 = \frac{1}{n}\sum_{i=1}^{n} v_{2i}$，$\bar{v}_{10} = \frac{1}{n}\sum_{i=1}^{n} v_{10i}$；

n——两种观测方法的平行观测记录的总对数。

由此得到的回归方程，需经过相关检验才能应用。通常利用相关系数 ρ 表示 v_2 与 v_{10} 之间的密切相关程度，ρ 值在 0~1 之间，数值越大表示 v_2 与 v_{10} 关系越密切，一般认为 ρ

$\geqslant 0.85$ 为好。ρ 值接近于 0，表示不适合采用线性回归，这时可采用抛物线或其他曲线回归。相关系数 ρ 可按下面公式计算

$$\rho = \frac{n\sum\limits_{i=1}^{n} v_{2i}v_{10i} - \sum\limits_{i=1}^{n} v_{2i}\sum\limits_{i=1}^{n} v_{10i}}{\sqrt{\left[n\sum\limits_{i=1}^{n} v_{2i}^2 - \left(\sum\limits_{i=1}^{n} v_{2i}\right)^2\right]\left[n\sum\limits_{i=1}^{n} v_{10i}^2 - \left(\sum\limits_{i=1}^{n} v_{10i}\right)^2\right]}} \tag{2-4}$$

【例 2-1】 某气象台 5 年间的 4 次定时 2min 平均风速和相应的自记 10min 时距平均风速的观测值见表 2-4，试求 v_2 与 v_{10} 的关系式。

表 2-4　　　　　　　　　　　某气象台 v_2 与 v_{10} 的观测资料　　　　　　　　　　单位：m/s

年份	月份　　　风别	1	2	3	4	5	6	7	8	9	10	11	12
1954	自　记 v_{10}	20.7	28.3	21.0	29.7	25.0	17.7	13.3	13.3	16.3	20.0	15.2	17.7
	风压板 v_2	16	20	16	16	21	10	10	10	12	12	18	12
1955	自　记 v_{10}	16.7	20.8	19.7	26.7	15.7	14.5	11.8	16.7	21.0	18.0	21.0	20.7
	风压板 v_2	14	16	18	18	12	12	14	10	10	14	14	14
1956	自　记 v_{10}	22.2	23.2	22.7	27.5	20.8	20.0	15.5	11.7	13.0	26.3	20.7	13.3
	风压板 v_2	18	18	16	24	20	14	12	10	10	12	12	16
1957	自　记 v_{10}	12.3	12.0	15.0	20.2	20.8	16.0	12.5	13.5	16.8	20.7	16.7	20.7
	风压板 v_2	10	9	12	14	16	14	10	12	12	14	12	12
1958	自　记 v_{10}	17.1	15.2	18.7	17.3	18.0	17.8	17.3	9.2	12.0	13.0	14.3	13.0
	风压板 v_2	16	16	20	16	18	16	9	9	14	12	12	12

解　已知 $n=60$，计算得 $\sum\limits_{i=1}^{n} v_{2i}=841.00$m/s，$\sum\limits_{i=1}^{n} v_{10i}=1082.10$m/s，$\sum\limits_{i=1}^{n} v_{2i}^2=12520.00(\text{m/s})^2$，$\sum\limits_{i=1}^{n} v_{10i}^2=20788.00(\text{m/s})^2$，$\sum\limits_{i=1}^{n} v_{2i}v_{10i}=15761.00(\text{m/s})^2$，所以

$$\bar{v}_2=\frac{1}{n}\sum\limits_{i=1}^{n} v_{2i}=\frac{841.00}{60}=14.02(\text{m/s}),\bar{v}_{10}=\frac{1}{n}\sum\limits_{i=1}^{n} v_{10i}=\frac{1082.10}{60}=18.03(\text{m/s})$$

$$A=\frac{\sum\limits_{i=1}^{n} v_{2i}v_{10i}-n\bar{v}_2\bar{v}_{10}}{\sum\limits_{i=1}^{n} v_{2i}^2-n\bar{v}_2^2}=\frac{15761.00-60\times14.02\times18.03}{12520.00-60\times14.02^2}=0.818$$

$$B=\bar{v}_{10}-A\bar{v}_2=18.03-0.818\times14.02=6.56(\text{m/s})$$

故当地 v_2 与 v_{10} 之间的换算关系式为

$$v_{10}=0.818v_2+6.56$$

相关系数为

$$\rho=\frac{60\times15761.00-841.00\times1082.10}{\sqrt{(60\times12520.00-841.00^2)\times(60\times20788.00-1082.10^2)}}=0.615$$

由检验得知，得到的 v_2 与 v_{10} 的次时换算公式可用。

现将我国各地 4 次定时 2min 平均风速与自记 10min 时距平均风速的次时换算系数 A、B 的值列于表 2 - 5，供参考。

表 2 - 5   风速的次时换算系数

地 区	A	B (m/s)	应 用 范 围
华 北	0.822	7.82	北京、天津、河北、山西、河南、内蒙古、关中、汉中
东 北	1.040	3.20	辽宁、吉林、黑龙江
西 北	1.004	2.57	陕北、甘肃、宁夏、青海、新疆、西藏
西 南	0.751	6.17	限于贵州、云南
四 川	1.250	0.00	限于四川
湖 北	0.732	7.00	湖北、江西
湖 南	0.680	9.54	
广 东	1.030	4.15	广东、广西、福建、台湾
江 苏	0.780	8.41	上海、江苏
山 东	0.855	5.44	山东、安徽
浙 江	1.262	0.53	限于浙江

2. 基本风速

基本风速是指当地空旷平坦地面上 10m 高度处，10min 时距平均的年最大风速观测值，经过概率计算得出的相应重现期下的风速。设年最大风速 v 的概率符合极值 I 型分布，即

$$F(v) = \exp\{-\exp[-a(v-b)]\}$$

式中 a——分布的尺度参数，$a = \dfrac{1.28255}{\sigma}$，其中 σ 为随机变量的标准差；

   b——分布的位置参数，即分布的众值，$b = \mu - \dfrac{0.57722}{a}$，其中 μ 为随机变量 v 的
     均值。

由于搜集来的年最大风速样本是有限的，需要用有限样本的均值 $\bar{v}$ 和标准差 s 作为 μ 和 σ 的近似估计。均值 $\bar{v}$ 和标准差 s 分别为

$$\bar{v} = \frac{1}{n} \sum_{i=1}^{n} v_i \tag{2-5}$$

$$s = \sqrt{\frac{1}{n-1} \sum_{i=1}^{n} (v_i - \bar{v})^2} \tag{2-6}$$

此时，尺度参数和位置参数分别按下式取值

$$a = \frac{c_1}{s} \tag{2-7}$$

$$b = \bar{v} - \frac{c_2}{a} \tag{2-8}$$

式中 c_1，c_2——与样本中的年最大风速的个数 n 有关的系数，可查表 2 - 6。

表 2-6 系数 c_1 和 c_2

n	c_1	c_2	n	c_1	c_2
10	0.94970	0.49520	60	1.17465	0.55208
15	1.02057	0.51820	70	1.18536	0.55477
20	1.06283	0.52355	80	1.19385	0.55688
25	1.09145	0.53086	90	1.20649	0.55860
30	1.11238	0.53622	100	1.20649	0.56002
35	1.12847	0.54034	250	1.24292	0.56878
40	1.14132	0.54362	500	1.25880	0.57240
45	1.15185	0.54630	1000	1.26851	0.57450
50	1.16066	0.54853	∞	1.28255	0.57722

重现期为 R 年，说明大于某一风速 v_R 的强风的发生概率为 $\dfrac{1}{R}$，则有

$$1 - F(v_R) = 1 - \exp\{-\exp[-a(v_R - b)]\} = \frac{1}{R}$$

从而

$$v_R = b - \frac{1}{a}\ln\left[\ln\left(\frac{R}{R-1}\right)\right] \tag{2-9}$$

3. 风速的高度换算

在大气边界层内，风速随离地面高度增加而增大。当气压场不随高度变化时，风速随高度增大变化的规律，主要取决于地面粗糙度和温度垂直梯度。GB 50009—2012《建筑结构荷载规范》将地面粗糙度等级划分为 A、B、C、D 四类：A 类指近海海面、海岛、海岸、湖岸及沙漠，B 类指空旷田野、乡村、丛林、丘陵及房屋比较稀疏的乡镇，C 类指有密集建筑群的城市市区，D 类指有密集建筑群且房屋较高的城市市区。当离地面达到一定高度时，风速不再受地面粗糙度的影响，这一高度称为梯度风高度，相应风速称为梯度风速。A、B、C、D 四类地面粗糙度地区的梯度高度分别为 300、350、450m 和 550m；四类地区的截断高度分别为 5、10、15m 和 30m，在截断高度以下的风速与截断高度处的风速相同。

（1）基准风速。基准风速是指风速仪位于标准高度 10m 时测得的风速。当风速仪高度与标准高度相差过大时，需将风速仪高度处的风速换算为标准高度处的基准风速。由于风速仪一般位于空旷平坦的地区，因此可按下式进行换算

$$v_0 = v_f\left(\frac{10}{h_0}\right)^z \tag{2-10}$$

式中　v_0——标准高度 10m 处的基准风速，m/s；

　　　v_f——风速仪观测风速，m/s；

　　　h_0——风速仪实际高度，m；

　　　z——空旷平坦地区地面粗糙度指数，$z = 0.15$。

（2）风速的高度换算。在输电线路涉及的近地面范围内，风速的高度变化基本符合指数律，可用下面公式

$$v = \beta\left(\frac{h}{10}\right)^z v_0 = \alpha v_0 \qquad (2-11)$$

$$\alpha = \beta\left(\frac{h}{10}\right)^z \qquad (2-12)$$

式中　v——线路设计高度 h 处的风速，m/s；

　　　v_0——标准高度 10m 处的风速，m/s；

　　　α——风速高度换算系数；

　　z，β——粗糙度指数和修正系数，二者与地面粗糙度等级有关。

根据 GB 50009—2012《建筑结构荷载规范》折算的 z、β 列于表 2-7。将表中 β、z 代入式（2-11），可见式（2-10）实际是 B 类地面粗糙度等级的风速高度换算公式。

表 2-7　　　　　　　　　　　　粗糙度指数 z 和修正系数 β

粗糙度等级	A	B	C	D
z	0.12	0.15	0.22	0.30
β	1.1331	1.000	0.7376	0.5119

架空输电线路的最大设计风速，应按基本风速和线路的设计高度经过高度换算得到。其他工况的风速，无须进行高度换算。线路的设计高度应根据架空线的平均高度确定。设计初期无具体数据时，对 110～330kV 线路导线的平均高度一般可取 15m，500～750kV 线路导线的平均高度一般可取 20m，1000kV 线路导线的平均高度一般可取 30m，大跨越除外。

【例 2-2】　某地区 1905～1957 年的 48 年（中间缺 5 年）中 20m 高度自记 10min 平均年最大风速值见表 2-8。试求该地区设计高度 15m 处 30、50 年重现期的年最大风速。地面粗糙度等级按 B 类考虑。

表 2-8　　　　　　　　某地区 20m 高度自记 10min 时距平均年最大风速

年　份	1905	1906	1907	1908	1909	1910	1911	1912	1913	1914	1915	1916	1917	1918	1919	1920
最大风速 （m/s）	16.40	18.10	17.70	20.10	20.30	21.10	19.40	19.70	21.50	20.80	17.70	15.80	15.30	16.10	16.30	15.70
年　份	1921	1922	1923	1924	1925	1926	1927	1928	1929	1930	1931	1932	1933	1934	1935	1936
最大风速 （m/s）	15.40	15.50	17.00	15.40	13.00	14.00	15.20	13.50	15.00	24.10	21.00	20.20	20.90	19.20	22.10	24.60
年　份	1937	1938	1939	1940	1941	1947	1948	1949	1950	1951	1952	1953	1954	1955	1956	1957
最大风速 （m/s）	18.90	21.30	19.50	23.30	19.30	16.80	16.70	18.00	14.60	15.00	16.70	17.00	29.70	26.70	36.60	20.80

解　（1）计算样本中的 48 个年最大风速的均值 $\bar{v}$ 和标准差 s 分别为

$$\bar{v} = \frac{1}{n}\sum_{i=1}^{n}v_i = \frac{909}{48} = 18.9375(\text{m/s})$$

$$s = \sqrt{\frac{1}{n-1}\sum_{i=1}^{n}(v_i-\bar{v})^2} = \sqrt{\frac{885.3525}{48-1}} = 4.3402(\text{m/s})$$

（2）进行重现期的概率计算。由于风速个数 $n=48$，查表 2-6 并进行线性插值，得到修正系数 c_1、c_2 为

$$c_1 = 1.15185 + \frac{1.16066 - 1.15185}{50 - 45} \times (48 - 45) = 1.15714$$

$$c_2 = 0.54630 + \frac{0.54853 - 0.54630}{50 - 45} \times (48 - 45) = 0.54764$$

分布的尺度参数 a 和位置参数 b 为

$$a = \frac{c_1}{s} = \frac{1.15714}{4.3402} = 0.2666 (\text{m/s})^{-1}$$

$$b = \bar{v} - \frac{c_2}{a} = 18.9375 - \frac{0.54764}{0.2666} = 16.8833 (\text{m/s})$$

重现期 $R=30$ 年 20m 高度的年最大风速为

$$v_{30} = b - \frac{1}{a} \ln \left[\ln \left(\frac{R}{R-1} \right) \right] = 16.8833 - \frac{1}{0.2666} \ln \left[\ln \left(\frac{30}{30-1} \right) \right] = 29.5776 (\text{m/s})$$

重现期 $R=50$ 年 20m 高度的年最大风速为

$$v_{50} = b - \frac{1}{a} \ln \left[\ln \left(\frac{R}{R-1} \right) \right] = 16.8833 - \frac{1}{0.2666} \ln \left[\ln \left(\frac{50}{50-1} \right) \right] = 31.5192 (\text{m/s})$$

（3）进行高度换算。理应先将 20m 风速仪高度处的风速换算为 10m 标准高度处的基准风速，再将基准风速换算为 15m 设计高度处的风速，但由于 B 类地区二者的换算公式相同，因此可直接将风速仪高度风速换算为设计高度风速。根据式（2-12），风速高度换算系数为

$$\alpha = \beta \left(\frac{h}{h_{\text{f}}} \right)^z = 1.0 \times \left(\frac{15}{20} \right)^{0.15} = 0.9578$$

所以 15m 设计高度处 30、50 年重现期的年最大风速分别为

$$v'_{30} = \alpha v_{30} = 0.9578 \times 29.5776 = 28.33 (\text{m/s})$$

$$v'_{50} = \alpha v_{50} = 0.9578 \times 31.5192 = 30.19 (\text{m/s})$$

4. 基本风速的一般规定

110～330kV 输电线路的基本风速不宜低于 23.5m/s，500～1000kV 输电线路的基本风速不宜低于 27m/s，必要时还宜按稀有风速条件进行验算。

山区输电线路宜采用统计分析和对比观测等方法，由邻近地区气象台、站的气象资料推算山区的基本风速，并应结合实际运行经验确定。当无可靠资料时，宜将附近平原地区基本风速的统计值提高 10% 选用。

大跨越的基本风速，当无可靠资料时，宜将附近陆上输电线路的风速统计值换算到跨越处历年大风季节平均最低水位以上 10m 处，并增加 10%，考虑水面影响再增加 10% 后选用。大跨越的基本风速，不应低于相连接的陆上输电线路的基本风速。

设计时应加强对沿线已建线路设计、运行情况的调查，并应考虑微地形、微气象条件以及导线易舞动地区的影响。如输电线路位于河岸、湖岸、高峰以及山谷口等容易产生强风的地带时，其基本风速应较附近一般地区适当增大。

三、覆冰厚度的选取

空气中的过冷却水滴及湿雪下落过程中碰到温度低于 0℃ 的架空线后，会在架空线表

面冻结成冰。覆冰大致可分为雾凇冰和雨凇冰两类。雾凇冰不密实，呈针状或羽毛状结晶，密度较小，为（0.1～0.4）×10³kg/m³。雨凇冻结成浑然一体的透明状冰壳，附着力很强，密度较大，为（0.5～0.9）×10³kg/m³。架空线覆冰常指雨凇冰而言。

覆冰的形成需要一定的气象条件，一般多在气温－10～0℃、风速5～15m/s、湿度80％以上时发生。覆冰还与地形、地势条件很有关系。平原上的突出高地、暴露的丘陵、高海拔地区以及迎风山坡等处，覆冰情况相对比较严重。图2-1所示为某线路的覆冰情况。

架空线上的实际覆冰具有不同的断面形状，厚度不均匀。为便于设计计算，需将实际覆冰折算成具有相同圆环形断面、厚度均匀的理想覆冰。架空线的覆冰厚度指的就是这种理想覆冰的厚度。将实际覆冰折算成理想覆冰的方法有多种，常用的有椭圆法和测总重法。

1. 椭圆法

首先测量实际覆冰断面的长径 D 和短径 B，如图2-2所示；然后以长、短径作椭圆，将此椭圆的面积近似作为实际覆冰的断面积，令其等于理想覆冰的断面积，从而求出理想覆冰厚度 b。

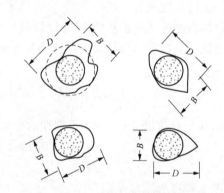

图2-1 某线路的覆冰情况　　　图2-2 不同断面形状的覆冰

设架空线的半径为 r（无冰时），覆冰厚度为 b，根据折算前后覆冰断面积相等，有

$$\pi\left(\frac{D}{2}\times\frac{B}{2}-r^2\right)=\pi[(r+b)^2-r^2]$$

所以

$$b=\sqrt{\frac{DB}{4}}-r \tag{2-13}$$

2. 测总重法

测量架空线覆冰后单位长度的总重量，减去架空线未覆冰时单位长度的重量后，令其与理想覆冰的单位长度圆环形断面的计算重量相等，即可算得覆冰厚度 b。因为

$$p_3-p_1=\pi\gamma[(r+b)^2-r^2]$$

所以

$$b=\sqrt{r^2+\frac{p_3-p_1}{\pi\gamma}}-r \tag{2-14}$$

式中　p_1——架空线的单位长度自重；

　　　p_3——架空线覆冰后的单位长度总重；

　　　γ——覆冰比重，对雨凇 $\gamma=0.9$。

由于目前对架空线覆冰方面的气象观测资料的积累仍然不多，因此在设计输电线路时，要对已有电力线路、通信线路以及自然物上的覆冰情况给予足够重视，并结合新建线路经过地区的具体特点确定设计用覆冰厚度。同一线路通过地区的覆冰情况不同时，可考虑分不同的区段，采用不同的覆冰厚度。

根据理想覆冰厚度的不同，线路通过地区分为轻冰区（无冰或冰厚 5、10mm）、中冰区（冰厚 15、20mm），重冰区（冰厚 20、30、40、50mm），必要时还宜按稀有覆冰条件进行验算。

除无冰区外，大跨越的设计冰厚宜较附近一般输电线路的设计覆冰增加 5mm。设计杆塔的地线支架机械强度时，除无冰区外，地线的设计冰厚应较导线增加 5mm。

四、气温的选取

架空输电线路设计用气温值，应符合下面的规定：

（1）最高气温一般为 40℃，不考虑个别高于或低于该气温值的记录。

（2）最低气温应偏低地取 5 的倍数。例如统计得到的最低气温为 −8℃ 时，应取为 −10℃。

（3）对年平均气温。如该地区其值在 3～17℃ 之间时，取与此数邻近的 5 的倍数值；如该地区其值小于 3℃ 和大于 17℃ 时，分别将年平均气温减少 3℃ 和 5℃ 后，再取与此数相邻的 5 的倍数值。

（4）基本风速时的月平均气温，应偏低地取 5 的倍数值。

第三节　设计用气象条件的组合

一、对架空输电线路的要求

风、覆冰和气温三要素对输电线路的安全运行均有很大的影响，其值的选取应符合整个线路的技术经济性的要求，并保证架空输电线路安全地施工和运行检修。架空输电线路应保证：

（1）在大风、覆冰和最低气温下，仍能正常运行；

（2）在长期的运行中，架空线应具有足够的耐振性能；

（3）在正常运行情况下，任何季节（最大风速、最厚覆冰或最高气温）架空线对地、杆塔或其他物体均有足够的安全距离；

（4）在稀有气象验算条件下，不发生杆塔倾覆和断线；

（5）在安装施工过程中，不发生人身、设备损坏事故；

（6）在断线事故及不平衡张力情况下，不倒杆，事故不扩大。

设计时并不能将三要素出现的最不利情况进行简单叠加，因为线路运行中的实际气象条件虽然是风、覆冰、气温等气象参数的组合，但最大风速、最厚覆冰、最低（高）气温通常并不同时出现。因此必须根据线路运行、检修和施工中可能遇到的情况和实际运行经验，对原始气象资料慎重地分析，在数理统计分析基础上合理地组合设计用气象条件。

二、 各种气象条件的组合

1. 线路正常运行情况下的气象组合

在正常运行情况下，最大风速、最厚覆冰或最低气温是架空线和杆塔受到较大荷载时的气象条件。由于最大风速多在夏秋季发生，最低气温多在冬季无风时出现，而且最大风速和最低气温时均无覆冰出现，因此线路正常运行情况下的气象组合有：

（1）最大风速：最大设计风速，无冰，相应的月平均气温。该气象组合主要用于计算架空线和杆塔的强度或刚度，校验工作电压下的电气间距。

（2）最低气温：最低气温，无冰，无风。该气象组合主要用于架空线的强度设计，悬垂串的上扬校验。

（3）覆冰有风（最厚覆冰）：最厚覆冰，相应风速，气温−5℃。根据雨凇形成规律，相应风速一般为10m/s，当有可靠资料表明需加大风速时可采用15m/s。该气象组合是架空线和杆塔强度、刚度的设计依据，也是风偏后边导线对地和凸出物电气间距的校验条件。

（4）覆冰无风（最大垂直比载）：最厚覆冰，无风，气温−5℃。该气象组合是对地和跨越物电气间距的校验条件。

（5）最高气温：最高气温，无冰，无风。该气象组合是对地和跨越物电气间距的校验条件，也是计算导线发热的条件。

2. 线路耐振计算用气象组合

线路设计中，应保证架空线具有足够的耐振能力。架空线的应力越高，振动疲劳破坏越显严重，因此应将架空线的使用应力控制在一定的限度内。由于线路微风振动一年四季中经常发生，故控制其平均运行应力的气象组合为无风，无冰，年平均气温。

3. 雷电过电压气象组合

雷电过电压是指由于雷电的作用在导线上产生的过电压，也称外过电压。为了保证在雷电活动期间线路不发生闪络，要求塔头尺寸应能保证相应气象条件下导线风偏后对凸出物的距离，档距中央应保证导线与架空地线的间距大于规定值。所以，气象组合如下：

（1）外过有风：温度15℃，相应风速，无冰。在最大设计风速小于35m/s的地区，外过风速宜取10m/s，35m/s及以上地区宜取15m/s。该气象组合主要用于校验悬垂串风偏后的电气间距。

（2）外过无风：温度15℃，无风，无冰。该气象组合主要用于验算架空地线对档距中央导线的保护。

4. 操作过电压气象组合

操作过电压是由于大型设备和系统的投切在导线上产生的过电压，也称内过电压。其气象组合为：年均气温，无冰，0.5倍的最大设计风速（不低于15m/s）。该气象组合主要用于校验悬垂串风偏后的电气间距。

5. 线路安装和检修情况下的气象组合

（1）安装气象：风速 10m/s，无冰，相应气温。相应气温应按表 2-9 取值。对于冰、风中的事故抢修，安装中途出现大风等其他特殊情况，要靠采取临时措施来解决。对于 6 级以上大风等严重气象条件，则应暂停高空作业。

表 2-9　　　　　　　　　　安 装 气 温 对 应 表　　　　　　　　单位：℃

最低气温	−40、−30	−20	−10	−0
安装气温	−15	−10	−5	5

（2）带电作业：风速 10m/s，无冰，气温 15℃。该气象组合用于带电作业的间距校验。

6. 线路断线事故情况下的气象组合

断线事故一般系外力所致，与气象条件无明显的规律联系。计算断线情况的目的，主要是为了校验杆塔、绝缘子和金具的强度，校验转动横担、释放型线夹是否动作，校验邻档断线时跨越档的电气距离等。根据各地的实际运行经验，断线事故的气象组合是：

（1）一般情况：无风，有冰，气温 −5℃；无冰地区按无风，无冰，气温 −5℃ 考虑。

（2）校验邻档断线：无风，无冰，气温 15℃。

三、典型气象区

为了设计、制造上的标准化和统一性，考虑我国主要地区的实际气象情况，设计规范制定了我国典型气象区，见表 2-10。当所设计线路的实际气象条件同典型气象区中的某区接近时，一般应采用典型气象区所列气象数据，以减少工作量，提高标准化水平。

表 2-10　　　　　　　　　　　全 国 典 型 气 象 条 件

典型气象区		I	II	III	IV	V	VI	VII	VIII	IX
大气温度（℃）	最高温	+40								
	最低温	−5	−10	−10	−20	−10	−20	−40	−20	−20
	覆冰	—	−5							
	基本风速	+10	+10	−5	−5	+10	−5	−5	−5	−5
	安装	0	0	−5	−10	−5	−10	−15	−10	−10
	雷电过电压	+15								
	操作过电压、年均气温	+20	+15	+15	+10	+15	+10	−5	+10	+10
风速（m/s）	基本风速	31.5	27.0	23.5	23.5	27.0	23.5	27.0	27.0	27.0
	覆冰	10*							15	
	安装	10								
	雷电过电压	15	10							
	操作过电压	$0.5v_{max}$（不低于 15m/s）								
覆冰厚度（mm）		0	5	5	10	10	10	10	15	20
冰的密度（g/cm³）		0.9								

*　一般情况下覆冰风速 10m/s，当有可靠资料表明需加大风速时可取 15m/s。

由于我国幅员辽阔，气象情况复杂多样，九个典型气象区不能完全包含各地的实际气象情况，各地方又根据各地区的气象特点，划分出各地的气象分区。

练 习 题

1. 何为气象条件三要素？各对架空线路有何影响？

2. 贵州省 2min 平均最大风速是 25m/s，连续自记 10min 的平均最大风速是多少？

3. 湖北某气象台的风速仪高度为 10m，2min 平均最大风速 $v_2 = 25m/s$，该地区为 B 类地区，试求 15m 高度处的最大设计风速。

4. 求［例 2-2］中某地区 100 年一遇的 30m 高度的最大设计风速是多少？

5. 输电线路设计用气象条件组合有哪几种？各有什么用途？其相应的气象三要素参数值是如何规定的？

6. 我国设计用气象条件分几个典型气象区？请列出第 Ⅴ 典型气象区的气象组合参数表。

第三章 架空线的机械物理特性和比载

第一节 架空线的机械物理特性

架空输电线路中最广泛使用的架空线是钢芯铝绞线，其结构较复杂，因此着重研究钢芯铝绞线的机械物理特性，其他类型架空线的机械物理特性可类似得到。在架空线的机械物理特性中，与线路设计密切相关的主要有弹性系数、温度膨胀系数、抗拉强度等。

一、钢芯铝绞线的综合弹性系数

钢芯铝绞线由具有不同弹性系数的钢线和铝线两部分组成，在受到拉力 T 作用时，钢线部分具有应力 σ_s，铝线部分应力为 σ_a，绞线截面的平均应力为 σ，三者之间并不相等。但由于钢芯与铝股紧密绞合在一起，所以认为钢部与铝部的伸长量相等，即钢线部分和铝线部分的应变相等。根据胡克定律，应力 σ 与应变 ε 成正比，比例系数是弹性系数 E，即

$$\sigma = E\varepsilon, \ \sigma_s = E_s\varepsilon_s, \ \sigma_a = E_a\varepsilon_a$$

其中，下标 s 表示钢线部分，a 表示铝线部分。

$$\varepsilon = \frac{\sigma}{E} = \frac{T}{EA}, \ \varepsilon_s = \frac{\sigma_s}{E_s} = \frac{T_s}{E_sA_s}, \ \varepsilon_a = \frac{\sigma_a}{E_a} = \frac{T_a}{E_aA_a}$$

式中 T，T_s，T_a——架空线的总拉力、钢部承受拉力和铝部承受拉力；

A，A_s，A_a——架空线的总截面积、钢线部分截面积和铝线部分截面积。

三者应变相等，即 $\varepsilon = \varepsilon_s = \varepsilon_a$，所以

$$\frac{T}{EA} = \frac{T_s}{E_sA_s} = \frac{T_a}{E_aA_a} = \frac{T_s + T_a}{E_sA_s + E_aA_a}$$

而 $T = T_s + T_a$，$A = A_s + A_a$，所以有

$$E = \frac{E_sA_s + E_aA_a}{A} = \frac{E_sA_s + E_aA_a}{A_a + A_s} = \frac{E_s + E_aA_a/A_s}{1 + A_a/A_s}$$

令铝钢截面比 $m = A_a/A_s$，钢比 $\xi = 1/m = A_s/A_a$，所以

$$E = \frac{E_s + mE_a}{1 + m} = \frac{\xi E_s + E_a}{1 + \xi} \tag{3-1}$$

采用式（3-1）计算时，钢线的弹性系数可取 196000MPa，铝线可取 59000MPa，铝合金线可取 63000MPa。

由式（3-1）可以看出，钢芯铝绞线综合弹性系数的大小不仅与钢、铝两部分的弹性

系数有关，而且还与铝钢截面比 m 有关。实际上，钢芯铝绞线的弹性系数还与其扭绞角度和使用张力等因素有关，实际值比式（3-1）的计算值偏小。工程中一般采用电线产品样本中给出的实验值。无实验值时，钢芯铝绞线的综合弹性系数可采用表3-1中数值，铝绞线的综合弹性系数在表3-2中列出。钢绞线的弹性系数可取 181400MPa。

表 3-1 　　　　　　　　　钢芯铝绞线的弹性系数和线膨胀系数

结构（根数）		铝钢截面比	综合弹性系数（MPa）	线膨胀系数（℃⁻¹）
铝	钢			
6	1	6.00	79000	19.1×10^{-6}
7	7	5.06	76000	18.5×10^{-6}
12	7	1.71	105000	15.3×10^{-6}
18	1	18.00	66000	21.2×10^{-6}
24	7	7.71	73000	19.6×10^{-6}
26	7	6.13	76000	18.9×10^{-6}
30	7	4.29	80000	17.8×10^{-6}
30	19	4.37	78000	18.0×10^{-6}
42	7	19.44	61000	21.4×10^{-6}
45	7	14.46	63000	20.9×10^{-6}
48	7	11.34	65000	20.5×10^{-6}
54	7	7.71	69000	19.3×10^{-6}
54	19	7.90	67000	19.4×10^{-6}

注　1. 弹性系数值的精确度为±3000MPa。

　　2. 弹性系数适用于受力在15%～50%计算拉断力的钢芯铝绞线。

表 3-2 　　　　　　　　　铝绞线的弹性系数和线膨胀系数

根　数	综合弹性系数（MPa）	线膨胀系数（℃⁻¹）
7	59000	23.0×10^{-6}
19	56000	23.0×10^{-6}
37	56000	23.0×10^{-6}
61	54000	23.0×10^{-6}

注　1. 弹性系数值的精确度为±3000MPa。

　　2. 弹性系数适用于受力在15%～50%计算拉断力的铝绞线。

二、钢芯铝绞线的温度线膨胀系数

钢芯铝绞线的温度线膨胀系数 α，指的是温度升高1℃时其单位长度的伸长量。在钢芯铝绞线中，铝的线膨胀系数较大（约为 $\alpha_a = 23 \times 10^{-6} ℃^{-1}$），钢的线膨胀系数较小（约为 $\alpha_s = 11.5 \times 10^{-6} ℃^{-1}$），钢芯铝绞线的温度膨胀系数 α 介于 α_s 与 α_a 之间。

图 3-1 所示钢芯铝绞线，在初始温度下，线端位置为 AB。当温度升高 Δt，如铝部与钢芯之间没有关系，则铝伸长至 EF，钢伸长至 IK，但由于铝部与钢芯紧密结合在一起，所以只能有相同的伸长，设到达 CD。这表明铝部受到了压缩，钢芯受到了拉伸。

在平衡位置 CD，铝部承受的压缩力与钢芯的拉伸力相等。不考虑绞线的扭角影响时，有

$$E_s(\alpha - \alpha_s)\Delta t A_s = E_a(\alpha_a - \alpha)\Delta t A_a$$

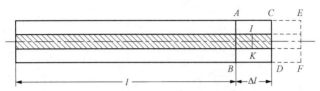

图 3-1　钢芯铝绞线的温度线膨胀示意图

整理并将 $m = A_a/A_s$ 代入，可以得到

$$\alpha = \frac{E_s\alpha_s + mE_a\alpha_a}{E_s + mE_a} \tag{3-2}$$

由式（3-2）可以看出，钢芯铝绞线的温度线膨胀系数大小不仅与钢、铝两部分的温度线膨胀系数有关，还与两部分的弹性系数和铝钢截面比有关。工程中应采用电线产品样本中给出的实验值。无实验值时，钢芯铝绞线、铝绞线的温度线膨胀系数可分别查表 3-1 和表 3-2，钢绞线的温度线膨胀系数可取 $11.5\times10^{-6}{}^\circ\mathrm{C}^{-1}$。

三、钢芯铝绞线的额定拉断力和抗拉强度

绞线的额定拉断力（RTS）是指绞线受拉时其中强度最弱或受力最大的一股或多股出现拉断时承受的总拉力。对于单一绞线（包括铝绞线、铝合金绞线、镀锌钢绞线、铝包钢绞线等），其额定拉断力为所有单线最小拉断力的总和。对于钢芯铝（铝合金）绞线或铝包钢芯铝（铝合金）绞线，其额定拉断力为铝（铝合金）部分的拉断力与钢或铝包钢部分的相应拉断力的总和。钢或铝包钢部分的相应拉断力偏安全地规定为标距 250mm、1% 伸长时的拉断力。对于铝合金芯铝绞线，其额定拉断力为硬铝线部分的拉断力与铝合金线部分 95% 拉断力的总和。钢芯铝绞线的拉断力由钢部和铝部共同承受，影响其额定拉断力的因素主要有：

（1）铝和钢的机械性能不同，铝的延伸率远低于钢的延伸率。当铝部被拉断时，钢部的强度还未得到充分发挥，通常认为此时钢线的变形量为 1% 左右。

（2）绞线中各层线之间的应力分布不均匀。

（3）绞合后的单线与绞线轴线之间形成扭绞角，综合拉断力与扭绞角有关，是各单线拉断力在轴线方向的分力构成。

（4）相邻两层线之间存在正压力和摩擦力，影响线材的强度和变形，从而降低了绞线的综合拉断力。

钢芯铝绞线额定拉断力的计算式为

$$T_N = \sigma_a A_a + \sigma_{1\%} A_s \tag{3-3}$$

式中　σ_a——铝线的抗拉强度，见表 3-3；

$\sigma_{1\%}$——钢线伸长 1% 时的应力，见表 3-4。

表 3-3 　　　　架空绞线用硬铝线的机械性能 （GB/T 17048—2017）

型号	标称直径 d(mm)	抗拉强度 （最小值，MPa）
L L1	$d \leqslant 1.25$	200
	$1.25 < d \leqslant 1.50$	195
	$1.50 < d \leqslant 1.75$	190
	$1.75 < d \leqslant 2.00$	185
	$2.00 < d \leqslant 2.25$	180
	$2.25 < d \leqslant 2.50$	175
	$2.50 < d \leqslant 3.00$	170
	$3.00 < d \leqslant 3.50$	165
	$3.50 < d \leqslant 5.00$	160
L2 L3	$1.25 \leqslant d \leqslant 3.00$	170
	$3.00 < d \leqslant 3.50$	165
	$3.50 < d \leqslant 5.00$	160

表 3-4 　　　　架空绞线用镀锌钢线的机械性能 （GB/T 3428—2012）

强度级别	标称直径 （mm）		抗拉强度 （最小值，MPa）		1%伸长时的应力值 （最小值，MPa）		伸长率 （最小值，%） 标距 $L_0 = 250mm$	
	大于	小于等于	A级镀锌层	B级镀锌层	A级镀锌层	B级镀锌层	A级镀锌层	B级镀锌层
1级强度	1.24	2.25	1340	1240	1170	1100	3.0	4.0
	2.25	2.75	1310	1210	1140	1070	3.0	4.0
	2.75	3.00	1310	1210	1140	1070	3.5	4.0
	3.00	3.50	1290	1190	1100	1000	3.5	4.0
	3.50	4.25	1290	1190	1100	1000	4.0	4.0
	4.25	4.75	1290	1190	1100	1000	4.0	4.0
	4.75	5.50	1290	1190	1100	1000	4.0	4.0
2级强度	1.24	2.25	1450	1380	1310	1240	2.5	2.5
	2.25	2.75	1410	1340	1280	1210	2.5	2.5
	2.75	3.00	1410	1340	1280	1210	3.0	3.0
	3.00	3.50	1410	1340	1240	1170	3.0	3.0
	3.50	4.25	1380	1280	1170	1100	3.0	3.0
	4.25	4.75	1380	1280	1170	1100	3.0	3.0
	4.75	5.50	1380	1280	1170	1100	3.0	3.0
3级强度	1.24	2.25	1620		1450		2.0	
	2.25	2.75	1590		1410		2.0	
	2.75	3.00	1590		1410		2.5	
	3.00	3.50	1550	—	1380	—	2.5	—
	3.50	4.25	1520		1340		2.5	
	4.25	4.75	1520		1340		2.5	
	4.75	5.50	1500		1270		2.5	

强度级别	标称直径（mm）		抗拉强度（最小值，MPa）		1%伸长时的应力值（最小值，MPa）		伸长率（最小值，%）标距 $L_0 = 250\text{mm}$	
	大于	小于等于	A级镀锌层	B级镀锌层	A级镀锌层	B级镀锌层	A级镀锌层	B级镀锌层
4级强度	1.24	2.25	1870	—	1580	—	3.0	—
	2.25	2.75	1820		1580		3.0	
	2.75	3.00	1820		1550		3.5	
	3.00	3.50	1770		1550		3.5	
	3.50	4.25	1720		1500		3.5	
	4.25	4.75	1720		1480		3.5	
5级强度	1.24	2.25	1960	—	1600	—	3.0	—
	2.25	2.75	1910		1600		3.0	
	2.75	3.00	1910		1580		3.5	
	3.00	3.50	1870		1580		3.5	
	3.50	4.25	1820		1550		3.5	
	4.25	4.75	1820		1500		3.5	

对架空线进行拉断力试验时，要求其应能承受95％的额定拉断力，即其综合拉断力 T_p 为95％额定拉断力。因此架空线的抗拉强度为

$$\sigma_\text{p} = \frac{T_\text{p}}{A} = 0.95\frac{T_\text{N}}{A} \tag{3-4}$$

第二节 架空线的许用应力和安全系数

架空线的许用应力是指架空线弧垂最低点所允许使用的最大应力，工程中称之为最大使用应力，其值由下式确定

$$[\sigma] = \frac{\sigma_\text{p}}{k} \tag{3-5}$$

式中 σ_p——架空线的抗拉强度；

k——架空线的设计安全系数。

影响安全系数的因素很多，如悬挂点的应力大于弧垂最低点的应力，补偿初伸长需增大应力，振动时产生附加应力而且断股后架空线强度降低，因腐蚀、挤压损伤造成强度降低以及设计、施工中的误差等。各因素对架空线许用应力的影响程度示于表3-5中，表中同时给出了按下式计算出的最小安全系数值

$$k = \frac{1 + k_1 + k_2 + k_3 + k_6 + k_7}{1 - k_4 - k_5} \tag{3-6}$$

表 3 - 5　　　　　　　　　　　　　影响架空线安全系数的因素

系数	影 响 因 素	运行期			
		施工	初期	中期（20 年）	后期（40 年）
k_1	悬挂点应力增加	10%	10%	10%	10%
k_2	补偿导线初伸长的应力增加	10%	10%	10%	5%
k_3	考虑弧垂施工误差的应力增加	2.5%	2.5%	2.5%	2.5%
k_4	因压挤和挤压降低强度	5%	5%	5%	5%
k_5	因腐蚀等降低强度	0	0	10%	20%
k_6	设计误差	5%	5%	5%	5%
k_7	振动断股降低使用应力	0	17%	17%	17%
最小安全系数 k		1.34	1.52	1.64	1.86

由表 3 - 5 可以看出，即使不考虑悬挂点附加弯曲应力和振动时的附加动应力的影响，最小安全系数也要求达到 1.86。若加上上述两个因素，则要求安全系数为 2.0～2.5。为保证架空输电线路的安全运行，设计规范规定导线最大应力下的设计安全系数不应小于 2.5，考虑到地线多采用钢绞线，易腐蚀，其设计安全系数宜大于导线的设计安全系数。

控制微风振动的年均气温气象条件下的年均运行应力，在采取防振措施的情况下，不应超过 σ_p 的 25%，即此时的设计安全系数不应小于 4.0。

在最大应力情况下，悬挂点的设计安全系数不应小于 2.25。

在校验稀有风速或稀有覆冰气象条件时，弧垂最低点的最大使用张力不应超过综合拉断力的 70%，悬挂点的最大使用张力不应超过综合拉断力的 77%，1000kV 线路则相应要求为 60% 和 66%。

架设在滑轮上的导、地线，还应计算悬挂点局部弯曲引起的附加应力。

在任何气象组合条件下，架空线的使用应力不能大于相应的许用应力。

第三节　架空线的比载

作用在架空线上的分布荷载有自重、冰重和风荷载。这些荷载可能是不均匀的，但为方便计算，一般按均匀分布考虑。由于在架空线的有关计算中，常用到单位长度架空线上的荷载折算到单位面积上的数值，就将其定义为架空线的比载，常用单位是 $N/(m \cdot mm^2)$ 或 MPa/m。根据架空线上作用荷载的不同，相应比载有自重比载、冰重比载、风压比载等。根据作用方向的不同，比载可分为垂直比载、水平比载和综合比载。

为清楚起见，覆冰厚度为 b、风速为 v 时的比载用符号 $\gamma_i(b,v)$ 表示。

一、垂直比载

垂直比载包括自重比载和冰重比载，作用方向垂直向下。

1. 自重比载

自重比载是架空线自身重量引起的比载，其大小可认为不受气象条件变化的影响。自

重比载计算式为

$$\gamma_1(0,0) = \frac{qg}{A} \times 10^{-3} \quad (\text{MPa/m}) \tag{3-7}$$

式中　q——架空线的单位长度质量，kg/km；

　　　A——架空线的截面积，mm^2；

　　　g——重力加速度，$g = 9.80665\text{m/s}^2$。

2. 冰重比载

冰重比载是架空线的覆冰重量引起的比载。在覆冰厚度为 b 时，单位长度架空线上的覆冰体积为

$$V = \frac{\pi}{4}\left[(d+2b)^2 - d^2\right] = \pi b(d+b)$$

若取覆冰的密度 $\rho = 0.9 \times 10^{-3}\text{kg/cm}^3$，则冰重比载为

$$\gamma_2(b,0) = \frac{\rho V g}{A} = \frac{\rho \pi b(d+b)g}{A} = 27.728\frac{b(d+b)}{A} \times 10^{-3} \quad (\text{MPa/m}) \tag{3-8}$$

式中　b——覆冰厚度，mm；

　　　d——架空线的外径，mm。

A，g 意义同前。

3. 垂直总比载

垂直总比载是自重比载与冰重比载之和，即

$$\gamma_3(b,0) = \gamma_1(0,0) + \gamma_2(b,0) \tag{3-9}$$

二、水平比载

水平比载包括无冰风压比载和覆冰风压比载，方向垂直于线路且作用在水平面内。风压是空气的动能在迎风体单位面积上产生的压力。当流动气流以速度 v 携带着动能吹向迎风物体，速度降为零时，其动能将全部转换为对物体的静压力，根据流体力学中的伯努利方程，基本风压为

$$W_v = \frac{1}{2}\rho v^2 \tag{3-10}$$

式中　W_v——风速为 v 时的风压标准值，N/m^2 或 Pa；

　　　v——风速，m/s；

　　　ρ——空气密度，kg/m^3。

空气密度 ρ 是海拔、气温和湿度的函数，不同地区不同季节的 ρ 值存在差异，一般情况下可采用标准空气密度 $\rho = 1.25\text{kg/m}^3$。此时的风压计算式为

$$W_v = 0.625v^2 = \frac{v^2}{1.6} \tag{3-11}$$

对高海拔地区以及要求计算精度比较高的特殊情况，ρ 应取当地当时的实际空气密度。无可靠数据时，可根据所在地的海拔，用下式估算

$$\rho = 1.25\text{e}^{-0.0001H} \tag{3-12}$$

式中　H——海拔，m。

另外需要说明的是，20 世纪 60 年代以前，国内的风速记录大多是根据风压板的观测

结果,统一根据标准空气密度 $\rho = 1.25\mathrm{kg/m^3}$ 按式(3-10)反算而得,因此在应用此类风速计算风压时,采用式(3-11)是准确的。

1. 无冰风压比载

考虑到整个档距上的风速通常不一致,架空线的迎风面积形状(体形)对空气流动的影响,以及风向与线路走向间常存在一定的角度,无冰时的风压比载计算式为

$$\gamma_4(0,v) = \beta_c \alpha_f \mu_{sc} d \frac{W_v}{A} \sin^2\theta \times 10^{-3} \quad \text{(MPa/m)} \quad (3-13)$$

式中 α_f ——风速不均匀系数,根据基本风速按表 3-6 取值,校验最大设计风速下杆塔的电气距离时,根据水平档距按表 3-7 取值;

      β_c ——500kV 及以上线路的架空线风载调整系数,仅用于强度设计时计算架空线作用于杆塔上的风荷载,可取表 3-6 中的数值,电压低于 500kV 的线路取 1.0;

     μ_{sc} ——架空线的体型系数(空气动力系数),对无冰架空线,线径 $d < 17\mathrm{mm}$ 时 $\mu_{sc} = 1.2$,线径 $d \geqslant 17\mathrm{mm}$ 时 $\mu_{sc} = 1.1$;

      d ——架空线外径,mm;

     W_v ——风压,Pa;

      A ——架空线截面积,$\mathrm{mm^2}$;

      θ ——风向与线路方向的夹角。

表 3-6   风速不均匀系数 α_f 和风载调整系数 β_c

风速 v(m/s)		<20	$20 \leqslant v < 27$	$27 \leqslant v < 31.5$	$\geqslant 31.5$
α_f	杆塔荷载(强度计算用)	1.00	0.85	0.75	0.70
	设计塔头(风偏计算用)	1.00	0.75	0.61	0.61
β_c	500kV 及以上杆塔荷载	1.00	1.10	1.20	1.30

注   对跳线计算,1000kV 线路 α_f 宜取 1.2,其他宜取 1.0。

表 3-7   风速不均匀系数 α_f 随水平档距变化取值

水平档距(m)	$\geqslant 200$	250	300	350	400	450	500	$\geqslant 550$
α_f	0.80	0.74	0.70	0.67	0.65	0.63	0.62	0.61

在 500kV 及以上线路设计中引入风载调整系数,是考虑 500kV 线路绝缘子串较长,子导线多,发生动力放大作用的可能性增大,且随风速的增大而增加,因而适当提高 500kV 及以上线路的架空线对杆塔的荷载,以降低其杆塔事故率。

2. 覆冰风压比载

架空线覆冰时,其直径由 d 变为 $d+2b$,迎风面积增大。同时风载体型系数也与未覆冰时不同,规范规定无论线径大小,覆冰时的风载体型系数一律取为 $\mu_{sc} = 1.2$。另外,实际覆冰的厚度要大于理想覆冰的厚度,实际覆冰的不规则形状加大了对气流的阻力,需要引入覆冰风载增大系数 B,对 5mm 冰区取 1.1,10mm 冰区取 1.2,15mm 冰区取 1.3,20mm 及以上冰区取 1.5~2.0。覆冰时的风压比载计算式为

$$\gamma_5(b,v) = \beta_c \alpha_f \mu_{sc} B(d+2b) \frac{W_v}{A} \sin^2\theta \times 10^{-3} \quad \text{(MPa/m)} \quad (3-14)$$

三、 综合比载

综合比载有无冰综合比载和覆冰综合比载之分，分别为相应气象条件下的垂直比载和水平比载的矢量和，如图 3-2 所示。

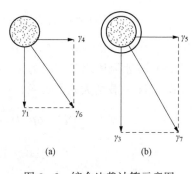

1. 无冰综合比载

无冰有风时的综合比载是架空线自重比载和无冰风压比载的矢量和，即

$$\gamma_6(0,v) = \sqrt{\gamma_1^2(0,0) + \gamma_4^2(0,v)} \qquad (3-15)$$

图 3-2　综合比载计算示意图

(a) 无冰综合比载；(b) 覆冰综合比载

2. 覆冰综合比载

覆冰综合比载是架空线的垂直总比载和覆冰风压比载的矢量和，即

$$\gamma_7(b,v) = \sqrt{\gamma_3^2(b,0) + \gamma_5^2(b,v)} = \sqrt{[\gamma_1(0,0) + \gamma_2(b,0)]^2 + \gamma_5^2(b,v)} \qquad (3-16)$$

【例 3-1】　通过某特殊气象区的一条 220kV 的输电线路，其地线采用 1×7-7.8-1270-A-YB/T 5004—2012 镀锌钢绞线，试计算地线的比载。气象条件是：最高气温 40℃，最低气温 −20℃，覆冰时气温 −5℃，基本风速 23.5m/s，最大设计风速 25m/s，安装时风速 10m/s，覆冰时风速 10m/s，覆冰厚度 5mm。

解　查附录 A，可得镀锌钢绞线 1×7-7.8-1270-A 的有关数据为：截面积 $A = 37.17\text{mm}^2$，单位长度质量 $q = 295.00\text{kg/km}$，计算直径 $d = 7.8\text{mm}$。

(1) 自重比载为

$$\gamma_1(0,0) = \frac{qg}{A} \times 10^{-3} = \frac{295.00 \times 9.80665}{37.17} \times 10^{-3} = 77.631 \times 10^{-3}(\text{MPa/m})$$

(2) 冰重比载为

$$\gamma_2(5,0) = 27.728 \frac{b(d+b)}{A} \times 10^{-3} = 27.728 \times \frac{5 \times (7.8+5)}{37.17} \times 10^{-3}$$
$$= 47.74 \times 10^{-3}(\text{MPa/m})$$

(3) 垂直总比载为

$$\gamma_3(5,0) = \gamma_1(0,0) + \gamma_2(5,0) = (77.631 + 47.74) \times 10^{-3} = 125.37 \times 10^{-3}(\text{MPa/m})$$

(4) 无冰风压比载计算最大风速和安装有风两种情况。假设风向垂直于线路方向即 $\theta = 90°$，因 $d = 7.8\text{mm} < 17\text{mm}$，则 $\mu_{sc} = 1.2$；220kV 线路，$\beta_c = 1.0$。

1) 最大设计风速 $v = 25\text{m/s}$ 时，风压为

$$W_{25} = 0.625v^2 = 0.625 \times 25^2 = 390.625(\text{Pa})$$

按基本风速查表 3-6，得计算强度时的 $\alpha_f = 0.85$，所以

$$\gamma_4(0,25) = \beta_c\alpha_f\mu_{cs}d\frac{W_{25}}{A}\sin^2\theta \times 10^{-3} = 1.0 \times 0.85 \times 1.2 \times 7.8 \times \frac{390.625}{37.17} \times 10^{-3}$$
$$= 83.61 \times 10^{-3}(\text{MPa/m})$$

计算风偏时，$\alpha_f = 0.75$，所以

$$\gamma_4(0,25) = 1.0 \times 0.75 \times 1.2 \times 7.8 \times \frac{390.625}{37.17} \times 10^{-3} = 73.77 \times 10^{-3}(\text{MPa/m})$$

2) 安装风速 $v = 10\text{m/s}$ 时，查表 3-6 得 $\alpha_f = 1.0$，则

$$W_{10} = 0.625v^2 = 0.625 \times 10^2 = 62.5(\text{Pa})$$

$$\gamma_4(0,10) = \alpha_f \mu_{cs} d \frac{W_{10}}{A} \sin^2\theta \times 10^{-3} = 1.0 \times 1.2 \times 7.8 \times \frac{62.5}{37.17} \times 10^{-3}$$
$$= 15.74 \times 10^{-3} (\text{MPa/m})$$

（5）覆冰风压比载。因为 $v=10\text{m/s}$，查得计算强度和风偏时均有 $\alpha_f=1.0$。覆冰厚度 5mm，覆冰风载增大系数 $B=1.1$，所以

$$\gamma_5(5,10) = \alpha_f \mu_{cs} B(d+2b) \frac{W_{10}}{A} \sin^2\theta \times 10^{-3}$$
$$= 1.0 \times 1.2 \times 1.1 \times (7.8 + 2 \times 5) \times \frac{62.5}{37.17} \times 10^{-3}$$
$$= 35.51 \times 10^{-3} (\text{MPa/m})$$

（6）无冰综合比载。

最大设计风速下计算强度时，有

$$\gamma_6(0,25) = \sqrt{\gamma_1^2(0,0) + \gamma_4^2(0,25)} = \sqrt{77.63^2 + 83.61^2} \times 10^{-3}$$
$$= 114.09 \times 10^{-3} (\text{MPa/m})$$

最大设计风速下计算风偏时，有

$$\gamma_6(0,25) = \sqrt{77.63^2 + 73.77^2} \times 10^{-3} = 107.09 \times 10^{-3} (\text{MPa/m})$$

安装有风时，有

$$\gamma_6(0,10) = \sqrt{\gamma_1^2(0,0) + \gamma_4^2(0,10)} = \sqrt{77.63^2 + 15.74^2} \times 10^3$$
$$= 79.21 \times 10^3 (\text{MPa/m})$$

（7）覆冰综合比载为

$$\gamma_7(5,10) = \sqrt{\gamma_3^2(5,0) + \gamma_5^2(5,10)} = \sqrt{125.37^2 + 35.51^2} \times 10^{-3}$$
$$= 131.45 \times 10^{-3} (\text{MPa/m})$$

【例 3-2】 某 330kV 架空输电线路，通过典型气象Ⅸ区，导线采用 LGJ-240/55 钢芯铝绞线，平均高度 20m，试计算各种比载。

解 查附录 A 得到 LGJ-240/55 钢芯铝绞线的有关数据：面积 $A=297.57\text{mm}^2$，外径 $d=22.4\text{mm}$，单位长度质量 $q=1108\text{kg/km}$。

查表 2-10 得到典型气象Ⅸ区的有关数据：覆冰厚度 $b=20\text{mm}$，外过电压和安装有风时的风速 10m/s，覆冰时的风速 15m/s，基本风速 27m/s。

（1）自重比载为

$$\gamma_1(0,0) = \frac{qg}{A} \times 10^{-3} = \frac{1108 \times 9.80665}{297.57} \times 10^{-3} = 36.52 \times 10^{-3} (\text{MPa/m})$$

（2）冰重比载为

$$\gamma_2(20,0) = 27.728 \times \frac{20 \times (22.4 + 20)}{297.57} \times 10^{-3} = 79.02 \times 10^{-3} (\text{MPa/m})$$

（3）垂直总比载为

$$\gamma_3(20,0) = (36.52 + 79.02) \times 10^{-3} = 115.54 \times 10^{-3} (\text{MPa/m})$$

（4）风压比载。假设风向垂直于线路方向，即 $\theta=90°$，$\sin\theta=\sin90°=1$，330kV 线路 $\beta_c=1.0$，将式（3-11）代入式（3-13）得

$$\gamma_4(0,v) = 0.625 \alpha_f \mu_{sc} d \frac{v^2}{A} \sin^2\theta \times 10^{-3} (\text{MPa/m})$$

1）外过电压、安装有风。$v=10\text{m/s}$，$\alpha_f=1.0$，$\mu_{sc}=1.1$，所以

$$\gamma_4(0,10)=0.625\times1.0\times1.1\times22.4\times\frac{10^2}{297.57}\times10^{-3}=5.18\times10^{-3}(\text{MPa/m})$$

2）最大设计风速。按 B 类地区，由基本风速折算的最大设计风速为

$$v=\left(\frac{h}{10}\right)^{0.15}v_0=\left(\frac{20}{10}\right)^{0.15}\times27=30\quad(\text{m/s})$$

计算强度时，$\alpha=0.75$，$\mu_{sc}=1.1$，所以

$$\gamma_4(0,30)=0.625\times0.75\times1.1\times22.4\times\frac{30^2}{297.57}\times10^{-3}=34.94\times10^{-3}(\text{MPa/m})$$

计算风偏时，$\alpha_f=0.61$，所以

$$\gamma_4(0,30)=0.625\times0.61\times1.1\times22.4\times\frac{30^2}{297.57}\times10^{-3}=28.42\times10^{-3}(\text{MPa/m})$$

3）内过电压。取最大设计风速的一半，$v=15\text{m/s}$，$\alpha_f=1.0$，$\mu_{sc}=1.1$，所以

$$\gamma_4(0,15)=0.625\times1.0\times1.1\times22.4\times\frac{15^2}{297.57}\times10^{-3}=11.64\times10^{-3}(\text{MPa/m})$$

4）覆冰风压比载。$v=15\text{m/s}$，计算强度和计算风偏（设计塔头）时均有 $\alpha_f=1.0$，$\mu_{sc}=1.2$，$B=1.5$，所以

$$\gamma_5(20,15)=0.625\times1.0\times1.2\times1.5\times(22.4+2\times20)\times\frac{15^2}{297.57}\times10^{-3}$$
$$=53.08\times10^{-3}(\text{MPa/m})$$

（5）无冰综合比载。

1）外过电压、安装有风，有

$$\gamma_6(0,10)=\sqrt{36.52^2+5.18^2}\times10^{-3}=36.88\times10^{-3}(\text{MPa/m})$$

2）内过电压，有

$$\gamma_6(0,15)=\sqrt{36.52^2+11.67^2}\times10^{-3}=38.33\times10^{-3}(\text{MPa/m})$$

3）最大风速。计算强度时，有

$$\gamma_6(0,30)=\sqrt{36.52^2+34.94^2}\times10^{-3}=50.54\times10^{-3}(\text{MPa/m})$$

计算风偏时，有

$$\gamma_6(0,30)=\sqrt{36.52^2+28.42^2}\times10^{-3}=46.27\times10^{-3}(\text{MPa/m})$$

（6）覆冰综合比载。计算强度时，有

$$\gamma_7(20,15)=\sqrt{115.53^2+53.08^2}\times10^{-3}=127.14\times10^{-3}(\text{MPa/m})$$

练 习 题

1. 架空输电线路中常用的架空线机械物理特性有哪些？
2. 什么是架空线的综合拉断力？其许用应力的意义是什么？
3. 导线和地线的安全系数应考虑哪些因素？其大小是怎样规定的？
4. 什么是导线的比载？共有哪几种？各用在什么气象条件下？
5. 在输电线路设计中，计算架空线的风压比载应考虑哪几个系数？如何选取？

6. 试计算 LGJ - 150/35 钢芯铝绞线的弹性系数、温度线膨胀系数和额定拉断力，并与查表值进行比较（以相对误差表示）。

7. 某 330kV 线路通过典型气象区 V 区，导线为 LGJ - 150/35 钢芯铝绞线，试计算各种气象组合下的比载（设风向与线路垂直即 $\theta = 90°$）。

8. 某 500kV 架空输电线路，通过 VII 区典型气象区，导线为 LGJ - 400/50 钢芯铝绞线，计算其比载。

第四章 均布荷载下架空线的计算

在架空输电线路的设计中，不同气象条件下架空线的弧垂、应力、线长计算占有十分重要的位置，是输电线路力学研究的主要内容。这是因为架空线的弧垂和应力直接影响着线路的正常安全运行，而架空线线长的微小变化和误差都会引起弧垂和应力相当大的改变。设计弧垂小，架空线的拉应力就大，振动现象加剧，同时杆塔荷载增大因而要求强度提高。设计弧垂过大，满足对地安全距离所需杆塔高度增加，线路投资增大，而且架空线的风摆、舞动和跳跃会造成线路停电事故，若加大塔头尺寸，必然会使投资再度提高。因此，设计合适的弧垂是十分重要的。本章研究垂直均布荷载和水平均布荷载作用下的架空线有关计算问题。

第一节 架空线悬链线方程的积分普遍形式

为使问题简化，首先假设架空线是没有刚性的柔性索链。这是因为架空输电线路的档距比架空线的截面尺寸大得多，即整档架空线的线长要远远大于其直径，同时架空线又多采用多股细金属线构成的绞合线，所以架空线的刚性对其悬挂空间曲线形状的影响很小。根据这一假设，架空线只能承受拉力而不能承受弯矩。其次假设作用在架空线上的荷载沿其线长均布。根据这两个假设，悬挂在两基杆塔间的架空线呈悬链线形状。

图 4-1（a）所示为某档架空线悬挂曲线受力图，A、B 为两悬挂点。沿架空线线长作用有均布比载 γ，方向垂直向下。在比载 γ 作用下，架空线呈曲线形状，其最低位置在 O 点。在悬挂点 A、B 处，架空线的轴向应力分别为 σ_A 和 σ_B。选取线路方向（垂直于比载）为坐标系的 x 轴，平行于比载方向为 y 轴。在架空线上任选一点 C，取长为 L_{OC} 的一段架空线作为研究对象，受力分析如图 4-1（b）所示。列研究对象的力平衡方程式，有

$$\sum x = 0, \sigma_x \cos\theta = \sigma_0 \qquad (4-1)$$

$$\sum y = 0, \sigma_x \sin\theta = \gamma L_{OC} \qquad (4-2)$$

式（4-1）表明，架空线上任一点 C 处的轴向应力 σ_x 的水平分量等于弧垂最低点处的轴向应力 σ_0，即架空线上轴向应力的水平分量处

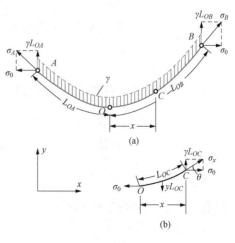

图 4-1 架空线悬挂曲线受力图
（a）整档架空线受力图；（b）分离体受力图

处相等。式（4-2）表明，架空线上任一点轴向应力的垂向分量等于该点到弧垂最低点间线长 L_{OC} 与比载 γ 之积。以上两式相除可得

$$\tan\theta = \frac{\gamma}{\sigma_0}L_{OC}$$

或

$$\frac{dy}{dx} = \frac{\gamma}{\sigma_0}L_{OC} \tag{4-3}$$

式（4-3）为悬链线方程的微分形式。从中可以看出，当比值 γ/σ_0 一定时，架空线上任一点处的斜率与该点至弧垂最低点之间的线长成正比。在弧垂最低点 O 处，曲线的斜率为零，即 $\theta=0$。将式（4-3）写成

$$y' = \frac{\gamma}{\sigma_0}L_{OC}$$

两边微分

$$dy' = \frac{\gamma}{\sigma_0}d(L_{OC}) = \frac{\gamma}{\sigma_0}\sqrt{(dx)^2+(dy)^2} = \frac{\gamma}{\sigma_0}\sqrt{1+y'^2}dx$$

分离变量后两端积分

$$\int\frac{dy'}{\sqrt{1+y'^2}} = \frac{\gamma}{\sigma_0}\int dx$$

$$\text{arsh}(y') = \frac{\gamma}{\sigma_0}(x+C_1)$$

或写成

$$\frac{dy}{dx} = \text{sh}\frac{\gamma}{\sigma_0}(x+C_1) \tag{4-4}$$

式（4-4）两端积分，得

$$y = \frac{\sigma_0}{\gamma}\text{ch}\frac{\gamma}{\sigma_0}(x+C_1)+C_2 \tag{4-5}$$

式（4-5）为架空线悬链线方程的积分普遍形式。其中 C_1、C_2 为积分常数，其值取决于坐标系的原点位置。

第二节　等高悬点架空线的弧垂、线长和应力

一、等高悬点架空线的悬链线方程

等高悬点是指架空线的两个悬挂点高度相同。由于对称性，等高悬点架空线的弧垂最低点位于档距中央，将坐标原点取在该点，如图4-2所示。

当 $x=0$ 时，$\frac{dy}{dx}=0$，代入式（4-4）可解得 $C_1=0$；当 $x=0$ 时，$y=0$，代入式（4-5）并利用 $C_1=0$，解得 $C_2=-\sigma_0/\gamma$。将 C_1、C_2 的值代回式（4-5），并加以整理即可得到架空线的悬链线方程

$$y = \frac{\sigma_0}{\gamma}\left(\text{ch}\frac{\gamma}{\sigma_0}x-1\right) \tag{4-6}$$

由式（4-6）可以看出，架空线的悬链线具体形状完全由比值 σ_0/γ 决定，即无论是何种架空线、何种气象条件，只要 σ_0/γ 相同，架空线的悬挂曲线形状就相同。在比载 γ 一定的情况下，架空线的水平应力 σ_0 是决定悬链线形状的唯一因素，所以架线时的水平张力对架空线的空间形状有着决定性的影响。

在导出式（4-6）的过程中，并没有用到等高悬点的限定条件，因此式（4-6）同样可用于不等高悬点的情况。

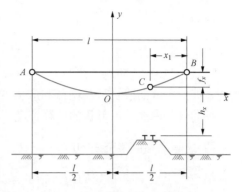

图 4-2 等高悬点架空线的悬链线

二、 等高悬点架空线的弧垂

架空线上任一点的弧垂是指该点距两悬挂点连线的垂向距离。在架空输电线路设计中，需计算架空线任一点 x 处的弧垂 f_x，以验算架空线对地安全距离，参见图 4-2。显然

$$f_x = y_B - y$$

而

$$y_B = \frac{\sigma_0}{\gamma}\left(\mathrm{ch}\,\frac{\gamma l}{2\sigma_0} - 1\right)$$

所以

$$f_x = \frac{\sigma_0}{\gamma}\left(\mathrm{ch}\,\frac{\gamma l}{2\sigma_0} - \mathrm{ch}\,\frac{\gamma x}{\sigma_0}\right) = \frac{\sigma_0}{\gamma}\left[\mathrm{ch}\,\frac{\gamma l}{2\sigma_0} - \mathrm{ch}\,\frac{\gamma(l-2x_1)}{2\sigma_0}\right]$$

利用恒等式 $\mathrm{ch}\,\alpha - \mathrm{ch}\,\beta = 2\mathrm{sh}\,\dfrac{\alpha+\beta}{2}\mathrm{sh}\,\dfrac{\alpha-\beta}{2}$ 对上式进行变换，可以得到

$$f_x = \frac{2\sigma_0}{\gamma}\mathrm{sh}\,\frac{\gamma x_1}{2\sigma_0}\mathrm{sh}\,\frac{\gamma(l-x_1)}{2\sigma_0} \tag{4-7}$$

在档距中央，弧垂有最大值 f，此时 $x=0$ 或 $x_1=l/2$，所以有

$$f = y_B = \frac{\sigma_0}{\gamma}\left(\mathrm{ch}\,\frac{\gamma l}{2\sigma_0} - 1\right) = \frac{2\sigma_0}{\gamma}\mathrm{sh}^2\,\frac{\gamma l}{4\sigma_0} \tag{4-8}$$

除非特别说明，架空线的弧垂一般指的是最大弧垂。最大弧垂在线路的设计、施工中占有十分重要的位置。

三、 等高悬点架空线的线长

弧垂最低点 O 与任一点 C 之间的架空线长度 L_{OC}（参见图 4-1）可由式（4-3）和式（4-4）联立求解，并考虑到 $C_1=0$ 而得到。线长 L_{OC} 计算式为

$$L_{OC} = \frac{\sigma_0}{\gamma}\mathrm{sh}\,\frac{\gamma x}{\sigma_0}$$

或记为

$$L_x = \frac{\sigma_0}{\gamma}\mathrm{sh}\,\frac{\gamma x}{\sigma_0} \tag{4-9}$$

将 $x=l/2$ 代入上式，可得到半档距架空线的长度 $L_{x=l/2}$，整档架空线的线长 L 是

$L_{x=l/2}$ 的 2 倍，即

$$L = 2L_{x=l/2} = \frac{2\sigma_0}{\gamma} \text{sh} \frac{\gamma l}{2\sigma_0} \qquad (4-10)$$

式（4-10）表明，在档距 l 一定时，架空线的线长随比载 γ 和水平应力 σ_0 的变化而改变，即架空线的线长是其比载和应力的函数。应该指出，式（4-10）计算得出的是按架空线的悬挂曲线几何形状的计算长度，与架空线的制造长度不尽相同。

四、等高悬点架空线的应力

架空线上任一点 C 处的应力指的是该点的轴向应力，其方向同该点线轴方向，如图 4-1（a）所示。档内架空线任一点的水平应力 σ_0 处处相等，垂向应力 $\sigma_{\gamma x}$ 为

$$\sigma_{\gamma x} = \gamma L_{OC} = \sigma_0 \text{sh} \frac{\gamma x}{\sigma_0} \qquad (4-11)$$

任一点的应力为

$$\sigma_x = \sqrt{\sigma_0^2 + (\gamma L_{OC})^2} = \sqrt{\sigma_0^2 + \left(\sigma_0 \text{sh} \frac{\gamma x}{\sigma_0}\right)^2} = \sigma_0 \sqrt{1 + \text{sh}^2 \frac{\gamma x}{\sigma_0}}$$

根据恒等变换 $\text{ch}\alpha = \sqrt{1 + \text{sh}^2 \alpha}$，可得

$$\sigma_x = \sigma_0 \text{ch} \frac{\gamma x}{\sigma_0} \qquad (4-12)$$

在两等高悬挂点 A、B 处，有

$$\sigma_A = \sigma_B = \sigma_0 \text{ch} \frac{\gamma l}{2\sigma_0} \qquad (4-13)$$

如果用弧垂表示，则为

$$\sigma_A = \sigma_B = \sigma_0 + \gamma f$$

上式表明，等高悬点处架空线的应力等于其水平应力和作用在其上的比载与中央弧垂的乘积的和。必须指出，悬挂点处的应力除按式（4-13）计算的静态应力外，还有线夹的横向挤压应力，考虑刚度时的附加弯曲应力和振动时产生的附加动应力等。

【例 4-1】 某档等高悬点架空线，档距 $l = 500\text{m}$，导线为 LGJ-150/25 型。在某气象条件下导线的使用应力（最低点应力）$\sigma_0 = 63.504\text{MPa}$，比载 $\gamma = 34.047 \times 10^{-3}$ MPa/m，试求该气象条件下导线的弧垂、线长和悬挂点应力及垂向分量。

解 在计算架空线的弧垂、线长和应力的有关公式中，有许多公用的相同项，可将这些项单独计算好后再利用有关公式，以减少计算工作量。双曲函数可利用计算机或计算器求解，若没有相应的内部函数或功能键时，可采用下面公式

$$\text{sh}x = \frac{e^x - e^{-x}}{2}, \text{ch}x = \frac{e^x + e^{-x}}{2}$$

（1）公用项的计算。

$$\frac{\sigma_0}{\gamma} = \frac{63.504}{34.047 \times 10^{-3}} = 1.8652 \times 10^3 (\text{m})$$

$$\frac{\gamma}{\sigma_0} = \frac{1}{1.8652 \times 10^3} = 0.5361 \times 10^{-3} (\text{m}^{-1})$$

$$\text{sh} \frac{\gamma l}{2\sigma_0} = \text{sh}\left(\frac{500 \times 0.5361 \times 10^{-3}}{2}\right) = \text{sh}0.13403 = 0.1344$$

$$\mathrm{ch}\frac{\gamma l}{2\sigma_0} = \mathrm{ch}\left(\frac{500 \times 0.5361 \times 10^{-3}}{2}\right) = \mathrm{ch}0.13403 = 1.0090$$

（2）架空线的弧垂、线长和应力计算。

弧垂　　　$f = \dfrac{\sigma_0}{\gamma}\left(\mathrm{ch}\dfrac{\gamma l}{2\sigma_0} - 1\right) = 1.8652 \times 10^3 \times (1.009 - 1) = 16.79(\mathrm{m})$

线长　　　$L = \dfrac{2\sigma_0}{\gamma}\mathrm{sh}\dfrac{\gamma l}{2\sigma_0} = 2 \times 1.8652 \times 10^3 \times 0.1344 = 501.48(\mathrm{m})$

悬点应力　　　$\sigma_A = \sigma_B = \sigma_0\mathrm{ch}\dfrac{\gamma l}{2\sigma_0} = 63.504 \times 1.0090 = 64.08(\mathrm{MPa})$

悬点垂向应力　　　$\sigma_{\gamma A} = \sigma_{\gamma B} = \gamma L/2 = 34.047 \times 10^{-3} \times 501.48/2 = 8.54(\mathrm{MPa})$

从［例 4 - 1］可以看出，线长仅仅比档距相差 1.48m，增大约 3.0‰，但弧垂却达到了 16.79m，说明线长的微小变化会引起弧垂的很大变化，对此应给予足够的重视。

第三节　不等高悬点架空线的弧垂、线长和应力

地形的起伏不平或杆塔高度的不同，将造成架空线悬挂高度不相等。同一档距两悬挂点间的高度差简称为高差，两悬挂点连线间的距离称为斜档距，该连线与水平面的夹角称为高差角。

一、不等高悬点架空线的悬链线方程

为应用方便起见，取坐标原点位于左侧悬挂点处，如图 4 - 3 所示。

在所选坐标系中，当 $x=a$ 时，$\mathrm{d}y/\mathrm{d}x=0$，代入式（4 - 4）求得 $C_1=-a$；当 $x=0$ 时，$y=0$，代入式（4 - 5）并注意到 $C_1=-a$，求得 $C_2=-\dfrac{\sigma_0}{\gamma}\mathrm{ch}\dfrac{\gamma a}{\sigma_0}$。将 C_1、C_2 之值再代回式（4 - 5），有

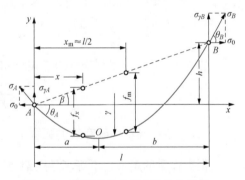

图 4 - 3　不等高悬点架空线的悬链线

$$y = \frac{\sigma_0}{\gamma}\left[\mathrm{ch}\frac{\gamma(x-a)}{\sigma_0} - \mathrm{ch}\frac{\gamma a}{\sigma_0}\right] = \frac{2\sigma_0}{\gamma}\mathrm{sh}\frac{\gamma x}{2\sigma_0}\mathrm{sh}\frac{\gamma(x-2a)}{2\sigma_0} \qquad (4\text{ - }14)$$

式（4 - 14）即为不等高悬点架空线的悬链线方程，但式中架空线最低点至左侧低悬挂点的水平距离 a 待求。将 $x=l$ 时 $y=h$ 的边界条件代入式（4 - 14），可以得到

$$a = \frac{l}{2} - \frac{\sigma_0}{\gamma}\mathrm{arsh}\frac{h}{\dfrac{2\sigma_0}{\gamma}\mathrm{sh}\dfrac{\gamma l}{2\sigma_0}}$$

上式中反双曲函数一项的分母，实际上就是式（4 - 10）表示的等高悬点架空线的档内悬链线长度，记为 $L_{h=0}$，即

$$L_{h=0} = \frac{2\sigma_0}{\gamma}\mathrm{sh}\frac{\gamma l}{2\sigma_0} \qquad (4\text{ - }15)$$

所以

$$a = \frac{l}{2} - \frac{\sigma_0}{\gamma} \text{arsh} \frac{h}{L_{h=0}} \tag{4-16}$$

相应地，弧垂最低点距右侧高悬挂点的水平距离为

$$b = \frac{l}{2} + \frac{\sigma_0}{\gamma} \text{arsh} \frac{h}{L_{h=0}} \tag{4-17}$$

由于

$$
\begin{aligned}
\text{sh} \frac{\gamma(x-2a)}{2\sigma_0} &= \text{sh} \left(\frac{\gamma x}{2\sigma_0} - \frac{\gamma a}{\sigma_0} \right) \\
&= \text{sh} \left[\frac{\gamma(x-l)}{2\sigma_0} + \text{arsh} \frac{h}{L_{h=0}} \right] \\
&= \text{sh} \frac{\gamma(x-l)}{2\sigma_0} \sqrt{1 + \left(\frac{h}{L_{h=0}} \right)^2} + \text{ch} \frac{\gamma(x-l)}{2\sigma_0} \frac{h}{L_{h=0}} \\
&= \frac{h}{L_{h=0}} \text{ch} \frac{\gamma(l-x)}{2\sigma_0} - \sqrt{1 + \left(\frac{h}{L_{h=0}} \right)^2} \text{sh} \frac{\gamma(l-x)}{2\sigma_0}
\end{aligned}
$$

将上式代入式（4-14），便可得到坐标原点位于左悬点时的不等高悬点架空线的悬链线方程为

$$
\begin{aligned}
y &= \frac{2\sigma_0}{\gamma} \text{sh} \frac{\gamma x}{2\sigma_0} \text{sh} \frac{\gamma(x-2a)}{2\sigma_0} \\
&= \frac{2\sigma_0}{\gamma} \text{sh} \frac{\gamma x}{2\sigma_0} \left[\frac{h}{L_{h=0}} \text{ch} \frac{\gamma(l-x)}{2\sigma_0} - \sqrt{1 + \left(\frac{h}{L_{h=0}} \right)^2} \text{sh} \frac{\gamma(l-x)}{2\sigma_0} \right] \\
&= \frac{h}{L_{h=0}} \left[\frac{2\sigma_0}{\gamma} \text{sh} \frac{\gamma x}{2\sigma_0} \text{ch} \frac{\gamma(l-x)}{2\sigma_0} \right] - \sqrt{1 + \left(\frac{h}{L_{h=0}} \right)^2} \left[\frac{2\sigma_0}{\gamma} \text{sh} \frac{\gamma x}{2\sigma_0} \text{sh} \frac{\gamma(l-x)}{2\sigma_0} \right]
\end{aligned} \tag{4-18}
$$

当 $h=0$ 时，即得到坐标原点位于左悬挂点时的等高悬点的架空线悬链线方程

$$y = -\frac{2\sigma_0}{\gamma} \text{sh} \frac{\gamma x}{2\sigma_0} \text{sh} \frac{\gamma(l-x)}{2\sigma_0} \tag{4-19}$$

二、不等高悬点架空线的弧垂

根据弧垂的定义，不等高悬点架空线任一点处的弧垂为

$$
\begin{aligned}
f_x &= \frac{h}{l} x - y = \frac{h}{l} x - \frac{2\sigma_0}{\gamma} \text{sh} \frac{\gamma x}{2\sigma_0} \text{sh} \frac{\gamma(x-2a)}{2\sigma_0} \\
&= \frac{h}{l} x - \frac{h}{L_{h=0}} \left[\frac{2\sigma_0}{\gamma} \text{sh} \frac{\gamma x}{2\sigma_0} \text{ch} \frac{\gamma(l-x)}{2\sigma_0} \right] + \sqrt{1 + \left(\frac{h}{L_{h=0}} \right)^2} \left[\frac{2\sigma_0}{\gamma} \text{sh} \frac{\gamma x}{2\sigma_0} \text{sh} \frac{\gamma(l-x)}{2\sigma_0} \right]
\end{aligned} \tag{4-20}
$$

等高悬点 $h=0$ 时，有

$$f_{x(h=0)} = \frac{2\sigma_0}{\gamma} \text{sh} \frac{\gamma x}{2\sigma_0} \text{sh} \frac{\gamma(l-x)}{2\sigma_0}$$

这与式（4-7）是一致的。

架空输电线路最常用的是档距中央弧垂、最低点弧垂和最大弧垂（斜切点弧垂）。在档距中央 $x = l/2$，代入式（4-20）并化简后得到档距中央弧垂的计算式

$$f_{\frac{l}{2}} = \sqrt{1 + \left(\frac{h}{L_{h=0}} \right)^2} \frac{\sigma_0}{\gamma} \left(\text{ch} \frac{\gamma l}{2\sigma_0} - 1 \right) \tag{4-21}$$

最低点弧垂出现在 $x=a$ 处，代入任一点弧垂公式 [式（4-20）] 并注意到式（4-

16），适当整理后得

$$f_0 = \frac{\sigma_0}{\gamma}\left[\sqrt{1+\left(\frac{h}{L_{h=0}}\right)^2}\,\mathrm{ch}\,\frac{\gamma l}{2\sigma_0} - \frac{h}{l}\,\mathrm{arsh}\,\frac{h}{L_{h=0}} - 1\right] \qquad (4\text{-}22)$$

同式（4-21）相比较，式（4-22）可写成

$$f_0 = f_{\frac{l}{2}} - \frac{\sigma_0}{\gamma}\left[1 + \frac{h}{l}\,\mathrm{arsh}\,\frac{h}{L_{h=0}} - \sqrt{1+\left(\frac{h}{L_{h=0}}\right)^2}\right] \qquad (4\text{-}23)$$

最大弧垂出现在 $\dfrac{\mathrm{d}f_x}{\mathrm{d}x}=0$ 处，即

$$\frac{\mathrm{d}f_x}{\mathrm{d}x} = \frac{\mathrm{d}}{\mathrm{d}x}\left(\frac{h}{l}x - y\right) = \frac{\mathrm{d}}{\mathrm{d}x}\left[\frac{h}{l}x - \frac{\sigma_0}{\gamma}\left(\mathrm{ch}\,\frac{\gamma(x-a)}{\sigma_0} - \mathrm{ch}\,\frac{\gamma a}{\sigma_0}\right)\right]$$

$$= \frac{h}{l} - \mathrm{sh}\,\frac{\gamma(x-a)}{\sigma_0} = 0$$

解得出现最大弧垂的位置

$$x_{\mathrm{m}} = a + \frac{\sigma_0}{\gamma}\,\mathrm{arsh}\,\frac{h}{l} = \frac{l}{2} + \frac{\sigma_0}{\gamma}\left(\mathrm{arsh}\,\frac{h}{l} - \mathrm{arsh}\,\frac{h}{L_{h=0}}\right) \qquad (4\text{-}24)$$

从式（4-24）可以看出，不等高悬点架空线的最大弧垂不在档距中央。由于 $L_{h=0}>l$，所以 $x_{\mathrm{m}}>l/2$，说明最大弧垂位于档距中央稍偏向高悬挂点一侧的位置。将式（4-24）代入任一点弧垂公式［式（4-20）］，可求得不等高悬点的最大弧垂为

$$f_{\mathrm{m}} = \frac{\sigma_0}{\gamma}\left[\frac{h}{l}\left(\mathrm{arsh}\,\frac{h}{l} - \mathrm{arsh}\,\frac{h}{L_{h=0}}\right) + \sqrt{1+\left(\frac{h}{L_{h=0}}\right)^2}\,\mathrm{ch}\,\frac{\gamma l}{2\sigma_0} - \sqrt{1+\left(\frac{h}{l}\right)^2}\right]$$

$$(4\text{-}25)$$

与式（4-21）比较，最大弧垂公式可表示为

$$f_{\mathrm{m}} = f_{\frac{l}{2}} + \frac{\sigma_0}{\gamma}\left\{\frac{h}{l}\left(\mathrm{arsh}\,\frac{h}{l} - \mathrm{arsh}\,\frac{h}{L_{h=0}}\right) - \left[\sqrt{1+\left(\frac{h}{l}\right)^2} - \sqrt{1+\left(\frac{h}{L_{h=0}}\right)^2}\right]\right\}$$

$$(4\text{-}26)$$

由于式（4-26）两个小括号内的值均为正值且均小，前者略大于后者，所以最大弧垂大于档距中央弧垂，但二者非常接近。

对于等高悬点架空线，有

$$f_{\mathrm{m}} = f_{\frac{l}{2}} = f_0 = \frac{\sigma_0}{\gamma}\left(\mathrm{ch}\,\frac{\gamma l}{2\sigma_0} - 1\right)$$

该式表明，等高悬点架空线的最大弧垂、档距中央弧垂和最低点弧垂三者重合，位于档距中央，这是很明显的。

三、 不等高悬点架空线的线长

不等高悬点架空线的线长可利用弧长微分公式通过积分求得。根据式（4-4）有

$$\frac{\mathrm{d}y}{\mathrm{d}x} = \mathrm{sh}\,\frac{\gamma}{\sigma_0}(x+C_1) = \mathrm{sh}\,\frac{\gamma}{\sigma_0}(x-a)$$

所以

$$\mathrm{d}L = \sqrt{1+\left(\frac{\mathrm{d}y}{\mathrm{d}x}\right)^2}\,\mathrm{d}x = \sqrt{1+\mathrm{sh}^2\,\frac{\gamma(x-a)}{\sigma_0}}\,\mathrm{d}x = \mathrm{ch}\,\frac{\gamma(x-a)}{\sigma_0}\,\mathrm{d}x$$

架空线上任意一点至左悬挂点间的线长为

$$L_x = \int_0^x \mathrm{ch}\, \frac{\gamma(x-a)}{\sigma_0}\mathrm{d}x = \frac{\sigma_0}{\gamma}\left[\mathrm{sh}\,\frac{\gamma(x-a)}{\sigma_0} + \mathrm{sh}\,\frac{\gamma a}{\sigma_0}\right]$$

$$= \frac{2\sigma_0}{\gamma}\mathrm{sh}\,\frac{\gamma x}{2\sigma_0}\mathrm{ch}\,\frac{\gamma(x-2a)}{2\sigma_0} \tag{4-27}$$

当 $x = l$ 时，即得到整档线长

$$L = \frac{2\sigma_0}{\gamma}\mathrm{sh}\,\frac{\gamma l}{2\sigma_0}\mathrm{ch}\,\frac{\gamma(l-2a)}{2\sigma_0} \tag{4-28}$$

将 $x = l, y = h$ 代入式（4-14），有

$$h = \frac{2\sigma_0}{\gamma}\mathrm{sh}\,\frac{\gamma l}{2\sigma_0}\mathrm{sh}\,\frac{\gamma(l-2a)}{2\sigma_0} \tag{4-29}$$

将式（4-28）的二次方减去式（4-29）的二次方

$$L^2 - h^2 = \left(\frac{2\sigma_0}{\gamma}\right)^2 \mathrm{sh}^2\,\frac{\gamma l}{2\sigma_0} = L_{h=0}^2$$

所以

$$L = \sqrt{L_{h=0}^2 + h^2} \tag{4-30}$$

由式（4-30）可以看出，高差 h 的存在，使得不等高悬点架空线的线长大于等高悬点时的线长。如果视高差 h、等高悬点时的线长 $L_{h=0}$ 为直角三角形的两条直角边，那么不等高悬点时的线长就是该直角三角形的斜边，这样理解三者之间的关系就容易记忆了。

四、不等高悬点架空线的应力

1. 架空线上任一点的应力

在已知架空线的水平应力 σ_0 时，任一点的应力可表示为

$$\sigma_x = \frac{\sigma_0}{\cos\theta} = \sigma_0\sqrt{1 + \tan^2\theta}$$

$$= \sigma_0\sqrt{1 + \left(\frac{\mathrm{d}y}{\mathrm{d}x}\right)^2}$$

$$= \sigma_0\sqrt{1 + \mathrm{sh}^2\,\frac{\gamma(x-a)}{\sigma_0}}$$

$$= \sigma_0\,\mathrm{ch}\,\frac{\gamma(x-a)}{\sigma_0}$$

$$= \sigma_0\,\mathrm{ch}\left[\frac{\gamma(l-2x)}{2\sigma_0} - \mathrm{arsh}\,\frac{h}{L_{h=0}}\right] \tag{4-31}$$

在档距中央 $x = l/2$ 的应力为

$$\sigma_{\frac{l}{2}} = \sigma_0\sqrt{1 + \left(\frac{h}{L_{h=0}}\right)^2} \tag{4-32}$$

2. 架空线上任两点应力之间的关系

架空线最低点 O 处的纵坐标值为

$$y_0 = \frac{\sigma_0}{\gamma}\left[\mathrm{ch}\,\frac{\gamma(a-a)}{\sigma_0} - \mathrm{ch}\,\frac{\gamma a}{\sigma_0}\right] = \frac{\sigma_0}{\gamma}\left(1 - \mathrm{ch}\,\frac{\gamma a}{\sigma_0}\right)$$

从中解得

$$\mathrm{ch}\,\frac{\gamma a}{\sigma_0} = 1 - \frac{\gamma y_0}{\sigma_0}$$

由式（4 - 14）可以解得

$$\mathrm{ch}\,\frac{\gamma(x-a)}{\sigma_0} = \frac{\gamma y}{\sigma_0} + \mathrm{ch}\,\frac{\gamma a}{\sigma_0} = 1 + \frac{\gamma}{\sigma_0}(y - y_0)$$

将上式代入式（4 - 31），有

$$\sigma_x = \sigma_0 + \gamma(y - y_0) \tag{4 - 33}$$

式（4 - 33）表示了架空线上任一点的应力与最低点的应力和两点间的高差之间的关系。如果已知档距内架空线上的任意两点 x_1、y_1 和 x_2、y_2，则相应的应力 σ_1 和 σ_2 分别为

$$\sigma_1 = \sigma_0 + \gamma(y_1 - y_0)$$
$$\sigma_2 = \sigma_0 + \gamma(y_2 - y_0)$$

两式相减可得

$$\sigma_2 - \sigma_1 = \gamma(y_2 - y_1) \tag{4 - 34}$$

式（4 - 34）表明，档内架空线上任意两点的应力差等于该两点间的高度差与比载之乘积。显然，档内相对高度越高，该点架空线的应力就越大。在同一档内，最大应力发生在较高悬挂点处。

3. 架空线悬挂点处的应力

悬挂点 A、B 的横坐标分别为 $x=0$、$x=l$，代入式（4 - 31）求得悬挂点应力 σ_A、σ_B 分别为

$$\left.\begin{array}{l}
\sigma_A = \sigma_0\,\mathrm{ch}\,\dfrac{\gamma a}{\sigma_0} = \sigma_0\,\mathrm{ch}\!\left(\dfrac{\gamma l}{2\sigma_0} - \mathrm{arsh}\,\dfrac{h}{L_{h=0}}\right) \\[4mm]
\sigma_B = \sigma_0\,\mathrm{ch}\,\dfrac{\gamma b}{\sigma_0} = \sigma_0\,\mathrm{ch}\!\left(\dfrac{\gamma l}{2\sigma_0} + \mathrm{arsh}\,\dfrac{h}{L_{h=0}}\right)
\end{array}\right\} \tag{4 - 35}$$

4. 悬挂点架空线的倾斜角和垂向应力

悬挂点处架空线的倾斜角是指该点架空线的切线与 x 轴间的夹角，如图 4 - 3 中的 θ_A 和 θ_B。倾斜角的正切即为该点架空线的斜率。悬挂点处的倾斜角是设计线夹、检验悬挂点附近电气间隙、考虑飞车爬坡等的重要参考数据。将 $x=0$ 和 $x=l$ 分别代入式（4 - 27）得到

$$\left.\begin{array}{l}
\tan\theta_A = -\,\mathrm{sh}\,\dfrac{\gamma a}{\sigma_0} = -\,\mathrm{sh}\!\left(\dfrac{\gamma l}{2\sigma_0} - \mathrm{arsh}\,\dfrac{h}{L_{h=0}}\right) \\[4mm]
\tan\theta_B = \mathrm{sh}\,\dfrac{\gamma b}{\sigma_0} = \mathrm{sh}\!\left(\dfrac{\gamma l}{2\sigma_0} + \mathrm{arsh}\,\dfrac{h}{L_{h=0}}\right)
\end{array}\right\} \tag{4 - 36}$$

由式（4 - 36）可知，低悬挂点处架空线的倾斜角 θ_A 可正可负，为正值表示该点架空线向上倾斜（上扬），为负值表示向下倾斜。高悬挂点处的倾斜角 θ_B 则始终为正值。

在架空线的水平应力 σ_0 和倾斜角 θ_A 和 θ_B 已知时，悬挂点应力的垂向分量为

$$\left.\begin{array}{l}
\sigma_{\gamma A} = -\,\sigma_0\tan\theta_A = \sigma_0\,\mathrm{sh}\,\dfrac{\gamma a}{\sigma_0} = \sigma_0\,\mathrm{sh}\!\left(\dfrac{\gamma l}{2\sigma_0} - \mathrm{arsh}\,\dfrac{h}{L_{h=0}}\right) \\[4mm]
\sigma_{\gamma B} = \sigma_0\tan\theta_B = \sigma_0\,\mathrm{sh}\,\dfrac{\gamma b}{\sigma_0} = \sigma_0\,\mathrm{sh}\!\left(\dfrac{\gamma l}{2\sigma_0} + \mathrm{arsh}\,\dfrac{h}{L_{h=0}}\right)
\end{array}\right\} \tag{4 - 37}$$

式（4 - 37）的第一式中的负号，是为保证悬挂点垂向应力向上时为正值而加的。悬挂点的垂向应力正值时，说明该悬挂点承受架空线的拉力。低悬挂点的垂向应力为正值还

说明架空线的弧垂最低点位于档内。由于第一式中的双曲函数可能取得负值，因而 σ_{yA} 有可能小于零。当低悬挂点的垂向应力 σ_{yA} 为负值时，说明该悬挂点承受上拔力，架空线的弧垂最低点落在档距之外。当 σ_{yA} 取零值时，说明悬挂点处正好是架空线的最低点，架空线不承受垂向力的作用。高悬挂点的垂向应力总为正值，所以高悬挂点总是承受向下的拉力。顺便指出，悬挂点受到的架空线的总垂向力，是该悬挂点两侧架空线垂向拉力的代数和。

悬挂点处架空线的垂向应力也可根据其比载与该悬点至弧垂最低点间线长的乘积来求得。

【例 4 - 2】 某档架空线，档距 $l=400\mathrm{m}$，高差 $h=100\mathrm{m}$，最大使用应力 $\sigma_0=98.1\mathrm{MPa}$，相应的比载 $\gamma=61.34\times10^{-3}\mathrm{MPa/m}$。试计算架空线的三种弧垂、线长和档距中央应力、悬挂点应力及其垂向分量。

解 （1）先计算公用项的值。

$$\frac{\sigma_0}{\gamma}=\frac{98.1}{61.34\times10^{-3}}=1599.28\,(\mathrm{m})$$

$$\frac{\gamma}{\sigma_0}=\frac{61.34\times10^{-3}}{98.1}=0.62528\times10^{-3}\,\mathrm{m}^{-1}$$

$$\mathrm{sh}\frac{\gamma l}{2\sigma_0}=\mathrm{sh}\left(\frac{400}{2}\times0.62528\times10^{-3}\right)=0.125382$$

$$\mathrm{ch}\frac{\gamma l}{2\sigma_0}=\mathrm{ch}\left(\frac{400}{2}\times0.62528\times10^{-3}\right)=1.00782$$

$$L_{h=0}=\frac{2\sigma_0}{\gamma}\mathrm{sh}\frac{\gamma l}{2\sigma_0}=2\times1599.28\times0.125382=401.04(\mathrm{m})$$

$$\mathrm{arsh}\frac{h}{l}=\ln\left[\frac{h}{l}+\sqrt{1+(h/l)^2}\right]=\ln\left[\frac{100}{400}+\sqrt{1+(100/400)^2}\right]=0.247466$$

$$\mathrm{arsh}\frac{h}{L_{h=0}}=\ln\left[\frac{100}{401.043}+\sqrt{1+(100/401.043)^2}\right]=0.246836$$

$$a=\frac{l}{2}-\frac{\sigma_0}{\gamma}\mathrm{arsh}\frac{h}{L_{h=0}}=\frac{400}{2}-1599.28\times0.246836=-194.76(\mathrm{m})$$

$$b=\frac{l}{2}+\frac{\sigma_0}{\gamma}\mathrm{arsh}\frac{h}{L_{h=0}}=\frac{400}{2}+1599.28\times0.246836=594.76(\mathrm{m})$$

a 为负值，说明弧垂最低点落在档距之外。

（2）计算各种弧垂。

中央弧垂为
$$f_{\frac{l}{2}}=\sqrt{1+\left(\frac{h}{L_{h=0}}\right)^2}\frac{\sigma_0}{\gamma}\left(\mathrm{ch}\frac{\gamma l}{2\sigma_0}-1\right)$$

$$=\sqrt{1+\left(\frac{100}{401.04}\right)^2}\times1599.28\times(1.00782-1)=12.89(\mathrm{m})$$

最大弧垂发生在 x_m 处，有
$$x_\mathrm{m}=\frac{l}{2}+\frac{\sigma_0}{\gamma}\left(\mathrm{arsh}\frac{h}{l}-\mathrm{arsh}\frac{h}{L_{h=0}}\right)$$

$$=\frac{400}{2}+1599.28\times(0.247466-0.246836)=201.01(\mathrm{m})$$

最大弧垂为

$$f_{\mathrm{m}} = f_{\frac{l}{2}} + \frac{\sigma_0}{\gamma}\left\{\frac{h}{l}\left(\mathrm{arsh}\,\frac{h}{l} - \mathrm{arsh}\,\frac{h}{L_{h=0}}\right) - \left[\sqrt{1+\left(\frac{h}{l}\right)^2} - \sqrt{1+\left(\frac{h}{L_{h=0}}\right)^2}\right]\right\}$$

$$= 12.89 + 1599.28 \times \left\{\frac{1}{4}\times(0.247466 - 0.246836) - \left[\sqrt{1+\left(\frac{1}{4}\right)^2} - \sqrt{1+\left(\frac{100}{401.043}\right)^2}\right]\right\}$$

$$= 12.89(\mathrm{m})$$

由于架空线弧垂最低点位于档距以外，最低点弧垂无实际意义，不再予以计算。

（3）计算线长。由式（4-27）求得全档线长

$$L = \sqrt{L_{h=0}^2 + h^2} = \sqrt{401.043^2 + 100^2} = 413.32(\mathrm{m})$$

（4）计算应力。档距中央应力为

$$\sigma_{\frac{l}{2}} = \sigma_0\sqrt{1+\left(\frac{h}{L_{h=0}}\right)^2} = 98.1 \times \sqrt{1+\left(\frac{100}{401.043}\right)^2} = 101.10(\mathrm{MPa})$$

低悬挂点应力为

$$\sigma_A = \sigma_0\mathrm{ch}\,\frac{\gamma a}{\sigma_0} = 98.1\mathrm{ch}[0.62528\times10^{-3}\times(-194.76)] = 98.83(\mathrm{MPa})$$

高悬挂点应力为

$$\sigma_B = \sigma_0\mathrm{ch}\,\frac{\gamma b}{\sigma_0} = 98.1\mathrm{ch}(0.62528\times10^{-3}\times594.76) = 104.96(\mathrm{MPa})$$

悬挂点处垂向应力为

$$\sigma_{\gamma A} = \sigma_0\mathrm{sh}\,\frac{\gamma a}{\sigma_0} = 98.1\mathrm{sh}[0.62528\times10^{-3}\times(-194.76)] = -11.98(\mathrm{MPa})$$

$$\sigma_{\gamma B} = \sigma_0\mathrm{sh}\,\frac{\gamma b}{\sigma_0} = 98.1\mathrm{sh}(0.62528\times10^{-3}\times594.76) = 37.33(\mathrm{MPa})$$

由计算得知，档距中央弧垂与最大弧垂非常接近，相差很小。一般情况下，以中央弧垂近似作为最大弧垂具有足够的精度，工程上常这样做以减少计算工作量。通常也可认为最大弧垂位于档距中央。低悬挂点处的垂向应力 $\sigma_{\gamma A}$ 为负值，说明此处架空线上扬，悬挂点受上拔力作用，也说明弧垂最低点在档距以外。

第四节　架空线弧垂、线长和应力计算公式的简化

架空线悬链线方程及其导出的有关公式中，都涉及双曲函数，计算比较繁琐，必须借助计算器（机）等计算工具完成。在过去计算手段落后的情况下，为回避双曲函数的计算，工程计算中常使用简化公式。简化公式可通过两种途径得到：一种是将悬链线有关公式中的双曲函数展开成级数和，根据要求的精度取其前若干项作为近似值，加以整理而得到；另一种是对架空线的荷载分布给出简化假设，导出一套简化公式——斜抛物线和平抛物线的有关公式。这里仅给出斜抛物线和平抛物线的有关公式推导。

一、斜抛物线法

在假设架空线比载沿线长均布的前提下，其弧垂、线长和应力等有关公式具有悬链线的特点。由于这种假设比较真实，对自重更是如此，因此有关公式被认为是精确的。在工

程实际中，架空线的线长与斜档距（两悬点间的距离）非常接近，前者比后者长千分之几，因而假定架空线的比载沿斜档距均布自然不会产生大的误差。在这种假设下导出的架空线弧垂、线长和应力的有关公式称为斜抛物线公式。

1. 斜抛物线悬挂曲线方程

以具有普遍意义的不等高悬点架空线为研究对象。假设比载 γ 沿斜档距 l_{AB} 均布，架空线为理想柔线，选取坐标原点位于较低悬点 A 处，x 轴垂直于比载，y 轴平行于比载，如图 4 - 4 所示。

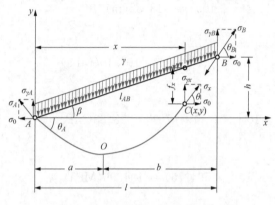

图 4 - 4 架空线斜抛物线下的受力图

架空线的轴向应力在悬点 A 处为 σ_A，悬点 B 处为 σ_B，任一点 $C(x,y)$ 处为 σ_x，三点处应力的水平分量均为 σ_0，垂向分量分别为 $\sigma_{\gamma A}$、$\sigma_{\gamma B}$ 和 $\sigma_{\gamma x}$。对 AC 段架空线列 A 点的力矩平衡方程式，有

$$\sigma_{\gamma x} x - \sigma_0 y - \frac{\gamma x}{\cos\beta}\frac{x}{2} = 0$$

即

$$\sigma_{\gamma x} x - \sigma_0 y - \frac{\gamma x^2}{2\cos\beta} = 0 \tag{4 - 38}$$

对 BC 段架空线（图 4 - 4 中未画出）列 B 点的力矩平衡方程式，有

$$\sigma_{\gamma x}(l-x) - \sigma_0(h-y) + \frac{\gamma(l-x)}{\cos\beta}\frac{l-x}{2} = 0$$

即

$$\sigma_{\gamma x}(l-x) - \sigma_0(h-y) + \frac{\gamma(l-x)^2}{2\cos\beta} = 0 \tag{4 - 39}$$

式（4 - 38）和式（4 - 39）联立消去未知量 $\sigma_{\gamma x}$，解得架空线斜抛物线悬挂曲线方程为

$$y = \frac{h}{l}x - \frac{\gamma x(l-x)}{2\sigma_0\cos\beta} = x\tan\beta - \frac{\gamma x(l-x)}{2\sigma_0\cos\beta} \tag{4 - 40}$$

式（4 - 40）是在假定比载沿斜档距均布的条件下推出的，且为 x 的二次函数，图像呈抛物线形状，工程上顾名思义地称为斜抛物线方程，以便与后面将要讲到的平抛物线方程相区别，而并非表示该抛物线是歪斜的。

2. 斜抛物线弧垂公式

任一点处的弧垂为

$$f_x = \frac{h}{l}x - y = \frac{\gamma x(l-x)}{2\sigma_0\cos\beta} \tag{4 - 41}$$

档距中央弧垂为

$$f_{\frac{l}{2}} = \frac{\gamma l^2}{8\sigma_0\cos\beta} \tag{4 - 42}$$

令式（4 - 41）对 x 的导数等于零，可得最大弧垂发生在 $x=l/2$ 处即档距中央，其最大弧垂与档距中央弧垂重合，即

$$f_{\mathrm{m}} = f_{\frac{l}{2}} = \frac{\gamma l^2}{8\sigma_0\cos\beta} \tag{4 - 43}$$

当已知档距中央的最大弧垂后，架空线任一点的弧垂可表示为

$$f_x = 4f_m\left[\frac{x}{l} - \left(\frac{x}{l}\right)^2\right] \tag{4-44}$$

令 $x' = l - x$ 代入式（4-44）仍可得到相同的形式，说明斜抛物线弧垂是关于档距中央对称的。从式（4-44）可以看出，任一点处的弧垂与高差 h 没有直接关系。因此对于同样大小的档距，在档距中央弧垂相等的情况下，等高悬点和不等高悬点架空线对应点的弧垂相等，如图4-5所示。

将式（4-40）对 x 求导数，可得到架空线上任一点的斜率为

$$\frac{dy}{dx} = \tan\theta = \tan\beta - \frac{\gamma(l-2x)}{2\sigma_0\cos\beta} \tag{4-45}$$

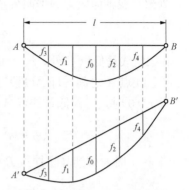

图 4-5 等高悬点与不等高悬点架空线弧垂间的关系

令 $dy/dx = 0$，解得架空线最低点距悬挂点 A、B 的距离在 x 轴上的投影（水平距离）分别为

$$a = \frac{l}{2} - \frac{\sigma_0}{\gamma}\sin\beta = \frac{l}{2}\left(1 - \frac{h}{4f_m}\right) \tag{4-46}$$

$$b = \frac{l}{2} + \frac{\sigma_0}{\gamma}\sin\beta = \frac{l}{2}\left(1 + \frac{h}{4f_m}\right) \tag{4-47}$$

将式（4-41）中的 x 用式（4-46）的 a 值代替，可得到架空线最低点弧垂为

$$f_0 = \frac{\gamma a(l-a)}{2\sigma_0\cos\beta} = \frac{\gamma ab}{2\sigma_0\cos\beta} \tag{4-48}$$

或写成

$$f_0 = \frac{\gamma}{2\sigma_0\cos\beta}\left[\left(\frac{l}{2}\right)^2 - \left(\frac{\sigma_0\sin\beta}{\gamma}\right)^2\right] = \frac{\gamma l^2}{8\sigma_0\cos\beta} - \frac{\sigma_0}{2\gamma}\left(\frac{h}{l}\right)^2\cos\beta$$

$$= f_m - \frac{h^2}{16f_m} \tag{4-49}$$

在采用平视法观测弧垂时，需要知道悬挂点与最低点的高差。架空线最低点的纵坐标为

$$y_0 = a\tan\beta - \frac{\gamma a(l-a)}{2\sigma_0\cos\beta} = \frac{h}{2} - \frac{\gamma l^2}{8\sigma_0\cos\beta} - \frac{\sigma_0}{2\gamma}\left(\frac{h}{l}\right)^2\cos\beta$$

$$= -f_m\left(1 - \frac{h}{4f_m}\right)^2 \tag{4-50}$$

低悬挂点 A 与最低点 O 之间的高差为

$$h_{A0} = y_A - y_0 = f_m\left(1 - \frac{h}{4f_m}\right)^2 \tag{4-51}$$

高悬挂点 B 与最低点 O 之间的高差为

$$h_{B0} = y_B - y_0 = h + f_m\left(1 - \frac{h}{4f_m}\right)^2 = f_m\left(1 + \frac{h}{4f_m}\right)^2 \tag{4-52}$$

利用式（4-51）、式（4-52）观测弧垂时，必须保证最低点落在档内，即要求 $h \leqslant 4f_m$。当 $h > 4f_m$ 时，$a < 0$，最低点位于档外而成为一个"虚点"。

3. 斜抛物线应力公式

（1）任一点处的垂向应力。联立式（4-38）和式（4-39），消去纵坐标 y，可得任一点 C 处架空线轴向应力的垂向分量 $\sigma_{\gamma x}$ 为

$$\sigma_{\gamma x}=\sigma_0\tan\beta-\frac{\gamma(l-2x)}{2\cos\beta} \tag{4-53}$$

在架空线最低点 O 处，$\sigma_{\gamma 0}=0$。因此在利用式（4-53）计算时，若任一点 C 位于最低点与悬挂点 A 之间，即 AO 段时，$\sigma_{\gamma x}$ 的值为负，说明 C 点的垂向应力方向向下。

当 $x=0$ 时，得到低悬挂点 A 处的垂向应力为

$$\sigma_{\gamma A}=-\left(\sigma_0\tan\beta-\frac{\gamma l}{2\cos\beta}\right)=\frac{\gamma}{\cos\beta}\left(\frac{l}{2}-\frac{\sigma_0 h}{\gamma l}\cos\beta\right)=\frac{\gamma a}{\cos\beta} \tag{4-54}$$

当 $x=l$ 时，得到高悬挂点 B 处的垂向应力为

$$\sigma_{\gamma B}=\sigma_0\tan\beta+\frac{\gamma l}{2\cos\beta}=\frac{\gamma}{\cos\beta}\left(\frac{l}{2}+\frac{\sigma_0 h}{\gamma l}\cos\beta\right)=\frac{\gamma b}{\cos\beta} \tag{4-55}$$

式（4-54）的负号是为保证悬挂点处垂向应力向上时为正而加的。由 $\sigma_{\gamma A}$、$\sigma_{\gamma B}$ 的计算式知道，悬挂点处的垂向应力等于架空线最低点至悬挂点间的架空线单位截面荷载值。如果视 $\gamma/\cos\beta$ 为均匀分布在档距 l 上的比载，则悬点处的垂向应力为该比载与最低点至该悬挂点水平距离的乘积。

（2）任一点处的轴向应力。架空线任一点处的轴向应力等于该点处的水平应力和垂向应力的矢量和，即

$$\begin{aligned}\sigma_x&=\sqrt{\sigma_0^2+\sigma_{\gamma x}^2}=\sigma_0\sqrt{1+\left[\tan\beta-\frac{\gamma(l-2x)}{2\sigma_0\cos\beta}\right]^2}\\&=\sigma_0\sqrt{1+\tan^2\beta+\left[\frac{\gamma(l-2x)}{2\sigma_0\cos\beta}\right]^2-\frac{\gamma(l-2x)}{\sigma_0\cos\beta}\tan\beta}\\&=\frac{\sigma_0}{\cos\beta}\sqrt{1+\left[\frac{\gamma^2(l-2x)^2}{4\sigma_0{}^2}-\frac{\gamma(l-2x)}{\sigma_0}\sin\beta\right]}\end{aligned}$$

上式根号下中括号一项的绝对值一般小于1，可以应用近似公式 $\sqrt{1+x}\approx1+\dfrac{x}{2}$ 进行化简，有

$$\begin{aligned}\sigma_x&\approx\frac{\sigma_0}{\cos\beta}\left[1+\frac{\gamma^2(l-2x)^2}{8\sigma_0{}^2}-\frac{\gamma(l-2x)}{2\sigma_0}\sin\beta\right]\\&=\frac{\sigma_0}{\cos\beta}+\frac{\gamma^2(l-2x)^2}{8\sigma_0\cos\beta}-\frac{\gamma(l-2x)}{2}\tan\beta\end{aligned} \tag{4-56}$$

当 $x=l/2$ 时，得到架空线档距中央的轴向应力为

$$\sigma_{\frac{l}{2}}=\frac{\sigma_0}{\cos\beta} \tag{4-57}$$

注意到用倾斜角 θ 表示的任一点处的应力为 $\sigma_x=\sigma_0/\cos\theta$，与式（4-57）比较可以看出，在档距中央，架空线的倾斜角等于高差角，即 $\theta=\beta$。这说明档距中央架空线的切线与斜档距平行，该点称为斜切点，档距中央弧垂也称为斜切点弧垂。将式（4-56）经过适当变形，任一点应力可由档距中央处有关数据表示为

$$\sigma_x=\frac{\sigma_0}{\cos\beta}+\gamma\left[\frac{\gamma l^2}{8\sigma_0\cos\beta}-\frac{\gamma x(l-x)}{2\sigma_0\cos\beta}-\frac{l}{2}\tan\beta+x\tan\beta\right]$$

$$= \frac{\sigma_0}{\cos\beta} + \gamma\left\{\left[x\tan\beta - \frac{\gamma x(l-x)}{2\sigma_0\cos\beta}\right] - \left(\frac{l}{2}\tan\beta - \frac{\gamma l^2}{8\sigma_0\cos\beta}\right)\right\}$$

$$= \sigma_{\frac{l}{2}} + \gamma(y - y_{\frac{l}{2}}) \tag{4-58}$$

式（4-58）表明，架空线任一点的应力由两部分组成：一部分是档距中央应力 $\sigma_{\frac{l}{2}}$，另一部分是该点与档距中央的高度差引起的应力 $\gamma(y - y_{\frac{l}{2}})$。如果架空线上任意两点处的应力为 σ_1、σ_2，相应的纵坐标为 y_1、y_2，根据式（4-58）可得到与式（4-34）相同的架空线任意两点间的应力关系，即

$$\sigma_2 - \sigma_1 = \gamma(y_2 - y_1) \tag{4-59}$$

悬挂点 A、B 处的轴向应力可分别令 $x=0$ 和 $x=l$，代入式（4-56）得到

$$\sigma_A = \frac{\sigma_0}{\cos\beta} + \frac{\gamma^2 l^2}{8\sigma_0\cos\beta} - \frac{\gamma h}{2} = \frac{\sigma_0}{\cos\beta} + \gamma\left(f_m - \frac{h}{2}\right) \tag{4-60}$$

$$\sigma_B = \frac{\sigma_0}{\cos\beta} + \frac{\gamma^2 l^2}{8\sigma_0\cos\beta} + \frac{\gamma h}{2} = \frac{\sigma_0}{\cos\beta} + \gamma\left(f_m + \frac{h}{2}\right) \tag{4-61}$$

工程上还采用另一种悬挂点应力简化计算公式。由于 $y_A = 0$，$y_B = h$，根据两点间的应力关系，可以得到

$$\sigma_A = \sigma_0 + \gamma(y_A - y_0) = \sigma_0 - \frac{\gamma h}{2} + \frac{\gamma^2 l^2}{8\sigma_0\cos\beta} + \frac{\sigma_0}{2}\left(\frac{h}{l}\right)^2\cos\beta \tag{4-62}$$

$$\sigma_B = \sigma_0 + \gamma(y_B - y_0) = \sigma_0 + \frac{\gamma h}{2} + \frac{\gamma^2 l^2}{8\sigma_0\cos\beta} + \frac{\sigma_0}{2}\left(\frac{h}{l}\right)^2\cos\beta \tag{4-63}$$

在高差很大的档距或有高差的特大跨越档中，悬点应力会比最低点应力大很多，这时应按高悬挂点处的应力验算架空线的强度。若控制悬挂点应力 σ_B 为允许值，则需要求出最低点的应力。为此将式（4-61）的两端分别乘以 σ_0，整理后得到

$$\frac{1}{\cos\beta}\sigma_0^2 - \left(\sigma_B - \frac{\gamma h}{2}\right)\sigma_0 + \frac{\gamma^2 l^2}{8\cos\beta} = 0$$

上式是关于 σ_0 的一元二次方程，解之得

$$\sigma_0 = \frac{\cos\beta}{2}\left(\sigma_B - \frac{\gamma h}{2}\right) + \frac{1}{2}\sqrt{\left(\sigma_B - \frac{\gamma h}{2}\right)^2\cos^2\beta - \frac{\gamma^2 l^2}{2}} \tag{4-64}$$

对于等高悬点，$h=0$，最低点应力为

$$\sigma_0 = \frac{\sigma_B}{2} + \frac{1}{2}\sqrt{\sigma_B^2 - \frac{\gamma^2 l^2}{2}} \tag{4-65}$$

4. 斜抛物线的线长公式

架空线的线长 L 可由弧长微分公式积分求得

$$L = \int_0^l \sqrt{1 + \left(\frac{\mathrm{d}y}{\mathrm{d}x}\right)^2}\,\mathrm{d}x = \int_0^l \sqrt{1 + \left[\tan\beta - \frac{\gamma(l-2x)}{2\sigma_0\cos\beta}\right]^2}\,\mathrm{d}x$$

$$= \int_0^l \sqrt{1 + \tan^2\beta + \left[\frac{\gamma(l-2x)}{2\sigma_0\cos\beta}\right]^2 - \frac{\gamma(l-2x)}{\sigma_0\cos\beta}\tan\beta}\,\mathrm{d}x$$

$$= \frac{1}{\cos\beta}\int_0^l \sqrt{1 + \left\{\left[\frac{\gamma(l-2x)}{2\sigma_0}\right]^2 - \frac{\gamma(l-2x)}{\sigma_0}\sin\beta\right\}}\,\mathrm{d}x$$

上式直接积分得到的线长计算式比悬链线公式还要复杂，工程上最常用的办法是将上式进行近似简化。考虑到线长需要较高的精度，采用近似式 $\sqrt{1+x} \approx 1 + \frac{x}{2} - \frac{x^2}{8}$（$|x| < 1$），

所以

$$L \approx \frac{1}{\cos\beta}\int_0^l \left\{ 1 + \frac{1}{2}\left[\left(\frac{\gamma(l-2x)}{2\sigma_0}\right)^2 - \frac{\gamma(l-2x)}{\sigma_0}\sin\beta\right] - \frac{1}{8}\left[\left(\frac{\gamma(l-2x)}{2\sigma_0}\right)^2 - \frac{\gamma(l-2x)}{\sigma_0}\sin\beta\right]^2 \right\}dx$$

由于 γ/σ_0 的值为千分之几（m^{-1}），因此在上式展开式中略去含有 γ/σ_0 的 3、4 次幂的微量项后，所得公式仍有足够的精度，故

$$L \approx \frac{1}{\cos\beta}\int_0^l \left\{ 1 - \frac{\gamma(l-2x)}{2\sigma_0}\sin\beta + \frac{1}{2}\left[\frac{\gamma(l-2x)}{2\sigma_0}\cos\beta\right]^2 \right\}dx$$

$$= \frac{1}{\cos\beta}\left(l + \frac{\gamma^2\cos^2\beta}{8\sigma_0^2}\frac{l}{3}\right) = \frac{l}{\cos\beta} + \frac{\gamma^2 l^3 \cos\beta}{24\sigma_0^2} \tag{4-66}$$

式（4-66）表明，斜抛物线线长为斜档距与垂度引起的线长增量的和。

二、平抛物线法

当悬挂点间的高差角较小时，档距和线长相比也非常接近，工程上粗略地认为比载 γ
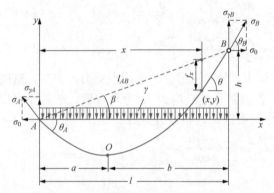
沿档距 l 均布，如图 4-6 所示。在此假设下推导出的架空线有关计算公式统称为平抛物线公式，以便与假设 γ 在斜档距 l_{AB} 上均布导出的有关公式相区别。平抛物线公式的推导过程与斜抛物线的雷同，且一般可将斜抛物线有关公式中的 $\gamma/\cos\beta$ 换为 γ 而得到，故不再一一推导，感兴趣的读者可自己推导。

图 4-6 架空线平抛物线下的受力图

需要指出的是，推导出的平抛物线线长公式的精度偏低，其值偏大，通常采用其修正式。导出的平抛物线线长公式为

$$L = l + \frac{h^2}{2l} + \frac{\gamma^2 l^3}{24\sigma_0^2} \tag{4-67}$$

对上式运用 $1 + \frac{x}{2} \approx \sqrt{1+x}$ 的关系进行修正，有

$$L = l + \frac{h^2}{2l} + \frac{\gamma^2 l^3}{24\sigma_0^2} = l\left(1 + \frac{h^2}{2l^2}\right) + \frac{\gamma^2 l^3}{24\sigma_0^2}$$

$$= l\sqrt{\left(1 + \frac{h^2}{l^2}\right)} + \frac{\gamma^2 l^3}{24\sigma_0^2} = \frac{l}{\cos\beta} + \frac{\gamma^2 l^3}{24\sigma_0^2} \tag{4-68}$$

式（4-68）的计算值仍比精确值偏大，但用于小应力的跳线计算具有足够的精度，且比较简单。

常用悬链线公式、斜抛物线公式、平抛物线公式汇总于表 4-1 中。由于等高悬点的有关公式可由不等高悬点相应公式中令高差 $h=0$ 而得到，故未在表中列出。

66

表 4-1 架空线弧垂、线长、应力公式一览表

类别参数		悬链线公式	斜抛物线公式 (大高差 $0.1<h/l<0.25$)	平抛物线公式 (小高差 $h/l<0.1$)
	悬挂曲线方程	$y=\dfrac{\sigma_0}{\gamma}\left[\operatorname{ch}\dfrac{\gamma(x-a)}{\sigma_0}-\operatorname{ch}\dfrac{\gamma a}{\sigma_0}\right]$ $=\dfrac{2\sigma_0}{\gamma}\operatorname{sh}\dfrac{\gamma x}{2\sigma_0}\operatorname{sh}\dfrac{\gamma(x-2a)}{2\sigma_0}$ $=\dfrac{h}{L_{h=0}}\left[\dfrac{2\sigma_0}{\gamma}\operatorname{sh}\dfrac{\gamma x}{2\sigma_0}\operatorname{ch}\dfrac{\gamma(l-x)}{2\sigma_0}\right]$ $-\sqrt{1+\left(\dfrac{h}{L_{h=0}}\right)^2}\left[\dfrac{2\sigma_0}{\gamma}\operatorname{sh}\dfrac{\gamma x}{2\sigma_0}\operatorname{sh}\dfrac{\gamma(l-x)}{2\sigma_0}\right]$	$y=x\tan\beta-\dfrac{\gamma x(l-x)}{2\sigma_0\cos\beta}$	$y=x\tan\beta-\dfrac{\gamma x(l-x)}{2\sigma_0}$
架空线弧垂	任意一点弧垂	$f_x=\dfrac{h}{l}x-y$ $=x\tan\beta-\dfrac{2\sigma_0}{\gamma}\operatorname{sh}\dfrac{\gamma x}{2\sigma_0}\operatorname{sh}\dfrac{\gamma(x-2a)}{2\sigma_0}$	$f_x=\dfrac{\gamma x(l-x)}{2\sigma_0\cos\beta}$ $=4f_m\left[\dfrac{x}{l}-\left(\dfrac{x}{l}\right)^2\right]$	$f_x=\dfrac{\gamma x(l-x)}{2\sigma_0}$ $=4f_m\left[\dfrac{x}{l}-\left(\dfrac{x}{l}\right)^2\right]$
	中央弧垂	$f_{\frac{l}{2}}=\sqrt{1+\left(\dfrac{h}{L_{h=0}}\right)^2}\,\dfrac{\sigma_0}{\gamma}\left(\operatorname{ch}\dfrac{\gamma l}{2\sigma_0}-1\right)$		
	最大弧垂	$f_m=f_{\frac{l}{2}}+\dfrac{\sigma_0}{\gamma}\left\{\dfrac{h}{l}\left(\operatorname{arsh}\dfrac{h}{l}-\operatorname{arsh}\dfrac{h}{L_{h=0}}\right)\right.$ $\left.-\left[\sqrt{1+\left(\dfrac{h}{l}\right)^2}-\sqrt{1+\left(\dfrac{h}{L_{h=0}}\right)^2}\right]\right\}$ 发生在 $x_m=a+\dfrac{\sigma_0}{\gamma}\operatorname{arsh}\dfrac{h}{l}$ $=\dfrac{l}{2}+\dfrac{\sigma_0}{\gamma}\left(\operatorname{arsh}\dfrac{h}{l}-\operatorname{arsh}\dfrac{h}{L_{h=0}}\right)$	$f_m=f_{\frac{l}{2}}=\dfrac{\gamma l^2}{8\sigma_0\cos\beta}$ 发生在档距中央	$f_m=f_{\frac{l}{2}}=\dfrac{\gamma l^2}{8\sigma_0}$ 发生在档距中央
档内线长		$L=\sqrt{L_{h=0}^2+h^2}=\dfrac{2\sigma_0}{\gamma}\operatorname{sh}\dfrac{\gamma l}{2\sigma_0}\operatorname{ch}\dfrac{\gamma(l-2a)}{2\sigma_0}$ 注:$L_{h=0}=\dfrac{2\sigma_0}{\gamma}\operatorname{sh}\dfrac{\gamma l}{2\sigma_0}$	$L=\dfrac{l}{\cos\beta}+\dfrac{\gamma^2 l^3\cos\beta}{24\sigma_0^2}$	$L=l+\dfrac{h^2}{2l}+\dfrac{\gamma^2 l^3}{24\sigma_0^2}$ $L=\dfrac{l}{\cos\beta}+\dfrac{\gamma^2 l^3}{24\sigma_0^2}$(修正式)
架空线应力	任意一点应力	$\sigma_x=\sigma_0\operatorname{ch}\dfrac{\gamma(x-a)}{\sigma_0}$ $=\sigma_0\operatorname{ch}\left[\dfrac{\gamma(l-2x)}{2\sigma_0}-\operatorname{arsh}\dfrac{h}{L_{h=0}}\right]$	$\sigma_x=\dfrac{\sigma_0}{\cos\beta}+\dfrac{\gamma^2(l-2x)^2}{8\sigma_0\cos\beta}$ $-\dfrac{\gamma(l-2x)}{2}\tan\beta$	$\sigma_x=\dfrac{\sigma_0}{\cos\beta}+\dfrac{\gamma^2(l-2x)^2}{8\sigma_0}$ $-\dfrac{\gamma(l-2x)}{2}\tan\beta$
	悬挂点应力	$\sigma_A=\sigma_0\operatorname{ch}\dfrac{\gamma a}{\sigma_0}=\sigma_0\operatorname{ch}\left(\dfrac{\gamma l}{2\sigma_0}-\operatorname{arsh}\dfrac{h}{L_{h=0}}\right)$ $\sigma_B=\sigma_0\operatorname{ch}\dfrac{\gamma b}{\sigma_0}=\sigma_0\operatorname{ch}\left(\dfrac{\gamma l}{2\sigma_0}+\operatorname{arsh}\dfrac{h}{L_{h=0}}\right)$	$\left.\begin{array}{c}\sigma_A\\\sigma_B\end{array}\right\}=\dfrac{\sigma_0}{\cos\beta}+\dfrac{\gamma^2 l^2}{8\sigma_0\cos\beta}\mp\dfrac{\gamma h}{2}$ $=\dfrac{\sigma_0}{\cos\beta}+\gamma\left(f_m\mp\dfrac{h}{2}\right)$	$\left.\begin{array}{c}\sigma_A\\\sigma_B\end{array}\right\}=\dfrac{\sigma_0}{\cos\beta}+\dfrac{\gamma^2 l^2}{8\sigma_0}\mp\dfrac{\gamma h}{2}$ $=\dfrac{\sigma_0}{\cos\beta}+\gamma\left(f_m\mp\dfrac{h}{2}\right)$
	悬挂点垂向应力	$\sigma_{\gamma A}=\sigma_0\operatorname{sh}\dfrac{\gamma a}{\sigma_0}=\sigma_0\operatorname{sh}\left(\dfrac{\gamma l}{2\sigma_0}-\operatorname{arsh}\dfrac{h}{L_{h=0}}\right)$ $\sigma_{\gamma B}=\sigma_0\operatorname{sh}\dfrac{\gamma b}{\sigma_0}=\sigma_0\operatorname{sh}\left(\dfrac{\gamma l}{2\sigma_0}+\operatorname{arsh}\dfrac{h}{L_{h=0}}\right)$	$\sigma_{\gamma A}=\dfrac{\gamma a}{\cos\beta}$ $\sigma_{\gamma B}=\dfrac{\gamma b}{\cos\beta}$	$\sigma_{\gamma A}=\gamma a=\gamma\left(\dfrac{l}{2}-\dfrac{\sigma_0}{\gamma}\tan\beta\right)$ $\sigma_{\gamma B}=\gamma b=\gamma\left(\dfrac{l}{2}+\dfrac{\sigma_0}{\gamma}\tan\beta\right)$
	两点应力关系	$\sigma_2-\sigma_1=\gamma(y_2-y_1)$	$\sigma_2-\sigma_1=\gamma(y_2-y_1)$	$\sigma_2-\sigma_1=\gamma(y_2-y_1)$
最低点至两悬挂点的水平距离		$a=\dfrac{l}{2}-\dfrac{\sigma_0}{\gamma}\operatorname{arsh}\dfrac{h}{L_{h=0}}$ $b=\dfrac{l}{2}+\dfrac{\sigma_0}{\gamma}\operatorname{arsh}\dfrac{h}{L_{h=0}}$	$a=\dfrac{l}{2}-\dfrac{\sigma_0}{\gamma}\sin\beta$ $b=\dfrac{l}{2}+\dfrac{\sigma_0}{\gamma}\sin\beta$	$a=\dfrac{l}{2}-\dfrac{\sigma_0}{\gamma}\tan\beta$ $b=\dfrac{l}{2}+\dfrac{\sigma_0}{\gamma}\tan\beta$

参数 \ 类别	悬 链 线 公 式	斜抛物线公式 （大高差 $0.1<h/l<0.25$）	平抛物线公式 （小高差 $h/l<0.1$）
悬点处架空线的倾斜角	$\tan\theta_A = -\operatorname{sh}\dfrac{\gamma a}{\sigma_0} = -\operatorname{sh}\left(\dfrac{\gamma l}{2\sigma_0} - \operatorname{arsh}\dfrac{h}{L_{h=0}}\right)$ $\tan\theta_B = \operatorname{sh}\dfrac{\gamma b}{\sigma_0} = \operatorname{sh}\left(\dfrac{\gamma l}{2\sigma_0} + \operatorname{arsh}\dfrac{h}{L_{h=0}}\right)$	$\tan\theta_A = \tan\beta - \dfrac{\gamma l}{2\sigma_0\cos\beta}$ $\tan\theta_B = \tan\beta + \dfrac{\gamma l}{2\sigma_0\cos\beta}$	$\tan\theta_A = \tan\beta - \dfrac{\gamma l}{2\sigma_0}$ $\tan\theta_B = \tan\beta + \dfrac{\gamma l}{2\sigma_0}$

三、 三类计算公式的精度分析

架空线的自重比载是沿线长均布的，冰重比载和风压比载近似认为沿线长均布一般也是接近实际情况的，因此采用悬链线公式进行架空线的有关计算是比较精确的。斜抛物线和平抛物线对比载分布的假设和实际情况存在不同的差异，因而其公式也就存在不同的误差，应用范围受到一定的限制。下面以悬链线有关公式的计算结果为精确值，分析斜抛物线和平抛物线相应公式的精度。

1. 线长公式的精度分析

在架空输电线路的设计中，对线长的精度要求很高，以控制弧垂和应力的误差不致太大，计算线长时的公式选择就显得非常重要。下面以斜抛物线公式为例，说明线长计算公式的误差分析方法。悬链线的线长为

$$L = \sqrt{L_{h=0}^2 + h^2} = \sqrt{\left(\frac{2\sigma_0}{\gamma}\operatorname{sh}\frac{\gamma l}{2\sigma_0}\right)^2 + h^2} = \sqrt{\left[\frac{l^2}{4}\frac{8\sigma_0}{\gamma l^2}\operatorname{sh}\left(\frac{4}{l}\frac{\gamma l^2}{8\sigma_0}\right)\right]^2 + h^2}$$

斜抛物线的线长为

$$L_1 = \frac{l}{\cos\beta} + \frac{\gamma^2 l^3 \cos\beta}{24\sigma_0^2} = l\sqrt{1+\left(\frac{h}{l}\right)^2} + \frac{8}{3l}\left(\frac{\gamma l^2}{8\sigma_0}\right)^2 \bigg/ \sqrt{1+\left(\frac{h}{l}\right)^2}$$

所以斜抛物线线长的相对误差为

$$n_1 = \frac{L_1 - L}{L}\times 100\% = \left[\frac{\sqrt{1+\left(\frac{h}{l}\right)^2} + \frac{8}{3}\left(\frac{f_0}{l}\right)^2 \bigg/ \sqrt{1+\left(\frac{h}{l}\right)^2}}{\sqrt{\left(\frac{l}{4f_0}\operatorname{sh}\frac{4f_0}{l}\right)^2 + \left(\frac{h}{l}\right)^2}} - 1\right]\times 100\%$$

式中 f_0——等高悬点时档距中央的平抛物线弧垂，$f_0 = \dfrac{\gamma l^2}{8\sigma_0}$。

以 $\dfrac{h}{l}$、$\dfrac{f_0}{l} = \dfrac{\gamma l}{8\sigma_0}$ 为变量，计算斜抛物线线长误差 n_1 的变化情况，示于图 4-7 中。平抛物线线长 ［式（4-67）］的相对误差 n_2 和改进后的平抛物线线长 ［式（4-68）］的相对误差 n_3 的计算式可类似上式导出，一并列入图 4-7 中。

从图 4-7 可以看出，斜抛物线线长的误差 n_1 随 f_0/l 的增加而增大，但均为负误差，说明计算线长偏小，而且 n_1 与高差系数（h/l）几乎无关。架空输电线路的 f_0/l 一般为 0.05 左右，斜抛物线线长公式的误差在十万分之几，精度很高。误差 n_2、n_3 随 h/l、f_0/l 而变化，在架空输电线路使用的 f_0/l 数值范围内，当 $h/l>0.2$ 时，其误差显著增大；当 f_0/l 大到一定值后，正误差反而减少向负误差变化。一般认为 $h/l>0.15$ 时架空输电线路不宜采用平抛物线线长公式。

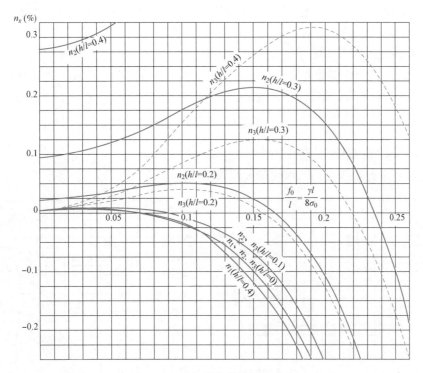

图 4 - 7　线长计算公式误差曲线

【例 4 - 3】　条件同〔例 4 - 2〕，试利用各种线长公式计算架空线的悬挂曲线长度。

解　由〔例 4 - 2〕得知，由悬链线公式算得的悬挂曲线长度的精确值 $L=413.32$ m，等高悬挂点时精确值 $L_{h=0}=401.04$ m。由斜抛物线线长公式，得

$$L = 400 \times \sqrt{1+\left(\frac{100}{400}\right)^2} + \frac{61.34^2 \times 10^{-6} \times 400^3}{24 \times 98.1^2} \times \frac{1}{\sqrt{1+(100/400)^2}} = 413.32(\text{m})$$

由平抛物线线长公式，得

$$L = 400 + \frac{100^2}{2 \times 400} + \frac{61.34^2 \times 10^{-6} \times 400^3}{24 \times 98.1^2} = 413.54(\text{m})$$

由平抛物线线长的修正公式，得

$$L = 400 \times \sqrt{1+\left(\frac{100}{400}\right)^2} + \frac{61.34^2 \times 10^{-6} \times 400^3}{24 \times 98.1^2} = 413.35(\text{m})$$

认为该档为等高悬点时，由线长近似公式（斜抛物线公式和平抛物线公式）得

$$L = 400 + \frac{61.34^2 \times 10^{-6} \times 400^3}{24 \times 98.1^2} = 401.04(\text{m})$$

上述计算进一步表明，等高悬点时线长近似公式对一般档距具有足够的精度；不等高悬点时斜抛物线线长公式具有很好的精度；对不等高悬点忽略高差影响，会引起不可接受的误差。同时还可以看出，架空线的线长主要决定于两悬挂点间的距离，由弧垂引起的线长变化量是很微小的，一般仅为两悬挂点间距的千分之几（例〔4 - 3〕中为 1.002/412.31 ＝2.4‰）。反过来看，线长的微小改变，将会引起弧垂的很大变化。如果弧垂或应力的误差要求为 1‰～2‰，则要求线长的误差一般要达到万分之几。如果档距在数百米，线长的

计算应精确到厘米以上。因此，线长的计算要求采用甚为精确的公式，这在利用线长调整弧垂和应力时，应该格外注意。

2. 弧垂公式的精度分析

与线长的精度分析相类似，取 h/l、f_0/l 为变量，采用下式计算平抛物线和斜抛物线弧垂误差 $m_1\%$ 和 $m_2\%$，如图 4-8 所示。

$$m_i\% = \frac{f_m - f_{mi}}{f_m} \times 100\%$$

式中　f_m——悬链线最大弧垂；

　　　 f_{mi}——平抛物线或斜抛物线最大弧垂。

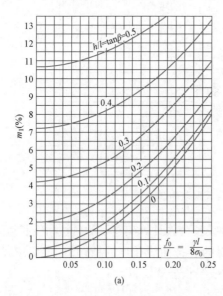
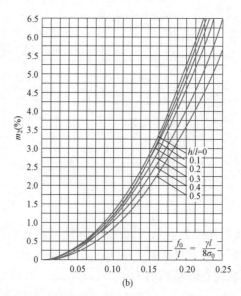

图 4-8　弧垂误差曲线
(a) 平抛物线弧垂误差；(b) 斜抛物线弧垂误差

从图 4-8 可看出，斜抛物线和平抛物线弧垂在任何情况下均偏小，施工时架空线偏于拉紧，使应力偏大。在一般档距和应力下输电线路的 $f/l < 0.1$，在 $h/l < 0.1$ 时，平抛物线弧垂减小值不超过 2%，应力增大值也可近似认为不超过 2%。由于架空线使用应力考虑了较大的安全系数，而且 2% 的应力增量同施工测量误差、悬挂点应力增量、振动附加应力、接头强度降低等因素比较并不占显著位置，故可以认为是容许的。然而在实际架线中往往并不能保证每档均以平抛物线弧垂架线，如连续档中有等高悬点档和不等高悬点档，如果在不等高悬点档观测弧垂，等高档的弧垂必然小于平抛物线的计算值，引起应力再次增大。对于大档距和大高差档距，不仅弧垂误差的百分数大，且其绝对值往往大到不能容许的程度。如弧垂为 100m，误差 2% 就是 2m。从图中可以看到，斜抛物线弧垂公式具有较高的精度，且随着 h/l 的增加误差反而减小。当 $h/l > 0.1$ 时，一般应考虑采用斜抛物线公式计算弧垂。

平抛物线和斜抛物线应力公式的误差可认为与弧垂公式的误差类似，不再详细分析。

【例 4-4】　某档距 $l = 1000$m，高差 $h = 300$m，比值 $\gamma/\sigma_0 = 6 \times 10^{-4}$ /m，试利用各种弧垂公式计算架空线的档距中央弧垂和最大弧垂。

解　采用悬链线精确公式（4-21）算得档距中央弧垂 $f_{\frac{l}{2}}=78.8\text{m}$；

采用悬链线精确公式（4-25）算得最大弧垂 $f_{\text{m}}=78.81\text{m}$；

采用斜抛物线公式（4-42）算得中央弧垂或最大弧垂 $f_{\frac{l}{2}}=f_{\text{m}}=78.3\text{m}$；

若不考虑高差 h 的影响即认为 $h=0$，用悬链线公式算得 $f_{\frac{l}{2}}=f_{\text{m}}=75.56\text{m}$；

采用平抛物线公式计算得到 $f_{\frac{l}{2}}=f_{\text{m}}=75\text{m}$。

显然斜抛物线弧垂公式与相应的精确值很接近，精度较高。忽略高差影响时，无论是悬链线公式还是平抛物线公式，都与精确值有较大的误差。因此对于大高差悬点（$0.2<h/l<0.25$）斜抛物线弧垂公式具有足够精确，但不可忽视高差角的影响。

总之，在一般情况下，小高差（$h/l\leqslant0.1$）档距可采用平抛物线公式，大高差（$0.1<h/l\leqslant0.25$）档距可采用斜抛物线公式，其他情况下应采用悬链线公式。

第五节　架空线的平均高度与平均应力

在架空输电线路的设计中，常常需要计算架空线的平均高度和平均应力。如确定所受风荷载时需要知道架空线的平均高度，计算架空线弹性伸长时则要用到平均应力。

一、架空线的平均高度

架空线的平均高度是指架空线上各点相对弧垂最低点的高度差对于档距的平均值，其大小等于架空线上各点与最低点间的高差沿档距的积分被档距除得的商。如图 4-9 所示，架空线的平均高度 h_{cp} 为

$$h_{\text{cp}}=\frac{1}{l}\int_0^l(y-y_0)\mathrm{d}x=\frac{1}{l}\int_0^l\frac{\sigma_0}{\gamma}\left[\text{ch}\frac{\gamma(x-a)}{\sigma_0}-1\right]\mathrm{d}x$$

$$=\frac{\sigma_0}{\gamma l}\left\{\frac{\sigma_0}{\gamma}\left[\text{sh}\frac{\gamma(l-a)}{\sigma_0}+\text{sh}\frac{\gamma a}{\sigma_0}\right]-l\right\}$$

$$=\frac{\sigma_0}{\gamma l}\left\{\frac{2\sigma_0}{\gamma}\left[\text{sh}\frac{\gamma l}{2\sigma_0}\text{ch}\frac{\gamma(l-2a)}{2\sigma_0}\right]-l\right\}$$

$$=\frac{\sigma_0}{\gamma l}(L-l)=\frac{\sigma_0}{\gamma}\left(\frac{L}{l}-1\right) \tag{4-69}$$

式（4-69）表明，架空线的平均高度与架空线的最低点应力 σ_0、比载 γ、档距 l 以及档内线长 L 有关。式（4-69）是计算架空线平均高度的悬链线精确公式。当 L 已算出时，利用其计算 h_{cp} 既准确又方便。

为说明架空线的平均高度 h_{cp} 与最大弧垂 f_{m} 的关系，下面导出平均高度 h_{cp} 的斜抛物线形式。

利用式（4-40）、式（4-50）沿档距积分，有

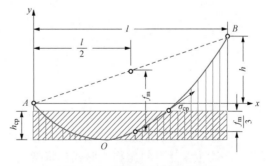

图 4-9　架空线的平均高度

$$h_{cp} = \frac{1}{l} \int_0^l (y - y_0) \, \mathrm{d}x$$

$$= \frac{1}{l} \int_0^l \left\{ \left[x\tan\beta - \frac{\gamma x(l-x)}{2\sigma_0\cos\beta} \right] - \left[\frac{h}{2} - \frac{\gamma l^2}{8\sigma_0\cos\beta} - \frac{\sigma_0}{2\gamma} \left(\frac{h}{l} \right)^2 \cos\beta \right] \right\} \mathrm{d}x$$

$$= \frac{\gamma l^2}{24\sigma_0\cos\beta} + \frac{\sigma_0\cos\beta}{2\gamma} \left(\frac{h}{l} \right)^2$$

$$= \frac{1}{3} f_m + \left(y_{\frac{l}{2}} - y_0 \right) \tag{4-70}$$

式中，$y_{\frac{l}{2}} - y_0$ 为档距中央架空线高出弧垂最低点的距离。从式（4-70）可以看出，架空线的平均高度位于档距中央架空线以上 $f_m/3$ 处，如图 4-9 所示。

需要指出的是，架空线的平均高度是相对弧垂最低点而言的，与架空线对地面的平均高度不同。当档距所在地面为水平面时，架空线对地的平均高度为其最低点对地高度与 h_{cp} 之和，或档距中央架空线对地高度与 $f_m/3$ 之和。当档距所在地面的断面呈不规则曲线时，架空线对地的平均高度可采用作图法，量得架空线数点的对地高度后取其平均值得到。

二、架空线的平均应力

架空线的平均应力是指架空线上各点的应力沿线长的积分对于线长的平均值。在平均应力 σ_{cp} 作用下，档内架空线产生的弹性伸长等于其在悬挂状态的实际应力 σ_x 作用下的全部弹性伸长。由于

$$\mathrm{d}L = \sqrt{1 + \left(\frac{\mathrm{d}y}{\mathrm{d}x} \right)^2} \, \mathrm{d}x = \mathrm{ch} \frac{\gamma(x-a)}{\sigma_0} \mathrm{d}x$$

$$\sigma_x = \sigma_0 \mathrm{ch} \frac{\gamma(x-a)}{\sigma_0}$$

由平均应力的定义，有

$$\sigma_{cp} = \frac{1}{L} \int_0^L \sigma_x \mathrm{d}L = \frac{\sigma_0}{L} \int_0^l \left[\mathrm{ch} \frac{\gamma(x-a)}{\sigma_0} \right]^2 \mathrm{d}x$$

$$= \frac{\sigma_0}{2L} \int_0^l \left[\mathrm{ch} \frac{2\gamma(x-a)}{\sigma_0} + 1 \right] \mathrm{d}x = \frac{\sigma_0}{2L} \left[\frac{\sigma_0}{2\gamma} \int_0^l \mathrm{ch} \frac{2\gamma(x-a)}{\sigma_0} \mathrm{d} \frac{2\gamma(x-a)}{\sigma_0} + \int_0^l \mathrm{d}x \right]$$

$$= \frac{\sigma_0}{2L} \left\{ \frac{\sigma_0}{2\gamma} \left[\mathrm{sh} \frac{2\gamma(l-a)}{\sigma_0} + \mathrm{sh} \frac{2\gamma a}{\sigma_0} \right] + l \right\} = \frac{\sigma_0}{2L} \left[\frac{\sigma_0}{\gamma} \mathrm{sh} \frac{\gamma l}{\sigma_0} \mathrm{ch} \frac{\gamma(l-2a)}{\sigma_0} + l \right]$$

$$= \frac{\sigma_0}{2L} \left\{ \frac{2\sigma_0}{\gamma} \mathrm{sh} \frac{\gamma l}{2\sigma_0} \mathrm{ch} \frac{\gamma l}{2\sigma_0} \left[2\mathrm{ch}^2 \frac{\gamma(l-2a)}{2\sigma_0} - 1 \right] + l \right\}$$

$$= \frac{\sigma_0}{2L} \left[L_{h=0} \mathrm{ch} \frac{\gamma l}{2\sigma_0} \left(2 \frac{L^2}{L_{h=0}^2} - 1 \right) + l \right] = \frac{\sigma_0}{2L} \left[\mathrm{ch} \frac{\gamma l}{2\sigma_0} \left(\frac{2L^2}{L_{h=0}} - L_{h=0} \right) + l \right]$$

$$= \frac{\sigma_0}{2L} \left(l + \frac{L^2 + h^2}{\sqrt{L^2 - h^2}} \mathrm{ch} \frac{\gamma l}{2\sigma_0} \right) \tag{4-71}$$

式（4-71）为用悬链线表示的架空线的平均应力的精确计算公式。该公式显得比较复杂，工程上常用其斜抛物线形式。将架空线的平均应力视为其上各点应力 σ_x 沿斜档距 $l_{AB} = l/\cos\beta$ 的积分对于斜档距的平均值，则

$$\sigma_{cp} = \frac{\cos\beta}{l} \int_0^{l/\cos\beta} \sigma_x \mathrm{d} \left(\frac{x}{\cos\beta} \right) = \frac{1}{l} \int_0^l \sigma_x \mathrm{d}x$$

将式（4-56）代入，得

$$\sigma_{cp} = \frac{1}{l}\int_0^l \left[\frac{\sigma_0}{\cos\beta} + \frac{\gamma^2(l-2x)^2}{8\sigma_0\cos\beta} - \frac{\gamma(l-2x)}{2}\tan\beta\right]dx$$

$$= \frac{\sigma_0}{\cos\beta} + \frac{\gamma^2 l^2}{24\sigma_0\cos\beta} = \frac{\sigma_0}{\cos\beta} + \frac{\gamma f_m}{3} \tag{4-72}$$

式中 $\sigma_0/\cos\beta$——档距中央架空线的应力；

$\gamma f_m/3$——可看作是由距离档距中央架空线高差 $f_m/3$ 引起的应力。

由此得知，架空线的平均应力实际上就是架空线平均高度处的应力。考虑到 $\gamma f_m/3$ 与 $\sigma_0/\cos\beta$ 相比甚小，因此除特大弧垂外，一般以档距中央应力 $\sigma_{\frac{l}{2}}$ 近似代替平均应力以便于计算。

第六节　均布垂直比载和水平比载共同作用下架空线的计算

架空线一方面受到自重、冰重产生的垂直比载 γ_v 的作用，另一方面还经常受到横向水平比载 γ_h 的作用。综合比载 $\gamma' = \sqrt{\gamma_v^2 + \gamma_h^2}$ 作用的结果，使原来位于垂直平面内的架空线向风压比载方向偏摆。由于架空线具有弧垂，即使风向垂直于线路走向，风偏后沿线各点的风速方向与电线轴线间的夹角亦均不相同，风压的大小、方向就不相同，这将使计算大大复杂。由于架空线弧垂相对档距长度来说是很小的，档内线长与斜档距相差无几，因此可以假设：风压水平比载沿斜档距横向均匀分布，即不考虑弧垂、风偏对水平比载的影响；同时假设垂直比载沿斜档距垂向均匀分布，从而综合比载亦沿斜档距均布，其大小和方向处处相同。在此综合比载作用下，柔性架空线风偏后，必然位于综合比载所在平面内。这样，均布垂直比载和水平比载共同作用下架空线的有关计算，实际上成为风偏平面内具有沿斜档距均布比载 γ' 的斜抛物线弧垂、应力和线长的计算问题。

一、风偏平面内架空线的弧垂、应力和线长的计算

不等高悬点架空线风偏后的受力情况如图4-10所示。图中 l 为档距，h 为高差。无风时，架空线仅受垂直比载 γ_v 的作用，位于垂直平面 $AEBD$ 内，悬挂曲线如虚线 ACB 所示。有风时，架空线受综合比载 γ' 的作用，绕 AB 轴转动，平衡时位于风偏平面 $AE'BD'$ 内，悬挂曲线为图中实线 $AC'B$。风偏平面与垂直平面间的夹角 η 称为风偏角，其大小可由 γ'、γ_v 和 γ_h 间的关系得到，即

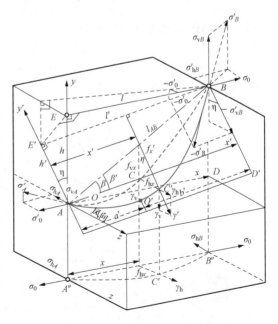

图4-10　架空线风偏时的受力图

$$\left.\begin{array}{l} \sin\eta = \dfrac{\gamma_{\mathrm{h}}}{\gamma'} \\[3mm] \cos\eta = \dfrac{\gamma_{\mathrm{v}}}{\gamma'} \\[3mm] \tan\eta = \dfrac{\gamma_{\mathrm{h}}}{\gamma_{\mathrm{v}}} \end{array}\right\} \tag{4-73}$$

由于架空线风偏后受到沿斜档距 l_{AB} 均布的综合比载 γ' 的作用，若已知风偏平面内的档距 l'、高差 h'、最低点 O' 的轴向应力 σ'_0，代入有关斜抛物线公式即可得到风偏平面内架空线的弧垂、应力和线长。风偏平面内架空线的弧垂、应力和线长的计算转化为档距 l'、高差 h'（高差角 β'）、均布比载 γ' 作用下的架空线计算问题。

根据图 4-10 中的几何图形，可得到风偏平面内各参数与垂直平面内各参数的关系为

$$\left.\begin{array}{l} h' = h\cos\eta \\[2mm] l' = \sqrt{l^2 + (h\sin\eta)^2} = l\sqrt{1 + (\tan\beta\sin\eta)^2} \\[2mm] \sigma'_0 = \dfrac{l'}{l}\sigma_0 = \sigma_0\sqrt{1 + (\tan\beta\sin\eta)^2} \\[2mm] \tan\beta' = \dfrac{h'}{l'} = \dfrac{\tan\beta\cos\eta}{\sqrt{1 + (\tan\beta\sin\eta)^2}} \\[2mm] \sin\beta' = \sin\beta\cos\eta \\[2mm] \cos\beta' = \cos\beta\sqrt{1 + (\tan\beta\sin\eta)^2} \end{array}\right\} \tag{4-74}$$

风偏平面内架空线上任一点的弧垂 f'_x，为该点沿综合比载 γ' 作用方向至斜档距 l_{AB} 的距离，其大小为

$$f'_x = \frac{\gamma'x'(l'-x')}{2\sigma'_0\cos\beta'} = \frac{\gamma'x(l-x)}{2\sigma_0\cos\beta} \tag{4-75}$$

风偏平面内档距中央的最大弧垂为

$$f'_{\mathrm{m}} = \frac{\gamma'l'^2}{8\sigma'_0\cos\beta'} = \frac{\gamma'l^2}{8\sigma_0\cos\beta} \tag{4-76}$$

风偏平面内任一点的轴向应力为

$$\begin{aligned} \sigma'_x &= \frac{\sigma'_0}{\cos\beta'} + \frac{\gamma'^2(l'-2x')^2}{8\sigma'_0\cos\beta'} - \frac{\gamma'(l'-2x')}{2}\tan\beta' \\ &= \frac{\sigma_0}{\cos\beta} + \frac{\gamma'^2(l-2x)^2}{8\sigma_0\cos\beta} - \frac{\gamma'(l-2x)}{2}\tan\beta\cos\eta \end{aligned} \tag{4-77}$$

将 $x=0$，$x=l$ 分别代入式（4-77）即可得到悬挂点 A、B 处架空线的轴向应力为

$$\left.\begin{array}{l} \sigma'_A = \dfrac{\sigma_0}{\cos\beta} + \dfrac{\gamma'^2 l^2}{8\sigma_0\cos\beta} - \dfrac{\gamma'h}{2}\cos\eta \\[3mm] \sigma'_B = \dfrac{\sigma_0}{\cos\beta} + \dfrac{\gamma'^2 l^2}{8\sigma_0\cos\beta} + \dfrac{\gamma'h}{2}\cos\eta \end{array}\right\} \tag{4-78}$$

风偏后，两悬点 A、B 处沿综合比载 γ' 方向上的应力分量 $\sigma'_{\gamma'A}$、$\sigma'_{\gamma'B}$ 与 σ'_0 相垂直，大小为

$$\left.\begin{array}{l} \sigma'_{\gamma'A} = \dfrac{\gamma'a'}{\cos\beta'} = \dfrac{\gamma'}{\cos\beta'}\left(\dfrac{l'}{2} - \dfrac{\sigma'_0}{\gamma'}\sin\beta'\right) = \dfrac{\gamma'}{\cos\beta}\left(\dfrac{l}{2} - \dfrac{\sigma_0}{\gamma'}\sin\beta\cos\eta\right) \\[3mm] \sigma'_{\gamma'B} = \dfrac{\gamma'b'}{\cos\beta'} = \dfrac{\gamma'}{\cos\beta'}\left(\dfrac{l'}{2} + \dfrac{\sigma'_0}{\gamma'}\sin\beta'\right) = \dfrac{\gamma'}{\cos\beta}\left(\dfrac{l}{2} + \dfrac{\sigma_0}{\gamma'}\sin\beta\cos\eta\right) \end{array}\right\} \tag{4-79}$$

风偏平面内架空线的悬挂曲线长度可将式（4-74）代入式（4-66）得到

$$L' = \frac{l'}{\cos\beta'} + \frac{\gamma'^2 l'^3 \cos\beta'}{24\sigma_0'^2} = \frac{l}{\cos\beta} + \frac{\gamma'^2 l^3 \cos\beta}{24\sigma_0^2}[1 + (\tan\beta\sin\eta)^2] \qquad (4-80)$$

二、有风时垂直、水平投影面内的弧垂和应力计算

工程中经常需要计算架空线风偏后，在垂直及水平投影平面内的弧垂、应力及悬挂点应力等。如图 4-10 所示，将风偏平面内的架空线向垂直平面 x-y 投影，投影曲线 ACB 上仅作用有垂直比载 γ_v、悬挂点垂直应力分量 σ_{vA} 和 σ_{vB}、线路方向的水平应力分量 $\sigma_{0A} = \sigma_{0B} = \sigma_0$。将风偏平面内的架空线向水平面 x-z 投影，投影曲线 $A''C''B''$ 上仅作用有横向水平比载 γ_h、垂直于线路方向的悬挂点水平应力 σ_{hA} 和 σ_{hB}、顺线路方向的水平应力 σ_0。

1. 垂直投影面内架空线的弧垂和应力

在垂直投影面内，档距为 l、高差为 h、高差角为 β，垂直比载 γ_v 沿斜档距均布，水平应力为 σ_0，显然符合斜抛物线公式的导出条件，故可直接写出架空线风偏后在垂直投影面的斜抛物线有关计算式为

$$y = x\tan\beta - \frac{\gamma_v x(l-x)}{2\sigma_0 \cos\beta}$$

$$f_{vx} = \frac{\gamma_v x(l-x)}{2\sigma_0 \cos\beta}$$

$$f_{vm} = \frac{\gamma_v l^2}{8\sigma_0 \cos\beta}$$

$$\sigma_{vx} = \sigma_0 \tan\beta - \frac{\gamma_v(l-2x)}{2\cos\beta} = \sigma_0 \tan\theta_{vx}$$

$$\sigma_{vA} = \frac{\gamma_v a_v}{\cos\beta} = \frac{\gamma_v}{\cos\beta}\left(\frac{l}{2} - \frac{\sigma_0}{\gamma_v}\sin\beta\right)$$

$$\sigma_{vB} = \frac{\gamma_v b_v}{\cos\beta} = \frac{\gamma_v}{\cos\beta}\left(\frac{l}{2} + \frac{\sigma_0}{\gamma_v}\sin\beta\right)$$

$$a_v = \frac{l}{2} - \frac{\sigma_0}{\gamma_v}\sin\beta$$

$$b_v = \frac{l}{2} + \frac{\sigma_0}{\gamma_v}\sin\beta$$

$$\tan\theta_{vx} = \frac{\partial y}{\partial x} = \tan\beta - \frac{\gamma_v(l-2x)}{2\sigma_0 \cos\beta}$$

$$\tan\theta_{vA} = \tan\beta - \frac{\gamma_v l}{2\sigma_0 \cos\beta}$$

$$\tan\theta_{vB} = \tan\beta + \frac{\gamma_v l}{2\sigma_0 \cos\beta}$$

式中　a_v，b_v——垂直投影面内架空线最低点 O 分别到悬挂点 A、B 间的水平距离，需要注意的是 O 点并不是风偏平面内架空线最低点 O' 的投影。

设 a'_v 在 x 轴上的投影值为 a'_v，则

$$a'_v = \frac{l}{l'}a' = \frac{l}{l'}\left(\frac{l'}{2} - \frac{\sigma_0'}{\gamma'}\sin\beta'\right) = \frac{l}{2} - \frac{\sigma_0}{\gamma_v}\sin\beta\cos^2\eta$$

由于 $a'_v > a_v$，说明垂直投影面内的最低点 O 比风偏平面内架空线最低点 O' 更靠近低

悬挂点。

2. 水平投影面内架空线的弧垂和应力

在水平投影面内，两悬挂点在水平比载作用线上的投影间距为零，所以为等高悬点。

斜档距 l_{AB} 的水平投影即为档距 l，其上作用着均布比载 $\dfrac{\gamma_h l_{AB}}{l} = \dfrac{\gamma_h}{\cos\beta}$。根据平抛物线公式，可直接写出风偏后架空线在水平投影面内的弧垂和应力计算公式为

$$z = f_{hx} = \frac{\gamma_h x(l-x)}{2\sigma_0 \cos\beta}$$

$$f_{hm} = \frac{\gamma_h l^2}{8\sigma_0 \cos\beta}$$

$$\sigma_{hx} = \sigma_0 \tan\theta_{hx} = \frac{\gamma_h(l-2x)}{2\cos\beta}$$

$$\sigma_{hA} = \sigma_{hB} = \frac{\gamma_h l}{2\cos\beta}$$

$$\tan\theta_{hx} = \frac{\partial z}{\partial x} = \frac{\gamma_h(l-2x)}{2\sigma_0 \cos\beta}$$

$$\tan\theta_{hA} = -\tan\theta_{hB} = \frac{\gamma_h l}{2\sigma_0 \cos\beta}$$

σ_{hA}、σ_{hB} 的计算公式表明，悬挂点横向水平应力为水平比载与斜档距乘积的一半。

在得到垂直、水平投影面内架空线的有关数值后，风偏平面内的各具有方向性的数值亦可用分量合成的方法求得。

第七节　考虑刚度影响时架空线的计算

实际的架空线具有一定的刚度，在受到弯曲时表现出一定的硬性，即具有一定的抗弯刚度值 EJ，因而不是理想的柔线。当其刚度不能忽略时，其悬挂曲线的形状和应力与柔性架空线也就不同，有其自身的特点。

一、 刚性架空线悬挂曲线方程的普遍形式

柔性架空线仅能承受轴向拉力，而刚性架空线不仅能承受轴向拉力，且能承受弯矩，这是与柔性架空线的根本不同。

图 4 - 11 是某档刚性架空线的受力图。假定作用在架空线上的比载 γ 沿斜档距均布，则单位长度架空线水平投影上的荷载集度 $p_0 = \gamma A/\cos\beta$（A 为架空线的截面积）。悬挂点处架空线受水平张力 T_0，垂向反力 R_A、R_B，约束弯矩 M_A、M_B 的作用。在架空线任一点处取一微长 $\mathrm{d}L$，其水平和垂直投影长度分别为 $\mathrm{d}x$ 和 $\mathrm{d}y$，如图 4 - 11 （b）所示。该微段架空线上的荷载为 $p_0\mathrm{d}x$，一端的架空线张力为 T、张力的水平分量为 $T_0 = T\cos\theta$、弯矩为 M，在另一端上述各量分别为 $T+\mathrm{d}T$、T_0、$M+\mathrm{d}M$，显然张力的水平分量处处相等。微段 y 方向的力平衡方程式为

$$-T_0\tan\theta - p_0\mathrm{d}x + T_0\tan(\theta + \mathrm{d}\theta) = 0$$

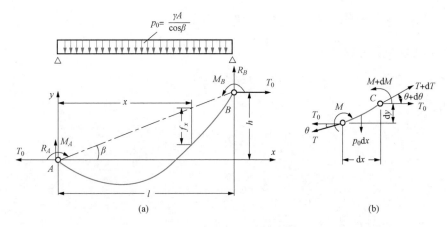

图 4 - 11　刚性架空线时的受力图

（a）整档架空线受力图；（b）架空线单元受力图

整理后得到

$$\frac{\tan(\theta + \mathrm{d}\theta) - \tan\theta}{\mathrm{d}x} = \frac{p_0}{T_0}$$

即

$$\frac{\mathrm{d}(\tan\theta)}{\mathrm{d}x} = \frac{p_0}{T_0} \tag{4 - 81}$$

根据微段对任一点的力矩平衡方程，有

$$\sum M_C = -T_0 \tan\theta \mathrm{d}x + M - p_0 \mathrm{d}x \frac{\mathrm{d}x}{2} - (M + \mathrm{d}M) + T_0 \mathrm{d}y = 0$$

略去上式的二阶微量后，得

$$\tan\theta = -\frac{1}{T_0} \frac{\mathrm{d}M}{\mathrm{d}x} + \frac{\mathrm{d}y}{\mathrm{d}x} \tag{4 - 82}$$

上式对 x 求导，得到

$$\frac{\mathrm{d}(\tan\theta)}{\mathrm{d}x} = -\frac{1}{T_0} \frac{\mathrm{d}^2 M}{\mathrm{d}x^2} + \frac{\mathrm{d}^2 y}{\mathrm{d}x^2}$$

由梁的挠曲微分方程知

$$M = EJ \frac{\mathrm{d}^2 y}{\mathrm{d}x^2} \tag{4 - 83}$$

将 M 对 x 求二阶导数，得

$$\frac{\mathrm{d}^2 M}{\mathrm{d}x^2} = EJ \frac{\mathrm{d}^4 y}{\mathrm{d}x^4}$$

所以

$$\frac{\mathrm{d}(\tan\theta)}{\mathrm{d}x} = -\frac{EJ}{T_0} \frac{\mathrm{d}^4 y}{\mathrm{d}x^4} + \frac{\mathrm{d}^2 y}{\mathrm{d}x^2} \tag{4 - 84}$$

将式（4 - 81）代入整理后，得

$$\frac{\mathrm{d}^4 y}{\mathrm{d}x^4} - \frac{T_0}{EJ} \frac{\mathrm{d}^2 y}{\mathrm{d}x^2} + \frac{p_0}{EJ} = 0 \tag{4 - 85}$$

式（4-85）是四阶常系数线性微分方程。令 $\dfrac{T_0}{EJ}=k^2$，$\dfrac{\mathrm{d}^2 y}{\mathrm{d}x^2}=u$，则式（4-85）变换为二阶常系数线性微分方程

$$\frac{\mathrm{d}^2 u}{\mathrm{d}x^2}-k^2 u+\frac{k^2 p_0}{T_0}=0 \qquad (4-86)$$

其通解为

$$u=A\mathrm{ch}kx+B\mathrm{sh}kx+\frac{p_0}{T_0}$$

即

$$\frac{\mathrm{d}^2 y}{\mathrm{d}x^2}=A\mathrm{ch}kx+B\mathrm{sh}kx+\frac{p_0}{T_0} \qquad (4-87)$$

式中 A，B——积分常数。

对式（4-81）连续积分，有

$$\frac{\mathrm{d}y}{\mathrm{d}x}=\frac{A}{k}\mathrm{sh}kx+\frac{B}{k}\mathrm{ch}kx+\frac{p_0}{T_0}x+C_3$$

$$y=\frac{A}{k^2}\mathrm{ch}kx+\frac{B}{k^2}\mathrm{sh}kx+\frac{p_0}{2T_0}x^2+C_3 x+C_4$$

令

$$C_1=\frac{A}{k^2},\ C_2=\frac{B}{k^2} \qquad (4-88)$$

则

$$\frac{\mathrm{d}y}{\mathrm{d}x}=C_1 k\mathrm{sh}kx+C_2 k\mathrm{ch}kx+\frac{p_0}{T_0}x+C_3 \qquad (4-89)$$

$$y=C_1\mathrm{ch}kx+C_2\mathrm{sh}kx+\frac{p_0}{2T_0}x^2+C_3 x+C_4 \qquad (4-90)$$

上两式是刚性架空线的悬挂曲线方程及其微分方程，含有四个积分常数 $C_1\sim C_4$，需要四个边界条件才能确定。

二、 刚性架空线在悬挂点水平固定时的弧垂和弯曲应力

1. 悬挂曲线方程和弯矩方程

在图 4-11 所选坐标系下，刚性架空线在悬挂点水平固定（相当于线夹无悬垂角）时，在悬挂点 A 处，$x=0$，$y=0$，$\dfrac{\mathrm{d}y}{\mathrm{d}x}=0$；在悬挂点 B 处，$x=l$，$y=h$，$\dfrac{\mathrm{d}y}{\mathrm{d}x}=0$。将这些参数代入式（4-89）和式（4-90）可以得到

$$\left.\begin{aligned}
C_1+C_4&=0\\
kC_2+C_3&=0\\
C_1\mathrm{ch}kl+C_2\mathrm{sh}kl+lC_3+C_4+\frac{p_0 l^2}{2T_0}&=h\\
C_1 k\mathrm{sh}kl+C_2 k\mathrm{ch}kl+C_3+\frac{p_0 l}{T_0}&=0
\end{aligned}\right\}$$

解得

78

$$C_1 = -\frac{p_0 l(1+\mathrm{ch}kl)}{2kT_0\,\mathrm{sh}kl} - \frac{h(1-\mathrm{ch}kl)}{2(1-\mathrm{ch}kl)+kl\,\mathrm{sh}kl}$$

$$C_2 = \frac{p_0 l}{2kT_0} - \frac{h\,\mathrm{sh}kl}{2(1-\mathrm{ch}kl)+kl\,\mathrm{sh}kl}$$

$$C_3 = -kC_2$$

$$C_4 = -C_1$$

将 $C_1 \sim C_4$ 代回式（4-90），整理后得到刚性架空线在悬点水平固定时的悬挂曲线方程为

$$y = \frac{h}{kl-2\mathrm{th}\dfrac{kl}{2}}\left[\mathrm{th}\frac{kl}{2}(\mathrm{ch}kx-1)-\mathrm{sh}kx+kx\right]$$

$$+ \frac{p_0 l}{2kT_0}\left(\mathrm{sh}kx - \frac{\mathrm{ch}kx-1}{\mathrm{th}\dfrac{kl}{2}}\right) - \frac{p_0 x}{2T_0}(l-x) \tag{4-91}$$

式（4-91）对 x 求导可得到

$$\frac{\mathrm{d}y}{\mathrm{d}x} = \frac{hk}{kl-2\mathrm{th}\dfrac{kl}{2}}\left(\mathrm{th}\frac{kl}{2}\mathrm{sh}kx - \mathrm{ch}kx+1\right) + \frac{p_0 l}{2T_0}\left(\mathrm{ch}kx - \frac{\mathrm{sh}kx}{\mathrm{th}\dfrac{kl}{2}}\right) - \frac{p_0}{2T_0}(l-2x)$$

$$\tag{4-92}$$

$$\frac{\mathrm{d}^2 y}{\mathrm{d}x^2} = \frac{hk^2}{kl-2\mathrm{th}\dfrac{kl}{2}}\left(\mathrm{th}\frac{kl}{2}\mathrm{ch}kx - \mathrm{sh}kx\right) + \frac{p_0 lk}{2T_0}\left(\mathrm{sh}kx - \frac{\mathrm{ch}kx}{\mathrm{th}\dfrac{kl}{2}}\right) + \frac{p_0}{T_0} \tag{4-93}$$

根据式（4-83），可以得到刚性架空线上距低悬挂点 A 任一点 x 处的弯矩为

$$M_x = \frac{p_0}{k^2} + \frac{hT_0}{kl-2\mathrm{th}\dfrac{kl}{2}}\left(\mathrm{th}\frac{kl}{2}\mathrm{ch}kx - \mathrm{sh}kx\right) - \frac{p_0 l}{2k}\left(\frac{\mathrm{ch}kx}{\mathrm{th}\dfrac{kl}{2}} - \mathrm{sh}kx\right) \tag{4-94}$$

将 $x = l-x'$ 代入式（4-94），可得刚性架空线上距高悬挂点 B 任一点 x' 处的弯矩 $M_{x'}$，利用双曲函数恒等式化简并加以整理得到

$$M_{x'} = \frac{p_0}{k^2} - \frac{hT_0}{kl-2\mathrm{th}\dfrac{kl}{2}}\left(\mathrm{th}\frac{kl}{2}\mathrm{ch}kx' - \mathrm{sh}kx'\right) - \frac{p_0 l}{2k}\left(\frac{\mathrm{ch}kx'}{\mathrm{th}\dfrac{kl}{2}} - \mathrm{sh}kx'\right) \tag{4-95}$$

由于 $\dfrac{kl}{2}\gg 1$，$\mathrm{th}\dfrac{kl}{2}\approx 1$，而 $\dfrac{p_0}{k^2}$ 相对很小可忽略不计，在两悬点附近 x、x' 很小，所以

$$M_x = -\left(\frac{p_0 l}{2k} - \frac{hT_0}{kl-2}\right)(\mathrm{ch}kx - \mathrm{sh}kx) \approx -\frac{1}{k}\left(\frac{p_0 l}{2} - \frac{hT_0}{l}\right)\mathrm{e}^{-kx} \tag{4-96}$$

$$M_{x'} = -\left(\frac{p_0 l}{2k} + \frac{hT_0}{kl-2}\right)(\mathrm{ch}kx' - \mathrm{sh}kx') \approx -\frac{1}{k}\left(\frac{p_0 l}{2} + \frac{hT_0}{l}\right)\mathrm{e}^{-kx'} \tag{4-97}$$

从式（4-96）、式（4-97）可以看出，在悬挂点附近 M_x、$M_{x'}$ 按指数规律变化，随着 x、x' 的增加，弯矩急剧下降，因此弯矩引起的弯曲应力对架空线的影响主要表现在悬挂点附近。悬挂点处的最大弯矩为

$$M_A \approx -\frac{1}{k}\left(\frac{p_0 l}{2} - \frac{hT_0}{l}\right) = -\sqrt{\frac{EJ}{T_0}}\left(\frac{p_0 l}{2} - \frac{hT_0}{l}\right) \tag{4-98}$$

$$M_B \approx -\frac{1}{k}\left(\frac{p_0 l}{2} + \frac{hT_0}{l}\right) = -\sqrt{\frac{EJ}{T_0}}\left(\frac{p_0 l}{2} + \frac{hT_0}{l}\right) \tag{4-99}$$

从式 （4-98）、式 （4-99） 可以看出，悬点处的弯矩随张力 T_0 的减小而增大，随刚度 EJ 的增大而增大。同一档内，高悬挂点处的弯矩最大。

2. 弧垂和弯曲应力

刚性架空线两悬挂点水平固定时，任一点处的弧垂为

$$f_x = \frac{h}{l}x - y$$

$$= \frac{h}{kl - 2\mathrm{th}\frac{kl}{2}}\left[\mathrm{th}\frac{kl}{2}\left(1 - \frac{2x}{l} - \mathrm{ch}kx\right) + \mathrm{sh}kx\right] - \frac{p_0 l}{2kT_0}\left(\mathrm{sh}kx - \frac{\mathrm{ch}kx - 1}{\mathrm{th}\frac{kl}{2}}\right) + \frac{p_0 x}{2T_0}(l - x)$$

$$\tag{4-100}$$

当 $x = l/2$ 时，得到档距中央弧垂为

$$f_{\frac{l}{2}} = \frac{p_0 l^2}{8T_0} - \frac{p_0 l}{2kT_0}\frac{\mathrm{ch}\frac{kl}{2} - 1}{\mathrm{sh}\frac{kl}{2}} \tag{4-101}$$

式 （4-101） 中第一项是柔性架空线的档距中央弧垂。可以看出，由于考虑了架空线的刚度，其档距中央弧垂较柔线弧垂有所减小。由于高差 h 未出现在公式中，因此只要 p_0 相同，高差对档距中央弧垂的大小无影响。

根据材料力学知，梁受到弯曲作用时其截面产生的最大弯曲应力 σ 由下式计算

$$\sigma = \pm\frac{M}{W} = \pm\frac{Me}{J} = \pm\left(\frac{M}{EJ}\right)Ee = \pm Ee\frac{\mathrm{d}^2 y}{\mathrm{d}x^2} = \pm E\frac{e}{\rho} \tag{4-102}$$

式中　M——架空线某断面处的弯矩；

　　　W——架空线某断面处的抗弯模量；

　　　J——架空线某断面对中性轴的惯性矩；

　　　e——架空线某断面上的最大弯曲应力点到中性轴的距离；

　　　E——架空线的弹性系数；

　　　EJ——架空线的抗弯刚度；

　　　ρ——架空线受弯断面处的弯曲曲率半径。

对于绞线整体来说，E、J、e 的值与弯曲时股丝间发生的滑动情况有关。一般 e 介于绞线整体半径与股丝半径之间。由于悬挂点处弯曲曲率较大，股间一般要产生滑动，可以粗略认为各股以同样的曲率绕自身的中性轴弯曲，即把 e 值视为股丝的半径 r，这将使求得的弯曲应力比实际的要小。EJ 值可由试验得到，但很难准确分出 E 和 J 的各自量值。试验表明，架空线受弯时的 E 值小于所用股丝材料弹性系数的一半，有的文献提出取股丝材料弹性系数的 3/8 作为 E 值。另外，当线股受弯曲率较大时，材料将产生塑性变形而使最大弯曲应力降低。因此，使用式 （4-102） 计算弯曲应力是十分粗糙的。即便如此，该式仍对理论上分析刚性架空线的弯曲应力有很大的指导作用。

将高悬挂点 B 处的弯矩计算式（4 - 99）代入式（4 - 102），可以得到刚性架空线悬挂点水平固定时的最大弯曲应力为

$$\sigma_{MB} \approx \frac{k}{T_0}\left(\frac{p_0 l}{2} + \frac{hT_0}{l}\right)Ee = \frac{Ee}{T_0}\sqrt{\frac{T_0}{EJ}}\left(\frac{p_0 l}{2} + \frac{hT_0}{l}\right) \qquad (4-103)$$

【例 4 - 5】 某钢芯铝绞线综合截面积 $A=494.73\text{mm}^2$，试验求得 $EJ=143.2\text{MN}\cdot\text{mm}^2$。若架空线单位水平投影长度上的荷载 $p_0=18.15\text{N/m}$，取弯曲时的弹性系数 $E=\frac{3}{8}E_0=27.44\text{kN/mm}^2$，$e$ 为铝丝半径，即取 $e=r=2.068\times10^{-3}\text{m}$，试求在档距 $l=1000\text{m}$、高差 $h=80\text{m}$、水平张力 $T_0=36.49\text{kN}$ 时，刚性架空线的档距中央弧垂和高悬挂点处的最大弯曲应力。

解 由于 $k=\sqrt{\dfrac{T_0}{EJ}}=\sqrt{\dfrac{36490}{143.2}}=16.00\ (\text{m}^{-1})$，所以

$$f_{\frac{l}{2}} = \frac{p_0 l^2}{8T_0} - \frac{p_0 l}{2kT_0}\frac{\operatorname{ch}\dfrac{kl}{2}-1}{\operatorname{sh}\dfrac{kl}{2}}$$

$$= \frac{18.15\times1000^2}{8\times36490} - \frac{18.15\times1000}{2\times16.00\times36490}\times\frac{\operatorname{ch}(16.00\times500)-1}{\operatorname{sh}(16.00\times500)}$$

$$= 62.174 - 0.0155 = 62.16(\text{m})$$

$$\sigma_{MB} \approx \frac{k}{T_0}\left(\frac{p_0 l}{2} + \frac{hT_0}{l}\right)Ee$$

$$= \frac{16.00}{36490}\times\left(\frac{18.15\times1000}{2} + \frac{36490\times80}{1000}\right)\times27440\times2.068\times10^{-3}$$

$$= 298.44(\text{MPa})$$

［例 4 - 5］中 E、e 的取值虽然理由不是十分充分，但却有意识地选用了使弯曲应力偏小的数值。尽管如此，求得的弯曲应力数值仍然很大。即便是在档距 $l=400\text{m}$ 且无高差（即 $h=0$）的情况下，悬挂点的弯曲应力也达近 100MPa，与架空线的最大使用应力相当。这样大的弯曲附加应力，将使铝线受拉部分的综合应力超过材料的屈服极限，必然引起材料产生塑性伸长而使断面上的应力重新分配，否则架空线承受最大弯曲应力的部分就会断裂。从［例 4 - 5］还可以看到，即使档距很大，因架空线刚度所减小的弧垂量也是微不足道的，它比近似弧垂公式本身的误差还小得多。因此在计算档内弧垂时，完全可以不考虑架空线刚度的影响。

在实际的高压架空线路中，并不采用水平固定又无倾角的线夹，最大弯曲应力并不像［例 4 - 5］中计算的那样大。通常悬挂点处线夹等吊具的曲率半径大于该点处架空线的弯曲曲率半径，线夹的支持使架空线在该处的曲率半径加大，从而减小了架空线的弯曲应力。但若在实际工作中不加以注意，如线夹出口曲率半径小于架空线的弯曲曲率半径，或施工运行中采用小直径滑轮或双勾紧线器吊钩悬吊架空线等，就近似于悬挂点水平固定的情况。此时若在大高差悬挂点使用上述吊具，将会产生极大的弯曲应力，使架空线在高悬挂点处产生"灯笼"、断股和裂纹。根据理论分析，这是必然要发生的，对此应给予足够的重视。

三、 刚性架空线在悬挂点倾斜固定时的附加弯矩和弯曲应力

由于悬挂点两侧的架空线荷载不尽相同，该悬挂点处的回转式固定线夹将产生倾斜，如图 4-12 所示。设悬挂点处线夹向档内下倾角度的斜率，A 悬挂点为 $-m_A$，B 悬挂点为 $+m_B$，即有边界条件：当 $x=0$ 时，$y=0$，$\dfrac{\mathrm{d}y}{\mathrm{d}x}=-m_A$；当 $x=l$ 时，$y=h$，$\dfrac{\mathrm{d}y}{\mathrm{d}x}=+m_B$。

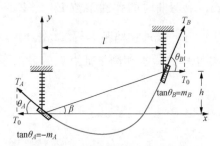

图 4-12　刚性架空线在悬挂点倾斜固定

将其代入式（4-89）和式（4-90），得到

$$\left.\begin{array}{r}C_1+C_4=0\\[4pt]kC_2+C_3=-m_A\\[4pt]C_1\mathrm{ch}kl+C_2\mathrm{sh}kl+lC_3+C_4+\dfrac{p_0l^2}{2T_0}=h\\[6pt]C_1k\mathrm{sh}kl+C_2k\mathrm{ch}kl+C_3+\dfrac{p_0l}{T_0}=m_B\end{array}\right\}$$

上述方程联立可解得 C_1、C_2、C_3、C_4，代回式（4-90）可得到刚性架空线在悬挂点倾斜固定时的悬挂曲线方程，再将该曲线方程对 x 求二阶导数，即可得到架空线的曲率方程。将 $x=0$ 和 $x=l$ 代入曲率方程，并作近似和化简，从而得到悬挂点 A、B 处刚性架空线的曲率为

$$\left.\dfrac{\mathrm{d}^2y}{\mathrm{d}x^2}\right|_{x=0}=\dfrac{1}{\rho_A}\approx-\dfrac{k}{T_0}\left(\dfrac{p_0l}{2}-\dfrac{T_0h}{l}-m_AT_0\right) \qquad (4\text{-}104)$$

$$\left.\dfrac{\mathrm{d}^2y}{\mathrm{d}x^2}\right|_{x=l}=\dfrac{1}{\rho_B}\approx-\dfrac{k}{T_0}\left(\dfrac{p_0l}{2}+\dfrac{T_0h}{l}-m_BT_0\right) \qquad (4\text{-}105)$$

显然，悬挂点处线夹向档内下倾，可使线夹出口处架空线的弯曲曲率减小。将式（4-104）、式（4-105）两端分别乘以抗弯刚度 EJ，得到刚性架空线在悬挂点倾斜固定时的弯矩为

$$M_A\approx-\dfrac{1}{k}\left(\dfrac{p_0l}{2}-\dfrac{T_0h}{l}-m_AT_0\right) \qquad (4\text{-}106)$$

$$M_B\approx-\dfrac{1}{k}\left(\dfrac{p_0l}{2}+\dfrac{T_0h}{l}-m_BT_0\right) \qquad (4\text{-}107)$$

从上两式可以看到，由于线夹向档内下倾，使得架空线的弯曲曲率和弯矩都减小了。当下倾角斜率即 m_A、m_B 达到一定值后，可使架空线的弯矩为零。因此实际使用中的线夹船体两端出口处均具有一定的下倾角（悬垂角），如图 4-13 所示。这样可以保证在线夹出口处 B' 点的架空线不承受弯矩，悬挂点架空线的反力和弯矩转移到了 $B'O$ 段内。在线夹 $B'O$ 段，架空线的静弯应力取决于船体的曲率半径 ρ 的大小，其计算公式仍为式（4-102）。

四、 架空线的抗弯刚度

准确求取架空线所受附加弯矩的关键，在于获得其抗弯刚度的精确值。对于单一材料的单股导线来说，其抗弯刚度是材料的弹性模量 E 和断面惯性矩 J 的乘积。对于常用的多股绞线来说，

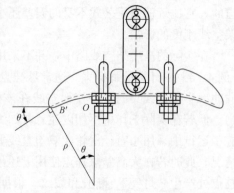

图 4-13　悬垂线夹的悬垂角

EJ 值不仅受材料、绞制规格等影响，而且还受使用张力大小的影响，因而不易通过理论计算得到。为了确定绞线的抗弯刚度 EJ，可以通过测试档内架空线在已知荷载作用下产生的弧垂（挠度），借助理论公式求得。

　　架空线刚度测试装置原理如图 4 - 14 所示。试验支座保证架空线水平悬出，P 为试验档距中央所施加的集中荷载，由于档距很小，张力 T_0 和荷载 P 又大，相比之下架空线自重可略去不计。设坐标原点位于左端支座架空线出口处，x、y 轴方向如图 4 - 14 所示，架空线两端作用的张力为 T_0，端点处的支座反力为 $P/2$，支座反弯矩为 M_0。在距原点 O 的任意点 x 处架空线截面上的弯矩为

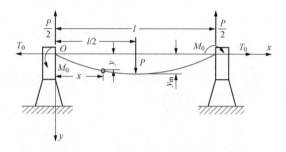

$$M_x = M_0 + T_0 y - \frac{P}{2} x$$

图 4 - 14　架空线刚度测试装置原理图

梁的挠曲方程为

$$M_x = EJ \frac{\mathrm{d}^2 y}{\mathrm{d}x^2}$$

所以

$$\frac{\mathrm{d}^2 y}{\mathrm{d}x^2} - \frac{T_0}{EJ} y = \frac{1}{EJ} \left(M_0 - \frac{P}{2} x \right)$$

令

$$k^2 = \frac{T_0}{EJ}$$

则

$$\frac{\mathrm{d}^2 y}{\mathrm{d}x^2} - k^2 y = \frac{1}{EJ} \left(M_0 - \frac{P}{2} x \right)$$

　　上式为常系数二阶线性非齐次微分方程，其特解为

$$\bar{y} = -\frac{M_0}{T_0} + \frac{P}{2T_0} x$$

其通解为

$$y = -\frac{M_0}{T_0} + \frac{P}{2T_0} x + A \mathrm{ch} kx + B \mathrm{sh} kx \tag{4 - 108}$$

式（4 - 108）对 x 求一阶导数，得悬挂曲线的斜率方程为

$$\frac{\mathrm{d}y}{\mathrm{d}x} = \frac{P}{2T_0} + Ak \mathrm{sh} kx + Bk \mathrm{ch} kx \tag{4 - 109}$$

　　边界条件：$x=0$ 时，$y=0$，$\dfrac{\mathrm{d}y}{\mathrm{d}x}=0$；$x=\dfrac{l}{2}$ 时，$\dfrac{\mathrm{d}y}{\mathrm{d}x}=0$。将边界条件代入式（4 - 108）和式（4 - 109），可以解得

$$A = \frac{P}{2T_0 k} \left(\frac{\mathrm{ch} \dfrac{kl}{2} - 1}{\mathrm{sh} \dfrac{kl}{2}} \right), \ B = -\frac{P}{2T_0 k}, \ M_0 = \frac{P}{2k} \left(\frac{\mathrm{ch} \dfrac{kl}{2} - 1}{\mathrm{sh} \dfrac{kl}{2}} \right) \tag{4 - 110}$$

代回式（4 - 108）即可得到架空线的悬挂曲线方程为

$$y = \frac{P}{2kT_0}\left[\frac{\operatorname{ch}\dfrac{kl}{2}-1}{\operatorname{sh}\dfrac{kl}{2}}(\operatorname{ch}kx-1)-\operatorname{sh}kx\right]+\frac{Px}{2T_0} \tag{4-111}$$

当 $x=\dfrac{l}{2}$ 时，得到档距中央的最大弧垂 y_m 为

$$y_m = \frac{P}{T_0}\left(\frac{l}{4}-\frac{1}{k}\frac{\operatorname{ch}\dfrac{kl}{2}-1}{\operatorname{sh}\dfrac{kl}{2}}\right) \tag{4-112}$$

试验时，测得 y_m 的值，加上 P、T_0、l 均为已知，代入式（4-106）可试凑解出 k 值，进而可求得抗弯刚度

$$EJ = \frac{T_0}{k^2} \tag{4-113}$$

为了对架空线抗弯刚度的量级和影响因素有些初步认识，表 4-2 列出了国外所做架空线抗弯刚度测试的部分数据。从表中大致可以看出，张力 T_0 增大时，会使线股间束紧，抗弯刚度增大。当股数较少且股径较粗时，分股计算的 EJ 值与试验值较为接近，这可能是因各股趋于同样弯曲曲率的缘故。

表 4-2　　　　　　　　　　　　架空线抗弯刚度试验数据

电线型号及截面积（mm²）	铝股数×股径（mm）/钢股数×股径（mm）	外加拉应力 σ_0（N/mm²）	试验档距（mm）	最大挠度与档距比 y_m/l	试验解出的 EJ 值[1]（MN·mm²）	整体计算的 EJ 值（MN·mm²）	分股计算 EJ 值的和[2]（MN·mm²）	整体弹性系数 E_0（kN/mm²）
ACSR $A_a=402.8$ $A_s=91.9$	30×4.135/19×2.582	57.88	1600	0	1059.5	1863.9	37.3	73.16
				0.009	114.8			
		73.76		0	981.0			
				0.007	143.2			
		99.08		0	922.1			
				0.007	157.9			
ACSR 的钢芯 $A_s=91.9$	0/19×2.482	223.70	1120	0	95.2	174.6	6.9	186.39
				0.013	30.4			
		366.90		0	101.0			
				0.008	46.1			
ACSR $A_a=427.5$ $A_s=71.3$	6×9.525/1×9.525	57.88	1830	0	689.6	1000.6	251.1	76.62
				0.003	250.2			
		86.33		0	1147.8			
				0.002	318.8			
铝绞线 $A_a=498.8$	7×9.525/0	20.60	1830	0	—	1530.4	195.2	57.58
				0.016	204.0			
		41.20		0	—			
				0.006	215.8			

注　A_a—铝股截面积；A_s—钢股截面积。

[1] 由负荷—挠度曲线初斜率得出 $y_m/l=0$ 的 EJ 值。

[2] 分股计算 EJ 时，铝股弹性系数取 $E_a\approx68670\text{MPa}$，钢股弹性系数取 $E_s\approx206000\text{MPa}$。

练 习 题

1. 架空线弧垂大小与哪些因素有关？在一档内，架空线哪一点的弧垂最大？哪一点的应力最大？

2. 架空线呈悬链线形状的两个假设条件是什么？

3. 某等高悬点档距为 400m，无高差，导线为 LGJ‐150/35 型，最高气温（40℃）时弧垂最低点的水平应力 $\sigma_0 = 62.561\text{MPa}$。试求该气象条件下导线的弧垂、线长、悬挂点应力及其垂向分量，并将线长与档距进行比较（以相对误差表示）。

4. 某档架空线，档距 $l = 400\text{m}$，高差 $h = 100\text{m}$，导线 LGJ‐150/35 型，最高气温（40℃）时弧垂最低点的水平应力 $\sigma_0 = 62.561\text{MPa}$。试求该气象条件下导线的三种弧垂、线长、悬挂点应力及其垂向分量，并将三种弧垂进行比较。若不考虑高差（即认为 $h = 0$），档距中央弧垂的误差是多少？

5. 斜抛物线公式及平抛物线公式的含义是什么？

6. 试导出平抛物线的悬挂曲线方程、弧垂公式和悬点应力公式。

7. 某档架空线，档距 $l = 400\text{m}$，高差 $h = 100\text{m}$，导线 LGJ‐150/35 型，最高气温（40℃）时弧垂最低点的水平应力 $\sigma_0 = 62.561\text{MPa}$，以悬链线公式为精确值，试比较斜抛物线和平抛物线有关公式计算最大弧垂、线长和悬点应力结果的相对误差。

8. 与柔性架空线相比，刚性架空线有何特点？对线路有何影响？

第五章　气象条件变化时架空线的计算

第一节　架空线的状态方程式

架空线的线长和弧垂是比载、应力的函数。当气象条件发生变化时，这些参数将会发生变化。气温的升降引起架空线的热胀冷缩，使线长、弧垂、应力发生相应变化。大风和覆冰造成架空线比载增加，应力增大，由于弹性变形使架空线线长增加。不同气象条件（状态）下架空线的各参数之间存在着一定的关系。揭示架空线从一种气象条件（第 I 状态）改变到另一种气象条件（第 II 状态）下的各参数之间关系的方程，称为架空线的状态方程式。

一、　基本状态方程式

为使问题简化起见，假设：

（1）架空线为理想柔线；

（2）架空线上的荷载均匀分布；

（3）架空线为完全弹性体，不考虑长期运行产生的塑性变形，并认为弹性系数 E 保持不变。

若架空线在无应力、制造温度 t_0 的原始状态下，具有原始长度 L_0。将它悬挂于档距为 l，高差为 h 的两悬挂点 A、B 上，此时架空线具有温度 t、比载 γ、轴向应力 σ_x、悬挂曲线长度 L。

由于温度变化，架空线产生热胀冷缩；由于施加有轴向应力，架空线产生弹性伸长。若把温度和应力的变化视为 n 个阶段逐级加上去的，则每一阶段温度升高 $(t-t_0)/n$，应力变化 σ_x/n。设架空线的温度线膨胀系数为 α、弹性系数为 E，那么对原始长度的微元 $\mathrm{d}L_0$，在新的状态下变为 $\mathrm{d}L$，即

$$\mathrm{d}L = \mathrm{d}L_0 \left(1 + \frac{\sigma_x}{nE}\right)^n \left(1 + \alpha\,\frac{t-t_0}{n}\right)^n$$

当 $n \to \infty$ 时，上式的极限为

$$\mathrm{d}L = \mathrm{e}^{\frac{\sigma_x}{E}} \mathrm{e}^{\alpha(t-t_0)} \mathrm{d}L_0$$

或写成

$$\mathrm{d}L_0 = \mathrm{e}^{-\frac{\sigma_x}{E}} \mathrm{e}^{-\alpha(t-t_0)} \mathrm{d}L$$

因 $\left|\dfrac{\sigma_x}{E}\right| \ll 1$、$|\alpha(t-t_0)| \ll 1$，将上式展开为级数并取其前两项，有

$$\mathrm{d}L_0 = \left(1 - \frac{\sigma_x}{E}\right)\left[1 - \alpha(t-t_0)\right]\mathrm{d}L$$

$$= \left[1 - \frac{\sigma_x}{E} - \alpha(t - t_0) + \alpha\frac{\sigma_x}{E}(t - t_0)\right]\mathrm{d}L$$

$$\approx \left[1 - \frac{\sigma_x}{E} - \alpha(t - t_0)\right]\mathrm{d}L$$

对上式沿架空线线长进行积分

$$L_0 = L\left[1 - \frac{\int_0^L \sigma_x \mathrm{d}L}{EL} - \alpha(t - t_0)\right] = L\left[1 - \frac{\sigma_{\mathrm{cp}}}{E} - \alpha(t - t_0)\right] \qquad (5\text{-}1)$$

式中　σ_{cp}——架空线的平均应力。

从式（5-1）可以看出，从架空线的悬挂长度 L 中减去弹性伸长量和温度伸长量，即可得到档内架空线的原始线长。

若某种气象条件（第Ⅰ状态）下架空线所在平面内的各参数为 l_1、h_1、t_1、γ_1、σ_1、$\sigma_{\mathrm{cp}1}$、L_1，另一种气象条件（第Ⅱ状态）下的各参数为 l_2、h_2、t_2、γ_2、σ_2、$\sigma_{\mathrm{cp}2}$、L_2，则两种状态下的架空线悬挂曲线长度折算到同一原始状态下的原始线长相等，所以

$$L_1\left[1 - \frac{\sigma_{\mathrm{cp}1}}{E} - \alpha(t_1 - t_0)\right] = L_2\left[1 - \frac{\sigma_{\mathrm{cp}2}}{E} - \alpha(t_2 - t_0)\right] \qquad (5\text{-}2)$$

式（5-2）即为架空线的基本状态方程式，表示了在档内原始线长保持不变的情况下，不同状态下的架空线悬挂曲线长度之间的关系。

二、悬链线状态方程式

将线长 L、平均应力 σ_{cp} 的悬链线公式（4-30）、式（4-71）代入式（5-2），略加整理，就可得到悬挂点不等高时的悬链线状态方程式为

$$l_1\left\{\sqrt{\left(\frac{L_{01}}{l_1}\right)^2 + \tan^2\beta_1}\left[1 - \alpha(t_1 - t_0)\right] - \frac{\sigma_{01}}{2E}\left[1 + \left(\frac{L_{01}}{l_1} + \frac{2l_1}{L_{01}}\tan^2\beta_1\right)\mathrm{ch}\frac{\gamma_1 l_1}{2\sigma_{01}}\right]\right\}$$
$$= l_2\left\{\sqrt{\left(\frac{L_{02}}{l_2}\right)^2 + \tan^2\beta_2}\left[1 - \alpha(t_2 - t_0)\right] - \frac{\sigma_{02}}{2E}\left[1 + \left(\frac{L_{02}}{l_2} + \frac{2l_2}{L_{02}}\tan^2\beta_2\right)\mathrm{ch}\frac{\gamma_2 l_2}{2\sigma_{02}}\right]\right\} \qquad (5\text{-}3)$$

式中　σ_{01}，σ_{02}——两种状态下架空线弧垂最低点处的应力；

　　l_1，l_2——两种状态下架空线所在平面内的档距；

　　L_{01}，L_{02}——两种状态下不考虑高差（即令 $h_1=0$、$h_2=0$）时的架空线线长，其值可由式（4-10）计算；

　　β_1，β_2——两种状态下架空线所在平面内的高差角，$\tan\beta_1 = h_1/l_1$，$\tan\beta_2 = h_2/l_2$；

　　t_1，t_2——两种状态下的温度；

　　t_0——架空线的制造温度，一般取 $t_0 = 15℃$。

悬点等高时，$h_1 = 0$，$h_2 = 0$，$\tan\beta_1 = 0$，$\tan\beta_2 = 0$，则式（5-3）变为

$$L_{01}\left[1 - \alpha(t_1 - t_0)\right] - \frac{\sigma_{01}l_1}{2E} - \frac{\sigma_1 L_{01}}{2E}\mathrm{ch}\frac{\gamma_1 l_1}{2\sigma_{01}} = L_{02}\left[1 - \alpha(t_2 - t_0)\right] - \frac{\sigma_{02}l_2}{2E} - \frac{\sigma_{02}L_{02}}{2E}\mathrm{ch}\frac{\gamma_2 l_2}{2\sigma_{02}}$$
$$(5\text{-}4)$$

需要考虑风荷载时，可将式（5-3）、式（5-4）中的各参数代以风偏平面内的参数，得到有风时的悬链线状态方程式，感兴趣的读者可自行导出。

利用状态方程式，可由状态Ⅰ的参数 l_1、h_1（或 β_1）、γ_1、σ_{01}、t_1，计算状态Ⅱ的参数

l_2、h_2（或 β_2）、γ_2、σ_{02}、t_2 中的任意一个，一般是求取应力 σ_{02}。但是悬链线状态方程式比较复杂，仅适用于计算机求解，其结果通常作为精确值去评价其他近似公式的精度。

三、 斜抛物线状态方程式

将式（4-66）、式（4-72）所表示的斜抛物线线长 L 及平均应力 σ_{cp} 代入式（5-2），便得到架空线的斜抛物线状态方程式为

$$\left(\frac{l_1}{\cos\beta_1}+\frac{\gamma_1^2 l_1^3 \cos\beta_1}{24\sigma_{01}^2}\right)\left[1-\frac{1}{E}\left(\frac{\sigma_{01}}{\cos\beta_1}+\frac{\gamma_1^2 l_1^2}{24\sigma_{01}\cos\beta_1}\right)-\alpha(t_1-t_0)\right]$$
$$=\left(\frac{l_2}{\cos\beta_2}+\frac{\gamma_2^2 l_2^3 \cos\beta_2}{24\sigma_{02}^2}\right)\left[1-\frac{1}{E}\left(\frac{\sigma_{02}}{\cos\beta_2}+\frac{\gamma_2^2 l_2^2}{24\sigma_{02}\cos\beta_2}\right)-\alpha(t_2-t_0)\right] \quad (5-5)$$

若档距、高差的大小可认为不变，即 $l_1=l_2=l$、$h_1=h_2=h$（$\beta_1=\beta_2=\beta$）时，将上式展开并加以整理后得

$$\frac{\gamma_2^2 l^3 \cos\beta}{24\sigma_{02}^2}-\frac{\gamma_1^2 l^3 \cos\beta}{24\sigma_{01}^2}-\frac{l}{\cos\beta}\left[\frac{\sigma_{02}-\sigma_{01}}{E\cos\beta}+\alpha(t_2-t_1)\right]$$
$$=\frac{l^3}{24E\cos^2\beta}\left(\frac{\gamma_2^2}{\sigma_{02}}-\frac{\gamma_1^2}{\sigma_{01}}\right)+\frac{\gamma_2^2 l^3 \cos\beta}{24\sigma_{02}^2}\left[\frac{\sigma_{02}}{E\cos\beta}+\frac{\gamma_2^2 l^2}{24E\sigma_{02}\cos\beta}+\alpha(t_2-t_0)\right]$$
$$-\frac{\gamma_1^2 l^3 \cos\beta}{24\sigma_{01}^2}\left[\frac{\sigma_{01}}{E\cos\beta}+\frac{\gamma_1^2 l^2}{24E\sigma_{01}\cos\beta}+\alpha(t_1-t_0)\right]$$

计算分析表明，上式中等号右端各项的结果与左端各项相比可忽略不计，则有

$$\sigma_{02}-\frac{E\gamma_2^2 l^2 \cos^3\beta}{24\sigma_{02}^2}=\sigma_{01}-\frac{E\gamma_1^2 l^2 \cos^3\beta}{24\sigma_{01}^2}-\alpha E\cos\beta(t_2-t_1) \quad (5-6)$$

式中　σ_{01}，σ_{02}——两种状态下架空线弧垂最低点处的应力；

　　　γ_1，γ_2——两种状态下架空线的比载；

　　　t_1，t_2——两种状态下架空线的温度；

　　　l，β——该档的档距和高差角；

　　　α，E——架空线的温度膨胀系数和弹性系数。

式（5-6）虽然是斜抛物线状态方程式的近似式，但由于近似过程弥补了斜抛物线公式的误差，因此其精度很高，与悬链线状态方程式十分接近，即使对于重要跨越档或高差很大的档距，也能够满足工程要求。式（5-6）是最常用的不等高悬点架空线状态方程式，通常就称为斜抛物线状态方程式，或简称为状态方程式。

令式（5-6）中的 $\beta=0°$，就得到等高悬挂点架空线的状态方程式

$$\sigma_{02}-\frac{E\gamma_2^2 l^2}{24\sigma_{02}^2}=\sigma_{01}-\frac{E\gamma_1^2 l^2}{24\sigma_{01}^2}-\alpha E(t_2-t_1) \quad (5-7)$$

式（5-6）两端除以 $\cos\beta$，并注意到档距中央架空线轴向应力的计算式（4-57），得

$$\sigma_{c2}-\frac{E\gamma_2^2 l^2}{24\sigma_{c2}^2}=\sigma_{c1}-\frac{E\gamma_1^2 l^2}{24\sigma_{c1}^2}-\alpha E(t_2-t_1) \quad (5-8)$$

式中　σ_{c1}，σ_{c2}——两种状态下档距中央架空线的轴向应力。

式（5-8）表明，若以架空线档距中央应力代替最低点应力，则不等高悬点和等高悬点架空线的斜抛物线状态方程式具有相同的形式。换句话讲，采用档距中央应力写出的斜抛物线状态方程式消除了高差的影响。

对于需要考虑风压比载作用的架空线，其斜抛物线状态方程式为

$$\sigma_{02} - \frac{E\gamma_2'^2 l^2 \cos^3\beta}{24\sigma_{02}^2}(1 + \tan^2\beta\sin^2\eta_2)$$

$$= \sigma_{01} - \frac{E\gamma_1'^2 l^2 \cos^3\beta}{24\sigma_{01}^2}(1 + \tan^2\beta\sin^2\eta_1) - \alpha E\cos\beta(t_2 - t_1) \qquad (5-9)$$

式中　η_1，η_2——两种状态下架空线的风偏角；

γ_1'，γ_2'——两种状态下架空线的综合比载。

应当指出，虽然式中 γ_1'、γ_2' 均为综合比载，但 σ_{01}、σ_{02} 仍为架空线顺线路方向的水平应力分量，即垂直平面内的最低点应力，不能把 σ_{01}、σ_{02} 误认为风偏平面内架空线最低点的应力。当利用式（5-9）求出有风状态下顺线路方向的水平应力 σ_{02} 后，欲想知道风偏平面内架空线最低点的应力或悬挂点应力，需将 σ_{02} 代入式（4-74）式（4-78）求得。

四、 状态方程式的解法

对于待求应力 σ_{c2} 来说，斜抛物线状态方程式是一个一元三次方程。为方便求解，将式（5-8）整理得

$$\sigma_{c2}^3 - \left[\sigma_{c1} - \frac{E\gamma_1^2 l^2}{24\sigma_{c1}^2} - \alpha E(t_2 - t_1)\right]\sigma_{c2}^2 - \frac{E\gamma_2^2 l^2}{24} = 0$$

令

$$A = -\left[\sigma_{c1} - \frac{E\gamma_1^2 l^2}{24\sigma_{c1}^2} - \alpha E(t_2 - t_1)\right]$$

$$B = \frac{E\gamma_2^2 l^2}{24}$$

则

$$\sigma_{c2}^3 + A\sigma_{c2}^2 - B = 0 \qquad (5-10)$$

上述一元三次方程中，A、B 为已知数，且 A 可正可负，B 永远为正值，其应力 σ_{c2} 必有一个正的实数解。下面讨论该实数解的求法。

1. 迭代法

将式（5-10）变形为

$$\sigma_{c2} = \sqrt{\frac{B}{\sigma_{c2} + A}}$$

以上式作为迭代公式，即写成

$$\sigma_{c2}^{(n+1)} = \sqrt{\frac{B}{\sigma_{c2}^{(n)} + A}} \quad (n = 0,1,2,\cdots)$$

给出一个合适的迭代初值 $\sigma_{c2}^{(0)}$，可以计算出一个新的应力值 $\sigma_{c2}^{(1)}$；再以此应力值作为新的初值，代入迭代公式求出 $\sigma_{c2}^{(2)}$……反复进行下去，直至 $|\sigma_{c2}^{(n+1)} - \sigma_{c2}^{(n)}| < \delta$（$\delta$ 为一个很小的正数，如 10^{-4}），即达到一定的精度为止。如果给出的迭代初值合适，采用迭代公式可较快得到其解。

采用迭代法求解时，在 A 为负值的情况下，在前后两次迭代值变化较大时，有可能致使迭代式的根号内出现负值，使迭代无法继续下去。这时可减小迭代值的变化量，即以下式作为新的迭代初值

$$\sigma_{c2}'^{(i)} = \sigma_{c2}^{(i-1)} + \frac{\sigma_{c2}^{(i)} - \sigma_{c2}^{(i-1)}}{k}$$

式中，k 一般为不小于 2 的整数。

2. 牛顿法

牛顿法是一种常用的解方程的数值方法。令

$$y = \sigma_{c2}^3 + A\sigma_{c2}^2 - B$$

其导数为

$$y' = 3\sigma_{c2}^2 + 2A\sigma_{c2}$$

则牛顿迭代式为

$$\sigma_{c2}^{(n+1)} = \sigma_{c2}^{(n)} - \frac{y^{(n)}}{y'^{(n)}}$$

给出迭代初值 $\sigma_{c2}^{(0)}$，算出 $y^{(0)}$、$y'^{(0)}$，利用上式迭代求出 $\sigma_{c2}^{(1)}$，反复进行下去，直至 $|\sigma_{c2}^{(n+1)} - \sigma_{c2}^{(n)}| < \delta$ 为止。利用电子计算机运算时，可采用精确公式（5-3）或式（5-6）编制通用程序求解。

五、 状态方程式的精度比较

为了说明斜抛物线状态方程式的精度，不考虑高差和风偏影响时的应力计算误差，以便在工程实际中能合理利用上述公式，以悬链线状态方程式（5-3）作为精确式，式（5-6）、式（5-9）作为近似式，通过实例进行分析比较。

【例 5-1】 架空线采用 LGJ-300 型（旧型号）钢芯铝绞线，其综合截面积 $A = 377.21\,\text{mm}^2$，弹性系数 $E = 78480\,\text{MPa}$，温度线膨胀系数 $\alpha = 19 \times 10^{-6}/\text{℃}$，架空线自重比载 $\gamma_1 = 35.06 \times 10^{-3}\,\text{MPa/m}$，风速 40m/s 时的水平风压比载 $\gamma_4 = 49.84 \times 10^{-3}/\text{MPa/m}$，有风时的综合比载 $\gamma_6 = 60.94 \times 10^{-3}\,\text{MPa/m}$。已知最高气温（$t_1 = 40\,\text{℃}$）时架空线的水平应力 $\sigma_{01} = 53.955\,\text{MPa}$。求解不同档距不同高差，$t_2 = -5\,\text{℃}$ 时风偏平面内架空线最低点的应力 σ_2'，顺线路方向的水平应力分量 σ_2，以及不考虑风偏影响（即令 $\eta = 0$）时顺线路方向的水平应力 σ_{02}（相当于覆冰无风时垂直比载 $\gamma_3 = 60.94 \times 10^{-3}\,\text{MPa/m}$ 的情况）。

解 对于不同档距不同高差，利用上述各式进行计算的结果列于表 5-1。表中 σ_2' 的值是利用式（5-3）、式（5-9）解出 σ_2 后，再由式（4-74）算出的。当采用式（5-3）计算有风时的 σ_2 时，需将式中各参数以式（4-74）表示的风偏平面内相应参数代入。

表 5-1　　　　　　　　　　　　状态方程式的精度比较表

无风时的高差系数 h/l			0	0.1	0.2	0.3	0.4	0.5
档距 l（m）	应力类别	采用公式	架空线应力计算值（MPa）					
200	σ_2'	式（5-3）	107.70	108.15	109.35	111.49	114.23	117.49
		式（5-9）	107.70	108.15	109.35	111.49	114.23	117.49
	σ_2	式（5-3）	107.70	107.78	108.00	108.28	108.57	108.75
		式（5-9）	107.70	107.78	108.00	108.28	108.57	108.75
	σ_{02}	式（5-3）	107.70	107.63	107.39	106.97	106.39	105.60
		式（5-6）	107.70	107.63	107.39	106.97	106.39	105.60

无风时的高差系数 h/l			0	0.1	0.2	0.3	0.4	0.5
档距 l（m）	应力类别	采用公式	架空线应力计算值（MPa）					
400	σ_2'	式（5-3）	98.87	99.45	101.22	104.10	108.03	112.87
		式（5-9）	98.87	99.47	101.23	104.12	108.05	112.89
	σ_2	式（5-3）	98.87	99.13	99.90	101.10	102.67	104.48
		式（5-9）	98.87	99.14	99.91	101.12	102.69	104.50
	σ_{02}	式（5-3）	98.87	98.87	98.86	98.83	98.87	98.65
		式（5-6）	98.87	98.87	98.87	98.85	98.80	98.68
600	σ_2'	式（5-3）	96.20	96.81	98.65	101.69	105.87	111.15
		式（5-9）	96.22	96.83	98.67	101.72	105.91	111.31
	σ_2	式（5-3）	96.20	96.49	97.35	98.76	100.62	102.88
		式（5-9）	96.22	96.51	97.37	98.79	100.66	102.93
	σ_{02}	式（5-3）	96.20	96.21	96.21	96.22	96.20	96.18
		式（5-6）	96.22	96.22	96.23	96.24	96.24	96.22
800	σ_2'	式（5-3）	95.17	95.79	97.65	100.72	104.99	110.41
		式（5-9）	95.19	95.81	97.67	100.76	105.05	110.49
	σ_2	式（5-3）	95.17	95.47	96.36	97.82	99.79	102.19
		式（5-9）	95.19	95.49	96.38	97.85	99.84	102.27
	σ_{02}	式（5-3）	95.17	95.17	95.18	95.18	95.18	95.17
		式（5-6）	95.19	95.19	95.20	95.20	95.21	95.21
1000	σ_2'	式（5-3）	94.68	95.29	97.15	100.23	104.53	110.02
		式（5-9）	94.69	95.31	97.19	100.29	104.62	110.15
	σ_2	式（5-3）	94.68	94.98	95.87	97.34	99.35	101.83
		式（5-9）	94.69	95.00	95.91	97.40	99.43	101.95
	σ_{02}	式（5-3）	94.68	94.68	94.68	94.68	94.68	94.67
		式（5-6）	94.69	94.69	94.70	94.71	94.71	94.71
1200	σ_2'	式（5-3）	94.40	95.00	96.87	89.96	104.25	109.76
		式（5-9）	94.41	95.04	96.92	100.03	104.38	109.94
	σ_2	式（5-3）	94.40	94.70	95.60	97.08	99.08	101.59
		式（5-9）	94.41	94.73	95.65	97.15	99.21	101.76
	σ_{02}	式（5-3）	94.40	94.40	94.40	94.40	94.40	94.39
		式（5-6）	94.41	94.41	94.42	94.42	94.43	94.43
1400	σ_2'	式（5-3）	94.23	95.76	96.70	99.78	104.07	109.58
		式（5-9）	94.24	95.79	96.75	99.87	104.23	109.81
	σ_2	式（5-3）	94.23	94.70	95.60	96.90	98.91	101.43
		式（5-9）	94.24	94.73	95.65	99.99	99.06	101.64
	σ_{02}	式（5-3）	94.23	94.23	94.23	94.23	94.23	94.23
		式（5-6）	94.24	94.24	94.25	94.25	94.26	94.26
1600	σ_2'	式（5-3）	94.11	94.75	96.58	99.65	103.94	109.44
		式（5-9）	94.14	94.76	96.64	99.77	104.13	109.73
	σ_2	式（5-3）	94.11	94.42	95.31	96.78	98.79	101.30
		式（5-9）	94.14	94.45	95.37	96.89	98.97	101.57
	σ_{02}	式（5-3）	94.11	94.11	94.11	94.11	94.11	94.11
		式（5-6）	94.14	94.14	94.15	94.15	94.15	94.15

分析表 5-1 中的数据，可以看出：

（1）斜抛物线状态方程式（5-6）、式（5-9）与相应情况下的悬链线状态方程式所得计算结果相差无几，即使在大档距、大高差角下，其差别在工程应用上也无意义。因此可以肯定，式（5-6）、式（5-9）是工程上理想的近似状态方程式。

（2）计算无风情况下架空线水平应力的变化时，若档距较大、高差较小，可以不考虑高差的影响，如表中数据 σ_{02} 随 h/l 的变化很小；但当档距很小、高差较大时，高差对应力的影响不能忽视。

（3）对于不等高悬点且作用有横向风压荷载的情况，利用状态方程式计算顺线路的水平应力分量 σ_2 时，工程上常忽略风偏及高差的影响（即认为 $\eta=0$，$\beta=0$）。这实际上是将有风时的综合比载 γ_6 视为垂直比载 γ_3 作近似计算，求得的应力对应表中 $h/l=0$ 的 σ_{02} 值。这样近似引起的误差，随高差角的增加而增大。但表中数据是风速为 40m/s 的严重情况，当风速及高差角较小时，用 $\beta=0$ 时的 σ_{02} 来代替顺线路方向的水平应力分量 σ_2，估计不会引起难以容许的误差。

对于悬点变位，档内架空线原始线长改变，架空线产生塑性变形，弹性系数变化以及复合弹性体架空线等特殊情况下的状态方程式，均可根据原始线长不变的原则导出。

第二节　临　界　档　距

一、临界档距的概念

1. 控制气象条件

架空线的状态方程式给出了各种气象条件下架空线应力之间的关系。气象条件变化，架空线的应力随之变化。必存在一种气象条件，在该气象条件下架空线的应力最大，这一气象条件称为控制气象条件，简称控制条件。在输电线路的设计中，必须保证控制气象条件下架空线的应力不超过允许使用应力，从而保证其他气象条件下架空线的应力均小于许用应力。

架空线的应力除与比载 γ、气温 t 有关外，还与档距 l 有关。在其他条件相同的情况下，档距不同，出现最大应力的控制气象条件可能不同。在最大风速的气温与最厚覆冰的气温相同的气象区，二者中比载大者架空线的应力大，此时架空线的最大应力在最低气温或最大比载条件下出现。气温低时，架空线收缩拉紧而使应力增大；比载大时，架空线荷载增加而使应力增大。究竟最低气温和最大比载哪一种气象条件为控制条件，取决于档距的大小。

当档距很小趋于零时，等高悬挂点架空线的状态方程式（5-7）变为

$$\sigma_{02} = \sigma_{01} - \alpha E(t_2 - t_1)$$

上式表明，在档距很小时，架空线的应力变化仅决定于温度而与比载的大小无关。因此对于小档距架空线，最低气温将成为控制条件。

当档距很大趋于无限大时，将等高悬点架空线的状态方程式（5-7）两端除以 l^2，并令档距 l 趋于无限大，状态方程式变为

$$\frac{\sigma_{02}}{\gamma_2}=\frac{\sigma_{01}}{\gamma_1}$$

上式表明，在档距很大时，架空线的应力变化仅决定于比载而与温度无关。因此对于大档距架空线，最大比载气象条件将成为控制条件。

2. 临界档距

在仅考虑最低气温和最大比载两种气象情况下，档距 l 由零逐渐增大至无限大的过程中，必然存在这样一个档距：气温的作用和比载的作用同等重要，最低气温和最大比载时架空线的应力相等，即最低气温和最大比载两个气象条件同时成为控制条件。两个及以上气象条件同时成为控制条件时的档距称为临界档距，用 l_{ij} 表示。当实际档距 $l<l_{ij}$ 时，架空线的最大应力出现在最低气温气象，最低气温为控制条件；当 $l>l_{ij}$ 时，最大比载为控制条件。

实际上，相当一部分气象区的最大风速和最厚覆冰的气温并不相同，不能只从比载的大小来确定二者哪一个可能成为控制条件。此外，架空线还应具有足够的耐振能力，这决定于年均运行应力的大小，该应力是根据年均气温计算的，不能大于年均运行应力规定的上限值。因此，最低气温、最大风速、最厚覆冰和年均气温四种气象条件都有可能成为控制条件，是输电线路设计时必须考虑的。

四种气象条件中每两种之间存在一个临界档距，于是共可得到 6 个临界档距。对于某些特殊要求的档距，除上述四种气象条件外，可能还需要考虑其他的控制条件。

二、 临界档距的计算

计算临界档距 l_{ij} 时，把一种控制条件作为第 Ⅰ 状态，其比载为 γ_i，温度为 t_i，应力达到允许值 $[\sigma_0]_i$；另一种控制条件作为第 Ⅱ 状态，相应参数分别为 γ_j、t_j、$[\sigma_0]_j$。临界状态下 $l_i=l_j=l_{ij}$，代入状态方程式（5-6）得

$$[\sigma_0]_j-\frac{E\gamma_j^2 l_{ij}^2\cos^3\beta}{24[\sigma_0]_j^2}=[\sigma_0]_i-\frac{E\gamma_i^2 l_{ij}^2\cos^3\beta}{24[\sigma_0]_i^2}-\alpha E\cos\beta(t_j-t_i)$$

解之，得临界档距的计算公式为

$$l_{ij}=\sqrt{\frac{24[[\sigma_0]_j-[\sigma_0]_i+\alpha E\cos\beta(t_j-t_i)]}{E\left[\left(\frac{\gamma_j}{[\sigma_0]_j}\right)^2-\left(\frac{\gamma_i}{[\sigma_0]_i}\right)^2\right]\cos^3\beta}} \tag{5-11}$$

无高差时

$$l_{ij}=\sqrt{\frac{24[[\sigma_0]_j-[\sigma_0]_i+\alpha E(t_j-t_i)]}{E\left[\left(\frac{\gamma_j}{[\sigma_0]_j}\right)^2-\left(\frac{\gamma_i}{[\sigma_0]_i}\right)^2\right]}} \tag{5-12}$$

若两种控制条件下的架空线许用应力相等，即 $[\sigma_0]_i=[\sigma_0]_j=[\sigma_0]$，则上两式分别为

$$l_{ij}=\frac{[\sigma_0]}{\cos\beta}\sqrt{\frac{24\alpha(t_j-t_i)}{(\gamma_j^2-\gamma_i^2)}} \tag{5-13}$$

和

$$l_{ij}=[\sigma_0]\sqrt{\frac{24\alpha(t_j-t_i)}{\gamma_j^2-\gamma_i^2}} \tag{5-14}$$

三、 有效临界档距的判定与控制气象条件

一般情况下，可能成为控制条件的最低气温、最大风速、最厚覆冰和年均气温之间，存在 6 个临界档距，但真正起作用的有效临界档距最多不超过 3 个。设计时，需要先判别出有效临界档距，从而得到实际档距的控制气象条件。判定有效临界档距的方法很多，这里介绍图解法和列表法。

1. 图解法

（1）控制条件与 F_i 值。设有 n 个可能成为控制条件的气象条件，其相应的比载、气温、水平应力分别为 γ_i、t_i、σ_{0i}（$i=1, 2, \cdots, n$）。对于等高悬点架空线的同一档距 l，若将这 n 个条件分别作为已知条件，某个比载 γ、气温 t、水平应力 σ_{0x} 的气象条件作为待求条件，则可列出 n 个已知条件和待求条件之间的状态方程式为

$$\sigma_{0x} - \frac{E\gamma^2 l^2}{24\sigma_{0x}^2} = \sigma_{0i} - \frac{E\gamma_i^2 l^2}{24\sigma_{0i}^2} - \alpha E(t - t_i)$$

整理得

$$\sigma_{0x}^2 \left[\sigma_{0x} - \left(\sigma_{0i} - \frac{E\gamma_i^2 l^2}{24\sigma_{0i}^2} + \alpha E t_i\right) + \alpha E t\right] = \frac{E\gamma^2 l^2}{24}$$

令

$$F_i = -\left(\sigma_{0i} - \frac{E\gamma_i^2 l^2}{24\sigma_{0i}^2} + \alpha E t_i\right) \tag{5-15}$$

则

$$\sigma_{0x}^2(\sigma_{0x} + F_i + \alpha E t) = \frac{E\gamma^2 l^2}{24} \tag{5-16}$$

若以 σ_{0x} 为待求量，n 个可能控制气象条件的应力达到各自的许用应力 $[\sigma_0]_i$，利用式（5-16）可求出 n 个 σ_{0xi}，其中必有一个最小值，记为 σ_{0xk}，与之对应的是第 k 个可能控制气象条件。

若视 σ_{0xk} 为已知，σ_{0i} 为未知，反求 n 个可能控制条件的 σ_{0i} 时，必可求得 $\sigma_{0k} = [\sigma_0]_k$，而 $\sigma_{0i} < [\sigma_0]_i$（$i \neq k$），第 k 个可能控制条件下的应力达到许用值，因此第 k 个气象条件为该档距下的控制条件。从式（5-16）可以看出，使 σ_{0x} 最小的可能控制气象条件的 F_i 最大。

由此得到结论：当有多种气象条件可能成为控制条件时，F_i 值最大者是该档距下的应力控制条件，其余气象条件不起控制作用。

（2）F_i 曲线的特点。第 i 个可能控制条件的比载 γ_i、气温 t_i 和应力 $[\sigma_0]_i$ 已知时，F_i 曲线是档距 l 的函数。将式（5-15）对 l 求导，得

$$\frac{\mathrm{d}F_i}{\mathrm{d}l} = \frac{E\gamma_i^2 l}{12[\sigma_0]_i^2} \tag{5-17}$$

从式（5-17）可以看出：

1）F_i 曲线对 l 的一阶导数与 l 成正比，且始终为正值，说明 F_i 曲线是单调递增的，且随 l 的增大上升得越来越快，如图 5-1 所示 。

2）F_i 曲线对 l 的一阶导数仅取决于比值 $\gamma_i/[\sigma_0]_i$。由此可知：

a. 当 $l=0$ 时，所有气象条件的 $\mathrm{d}F_i/\mathrm{d}l=0$。记此时的值 F_i 为 $F_{0i} = -([\sigma_0]_i + \alpha E t_i)$，则 F_{0i} 中最大者所对应的气象条件，必然为控制条件。

b. 在 $l→∞$ 的过程中，$\gamma_i/[\sigma_0]_i$ 较大者的 F_i 值上升较快。当 l 足够大后，由于 $\gamma_i/[\sigma_0]_i$ 最大者的 F_i 必为最大，所以相应的气象条件必成为控制条件。

c. 如果 F_{0i} 和 $\gamma_i/[\sigma_0]_i$ 中的最大值对应的是同一气象条件，该气象条件的 F_i 值在所有档距下均为最大，则该气象条件为所有档距的控制条件。

d. 如果某两种气象条件的 F_{0i} 相同，则二者中 $\gamma_i/[\sigma_0]_i$ 较小者对应的气象条件必不为控制条件。

e. 如果某两种气象条件的 $\gamma_i/[\sigma_0]_i$ 相同，则二者中 F_{0i} 较小者的 F_i 值始终小于较大者的 F_i 值，F_{0i} 较小者对应的气象条件不可能成为控制条件。

（3）利用 F_i 曲线判定有效临界档距。假设可能成为控制条件的有最低气温、年均气温、覆冰有风和最大风速四种气象条件，相应的 F_i 曲线为 a、b、c 和 d，如图 5 - 1 所示。

可以看出，曲线族的上包络线的 F_i 最大，为控制气象条件曲线。两两曲线的交点为临界档距，其中上包络线的交点 l_{ab}、l_{bc}、l_{cd} 为有效临界档距，其余的交点 l_{ac}、l_{ad}、l_{bd} 为无效临界档距。在图 5 - 1 中，当档距 $l \leqslant l_{ab}$ 时，a 气象为控制条件；$l_{ab} \leqslant l \leqslant l_{bc}$ 时，b 气象为控制条件；$l_{bc} \leqslant l \leqslant l_{cd}$ 时，c 气象为控制条件；$l \geqslant l_{cd}$ 时，d 气象为控制条件。

图解法判定有效临界档距直观易行，但受作图比例所限以及曲线间的交叉角太小，不易准确读出有效临界档距的数值，因此通常与式（5 - 11）配合起来应用。

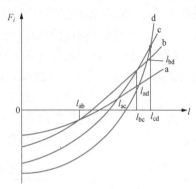

图 5 - 1　有效临界档距和控制条件

2. 列表法

利用列表法判定有效临界档距的步骤如下：

（1）计算各种可能控制条件的 $\gamma_i/[\sigma_0]_i$ 值，并按该值由小到大编以序号 a、b、c、…，如果存在 $\gamma_i/[\sigma_0]_i$ 值相同的条件，则计算其 F_{0i} 值，取 F_{0i} 值较大者编入顺序，较小者因不起控制作用不参与判别。在这种编号情况下，后面的（序号大的）可能控制条件的 F_i 曲线上升得较快。

（2）计算可能控制条件之间的临界档距，按编号 a、b、c、…的顺序排成表 5 - 2 的形式（表中考虑了四种可能控制条件的情况）。

表 5 - 2　　　　　　　　　　　　有效临界档距判别表

编号	a	b	c	d
临界档距	l_{ab} l_{ac} l_{ad}	l_{bc} l_{bd}	l_{cd}	—

（3）判别有效临界档距。

1）先从 $\gamma_i/[\sigma_0]_i$ 最小的 a 栏开始，如果该栏的临界档距均为正的实数，则最小的临界档距即为第一个有效临界档距（假设为 l_{ac}），其余的都应舍去。该有效临界档距 l_{ac} 是 a 条件控制档距的上限，c 条件控制档距的下限。这是因为，如果该栏的临界档距均为正的实数，说明 F_a 曲线与其他 F_i 曲线均相交，在档距较小时 F_a 值最大，a 条件为控制条件；最小的临界档距为 l_{ac}，说明在 l_{ac} 附近，小于 l_{ac} 的档距下的控制条件是 a 条件，大于 l_{ac} 的档距下的控制条件是 c 条件，l_{ac} 为第一个有效临界档距。

2）有效临界档距 l_{ac} 两个下标 a、c 之间的条件不起控制作用，即字母 b 代表的条件栏被跨隔，因此对第二个下标代表的条件栏进行判别，方法同 1）。

3）如果在某条件栏中，存在临界档距值为虚数或 0 的情况，则该栏条件不起控制作用，应当舍去。这与 F_i 曲线的特点结合起来考虑是不难理解的。当某栏中的临界档距值有虚数时，说明该栏条件的 F_i 曲线与后面某栏条件的 F_j 曲线不相交，F_i 曲线始终位于 F_j 曲线的下方，该栏条件不可能起控制作用。当某栏中的临界档距值有 0 时，说明该栏条件的 F_i 曲线与后面某栏条件的 F_j 曲线相交于档距 $l=0$ 处，F_i 曲线同样始终位于 F_j 曲线的下方，该栏条件不起控制作用。

【例 5 - 2】 有一条通过非典型气象区的 220kV 线路，导线采用 LGJ - 400/35 型钢芯铝绞线，某档距 $l=230\text{m}$，试确定此档导线在无高差（$h/l=0$）、小高差（$h/l=0.1$）和大高差（$h/l=0.2$）情况下的控制条件。

解 （1）可能成为控制条件的是最低气温、最大风速、覆冰有风和年均气温，整理该非典型气象区四种可能控制条件的有关气象参数，列于表 5 - 3 中。

表 5 - 3 可能控制条件的有关气象参数

参 数 ＼ 气象条件	最低气温	最大风速	覆冰有风	年均气温
气温 t(℃)	−20	−5	−5	+15
风速 v(m/s)	0	30	10	0
冰厚 b(mm)	0	0	10	0

（2）查附录 A，得到 LGJ - 400/35 型导线的有关参数，整理后列于表 5 - 4 中。

表 5 - 4 LGJ - 400/35 型导线有关参数

截面积 A (mm^2)	导线直径 d (mm)	弹性系数 E (MPa)	温膨系数 α (℃$^{-1}$)	计算拉断力 T_j (N)	单位长度质量 q (kg/km)	强度极限 σ_p (MPa)	安全系数 k	许用应力 $[\sigma_0]$ (MPa)	年均应力上限 $[\sigma_{cp}]$ (MPa)
425.24	26.82	65000	20.5×10^{-6}	103900	1349	232.11	2.5	92.8	$0.25\sigma_p=58$

最低气温、最大风速、覆冰有风的许用应力为 92.8MPa，年均气温的许用应力为 58.0MPa。

（3）计算有关比载和比值 $\gamma/[\sigma_0]$，比载的计算结果列于表 5 - 5 中，$\gamma/[\sigma_0]$ 值列于表 5 - 6 中。由于该气象区的最大风速和覆冰气象的气温相同，二者的许用应力相同，因此二者中比载小的不起控制作用，故不再把最大风速作为可能控制气象条件。

表 5 - 5　　　　　　　　　　　有 关 比 载 计 算 结 果

项目	γ_1 (0, 0)	γ_2 (10, 0)	γ_3 (10, 0)	γ_4 (0, 30)	γ_5 (10, 10)	γ_6 (0, 30)	γ_7 (10, 10)
比载 (MPa/m)	31.11×10^{-3}	24.01×10^{-3}	55.12×10^{-3}	29.27×10^{-3}	9.91×10^{-3}	42.71×10^{-3}	56.0×10^{-3}
备注	—	—	—	$\alpha_f=0.75$, $\mu_{sc}=1.1$	$\alpha_f=1.0$, $\mu_{sc}=1.2$ $B=1.2$	—	—

表 5 - 6　　　　　　　　　　比值 $\gamma/[\sigma_0]$ 计算结果及其排序表

气象条件		最低气温	覆冰有风	年均气温
参数	比载 γ (MPa/m)	31.11×10^{-3}	56.0×10^{-3}	31.11×10^{-3}
	许用应力 $[\sigma_0]$ (MPa)	92.8	92.8	58
	$\gamma/[\sigma_0]$ (m^{-1})	0.3351×10^{-3}	0.6034×10^{-3}	0.5361×10^{-3}
编号		a	c	b

（4）计算临界档距。三种不同的高差情况分别有

$$\cos\beta_0=1, \quad \cos\beta_{0.1}=0.995, \quad \cos\beta_{0.2}=0.98$$

利用式（5 - 11），可以算得不同高差下的临界档距列于表 5 - 7。

表 5 - 7　　　　　　　　　　　　有效临界档距判别表

高差 h/l	0			0.1			0.2		
气象条件	a	b	c	a	b	c	a	b	c
临界档距 (m)	$l_{ab}=157.9$ $l_{ac}=171.2$	$l_{bc}=198.4$	—	$l_{ab}=157.5$ $l_{ac}=172.1$	$l_{bc}=201.5$	—	$l_{ab}=156.2$ $l_{ac}=174.7$	$l_{bc}=211.1$	—

（5）判定有效临界档距，确定控制条件。根据列表法可知，无高差时的有效临界档距为 $l_{ab}=157.9$m 和 $l_{bc}=198.4$m，当档距 $0<l\leqslant157.9$m 时，控制条件为 a 气象（最低气温）；当档距 157.9m$\leqslant l\leqslant198.4$m 时，控制条件为 b 气象（年均气温）；当档距 $l\geqslant198.4$m 时，控制条件为 c 气象（覆冰有风）。小高差时的有效临界档距为 $l_{ab}=157.5$m 和 $l_{bc}=201.5$m。大高差时的有效临界档距为 $l_{ab}=156.2$m 和 $l_{bc}=211.1$m。控制条件的作用档距范围如图 5 - 2 所示。

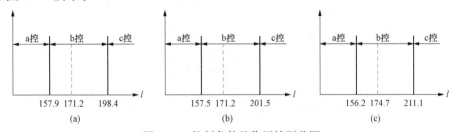

图 5 - 2　控制条件的作用档距范围
（a）无高差；（b）小高差；（c）大高差

（6）由控制条件的控制区知道，此档距 $l=230$m 的控制条件是 c 气象（覆冰有风）。从［例 5 - 2］可以看出，档距不同，控制条件可能不同；同一档距，高差不同，控制条件也可能不同，高差对临界档距有一定影响。

第三节 最大弧垂的判定

这里的最大弧垂，指的是架空线在无风气象条件下，垂直平面内档距中央弧垂的最大值。设计杆塔高度，校验导线对地面、水面或交叉跨越物间的安全距离，以及排定杆塔位置等，都必须知道最大弧垂。出现最大弧垂的气象条件是最高气温或覆冰无风（最大垂直比载）。为了求得最大弧垂，可以利用状态方程式分别求得两种气象条件下的应力，然后再运用弧垂公式计算出各自的弧垂，加以比较而得到；也可以先判定出产生最大弧垂的是哪一种气象条件，再计算该种气象条件下架空线的弧垂即为最大弧垂。常用的判定方法有临界温度判定法和临界比载判定法两种。

一、临界温度判定法

若在某一温度下，架空线在自重比载（最高气温时的比载）作用下产生的弧垂与覆冰无风时产生的弧垂相等，则此温度称为临界温度。设覆冰无风时气温为 t_b，比载为 γ_3，架空线水平应力为 σ_{0b}，则相应的弧垂 f_b 为

$$f_b = \frac{\gamma_3 l^2}{8\sigma_{0b}\cos\beta}$$

临界温度为 t_j 时，比载为 γ_1，水平应力为 σ_{0j}，则相应的弧垂 f_j 为

$$f_j = \frac{\gamma_1 l^2}{8\sigma_{0j}\cos\beta}$$

根据临界温度的定义，有

$$\frac{\gamma_1 l^2}{8\sigma_{0j}\cos\beta} = \frac{\gamma_3 l^2}{8\sigma_{0b}\cos\beta}$$

所以

$$\sigma_{0j} = \frac{\gamma_1}{\gamma_3}\sigma_{0b}$$

以覆冰无风为第 I 状态，临界温度为第 II 状态，并注意到上式，列出状态方程式为

$$\frac{\gamma_1}{\gamma_3}\sigma_{0b} - \frac{E\gamma_1^2 l^2\cos^3\beta}{24\sigma_{0b}^2}\left(\frac{\gamma_3}{\gamma_1}\right)^2 = \sigma_{0b} - \frac{E\gamma_3^2 l^2\cos^3\beta}{24\sigma_{0b}^2} - \alpha E\cos\beta(t_j - t_b)$$

解上式得到临界温度的计算式为

$$t_j = t_b + \left(1 - \frac{\gamma_1}{\gamma_3}\right)\frac{\sigma_{0b}}{\alpha E\cos\beta} \tag{5-18}$$

将计算出的临界温度 t_j 与最高气温 t_{max} 进行比较，若 $t_j > t_{max}$，则最大弧垂发生在覆冰无风气象条件；反之，最大弧垂发生在最高气温气象条件。式（5-18）中的应力 σ_{0b}，需要根据架空线的控制气象条件，利用状态方程式求出。

二、临界比载判定法

若架空线在覆冰无风气温 t_b 下，某一垂直比载使其产生的弧垂与最高气温气象下的弧垂相等，则此比载称为临界比载，以 γ_j 表示。若最高气温为 t_{max}，比载为 γ_1，架空线水平

98

应力为 σ_{0t}，则相应的弧垂 f_t 为

$$f_t = \frac{\gamma_1 l^2}{8\sigma_{0t}\cos\beta}$$

根据临界比载的定义，有

$$f_i = \frac{\gamma_j l^2}{8\sigma_{0j}\cos\beta} = \frac{\gamma_1 l^2}{8\sigma_{0t}\cos\beta}$$

所以

$$\sigma_{0j} = \frac{\gamma_j}{\gamma_1}\sigma_{0t}$$

以最高气温为第 I 状态，临界比载为第 II 状态，并注意到上式，利用状态方程式得

$$\frac{\gamma_j}{\gamma_1}\sigma_{0t} - \frac{E\gamma_j^2 l^2\cos^3\beta}{24\sigma_{0t}^2}\left(\frac{\gamma_1}{\gamma_j}\right)^2 = \sigma_{0t} - \frac{E\gamma_1^2 l^2\cos^3\beta}{24\sigma_{0t}^2} - \alpha E\cos\beta(t_b - t_{max})$$

解之得

$$\gamma_j = \gamma_1 + \frac{\gamma_1}{\sigma_{0t}}\alpha E\cos\beta(t_{max} - t_b) \tag{5-19}$$

将计算出来的临界比载 γ_j 与最大垂直比载 γ_3 进行比较，大者成为最大弧垂的控制条件。若 $\gamma_j > \gamma_3$，则最大弧垂发生在最高气温气象条件；反之，最大弧垂发生在覆冰无风气象条件。由于 $\gamma_3 = \gamma_1 + \gamma_2$，将其与式（5-19）对比可以看到，只要将冰重比载 γ_2 与式（5-19）中的最后一项比较，即可知最大弧垂出现的气象条件。式（5-19）中的最后一项称为临界冰重比载，记为 γ_{2j}，所以

$$\gamma_{2j} = \frac{\gamma_1}{\sigma_{0t}}\alpha E\cos\beta(t_{max} - t_b) \tag{5-20}$$

第四节　应力弧垂曲线和安装曲线

为了使用方便，常将各种气象条件下架空线的应力和有关弧垂随档距的变化用曲线表示出来，称为应力弧垂曲线，亦称力学特性曲线。此外，为方便架线施工，需要制作各种可能施工温度下架空线在无冰、无风气象下的弧垂随档距变化的曲线，称为安装曲线，亦称放线曲线。

一、应力弧垂曲线

架空线的应力弧垂曲线表示了各种气象条件下应力（弧垂）与档距之间的变化关系。在确定出档距以后，很容易从曲线上得到各种气象条件下的应力和弧垂值。

架空线应力弧垂曲线的制作一般按下列顺序进行：

（1）确定工程所采用的气象条件；

（2）依据选用的架空线规格，查取有关参数和机械物理性能，选定架空线各种气象条件下的许用应力（包括年均运行应力的许用值）；

（3）计算各种气象条件下的比载；

（4）计算临界档距值，并判定有效临界档距和控制气象条件；

(5) 判定最大弧垂出现的气象条件;

(6) 以控制条件为已知状态,利用状态方程式计算不同档距、各种气象条件下架空线的应力和弧垂值(导线一般只计算最大弧垂气象和外过无风气象下的两条弧垂曲线);

(7) 按一定比例绘制出应力弧垂曲线。

为保证曲线比较准确而又不使计算量过大,档距 l 的间距一般取为 50m,但须包括各有效临界档距处的值。由于曲线在有效临界档距附近的变化率较大,此区间的取值宜密一些。在档距较大时,曲线一般变化比较平滑,可根据精确度要求的不同,适当放大取值间隔。

与导线相比,地线不输送电力,故不存在内过电压的气象情况。另外,地线的应力弧垂曲线也可以档距中央与导线之间的距离 $D \geqslant 0.012l + 1$(m)的防雷要求为控制条件,在尽量放松的前提下计算,但应校验地线的最大使用应力是否在允许值范围内。

根据工程的实际需要,架空线的应力弧垂曲线一般按表 5-8 所列各项内容计算。

表 5-8 架空线应力弧垂曲线计算项目

计算项目 \ 气象条件		最高气温	最低气温	最大风(强度)	最大风(风偏)	覆冰无风	最厚冰(强度)	最厚冰(风偏)	内过电压	外过无风	外过有风	安装情况	事故气象	年均气温
应力曲线	导线	△	△	△	△	△	△	△	△	△	△	△	△	△
	地线	×	△	△	△	×	△	△	×	△	△	△	△	△
弧垂曲线	导线	△	×	×	×	△	×	×	△	×	×	×	×	×
	地线	×	×	×	×	△	×	×	×	△	×	×	×	×

注 1. 导线计算最高气温和最大垂直比载二者中最大弧垂气象的值。

2. 符号△表示需要计算,符号×表示不必计算。

【例 5-3】 试绘制 220kV 线路通过典型气象区Ⅷ区的 LGJ-500/45 型导线的应力弧垂曲线。已求得最大设计风速为 30m/s。

解 (1) 整理该气象区的计算用气象条件,示于表 5-9 中。

表 5-9 计算用气象条件

项 目 \ 气象条件	最高气温	最低气温	最大风	最厚覆冰	内过电压	外过无风	外过有风	安装有风	年均气温
气温 t(℃)	+40	−20	−5	−5	+10	+15	+15	−10	+10
风速 v(m/s)	0	0	30	15	15	0	10	10	0
冰厚 b(mm)	0	0	0	15	0	0	0	0	0

(2) LGJ-500/45 型导线的有关参数和安全系数的取值及相应许用应力,汇集于表 5-10 中。

表 5-10 LGJ-500/45 型导线有关参数

截面积 A(mm²)	导线直径 d(mm)	弹性系数 E(MPa)	温膨系数 α(℃⁻¹)	计算拉断力(N)	计算质量(kg/km)	抗拉强度 σ_p(MPa)	安全系数 k	许用应力 $[\sigma_0]$(MPa)	年均应力上限 $[\sigma_{cp}]$(MPa)
531.68	30	65000	20.5×10^{-6}	128100	1688	228.89	2.5	91.56	$0.25\sigma_p = 57.22$

（3）各气象条件下导线比载的计算值，见表 5-11。

表 5-11 比 载 汇 总 表

项目	自重 γ_1 (0, 0)	覆冰无风 γ_3 (15, 0)	无冰综合 γ_6 (0, 10)	无冰综合 γ_6 (0, 15)	无冰综合 γ_6 (0, 30) （用于强度）	无冰综合 γ_6 (0, 30) （用于风偏）	覆冰综合 γ_7 (15, 15)
导线比载 （MPa/m）	31.13×10^{-3}	66.34×10^{-3}	31.38×10^{-3}	32.33×10^{-3}	40.68×10^{-3}	37.72×10^{-3}	70.81×10^{-3}
备注	—	—	$\mu_{sc}=1.1$ $\alpha_f=1.0$	$\mu_{sc}=1.1$ $\alpha_f=1.0$	$\mu_{sc}=1.1$ $\alpha_f=0.75$	$\mu_{sc}=1.1$ $\alpha_f=0.61$	$\mu_{sc}=1.2$ $\alpha_f=1.0$ B=1.3 （用于强度和风偏）

（4）计算临界档距，判定控制条件。

1）可能应力控制气象条件见表 5-12。

表 5-12 可能的应力控制气象条件

气象条件 项 目	最大风速	最厚覆冰	最低气温	年均气温
许用应力 $[\sigma_0]$（MPa）	91.56	91.56	91.56	57.22
比载 γ（MPa/m）	40.68×10^{-3}	70.81×10^{-3}	31.13×10^{-3}	31.13×10^{-3}
$\gamma/[\sigma_0]$（m^{-1}）	0.444×10^{-3}	0.773×10^{-3}	0.340×10^{-3}	0.544×10^{-3}
气温 t（℃）	-5	-5	-20	$+10$
对 $\gamma/[\sigma_0]$ 由小至大编号	b	d	a	c

2）按等高悬点考虑，计算各临界档距为

$l_{ab}=300.34\text{m}, l_{ac}=107.47\text{m}, l_{ad}=123.67\text{m}; l_{bc}=$ 虚数，$l_{bd}=0\text{m}, l_{cd}=132.44\text{m}$

3）判断有效临界档距，确定控制气象条件。

将各临界档距值填入有效临界档距判别表 5-13，容易看出 $l_{ac}=107.47\text{m}$、$l_{cd}=132.44\text{m}$ 为有效临界档距。实际档距 $l\leqslant l_{ac}$ 时，最低气温为控制条件；实际档距 $l_{ac}\leqslant l\leqslant l_{cd}$ 时，年均气温为控制条件；实际档距 $l\geqslant l_{cd}$ 时，最厚覆冰为控制条件。

表 5-13 有效临界档距判别表

可能的控制条件	a（最低气温）	b（最大风速）	c（年均气温）	d（最厚覆冰）
临界档距（m）	$l_{ab}=300.34$ $l_{ac}=107.47$ $l_{ad}=123.67$	$l_{bc}=$虚数 $l_{bd}=0$	$l_{cd}=132.44$	—

（5）计算各气象条件的应力和弧垂。

1）以各档距范围的控制条件为已知条件，有关数据见表 5-14。

表 5 - 14　　　　　　　　　　　　已 知 条 件 及 参 数

气象条件			最低气温	年均气温	最厚覆冰
	控制区间		0～107.47	107.47～132.44	132.44～∞
已知条件	参数	气温 t（℃）	−20	+10	−5
		冰厚 b（mm）	0	0	15
		风速 v（m/s）	0	0	15
		比载 γ（×10^{-3}MPa/m）	31.13	31.13	70.81
		许用应力 $[\sigma_0]$（MPa）	91.56	57.22	91.56

2）以各气象条件为待求条件，已知参数见表 5 - 15。

表 5 - 15　　　　　　　　　　　　待 求 条 件 及 已 知 参 数

待求条件 / 参数	气温最高	气温最低	气温年均	外过有风	外过无风	内过电压	安装	覆冰无风	覆冰有风	最大风（强度用）	最大风（风偏用）
气温 t（℃）	+40	−20	10	+15	+15	+10	−10	−5	−5	−5	−5
冰厚 b（mm）	0	0	0	0	0	0	0	15	15	0	0
风速 v（m/s）	0	0	0	10	0	15	10	0	15	30	30
比载 γ（×10^{-3}MPa/m）	31.13	31.13	31.13	31.38	31.13	31.33	31.38	66.34	70.81	40.68	37.72

3）利用状态方程式（5-7），求得各待求条件下的应力和弧垂，见表 5 - 16。根据计算结果很容易看出，最大弧垂发生在最高气温气象条件。

表 5 - 16　　　　　　　　　　　LGJ - 500/45 型导线应力和弧垂计算表

气象条件 / 档距 l_r(m)	最高气温		最低气温	年均气温	安装	外过有风	外过无风	
	σ_0 (MPa)	f_v (m)	σ_0 (MPa)	σ_0 (MPa)	σ_0 (MPa)	σ_0 (MPa)	σ_0 (MPa)	f_v (m)
50	23.11	0.42	91.56	53.13	78.53	47.14	47.1	0.21
107.47	34.09	1.32	91.56	57.23	79.49	52.49	52.36	0.86
132.44	36.93	1.85	88.95	57.22	77.58	53.09	52.93	1.29
200	38.32	4.06	68.88	49.55	61.57	47.47	47.21	3.30
250	38.88	6.26	58.40	46.43	54.05	45.21	44.93	5.41
300	39.24	8.92	52.26	44.59	49.68	43.86	43.57	8.04
350	39.48	12.07	48.70	43.45	47.09	43.02	42.71	11.16
400	39.64	15.71	46.51	42.70	45.47	42.46	42.15	14.77
450	39.76	19.82	45.08	42.19	44.38	42.07	41.75	18.87
500	39.85	24.41	44.09	41.82	43.62	41.79	41.47	23.46
550	39.91	29.49	43.38	41.55	43.07	41.58	41.26	28.53
600	39.97	35.05	42.86	41.34	42.66	41.42	41.10	34.08
650	40.00	41.10	42.45	41.18	42.34	41.29	40.98	40.12
700	40.04	47.62	42.14	41.05	42.09	41.20	40.88	46.64

续表

气象条件 档距 l_r(m)	操作过电压 σ_0 (MPa)	覆冰无风 σ_0 (MPa)	覆冰无风 f_v (m)	覆冰有风 σ_0 (MPa)	最大风(强度) σ_0 (MPa)	最大风(风偏) σ_0 (MPa)
50	53.29	75.95	0.27	76.58	72.90	72.62
107.47	57.77	86.40	1.11	88.14	76.75	75.72
132.44	57.95	89.34	1.63	91.56	76.56	75.12
200	50.75	88.14	3.76	91.56	66.86	64.18
250	47.79	87.54	5.92	91.56	62.36	59.15
300	46.03	87.12	8.57	91.56	59.54	56.07
350	44.93	86.82	11.70	91.56	57.75	54.14
400	44.20	86.61	15.32	91.56	56.56	52.88
450	43.70	86.46	19.42	91.56	55.73	52.01
500	43.34	86.34	24.01	91.56	55.14	51.39
550	43.08	86.25	29.08	91.56	54.70	50.93
600	42.87	86.18	34.64	91.56	54.36	50.58
650	42.71	86.12	40.68	91.56	54.10	50.31
700	42.59	86.08	47.20	91.56	53.90	50.10

（6）以表 5-16 的数据为依据，绘制应力弧垂曲线如图 5-3 所示。

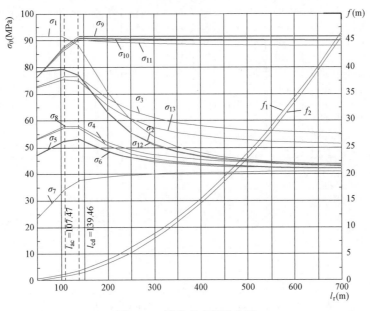

图 5-3 导线应力弧垂曲线

σ_1—最低温应力；σ_2—安装有风应力；σ_3—事故气象应力；σ_4—内过电压应力；

σ_5—外过有风应力；σ_6—外过无风应力；σ_7—最高气温应力；σ_8—年均气温应力；

σ_9—覆冰有风（强度）应力；σ_{10}—覆冰有风（风偏）应力；σ_{11}—覆冰无风应力；

σ_{12}—大风（强度）应力；σ_{13}—大风（风偏）应力；

f_1—最高气温弧垂；f_2—外过无风弧垂；l_r—代表档距

二、安装曲线

架线施工时，常以观测弧垂方式确保线路符合设计要求，因此事先将各种施工气温（无风无冰）下的弧垂绘制成相应的曲线，以备施工时查用。安装曲线以档距为横坐标，弧垂为纵坐标，一般从最高施工气温至最低施工气温每隔 5℃（10℃）绘制一条弧垂曲线。为了使用方便，提高绘图精度，对不同的档距，可根据其应力绘制成百米档距弧垂，即

$$f_{100} = \frac{\gamma_1 \times 100^2}{8\sigma_0}$$

观测档距 l 的弧垂可由下式进行换算

$$f = f_{100}\left(\frac{l}{100}\right)^2 \tag{5-21}$$

【例 5-4】 条件同 [例 5-3]，试绘制其安装曲线。

解 （1）已知条件仍为表 5-14。

（2）应用状态方程式求解各施工气象（无风、无冰、不同气温）下的安装应力，进而求得相应的弧垂，结果见表 5-17。

（3）按表 5-17 中的弧垂数据，绘制 40～－10℃百米弧垂安装曲线，如图 5-4 所示。

表 5-17　　各种施工气温下的应力和百米档距弧垂

温度(℃)	50 σ_0(MPa)	50 f_{100}(m)	107.47 σ_0(MPa)	107.47 f_{100}(m)	132.44 σ_0(MPa)	132.44 f_{100}(m)	200 σ_0(MPa)	200 f_{100}(m)	250 σ_0(MPa)	250 f_{100}(m)	300 σ_0(MPa)	300 f_{100}(m)	350 σ_0(MPa)	350 f_{100}(m)
40	23.1	1.68	34.1	1.14	36.9	1.05	38.3	1.02	38.9	1.00	39.2	0.99	39.5	0.99
35	26.7	1.46	36.9	1.06	39.4	0.99	39.8	0.98	39.9	0.98	40.0	0.97	40.1	0.97
30	31.0	1.26	40.1	0.97	42.3	0.92	41.4	0.94	41.0	0.95	40.8	0.95	40.7	0.96
25	35.9	1.08	43.8	0.89	45.5	0.86	43.2	0.90	42.3	0.92	41.7	0.93	41.3	0.94
20	41.3	0.94	47.9	0.81	49.0	0.79	45.1	0.86	43.5	0.89	42.6	0.91	42.0	0.93
15	47.1	0.83	52.4	0.74	52.9	0.74	47.2	0.82	44.9	0.87	43.6	0.89	42.7	0.91
10	53.1	0.73	57.2	0.68	57.2	0.68	49.5	0.79	46.4	0.84	44.6	0.87	43.4	0.90
5	59.3	0.66	62.4	0.62	61.9	0.63	52.1	0.75	48.1	0.81	45.7	0.85	44.2	0.88
0	65.6	0.59	67.9	0.57	66.8	0.58	54.9	0.71	49.8	0.78	46.8	0.83	45.0	0.86
-5	72.0	0.54	73.6	0.53	72.0	0.54	58.0	0.67	51.7	0.75	48.1	0.81	45.9	0.85
-10	78.5	0.50	79.4	0.49	77.5	0.50	61.3	0.63	53.8	0.72	49.4	0.79	46.8	0.83

温度(℃)	400 σ_0(MPa)	400 f_{100}(m)	450 σ_0(MPa)	450 f_{100}(m)	500 σ_0(MPa)	500 f_{100}(m)	550 σ_0(MPa)	550 f_{100}(m)	600 σ_0(MPa)	600 f_{100}(m)	650 σ_0(MPa)	650 f_{100}(m)	700 σ_0(MPa)	700 f_{100}(m)
40	39.6	0.98	39.8	0.98	39.8	0.98	39.9	0.98	40.0	0.97	40.0	0.97	40.0	0.97
35	40.1	0.97	40.1	0.97	40.2	0.97	40.2	0.97	40.2	0.97	40.2	0.97	40.2	0.97
30	40.6	0.96	40.5	0.96	40.4	0.96	40.4	0.96	40.4	0.96	40.4	0.96	40.4	0.96
25	41.1	0.95	41.0	0.95	40.8	0.95	40.7	0.96	40.6	0.96	40.6	0.96	40.5	0.96
20	41.6	0.94	41.3	0.94	41.1	0.95	41.0	0.95	40.9	0.95	40.8	0.95	40.7	0.96
15	42.2	0.92	41.8	0.93	41.5	0.94	41.3	0.94	41.1	0.95	41.0	0.95	40.9	0.95
10	42.7	0.91	42.2	0.92	41.8	0.93	41.5	0.94	41.3	0.94	41.2	0.94	41.0	0.95
5	43.3	0.90	42.6	0.91	42.2	0.92	41.8	0.93	41.6	0.94	41.4	0.94	41.2	0.94
0	43.9	0.89	43.1	0.90	42.5	0.92	42.1	0.92	41.8	0.93	41.6	0.94	41.4	0.94
-5	44.5	0.88	43.6	0.89	42.9	0.91	42.4	0.92	42.1	0.93	42.1	0.93	41.6	0.94
-10	45.1	0.86	44.1	0.88	43.3	0.90	42.7	0.91	42.3	0.92	42.0	0.93	41.8	0.93

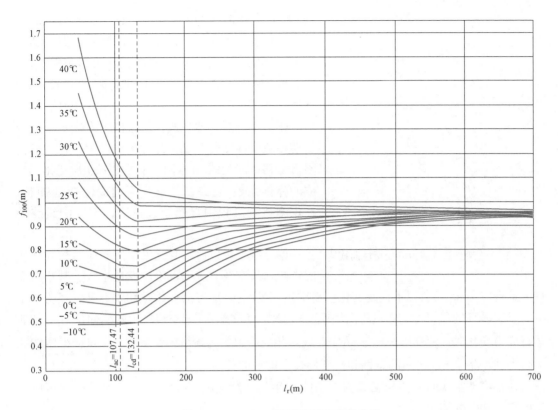

图 5-4　-10～40℃百米弧垂安装曲线

第五节　架空线的初伸长及其处理

一、架空线的初伸长

架空线实际上并不是完全弹性体，初次受张力作用后不仅产生弹性伸长，还产生永久性的塑蠕伸长。永久性的塑蠕伸长包括四部分：①绞制过程中线股间没有充分张紧，受拉后线股互相挤压，接触点局部变形而产生的挤压变形伸长；②架空线的最终应力应变曲线和初始应力应变曲线不同，形成的塑性伸长；③金属体长时间受拉，内部晶体间的位错和滑移而产生的蠕变伸长；④拉应力超过弹性极限，进入塑性范围而产生的塑性伸长。

蠕变特性主要取决于材料的分子结构、结晶方式，还与外部荷载和温度有关。不同材料的蠕变特性不同。碳素钢在温度 300℃下蠕变现象极不明显，而铜、铝则比较严重。

架空线产生的永久性塑蠕伸长，在线路运行的初期最为明显，故在线路工程上称之为架空线的初伸长。架空线的初伸长使档内线长增加，弧垂增大，使架空线对地或跨越物的安全距离减小而造成事故。所以在线路设计时必须考虑架空线初伸长的影响。

图 5-5 是架空线的应力应变特性曲线。当架空线初受张力逐渐增大时，应力 σ 与应变

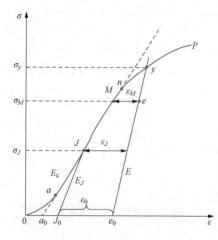

图 5-5 架空线的应力应变特性曲线

ε 沿初始应变曲线 $\overset{\frown}{0JMP}$ 变化。曲线上的 $\overline{0a}$ 段斜率较小，伸长增加较快，初加张力后很快使股间错动束紧，产生永久变形 $\overline{0a_0}$。直线段 $\overline{an}$ 为初始弹性线，其斜率为初始弹性系数 E_c。曲线段 $\overset{\frown}{nyP}$ 为初始非弹性线。

张力架线时，架空线初加张拉应力达 σ_J，应变沿初始应变线变化至 J。此时若将应力降低，应变不再沿初始应变线 $\overset{\frown}{Ja}$ 返回，而沿直线 $\overline{JJ_0}$ 变化，相应的弹性系数 $E_J > E_c$。$\overline{a_0J_0}$ 为相应的塑性伸长，在观测弧垂过程中自然予以消除，不影响线路的运行。

架空线架设以后，受气象条件规律性往复变化的影响，架空线的应力也阶段性地增大、减小，在最大运行应力 σ_M 及其以下往复变化。初次达到 σ_M 时，应变沿初始弹性线上升。经历若干年若干次循环的积累，工作点将沿微倾的横线由 M 移至 e，架空线产生塑蠕伸长 ε_M。此后运行应力变化时，应变则往返于 $\overline{ee_0}$ 应变线，相应的斜率为最终弹性系数 E。这样架空线在运行中共产生了 $\varepsilon_0 \approx \overline{J_0e_0}$ 的塑性和蠕变伸长，即初伸长。

通常将架空线的初伸长定义为架空线在年均运行应力（$0.25\sigma_p$）下，持续 10 年所产生的塑性和蠕变伸长。

二、补偿初伸长的方法

补偿架空线初伸长的方法主要采用预拉法、增大架线应力法两种。

1. 预拉法

架空线的初伸长随着应力的加大，可以缩短放出的时间。在自然运行状态下，图 5-5 中的塑性伸长 ε_J 可能需要数年才能发展完毕，但若将应力加大到 σ_y，则瞬时即能将初伸长拉出。因此，可在架线观测弧垂前对架空线实施大应力预拉，将其初伸长拉出，使架空线架设初期就进入"运行应变状态"，从而消除初伸长对运行弧垂的影响。

预拉应力 σ_y 的大小和时间，因架空线的最大使用应力的大小而异。对于钢芯铝绞线，可参考表 5-18 中的数值。表中 σ_p 为架空线的抗拉强度。

表 5-18   消除架空线初伸长所需预拉应力和时间

架空线安全系数	所需预拉应力和时间	
	$\sigma_y = 60\% \sigma_p$	$\sigma_y = 70\% \sigma_p$
2.0	30min	2min
2.5	2min	瞬时

在架线观测弧垂前对架空线进行预拉，挂线侧的耐张杆塔上会作用有较大的预拉张力，需要采取措施减小该杆塔承受的张力。在工厂中对架空线进行预拉，经过松弛状态下

的缠绕卷曲等的扰动,预拉出量会部分缓慢恢复,预拉效果不好。

2. 增大架线应力法

增大架线应力法是在架线施工时适当增大架空线的架线应力,减小安装弧垂,其程度恰好能补偿因初伸长导致的弧垂增大量,以达到长期运行的设计弧垂要求。增大架线应力的确定方法有理论计算法和恒定降温法。

(1) 理论计算法。理论计算以架空线的实际应力应变特性曲线为依据,在由长期运行后的悬挂曲线长度求取原始线长的过程中,考虑减去架空线的单位长度塑性伸长量 ε_J,不难导出架空线的架线应力状态方程式为

$$\sigma_J - \frac{E\gamma_J^2 l^2 \cos^3\beta}{24\sigma_J^2} = \sigma_0 - \frac{E\gamma^2 l^2 \cos^3\beta}{24\sigma_0^2} - \alpha E \cos\beta(t_J - t) + E\varepsilon_J \cos\beta \qquad (5\text{-}22)$$

或写成

$$\sigma_J^2 \left\{ \sigma_J + \left[\frac{K}{\sigma_0^2} - \sigma_0 + \alpha E \cos\beta(t_J - t) \right] - E\varepsilon_J \cos\beta \right\} = K_J \qquad (5\text{-}23)$$

$$K_J = \frac{E\gamma_J^2 l^2 \cos^3\beta}{24}, \quad K = \frac{E\gamma^2 l^2 \cos^3\beta}{24} \qquad (5\text{-}24)$$

式中 σ_J, σ_0——考虑初伸长后的架线应力和已知最终运行条件下的架空线应力;

t_J, t——架线时和最终运行条件下的气温;

α, E——架空线的温度线膨胀系数和最终运行条件下的弹性系数;

ε_J——架空线的初伸长率,按制造厂家提供的数据或通过试验确定,如无资料,可采用表 5-19 所列数值,北方气候寒冷宜采用较小值,南方天气暖和宜采用较大值。

K_J, K——架线时和最终运行条件下的线长系数,对斜抛物线状态方程式而言,K_J、K 按式(5-24)计算。

表 5-19   架空线的初伸长率

架空线类型	铝钢截面比 $m=11.34\sim14.46$	铝钢截面比 $m=7.71\sim7.91$	铝钢截面比 $m=5.05\sim6.16$	铝钢截面比 $m=4.29\sim4.38$	钢绞线
初伸长率	$5\times10^{-4}\sim6\times10^{-4}$	$4\times10^{-4}\sim5\times10^{-4}$	$3\times10^{-4}\sim4\times10^{-4}$	3×10^{-4}	1×10^{-4}

(2) 恒定降温法。在式(5-22)中,由于

$$\alpha E \cos\beta(t_J - t) - E\varepsilon_J \cos\beta = \alpha E \cos\beta(t_J - t - \varepsilon_J/\alpha) = \alpha E \cos\beta(t_J - t - \Delta t)$$

说明增大架线应力相当于将架线时的气温降低 Δt。当 ε_J 确定后,Δt 也随之确定。因此架空线的初伸长对弧垂的影响,可以采用降低架线气温 Δt 后的应力作为架线应力来补偿,这就是恒定降温法。降低的温度可查表 5-20,也可计算,计算式为

$$\Delta t = \frac{\varepsilon_J}{\alpha} \qquad (5\text{-}25)$$

降温后的架线应力由下式决定

$$\sigma_J^2 \left\{ \sigma_J + \frac{K}{\sigma_0^2} - \sigma_0 + \alpha E_y \cos\beta \left[(t_J - \Delta t) - t \right] \right\} = K_J \qquad (5\text{-}26)$$

我国推荐使用降温法消除架空线初伸长对弧垂的影响。

表 5 - 20   消除架空线初伸长的降温值

架空线类型	铝钢截面比 $m=11.34\sim14.46$	铝钢截面比 $m=7.71\sim7.91$	铝钢截面比 $m=5.05\sim6.16$	铝钢截面比 $m=4.29\sim4.38$	钢绞线
降温值 Δt（℃）	25（或经试验确定）	20～25	15～20	15	10

三、 初伸长与应力、 时间的关系

试验与运行经验表明，架空线在承受张力的初期，蠕变伸长迅速，后期则越来越小。图 5 - 6 表示了某钢芯铝绞线的 ε 测试值随时间 τ 变化的关系，可用公式近似表示为

$$\varepsilon = C\tau^{m} \tag{5-27}$$

式中 C——某一恒定拉应力下的 1h 塑性伸长率；

　　　　τ——恒定拉应力下经历的时间；

　　　　m——指数，在对数坐标图 5 - 6 中为相应直线的斜率。

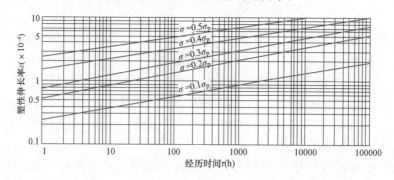

图 5 - 6　架空线塑性伸长率与时间的关系

如施加于该试验用绞线上的应力为 $0.25\sigma_p$，从图 5 - 6 查得 $C=0.7\times10^{-4}$，$m\approx0.185$，根据式 （5 - 27），算得持续时间 τ 为 1000h、87600h （10 年）、20 年的塑性伸长率 ε 分别为 2.51×10^{-4}、5.75×10^{-4}、6.53×10^{-4}。从中可以看出，经历较长时间后，绞线的塑性放出量已十分小了，后 10 年的放出量仅为 0.78×10^{-4}，相当于最初 1～2h 的放出量。如果观测弧垂过程中或验收弧垂前架空线承受张力的时间很长，如经数小时甚至数日，架空线的初伸长有很大一部分已放出。此时若仍按式 （5 - 23） 或式 （5 - 26） 决定的应力 σ_J 计算出的弧垂作为观测和验收弧垂，势必导致架空线应力过大。因此应尽量缩短架线观测与验收之间的时间，若间隔时间过长，则应考虑已放出初伸长对弧垂的影响。

第六节　线路设计中常用的几种档距

为了方便有关计算和问题的分析，输电线路工程中常引进各种档距的概念，如水平档距 （又称风力档距）、垂直档距 （又称重力档距）、极大档距、极限档距、允许档距等。

一、水平档距和垂直档距

1. 水平档距

作用在架空线上的风压荷载，通过绝缘子串传递到杆塔上，使绝缘子串产生偏斜，引起带电部分（导线、悬垂线夹、均压屏蔽环、防振锤等）对接地部分（塔身、横担等）的空气绝缘间隙减小，若设计考虑不周就会引起闪络接地故障。直线杆塔两侧的档距愈大，风压荷载愈大，绝缘子串的偏斜就愈严重。风压荷载作用于杆塔，使其产生弯矩，成为计算杆塔强度和刚度的主要荷载之一。

如图 5-7 所示，相邻的两档架空线，杆塔 B 左侧档距 l_1、高差 h_1，右侧档距 l_2、高差 h_2。对水平风压荷载来说，悬挂点总是等高的，最低点总是位于档距的中央。通常近似认为作用于架空线上的风压荷载沿斜档距均布，因此架空线作用在杆塔 B 线夹处的水平荷载为架空线单位长度上的风压荷载与该杆塔两侧斜档距乘积的平均值，即

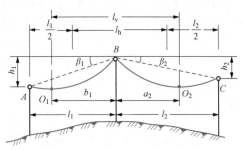

图 5-7 水平档距和垂直档距

$$P_h = \gamma_h A \left(\frac{l_1}{2\cos\beta_1} + \frac{l_2}{2\cos\beta_2} \right) = \gamma_h A l_h \tag{5-28}$$

$$l_h = \frac{1}{2} \left(\frac{l_1}{\cos\beta_1} + \frac{l_2}{\cos\beta_2} \right) \tag{5-29}$$

式中 P_h——杆塔 B 线夹处所受水平荷载；

         γ_h——水平风压比载；

         A——架空线的截面积；

         l_h——杆塔 B 的水平档距。

式（5-28）表明，架空线作用于杆塔线夹处水平风荷载的大小等于风压比载与水平档距的乘积；式（5-29）表明，杆塔的水平档距等于其两侧斜档距之和的一半，即水平档距等于杆塔两侧斜档距的平均值。式（5-29）是在假设风压荷载沿斜档距均布的条件下导出的，属于斜抛物线公式。在小高差情况下，杆塔的水平档距（见图 5-7）可采用平抛物线公式计算，有

$$l_h = \frac{l_1}{2} + \frac{l_2}{2} \tag{5-30}$$

引入水平档距的概念后，求取 P_h 是很方便的。应该指出，作用在杆塔绝缘子串悬挂点处的水平荷载，除架空线通过绝缘子串传递的外，还有绝缘子串本身的挡风面积产生的水平荷载。

2. 垂直档距

架空线作用于线夹处的垂直荷载，是检验悬垂绝缘子串强度的主要依据，也是计算杆塔强度和刚度的主要荷载之一。显然，该垂直荷载等于杆塔两侧垂直平面内弧垂最低点之间架空线的长度与相应荷载集度之乘积。图 5-7 中档距 l_1 的架空线弧垂最低点 O_1 与悬挂点 B 间的线长 L_{O_1B}，档距 l_2 的架空线弧垂最低点 O_2 与悬点 B 间的线长 L_{O_2B}，均可根据式（4-9）求得，即有

$$L_{O_1B} = \frac{\sigma_{01}}{\gamma_{v1}} \mathrm{sh}\, \frac{\gamma_{v1}b_1}{\sigma_{01}}$$

$$L_{O_2B} = \frac{\sigma_{02}}{\gamma_{v2}} \mathrm{sh}\, \frac{\gamma_{v2}a_2}{\sigma_{02}}$$

则作用于线夹上的垂直荷载为

$$P_v = \gamma_{v1}AL_{O_1B} + \gamma_{v2}AL_{O_2B} = A\left(\sigma_{01}\mathrm{sh}\,\frac{\gamma_{v1}b_1}{\sigma_{01}} + \sigma_{02}\mathrm{sh}\,\frac{\gamma_{v2}a_2}{\sigma_{02}}\right) \qquad (5\text{-}31)$$

当 b_1、a_2 采用悬链线公式计算时，式（5-31）即为架空线作用于悬垂线夹的垂直荷载的精确计算式。考虑到对同一耐张段有 $\sigma_{01}=\sigma_{02}$，一般情况下 $\gamma_{v1}=\gamma_{v2}$，若认为垂直比载沿斜档距均布，则得到架空线作用于线夹上的垂直荷载的斜抛物线计算式为

$$P_v = \gamma_v A\frac{b_1}{\cos\beta_1} + \gamma_v A\frac{a_2}{\cos\beta_2} = \gamma_v A\left[\left(\frac{l_1}{2\cos\beta_1}+\frac{l_2}{2\cos\beta_2}\right)+\frac{\sigma_0}{\gamma_v}\left(\frac{h_1}{l_1}-\frac{h_2}{l_2}\right)\right] = \gamma_v Al_v$$
$$(5\text{-}32)$$

其中

$$l_v = \left(\frac{l_1}{2\cos\beta_1}+\frac{l_2}{2\cos\beta_2}\right)+\frac{\sigma_0}{\gamma_v}\left(\frac{h_1}{l_1}-\frac{h_2}{l_2}\right) = l_h + \frac{\sigma_0}{\gamma_v}\left(\frac{h_1}{l_1}-\frac{h_2}{l_2}\right) \qquad (5\text{-}33)$$

式（5-33）是垂直档距的斜抛物线计算式。利用该式计算某杆塔的垂直档距时，如果该杆塔悬挂点高于左侧杆塔的悬挂点，则 h_1 取正值，反之 h_1 取负值；如果该杆塔悬挂点高于右侧杆塔悬挂点，则 h_2 取负值，反之取正值。显然，在一定气象条件下，垂直档距 l_v 愈大，该杆塔所承受的垂直荷载愈大。若 l_v 为负值，则该处的悬垂绝缘子串上扬，杆塔受上拔力作用。同理可得到垂直档距的平抛物线公式为

$$l_v = \frac{l_1+l_2}{2} + \frac{\sigma_0}{\gamma_v}\left(\frac{h_1}{l_1}-\frac{h_2}{l_2}\right) \qquad (5\text{-}34)$$

式（5-34）表明，在认为垂直比载沿档距均布的条件下，杆塔的垂直档距等于杆塔两侧架空线弧垂最低点间的水平距离，参见图5-7。

由于应力 σ_0 和比载 γ 随气象条件变化，所以垂直档距随气象条件的不同而不同。由于架空地线和导线的使用应力和垂直比载一般不相同，因此即使在同一档距、同样高差和相同的气象条件下，地线和导线的垂直档距通常也是不相等的，有时甚至相差非常悬殊，对此应给予充分注意。

二、极大档距、允许档距和极限档距

1. 极大档距

档内架空线的最大应力发生在高悬挂点处，且档距越大或高差越大，高悬挂点应力越大。设架空线的许用应力为 $[\sigma_0]$，高悬挂点的应力最大允许值为 $[\sigma_B]$。由于架空线的许用应力 $[\sigma_0]$ 是以弧垂最低点考虑的，就可能存在虽然最低点应力在许用范围内，但高悬挂点应力超过允许值的情况，这必然限制了档距和高差的使用范围。

在一定的高差下，如果某档距架空线弧垂最低点的应力恰好达到 $[\sigma_0]$，高悬挂点应力恰好为 $[\sigma_B]$，则称此档距为该高差下的极大档距。无高差时，极大档距达到最大值。

由架空线任意两点应力之间的关系，可得到两悬挂点 A、B 应力间的关系为

$$\sigma_B = \sigma_A + \gamma(h - 0) = \sigma_A + \gamma h = \sigma_0 \mathrm{ch} \frac{\gamma a}{\sigma_0} + \gamma h$$

所以

$$a = \frac{\sigma_0}{\gamma} \mathrm{arch} \frac{\sigma_B - \gamma h}{\sigma_0}$$

又因为

$$\sigma_B = \sigma_0 \mathrm{ch} \frac{\gamma b}{\sigma_0}$$

则

$$b = \frac{\sigma_0}{\gamma} \mathrm{arch} \frac{\sigma_B}{\sigma_0}$$

由于 a、b 分别为架空线弧垂最低点到 A、B 悬挂点的水平距离，故档距 l 可表示为

$$l = a + b = \frac{\sigma_0}{\gamma} \left(\mathrm{arch} \frac{\sigma_B - \gamma h}{\sigma_0} + \mathrm{arch} \frac{\sigma_B}{\sigma_0} \right)$$

以 $[\sigma_0]$ 代 σ_0、$[\sigma_B]$ 代 σ_B，并令 $\varepsilon = [\sigma_B] / [\sigma_0]$，则得极大档距的计算公式为

$$l_\mathrm{m} = \frac{[\sigma_0]}{\gamma} \left[\mathrm{arch} \left(\varepsilon - \frac{\gamma h}{[\sigma_0]} \right) + \mathrm{arch} \varepsilon \right] \tag{5-35}$$

无高差时

$$l_\mathrm{m} = \frac{2[\sigma_0]}{\gamma} \mathrm{arch} \varepsilon \tag{5-36}$$

应用式（5-35）或式（5-36）时，比载 γ 应取发生最大应力气象条件下的值（一般为 γ_6 或 γ_7）。

2. 允许档距和极限档距

如果实际线路的档距大于相应高差时的极大档距，则在最低点应力为 $[\sigma_0]$ 时，高悬挂点应力必然超过 $[\sigma_B]$，显然是不允许的，可采取放松架空线以降低设计应力的办法解决。若放松后悬挂点应力保持为允许值 $[\sigma_B]$，最低点应力 σ_0 则低于 $[\sigma_0]$，比值 $\sigma_0 / [\sigma_0]$ 称为放松系数，用符号 μ 表示。这种情况下的档距称为 μ 值下的允许档距。

在式（5-35）中，以 $\mu [\sigma_0]$ 代 $[\sigma_0]$、ε/μ 代 ε，即得到 μ 值下的允许档距为

$$l_\mathrm{y} = \frac{\mu[\sigma_0]}{\gamma} \left[\mathrm{arch} \left(\frac{\varepsilon}{\mu} - \frac{\gamma h}{\mu[\sigma_0]} \right) + \mathrm{arch} \frac{\varepsilon}{\mu} \right] \tag{5-37}$$

无高差时

$$l_\mathrm{y} = \frac{2\mu[\sigma_0]}{\gamma} \mathrm{arch} \frac{\varepsilon}{\mu} \tag{5-38}$$

一般地，随放松系数 μ 的减小，允许档距增大。但当 μ 减小到一定值后，若继续放松架空线，则由于弧垂的增大使架空线重量迅速增大，超过最低点应力的减小对高悬挂点应力的影响，允许档距不再增大反而减小。由放松架空线所能得到的允许档距的最大值称为极限档距。等高悬挂点时，极限档距达到最大值，该值可由下述方法求得。

将式（5-38）对 μ 求导，令其等于零，有

$$\frac{\mathrm{d}l_\mathrm{y}}{\mathrm{d}\mu} = \frac{2[\sigma]}{\gamma} \left[\mathrm{arch} \frac{\varepsilon}{\mu} - \frac{\varepsilon/\mu}{\sqrt{(\varepsilon/\mu)^2 - 1}} \right] = 0$$

若令 $\varepsilon/\mu=x$，代入上式，可以解得

$$x = \mathrm{ch}\frac{x}{\sqrt{x^2-1}}$$

将上式视为迭代公式，选一适当初始值（如 $x=1.8$）进行迭代，可求得 $x=1.81017$ 即 $\mu=0.552\varepsilon$ 时，极限档距有最大值

$$l_{lm} = 1.325\varepsilon\frac{[\sigma_0]}{\gamma} \tag{5-39}$$

极限档距是允许档距的上限，极大档距是允许档距的下限，允许档距在上、下限间变化。

3. 允许档距、高差和放松系数间的关系

由式（5-37）知，允许档距 l_y 与高差 h 和放松系数 μ 有关。设计线路时，当档距超过允许档距时，除可调整杆塔位置改变 h、l 外，还可采用放松架空线的方法来保证悬挂点应力满足要求，放松系数 μ 由式（5-37）试凑求得。但试凑求解比较麻烦，工程实际中常将其绘成图表，以供查用。由于

$$\sigma_B = \sigma_0 \mathrm{ch}\frac{\gamma b}{\sigma_0} = \sigma_0 \mathrm{ch}\left(\frac{\gamma l}{2\sigma_0} + \mathrm{arsh}\frac{h}{L_{h=0}}\right)$$

注意到

$$L_{h=0} = \frac{2\sigma_0}{\gamma}\mathrm{sh}\frac{\gamma l}{2\sigma_0}$$

解得

$$h = \frac{2\sigma_0}{\gamma}\mathrm{sh}\frac{\gamma l}{2\sigma_0}\mathrm{sh}\left(\mathrm{arch}\frac{\sigma_B}{\sigma_0} - \frac{\gamma l}{2\sigma_0}\right)$$

以 $[\sigma_0]$ 代 σ_0、$\varepsilon[\sigma_0]$ 代 σ_B，代入上式，得极大档距 l_m 与该档距下悬挂点间的容许高差 h_m 之间的关系为

$$h_m = \frac{2[\sigma_0]}{\gamma}\mathrm{sh}\frac{\gamma l_m}{2[\sigma_0]}\mathrm{sh}\left(\mathrm{arch}\varepsilon - \frac{\gamma l_m}{2[\sigma_0]}\right) \tag{5-40}$$

若在 h 的表达式中以 $\mu[\sigma_0]$ 代 σ_0，$\varepsilon[\sigma_0]$ 代 σ_B，则得到允许档距与该档距下的容许高差及放松系数之间的关系为

$$h_y = \frac{2\mu[\sigma_0]}{\gamma}\mathrm{sh}\frac{\gamma l_y}{2\mu[\sigma_0]}\mathrm{sh}\left(\mathrm{arch}\frac{\varepsilon}{\mu} - \frac{\gamma l_y}{2\mu[\sigma_0]}\right) \tag{5-41}$$

上式可改写为

$$\frac{h_y}{l_y} = \frac{\mathrm{sh}(C_0/\mu)}{C_0/\mu}\mathrm{sh}\left(\mathrm{arch}\frac{\varepsilon}{\mu} - \frac{C_0}{\mu}\right) \tag{5-42}$$

其中

$$C_0 = \frac{\gamma l_y}{2[\sigma_0]} \tag{5-43}$$

以 h_y/l_y 为横坐标，C_0 为纵坐标，利用式（5-42），对不同的放松系数 μ 值可以作出一组曲线，如图 5-8 所示，该图称为架空线应力放松图。利用此图求 μ 值比公式计算方便得多。

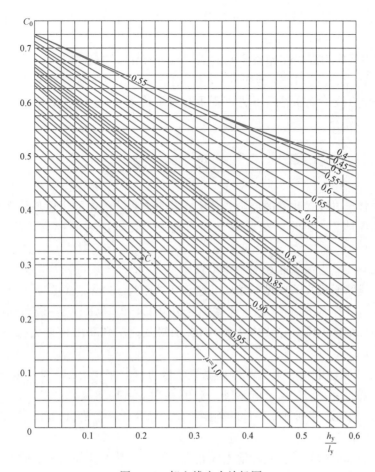

图 5 - 8 架空线应力放松图

【例 5 - 5】 设某档距 $l = 1000\text{m}$，高差 $h = 200\text{m}$，架空线的许用应力 $[\sigma_0] = 98.1\text{MPa}$，$\varepsilon = [\sigma_B]/[\sigma_0] = 1.1$，发生最大应力气象条件下的最大比载 $\gamma = 61.34 \times 10^{-3}$ MPa/m。试检查悬挂点应力是否超过容许值。若超过容许值，试求其放松系数。

解 首先按不放松（$\mu = 1.0$）检查 l、h 是否容许。以 $l_m = l$ 及上述数据一并代入式（5 - 39）中，算得容许高差

$$h_m = \frac{2[\sigma_0]}{\gamma}\text{sh}\frac{\gamma l_m}{2[\sigma_0]}\text{sh}\left(\text{arch}\varepsilon - \frac{\gamma l_m}{2[\sigma_0]}\right)$$

$$= \frac{2 \times 98.1}{61.34 \times 10^{-3}}\text{sh}\frac{61.34 \times 10^{-3} \times 1000}{2 \times 98.1}\text{sh}\left(\text{arch}1.1 - \frac{61.34 \times 10^{-3} \times 1000}{2 \times 98.1}\right)$$

$$= 133.40(\text{m}) < 200(\text{m})$$

由于实际高差 h 大于算出的容许高差 h_m，悬挂点应力必超过容许值，要保持 l、h 不变，必须放松架空线，降低使用应力。因为

$$\frac{h_y}{l_y} = \frac{h}{l} = \frac{200}{1000} = 0.2$$

$$C_0 = \frac{\gamma l_y}{2[\sigma_0]} = \frac{61.34 \times 10^{-3} \times 1000}{2 \times 98.1} = 0.31264$$

代入式（5-42）可试凑求得 $\mu=0.967$，即架空线放松后其最低点的最大使用应力 $\sigma_0 = \mu[\sigma_0]=0.967\times98.1=94.86(\text{MPa})$。

若利用架空线应力放松图检查实际的 l、h 是否允许，方法如下：在图5-8中找出横坐标为0.2，纵坐标为0.31264的交点 C，C 点位于 $\mu=1.0$ 的临界线上方，表明 l 或 h 超过容许值（若交点位于该临界线下方，则不超过容许值），应该放松架空线。C 点对应的放松系数 $\mu=0.967$。

练 习 题

1. 架空线状态方程式建立的原则是什么？状态方程式的主要用途是什么？

2. 何为临界档距？判定有效临界档距有何意义？试论述一种有效临界档距的判定方法。

3. 简述架空线应力弧垂曲线的制作步骤。

4. 某架空线路通过我国典型气象区Ⅱ区，一档距为100m，LGJ-70/10型导线，自重比载 $\gamma_1=33.99\times10^{-3}\text{MPa/m}$，冰重比载 $\gamma_2=28.64\times10^{-3}\text{MPa/m}$，最高气温时导线应力 $\sigma_t=42.14\text{MPa}$，覆冰无风时导线应力 $\sigma_b=99.81\text{MPa}$，试判断出现最大弧垂的气象条件，并计算最大弧垂。

5. 某条220kV输电线路通过我国典型气象区Ⅲ区，采用LGJ-300/40型导线，安全系数 $k=2.5$，弹性系数 $E=73000\text{MPa}$，温膨系数 $\alpha=19.8\times10^{-6}℃^{-1}$，年均许用应力 $[\sigma_{cp}]=0.25\sigma_p$。试确定控制气象条件的档距范围。若某单一档距450m，高差128m，试确定该档的最大弧垂。

6. 何为架空线的初伸长？它对输电线路有何影响？消除初伸长影响的方法有哪些？

7. 什么是水平档距、垂直档距？各有什么作用？

8. 如图5-9所示，$l_1=157\text{m}$，$h_1=15.8\text{m}$，$l_2=195\text{m}$，$h_2=19\text{m}$，导线比载 $\gamma=35.047\times10^{-3}\text{MPa/m}$，应力 $\sigma_0=48.714\text{MPa}$，试用斜抛物线公式计算2号杆的水平档距和垂直档距。

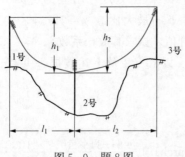

图5-9 题8图

9. 什么是极大档距、允许档距、极限档距？三者之间有何关系？

10. 某330kV架空输电线路，通过典型气象区Ⅸ区，导线为LGJ-240/55型钢芯铝绞线，在等高悬点下，该导线的极限档距是多少？（最大设计风速30m/s，安全系数取 $k=2.5$，悬点应力安全系数取2.25）

第六章　连续档架空线的应力和弧垂

连续档是指包含有若干基直线杆塔构成的耐张段。在一个耐张段内，由于地形、交叉跨越等因素的影响，各个档距多数情况下是不相等的。竣工时，悬垂绝缘子串一般处于铅垂位置，因而各档架空线的水平张力是相等的。运行中气象条件发生变化时，根据状态方程式知道，各档架空线将以各自的参数发生变化，必然使各档水平张力不等，造成悬垂绝缘子串偏斜。如气温由高变低时，小档距的应力增大较多，大档距的应力增大较少；比载增大时，小档距的应力增大较少，大档距的应力增大较多。连续档架空线悬垂绝缘子串偏斜后的情况如图 6-1 所示。悬垂绝缘子串偏斜后，架空线的悬挂点位置发生改变，从而使得各档档距发生变化 Δl_i。但在一个耐张段内，档距变化量的总和为零，即 $\sum \Delta l_i = 0$。在计算连续档架空线的应力、弧垂等参数时，必须考虑各档之间的相互影响。

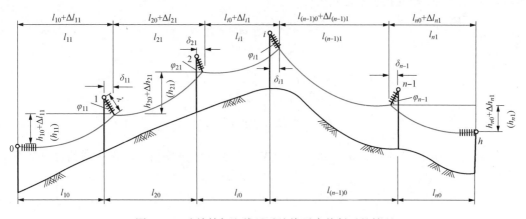

图 6-1　连续档架空线悬垂绝缘子串偏斜后的情况

第一节　连续档架空线应力的近似计算——代表档距法

高压架空输电线路的悬垂绝缘子串一般较长，对架空线应力的补偿能力较强，偏斜后耐张段内各档水平应力差减小。因此可以假设：悬垂绝缘子串偏斜后各档水平应力相等。这时可用某一个档距的架空线应力随气象条件的变化规律，代表连续档的架空线应力随气象条件的变化规律，这个档距称为该连续档的代表档距。代表档距下的高差角，称为代表高差角。

一、无风情况下的代表档距

设有 n 个档距构成的连续档，竣工时各悬垂绝缘子串均处于垂直位置，此时的各档档距为 l_{10}，l_{20}，$\cdots$，l_{n0}，高差为 h_{10}，h_{20}，$\cdots$，h_{n0}，相应的高差角为 β_{10}，β_{20}，$\cdots$，β_{n0}。当气象条件变为状态 n 时，气温变为 t_n、比载变为 γ_n，架空线产生不平衡张力使悬垂绝缘子串偏斜。设各个悬垂绝缘子串的偏斜角分别为 φ_{11}，φ_{21}，$\cdots$，$\varphi_{(n-1)1}$，各档档距增量分别为 Δl_{11}，Δl_{21}，$\cdots$，Δl_{n1}，高差增量为 Δh_{11}，Δh_{21}，$\cdots$，Δh_{n1}，如图 6-1 所示。若假设此时连续档内各档水平应力相等且为 σ_{0n}，则根据斜抛物线线长公式，在状态 n 下第 i 档的线长可写为

$$L_{in} = \frac{l_{i1}}{\cos\beta_{i1}} + \frac{\gamma_n^2 l_{i0}^3 \cos\beta_{i1}}{24\sigma_{0n}^2} \approx \frac{l_{i0}}{\cos\beta_{i0}} + \frac{\gamma_n^2 l_{i0}^3 \cos\beta_{i0}}{24\sigma_{0n}^2} + \frac{\Delta l_{i1}}{\cos\beta_{i0}} \tag{6-1}$$

这相当于以档距的改变量对应的斜档距代替相应的线长变化量。同样地，当气象条件变至状态 m 时，气温为 t_m、比载为 γ_m，相应的档距增量为 Δl_{12}，Δl_{22}，$\cdots$，Δl_{n2}，高差增量为 Δh_{12}，Δh_{22}，$\cdots$，Δh_{n2}，悬垂绝缘子串偏斜后各档水平应力为 σ_{0m}，则有

$$L_{im} = \frac{l_{i0}}{\cos\beta_{i0}} + \frac{\gamma_m^2 l_{i0}^3 \cos\beta_{i0}}{24\sigma_{0m}^2} + \frac{\Delta l_{i2}}{\cos\beta_{i0}} \tag{6-2}$$

两种状态下的线长之差 $L_{im}-L_{in}$ 是由于应力和气温不同引起的，仿式（5-6）的证明步骤，可写出第 i 档的状态方程式为

$$\sigma_{0m} - \frac{E\gamma_m^2 l_{i0}^2 \cos^3\beta_{i0}}{24\sigma_{0m}^2} = \sigma_{0n} - \frac{E\gamma_n^2 l_{i0}^2 \cos^3\beta_{i0}}{24\sigma_{0n}^2} - \alpha E\cos\beta_{i0}(t_m - t_n) + \frac{\Delta l_{i2} - \Delta l_{i1}}{l_{i0}}E\cos\beta_{i0}$$

或写成

$$\frac{\sigma_{0m}}{E}\frac{l_{i0}}{\cos\beta_{i0}} - \frac{\gamma_m^2 l_{i0}^3 \cos^2\beta_{i0}}{24\sigma_{0m}^2}$$

$$= \frac{\sigma_{0n}}{E}\frac{l_{i0}}{\cos\beta_{i0}} - \frac{\gamma_n^2 l_{i0}^3 \cos^2\beta_{i0}}{24\sigma_{0n}^2} - \alpha l_{i0}(t_m - t_n) + \Delta l_{i2} - \Delta l_{i1} \tag{6-3}$$

仿上式可列出 $1\sim n$ 档的 n 个状态方程式，将这 n 个方程相加，并注意到每一状态下的 $\sum_{i=1}^{n}\Delta l_{i1} = 0$，$\sum_{i=1}^{n}\Delta l_{i2} = 0$，则有

$$\frac{\sigma_{0m}}{E}\sum_{i=1}^{n}\frac{l_{i0}}{\cos\beta_{i0}} - \frac{\gamma_m^2}{24\sigma_{0m}^2}\sum_{i=1}^{n}l_{i0}^3\cos^2\beta_{i0}$$

$$= \frac{\sigma_{0n}}{E}\sum_{i=1}^{n}\frac{l_{i0}}{\cos\beta_{i0}} - \frac{\gamma_n^2}{24\sigma_{0n}^2}\sum_{i=1}^{n}l_{i0}^3\cos^2\beta_{i0} - \alpha(t_m - t_n)\sum_{i=1}^{n}l_{i0}$$

整理得

$$\sigma_{0m} - \frac{E\gamma_m^2}{24\sigma_{0m}^2}\frac{\sum_{i=1}^{n}l_{i0}^3\cos^2\beta_{i0}}{\sum_{i=1}^{n}\frac{l_{i0}}{\cos\beta_{i0}}} = \sigma_{0n} - \frac{E\gamma_n^2}{24\sigma_{0n}^2}\frac{\sum_{i=1}^{n}l_{i0}^3\cos^2\beta_{i0}}{\sum_{i=1}^{n}\frac{l_{i0}}{\cos\beta_{i0}}} - \alpha E(t_m - t_n)\frac{\sum_{i=1}^{n}l_{i0}}{\sum_{i=1}^{n}\frac{l_{i0}}{\cos\beta_{i0}}} \tag{6-4}$$

式（6-4）写成单一档距的斜抛物线状态方程式形式，可令

$$\cos\beta_{\mathrm{r}} = \frac{\displaystyle\sum_{i=1}^{n} l_{i0}}{\displaystyle\sum_{i=1}^{n} \frac{l_{i0}}{\cos\beta_{i0}}} \tag{6-5}$$

$$l_{\mathrm{r}} = \sqrt{\frac{1}{\cos^3\beta_{\mathrm{r}}} \frac{\displaystyle\sum_{i=1}^{n} l_{i0}^3 \cos^2\beta_{i0}}{\displaystyle\sum_{i=1}^{n} \frac{l_{i0}}{\cos\beta_{i0}}}} = \frac{1}{\cos\beta_{\mathrm{r}}} \sqrt{\frac{\displaystyle\sum_{i=1}^{n} l_{i0}^3 \cos^2\beta_{i0}}{\displaystyle\sum_{i=1}^{n} l_{i0}}} \tag{6-6}$$

式中 l_{r}——连续档耐张段的代表档距;

β_{r}——代表高差角。

则连续档耐张段的状态方程式为

$$\sigma_{0\mathrm{m}} - \frac{E\gamma_{\mathrm{m}}^2 l_{\mathrm{r}}^2 \cos^3\beta_{\mathrm{r}}}{24\sigma_{0\mathrm{m}}^2} = \sigma_{0\mathrm{n}} - \frac{E\gamma_{\mathrm{n}}^2 l_{\mathrm{r}}^2 \cos^3\beta_{\mathrm{r}}}{24\sigma_{0\mathrm{n}}^2} - \alpha E \cos\beta_{\mathrm{r}}(t_{\mathrm{m}} - t_{\mathrm{n}}) \tag{6-7}$$

引入 l_{r}、β_{r} 的概念后,连续档架空线的应力计算就等同于单一档距(代表档距)的计算。当连续档悬挂点均等高时,得到无高差连续档的状态方程式为

$$\sigma_{0\mathrm{m}} - \frac{E\gamma_{\mathrm{m}}^2 l_{\mathrm{r}}^2}{24\sigma_{0\mathrm{m}}^2} = \sigma_{0\mathrm{n}} - \frac{E\gamma_{\mathrm{n}}^2 l_{\mathrm{r}}^2}{24\sigma_{0\mathrm{n}}^2} - \alpha E(t_{\mathrm{m}} - t_{\mathrm{n}}) \tag{6-8}$$

其中

$$l_{\mathrm{r}} = \sqrt{\frac{\displaystyle\sum_{i=1}^{n} l_{i0}^3}{\displaystyle\sum_{i=1}^{n} l_{i0}}} \tag{6-9}$$

若将式(6-4)写成单一档距的平抛物线状态方程式形式,可令

$$l_{\mathrm{D}} = \sqrt{\frac{\displaystyle\sum_{i=1}^{n} l_{i0}^3 \cos^2\beta_{i0}}{\displaystyle\sum_{i=1}^{n} \frac{l_{i0}}{\cos\beta_{i0}}}} \tag{6-10}$$

$$\alpha_{\mathrm{D}} = \alpha \frac{\displaystyle\sum_{i=1}^{n} l_{i0}}{\displaystyle\sum_{i=1}^{n} \frac{l_{i0}}{\cos\beta_{i0}}} \tag{6-11}$$

式中 l_{D}——连续档的代表档距;

α_{D}——代表温度膨胀系数。

则连续档的平抛物线状态方程式为

$$\sigma_{0\mathrm{m}} - \frac{E\gamma_{\mathrm{m}}^2 l_{\mathrm{D}}^2}{24\sigma_{0\mathrm{m}}^2} = \sigma_{0\mathrm{n}} - \frac{E\gamma_{\mathrm{n}}^2 l_{\mathrm{D}}^2}{24\sigma_{0\mathrm{n}}^2} - \alpha_{\mathrm{D}} E(t_{\mathrm{m}} - t_{\mathrm{n}}) \tag{6-12}$$

显然,采用代表档距和代表高差角的概念比较容易理解。若将式(6-1)、式(6-2)中的 $\Delta l_{i1}/\cos\beta_{i0}$ 换为 Δl_{i1},$\Delta l_{i2}/\cos\beta_{i0}$ 换为 Δl_{i2},可得到代表档距和代表高差角另一种形式为

$$l_{\mathrm{r}} = \frac{1}{\cos\beta_{\mathrm{r}}} \sqrt{\frac{\displaystyle\sum_{i=1}^{n} l_{i0}^3 \cos\beta_{i0}}{\displaystyle\sum_{i=1}^{n} \frac{l_{i0}}{\cos\beta_{i0}}}} \tag{6-13}$$

$$\cos\beta_r = \frac{\displaystyle\sum_{i=1}^{n} \frac{l_{i0}}{\cos\beta_{i0}}}{\displaystyle\sum_{i=1}^{n} \frac{l_{i0}}{\cos^2\beta_{i0}}} \tag{6-14}$$

应该指出，由于近似方式不同，代表档距还有其他形式，但式（6-5）和式（6-6）是精度较好且较为简单的一种。

二、 有风情况下的代表档距

当连续档架空线受到风荷载作用时，由于各档档距和高差角不尽相同，各悬垂绝缘子串悬挂点处的架空线应力在垂向、横向和顺线路水平方向的分量不尽相同，因此各悬挂点可能产生不同的顺线路方向的位移 δ_{is}、横向位移 δ_{ih} 和垂向位移 δ_{iv}，如图 6-2 所示。

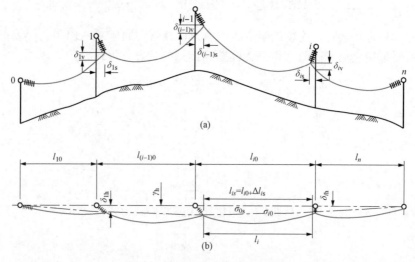

图 6-2 连续档架空线的风偏图
（a）线路纵断面图；（b）线路俯视图

假定各档顺线路方向的水平应力相等，则各悬挂点处的应力可分解为顺线路方向的水平应力 σ_{i0}、铅垂方向的应力 σ_{iv} 和横向应力 σ_{ih}，其中 σ_{ih} 甚小，可以忽略不计，这样悬挂点连线方向的水平应力 σ'_0 就近似等于顺线路方向的水平应力。

风偏后两悬挂点连线的水平投影长度 l_i，可由其顺线路方向投影长度和横向投影长度表示为

$$l_i = \sqrt{\{l_{i0} + [\delta_{is} - \delta_{(i-1)s}]\}^2 + [\delta_{ih} - \delta_{(i-1)h}]^2} = \sqrt{(l_{i0} + \Delta l_{is})^2 + [\delta_{ih} - \delta_{(i-1)h}]^2}$$

$$= (l_{i0} + \Delta l_{is})\sqrt{1 + \left[\frac{\delta_{ih} - \delta_{(i-1)h}}{l_{i0} + \Delta l_{is}}\right]^2}$$

悬挂点间的横向位移差 $\delta_{ih} - \delta_{(i-1)h}$ 很小，且对 l_i 的影响极微，可以不予考虑，则上式近似为

$$l_i \approx l_{i0} + \Delta l_{is}$$

若架空线的综合比载为 γ'，气温为 t，则连续档的第 i 档的线长，仿照式（6-1）并考虑到式（4-80）可写为

$$L_i \approx \frac{l_{i0}}{\cos\beta_{i0}} + \frac{\Delta l_{is}}{\cos\beta_{i0}} + \frac{\gamma'^2 l_{i0}^3 \cos\beta_{i0}}{24\sigma_0^2}(1 + \tan^2\beta_{i0}\sin^2\eta) \tag{6-15}$$

若以无风气象条件为已知状态 n，其相应的线长近似式为式（6-1），采用与式（6-7）相仿的证明步骤，可以得到有风气象条件为未知状态 m 的状态方程式为

$$\sigma_{0m} - \frac{E\gamma'^2 l_r'^2 \cos^3\beta_r}{24\sigma_{0m}^2} = \sigma_{0n} - \frac{E\gamma_n^2 l_r^2 \cos^3\beta_r}{24\sigma_{0n}^2} - \alpha E\cos\beta_r(t_m - t_n) \tag{6-16}$$

其中

$$l_r' = \frac{1}{\cos\beta_r}\sqrt{\frac{\sum\limits_{i=1}^{n} l_{i0}^3 \cos^2\beta_{i0}(1 + \tan^2\beta_{i0}\sin^2\eta)}{\sum\limits_{i=1}^{n} l_{i0}}} \tag{6-17}$$

$$l_r = \frac{1}{\cos\beta_r}\sqrt{\frac{\sum\limits_{i=1}^{n} l_{i0}^3 \cos^2\beta_{i0}}{\sum\limits_{i=1}^{n} \dfrac{l_{i0}}{\cos\beta_{i0}}}}, \quad \cos\beta_r = \frac{\sum\limits_{i=1}^{n} l_{i0}}{\sum\limits_{i=1}^{n} \dfrac{l_{i0}}{\cos\beta_{i0}}}$$

式中　σ_{0m}，σ_{0n}——有风和无风状态下架空线顺线路方向的水平应力；

γ'，γ_n——有风和无风状态下架空线的综合比载；

l_r'，l_r——有风和无风状态下耐张段的代表档距；

β_r——无风状态下耐张段的代表高差角；

η——有风状态下的架空线风偏角；

t_m，t_n——有风和无风状态下的气温；

E——架空线的弹性系数。

由此可知，有风时的代表档距比无风时的要大些，并且随风偏角的增大而增加。若有风气象下忽略风偏角的影响，即视 l_r' 为 l_r，这样求得的有风情况下的 σ_{0m} 将会小一些。低风速时作这样的近似对 σ_{0m} 影响不大。

第二节　连续档架空线应力的精确计算

当耐张段内各档间的档距和高差相差悬殊，或档间架空线的比载不同（如覆冰不均），或档间作用有不同的附加荷载（如上人检修）时，各档间架空线的水平应力即使在悬垂串偏斜后仍然会有显著差别，此时就不能采用代表档距法近似计算架空线的应力。为了检查直线杆塔可能承受的不平衡张力或悬垂绝缘子串的偏斜角以及档内弧垂等，往往需要求得耐张段内各档架空线应力的较高精度值。

一、各档的档距变化量与架空线应力的关系

架线竣工时，悬垂绝缘子串处于中垂位置，第 i 档的档距为 l_{i0}、高差角为 β_{i0}，补偿架空线初伸长（降温 Δt）后的各档水平应力为 σ_0，比载为 γ_1，架线气温为 t_0。此时第 i 档的悬挂曲线长度为

$$L_{i0} = \frac{l_{i0}}{\cos\beta_{i0}} + \frac{\gamma_i^2 l_{i0}^3 \cos\beta_{i0}}{24\sigma_0^2}$$

线路运行过程中，气象条件发生变化，气温变为 t，比载变为 γ_i，假定初伸长已释放完毕，各档水平应力为 σ_{i0}。由于各档水平应力 σ_{i0} 不等，悬垂绝缘子串偏斜使档距增大 Δl_i，高差变化 Δh_i，高差角变为 β_i，此时第 i 档的悬挂曲线长度为

$$L_i = \frac{l_{i0}+\Delta l_i}{\cos\beta_i} + \frac{\gamma_i^2(l_{i0}+\Delta l_i)^3\cos\beta_i}{24\sigma_{i0}^2}$$

$$= (l_{i0}+\Delta l_i)\sqrt{1+\left(\frac{h_{i0}+\Delta h_i}{l_{i0}+\Delta l_i}\right)^2} + \frac{\gamma_i^2(l_{i0}+\Delta l_i)^3}{24\sigma_{i0}^2\sqrt{1+\left(\frac{h_{i0}+\Delta h_i}{l_{i0}+\Delta l_i}\right)^2}}$$

将上式以档距、高差的微分增量形式表示为

$$L_i = \frac{l_{i0}}{\cos\beta_{i0}} + \frac{\gamma_i^2 l_{i0}^3\cos\beta_{i0}}{24\sigma_{i0}^2} + \left[\cos\beta_{i0} + \frac{\gamma_i^2 l_{i0}^2\cos\beta_{i0}}{24\sigma_{i0}^2}(3+\sin^2\beta_{i0})\right]\Delta l_i$$

$$+ \left(1 - \frac{\gamma_i^2 l_{i0}^2\cos^2\beta_{i0}}{24\sigma_{i0}^2}\right)\sin\beta_{i0}\Delta h_i$$

$$\approx \frac{l_{i0}}{\cos\beta_{i0}} + \frac{\gamma_i^2 l_{i0}^3\cos\beta_{i0}}{24\sigma_{i0}^2} + \left(\cos\beta_{i0} + \frac{\gamma_i^2 l_{i0}^2\cos\beta_{i0}}{8\sigma_{i0}^2}\right)\Delta l_i + \sin\beta_{i0}\Delta h_i \quad (6\text{-}18)$$

两种状态下的线长之差是由于应力、气温的不同以及初伸长的放出引起的，即

$$L_i - L_{i0} = \frac{l_{i0}}{\cos\beta_{i0}}\left(\frac{\sigma_{i0}-\sigma_0}{E\cos\beta_{i0}}\right) + \frac{l_{i0}}{\cos\beta_{i0}}\alpha(t-t_0+\Delta t)$$

将 L_i、L_{i0} 的表达式代入，整理后得到

$$\Delta l_i = \left\{\frac{l_{i0}^2\cos^2\beta_{i0}}{24}\left[\left(\frac{\gamma_1}{\sigma_0}\right)^2 - \left(\frac{\gamma_i}{\sigma_{i0}}\right)^2\right] + \frac{\sigma_{i0}-\sigma_0}{E\cos\beta_{i0}} + \alpha(t-t_0+\Delta t) \right.$$

$$\left. - \frac{\sin\beta_{i0}\cos\beta_{i0}}{l_{i0}}\Delta h_i\right\}\frac{l_{i0}}{\cos^2\beta_{i0}\left(1+\frac{\gamma_i^2 l_{i0}^2}{8\sigma_{i0}^2}\right)} \quad (6\text{-}19)$$

共有 n 档，可列出 n 个方程式。

对于整个耐张段，由于两端为耐张杆塔，所以各档档距增量 Δl_i 的总和应为零。

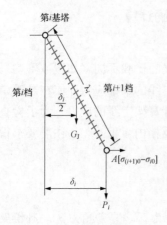

图 6-3 悬垂绝缘子串受力图

二、悬垂绝缘子串偏移量与架空线应力的关系

各档间应力不等时，悬垂绝缘子串产生偏斜。设悬垂绝缘子串为均布荷载的刚性直棒，则第 i 基杆塔的悬垂绝缘子串受力如图 6-3 所示。图中 G_J 为悬垂绝缘子串的垂向荷载，λ_i 为其长度，架空线作用于悬垂绝缘子串下端的垂向荷载为 P_i，左右两档架空线的不平衡张力差为 $A[\sigma_{(i+1)0}-\sigma_{i0}]$，在此力作用下悬垂绝缘子串下端偏移量为 δ_i。对悬垂绝缘子串上端悬挂点列力矩平衡方程式，有

$$A[\sigma_{(i+1)0}-\sigma_{i0}]\sqrt{\lambda_i^2-\delta_i^2} = P_i\delta_i + G_J\frac{\delta_i}{2}$$

悬垂绝缘子串偏移量与架空线应力的关系为

$$\frac{\delta_i}{\sqrt{\lambda_i^2 - \delta_i^2}} = \frac{\sigma_{(i+1)0} - \sigma_{i0}}{\frac{G_J}{2A} + \frac{P_i}{A}} \tag{6-20}$$

其中 P_i 可由垂直档距的概念求出。假定架空线比载 γ_i、γ_{i+1} 均沿斜档距均布，则

$$\frac{P_i}{A} = \left(\frac{\gamma_i l_{i0}}{2\cos\beta_{i0}} + \frac{\sigma_{i0} h_{i0}}{l_{i0}}\right) + \left[\frac{\gamma_{(i+1)} l_{(i+1)0}}{2\cos\beta_{(i+1)0}} - \frac{\sigma_{(i+1)0} h_{(i+1)0}}{l_{(i+1)0}}\right] \tag{6-21}$$

三、 档距和高差变化量与悬垂绝缘子串偏移量的关系

耐张段两端为耐张杆塔，可以认为耐张绝缘子串偏移量为零，即 $\delta_0 = 0$、$\delta_n = 0$。其他各档的档距变化量为

$$\Delta l_1 = \delta_1 - \delta_0 = \delta_1$$
$$\Delta l_2 = \delta_2 - \delta_1 = \delta_2 - \Delta l_1, \quad \delta_2 = \Delta l_2 + \Delta l_1$$
$$\vdots$$

所以

$$\delta_i = \sum_{j=1}^{i} \Delta l_j \tag{6-22}$$

$$\Delta h_i = (\lambda_i - \sqrt{\lambda_i^2 - \delta_i^2}) - (\lambda_{i-1} - \sqrt{\lambda_{i-1}^2 - \delta_{i-1}^2}) \approx \frac{1}{2}\left(\frac{\delta_i^2}{\lambda_i} - \frac{\delta_{i-1}^2}{\lambda_{i-1}}\right) \tag{6-23}$$

四、 连续档应力精确值的求解步骤

耐张段内共有 $n-1$ 基直线杆塔，可列出形如式（6-20）、式（6-22）各 $n-1$ 个方程，按式（6-19）可列 n 个方程，共 $3n-2$ 个方程，已知 $\delta_0 = 0$，因此可以求解 σ_{i0}、Δl_i、δ_i 共 $3n-1$ 个未知量。求解一般需借助计算机进行，步骤如下：

（1）假定一个 $\Delta l_1 = \delta_1$，已知 $\delta_0 = 0$，由式（6-23）算得 Δh_1，由式（6-19）算得 σ_{10}。

（2）根据 σ_{10}、δ_1，由式（6-20）算得 σ_{20}。

（3）根据 σ_{20}，假设 Δh_2（如 $\Delta h_2 = 0$），由式（6-19）算得 $\Delta l_2^{(1)}$，由式（6-22）算得 $\delta_2^{(1)}$，由式（6-23）算得 $\Delta h_2^{(1)}$；再由式（6-19）算得 $\Delta l_2^{(2)}$，由式（6-22）算得 $\delta_2^{(2)}$，由式（6-23）算得 $\Delta h_2^{(2)}$。反复进行，使算得的 Δl_2、δ_2、Δh_2 再无明显变化。

（4）根据 $\sigma_{(i-1)0}$、δ_{i-1}，由式（6-20）算得 σ_{i0}。假设 Δh_i（$\Delta h_i = 0$），按步骤（3）进行，算得 Δl_i、δ_i、Δh_i。

（5）根据 $\sigma_{(n-1)0}$、δ_{n-1}，由式（6-20）算得 σ_{n0}；已知 $\delta_n = 0$，由式（6-23）算得 Δh_n，由式（6-19）算得 Δl_n，再由式（6-22）算得 δ_n。

（6）如果算得的 $\delta_n \approx 0$，则上面结果即为所求；否则需返步骤（1）重新假定，直至算出的 $\delta_n \approx 0$ 为止。

上述计算中，由于需迭代逼近求 Δh_i，显得有些复杂，如果近似认为式（6-19）中的 $\Delta h_i = 0$，则可简化为下面步骤：

（1）假定一个水平应力 σ_{10}。

（2）由式（6-19）计算 Δl_1（Δl_i）。

（3）由式（6-22）计算 δ_1（δ_i）。

（4）由式（6-20）计算 $\sigma_{20}\sigma_{(i+1)0}$。

（5）按照步骤（2）～步骤（4），计算出全部 σ_{i0}、Δl_i、δ_i 为止。

（6）若求得的 δ_n 接近于零，则满足要求，上述各结果可以接受；否则需重新假定 σ_{10}，再由步骤（1）开始计算。

上述计算中需知道 $P_1(P_i)$，要先用到应力，一般可按悬垂绝缘子串铅垂时的应力近似。若需更精确的数值，可用上面算得的应力结果，计算新的 P_i，再按上述步骤循环计算。

第三节　采用滑轮线夹时连续档架空线的有关计算

在架线施工中，架空线的一端通过耐张绝缘子串固定在一端的杆塔上，中间各杆塔上暂时用滑轮托起架空线，在另一端的紧线杆塔上进行紧线，同时观测弧垂，调整至设计值；然后进行画印；最后把导线由各滑轮移入线夹中。在高压输电线路的某些大跨越档，为了降低跨越杆塔的高度，改善架空线悬挂点处受力等，有时直接使用滑轮线夹悬挂导线。我国数条长江大跨越采用了这种形式。在采用滑轮线夹的耐张段，导线在耐张杆塔上的悬挂方式一般有两种：两端均通过耐张串锚固在耐张杆塔上；一端锚固在耐张杆塔上，另一端通过耐张杆塔上的支撑滑轮，悬吊一个可运动的平衡锤来拉紧导线（见图6-6）。

一、采用滑轮线夹时悬垂绝缘子串偏移量与应力的关系

假设滑轮无转动摩擦力，则只要滑轮两侧导线的张力不相等，滑轮就要向张力大的一

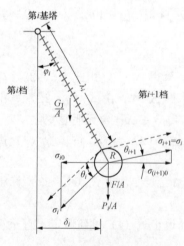

图6-4　采用滑轮线夹时的
悬垂绝缘子串受力图

侧转动，通过导线长度的调整，使滑轮两侧张力趋于相等，滑轮停止转动。因此，正常情况下滑轮线夹两侧出口处导线张力总是相等的。但这并不能保证悬垂绝缘子串总处于铅垂状态。当滑轮线夹两侧导线的悬垂角 θ_i 与 θ_{i+1} 不相等时，即使两侧出口处的导线张力（应力）相等，但因各自的水平应力分量不等，悬垂绝缘子串仍将向水平应力较大的一侧偏斜，直至达到受力平衡为止。图6-4是将导线应力等效到滑轮轴后的悬垂绝缘子串受力情况。图中 F 为滑轮线夹的重力，P_i 为导线等效在滑轮轴上的垂直荷载，G_J 为悬垂绝缘子串除滑轮外的重力，R 是滑轮的半径，A 是导线的截面积，λ_i 是悬垂绝缘子串的长度，δ_i 是悬垂绝缘子串顺线路方向的偏移量，φ_i 是相应的偏斜角。视悬垂绝缘子串为刚性直棒，列上悬挂点的应力矩平衡方程，得

$$\left[\sigma_{(i+1)0} - \sigma_{i0}\right] \sqrt{\lambda_i^2 - \delta_i^2} \frac{\lambda_i + R}{\lambda_i} - \frac{P_i + F}{A}\delta_i \frac{\lambda_i + R}{\lambda_i} - \frac{G_J}{2A}\delta_i = 0 \qquad (6-24)$$

整理解得

$$\delta_i = \frac{[\sigma_{(i+1)0} - \sigma_{i0}]\lambda_i}{\sqrt{\left[\dfrac{P_i}{A} + \dfrac{F}{A} + \dfrac{G_J}{2A}\dfrac{\lambda_i}{\lambda_i + R}\right]^2 + [\sigma_{(i+1)0} - \sigma_{i0}]^2}} \tag{6-25}$$

其中

$$\frac{P_i}{A} = \sigma_{(i+1)0}\tan\theta_{i+1} + \sigma_{i0}\tan\theta_i$$

$$\approx \left(\frac{\gamma_i l_{i0}}{2\cos\beta_{i0}} + \frac{\sigma_{i0}h_{i0}}{l_{i0}}\right) + \left[\frac{\gamma_{i+1} l_{(i+1)0}}{2\cos\beta_{(i+1)0}} - \frac{\sigma_{(i+1)0}h_{(i+1)0}}{l_{(i+1)0}}\right] \tag{6-26}$$

根据架空线悬挂点应力计算公式，得

$$\sigma_{iB} = \frac{\sigma_{i0}}{\cos\beta_i} + \frac{\gamma_i^2(l_{i0} + \Delta l_i)^2}{8\sigma_{i0}\cos\beta_i} + \frac{\gamma_i(h_{i0} + \Delta h_i)}{2}$$

$$\sigma_{(i+1)A} = \frac{\sigma_{(i+1)0}}{\cos\beta_{i+1}} + \frac{\gamma_{i+1}^2[l_{(i+1)0} + \Delta l_{i+1}]^2}{8\sigma_{(i+1)0}\cos\beta_{i+1}} - \frac{\gamma_{i+1}[h_{(i+1)0} + \Delta h_{i+1}]}{2} \tag{6-27}$$

其中

$$\cos\beta_i = \frac{1}{\sqrt{1 + \left(\dfrac{h_{i0} + \Delta h_i}{l_{i0} + \Delta l_i}\right)^2}} \tag{6-28}$$

根据滑轮线夹两侧出口处导线的应力相等，即 $\sigma_{iB} = \sigma_{(i+1)A}$，进而得到

$$\sigma_{(i+1)0} = \cos\beta_{i+1}\left\{\frac{\sigma_{i0}}{\cos\beta_i} + \frac{\gamma_i^2(l_{i0} + \Delta l_i)^2}{8\sigma_{i0}\cos\beta_i} + \frac{\gamma_i(h_{i0} + \Delta h_i)}{2}\right.$$

$$\left. - \frac{\gamma_{i+1}^2[l_{(i+1)0} + \Delta l_{i+1}]^2}{8\sigma_{(i+1)0}\cos\beta_{i+1}} + \frac{\gamma_{i+1}[h_{(i+1)0} + \Delta h_{i+1}]}{2}\right\} \tag{6-29}$$

对于图 6-5 所示的连续倾斜档，若用第 1 档的水平应力 σ_{10} 表示任一档的水平应力 σ_{i0}，其公式为

$$\sigma_{i0} = \cos\beta_i\left\{\frac{\sigma_{10}}{\cos\beta_1} + \gamma_1\left[\frac{\gamma_1(l_{10} + \Delta l_1)^2}{8\sigma_{10}\cos\beta_1} + \frac{h_{10} + \Delta h_1}{2}\right]\right.$$

$$\left. + \sum_{j=2}^{i}\gamma_j(h_{j0} + \Delta h_j) - \gamma_i\left[\frac{\gamma_i(l_{i0} + \Delta l_i)^2}{8\sigma_{i0}\cos\beta_i} + \frac{h_{i0} + \Delta h_i}{2}\right]\right\} \tag{6-30}$$

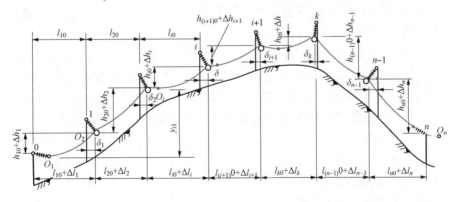

图 6-5　采用滑轮线夹的连续倾斜档

或写成

$$\frac{\sigma_{i0}}{\cos\beta_i} - \frac{\sigma_{10}}{\cos\beta_1} = \left\{\gamma_1\left[\frac{\gamma_1(l_{10} + \Delta l_1)^2}{8\sigma_{10}\cos\beta_1} + \frac{h_{10} + \Delta h_1}{2}\right] + \sum_{j=2}^{i}\gamma_j(h_{j0} + \Delta h_j)\right.$$

$$- \gamma_i \left[\frac{\gamma_i (l_{i0} + \Delta l_i)^2}{8 \sigma_{i0} \cos \beta_i} + \frac{h_{i0} + \Delta h_i}{2} \right] \Bigg\} \qquad (6 \text{-} 31)$$

式（6-31）表明，任一档 i 的斜切点（档距中央）应力与第一档斜切点应力之差，等于该档斜切点与第一档斜切点之间的高差与其相应比载之乘积的和。进一步可知，在采用滑轮线夹的连续档内，架空线上任意两点间的应力差等于该两点间的各段高差与相应比载之乘积的和。这与同一档内任意两点间应力关系的结论是一致的。采用固定线夹的连续档不具有上述结论，这是由于固定线夹限制了架空线在连续档内的窜动，线夹两侧架空线的轴向应力一般不相等的缘故。

在采用滑轮线夹的连续倾斜档内，最高悬挂点处架空线的应力最大。为保证该最大应力不超过允许值，可取控制条件下该点应力的最大值等于悬挂点许用应力，以此为已知条件推求各档的水平应力。在图 6-5 中，第 k 基杆塔的悬挂点在耐张段内相对最高，根据两点间的应力关系，该点应力 σ_k 与任一档 i 水平应力 σ_{i0} 的关系式为

$$\sigma_k = \frac{\sigma_{i0}}{\cos \beta_i} + \gamma_i \left[\frac{\gamma_i (l_{i0} + \Delta l_i)^2}{8 \sigma_{i0} \cos \beta_i} + \frac{h_{i0} + \Delta h_i}{2} \right] + \sum_{j=i+1}^{k} \gamma_j h_j$$

解之得

$$\sigma_{i0} = \frac{1}{2} \left[\sigma_k - \frac{\gamma_i (h_{i0} + \Delta h_i)}{2} - \sum_{j=i+1}^{k} \gamma_j h_j \right] \cos \beta_i$$

$$\pm \frac{1}{2} \sqrt{ \left[\sigma_k - \frac{\gamma_i (h_{i0} + \Delta h_i)}{2} - \sum_{j=i+1}^{k} \gamma_j h_j \right]^2 \cos^2 \beta_i - \frac{{\gamma_i}^2 (l_{i0} + \Delta l_i)^2}{2} } \qquad (6 \text{-} 32)$$

式中，$h_j = h_{j0} + \Delta h_j$，且具有正负号，$k$ 侧比 i 侧高者为正值，反之为负值。

二、架空线锚固于两端耐张杆塔时的应力、线长和状态方程式

悬挂于滑轮线夹中的连续档架空线，各档的水平应力一般会有显著差异，不能采用代表档距法求解，否则其误差将是不可接受的。

1. 各档的水平应力

连续档架空线锚固于两端耐张杆塔上，耐张串的偏移量 $\delta_0 = 0$、$\delta_n = 0$，连续档的档距变化量之和 $\sum \Delta l_i = 0$。

假定 σ_k 已知，连续档各档水平应力 σ_{i0} 通常采用式（6-32）求得。式中参数 γ_i、h_{i0}、l_{i0} 一般为已知量，而 σ_{i0}、Δl_i、Δh_i 都是未知量，n 档共有 $3n$ 个未知量，需要 $3n$ 个方程才能求解。按式（6-32）可列出 n 个方程，式（6-25）可列出 $n-1$ 个方程，式（6-23）可列出 n 个方程，再根据耐张段内档距改变的总和等于零一个方程，总共可列出 $3n$ 个方程，所以 σ_{i0}、Δl_i 和 Δh_i 共 $3n$ 个未知量是可以求解的。从式（6-23）可以看出，δ_i 引起的变化量 Δh_i 极微，一般可以认为 δ_i 的变化对其无影响，这样问题可以得到简化。

求解需借助计算机进行，最直接的方法是采用试凑递推法，具体步骤是：

(1) 自第 1 档假定一个水平应力 $\sigma_{10} (\sigma_{i0})$ 之值。

(2) 利用式（6-32），根据控制应力 σ_k 求解出相应的档距改变量 $\Delta l_1 (\Delta l_i)$。

(3) 由 Δl_i 按式（6-22）求出 δ_i。

(4) 将 σ_{i0} 和 δ_i 代入式（6-25）计算出 $\sigma_{(i+1)0}$。

(5) 反复从步骤（2）计算，直至得到 δ_n 为止。

（6）若求得的 δ_n 接近于零，则可以认为上述求得各值正确；否则需要重新假定 σ_{10} 之值，从步骤（1）重新开始。

2. 连续档架空线的线长

由于连续档各档架空线可以窜动，计算各档的线长没有具体意义，应计算连续档的总线长，供架线使用。对于具有 n 个档距的连续档，其悬挂总线长为

$$L = \sum_{i=1}^{n} L_i = \sum_{i=1}^{n} \left[\frac{l_{i0} + \Delta l_i}{\cos\beta_i} + \frac{\gamma_i^2 (l_{i0} + \Delta l_i)^3 \cos\beta_i}{24\sigma_{i0}^2} \right] \tag{6-33}$$

若近似计算，可略去档距增量 Δl_i，即认为档距和高差不变，这样可以根据已知的 σ_k 直接利用式（6-32）解出各档应力 σ_{i0}，再将其代入式（6-33），即可得到耐张段架空线的悬挂总线长，精度也能满足一般工程要求。

3. 滑轮线夹、架空线两端锚固的连续档状态方程式

由于各档间的架空线可通过滑轮窜动，连续档的状态方程式需要根据耐张段内架空线总长度的变化规律导出。设已知状态 Ⅰ 下的气温为 t_1，各档的垂直比载均为 γ_1，第 i 档悬垂串未偏斜时的档距为 l_{i0}，档距增量为 Δl_{i1}，水平应力为 σ_{i01}，当将档距的改变量近似看作相应的线长变化量时，档内悬线长度可以表示为

$$L_{i1} = \Delta l_{i1} + \frac{l_{i0}}{\cos\beta_{i0}} + \frac{\gamma_1^2 l_{i0}^3 \cos\beta_{i0}}{24\sigma_{i01}^2}$$

当气象条件变至状态 Ⅱ 时，气温为 t_2，第 i 档的垂直比载 γ_{i2}，第 i 档的档距增量 Δl_{i2}，水平应力 σ_{i02}，相应的档内悬线长度为

$$L_{i2} = \Delta l_{i2} + \frac{l_{i0}}{\cos\beta_{i0}} + \frac{\gamma_{i2}^2 l_{i0}^3 \cos\beta_{i0}}{24\sigma_{i02}^2}$$

两种状态下的悬线长度差等于该档架空线的弹性伸长增量、温度伸长增量与滑进档内的线长增量 ΔL_i 之和，从而得到

$$\Delta l_{i2} - \Delta l_{i1} + \frac{\gamma_{i2}^2 l_{i0}^3 \cos\beta_{i0}}{24\sigma_{i02}^2} - \frac{\gamma_1^2 l_{i0}^3 \cos\beta_{i0}}{24\sigma_{i01}^2}$$

$$= \frac{l_{i0}(\sigma_{i02} - \sigma_{i01})}{E\cos^2\beta_{i0}} + \alpha \frac{l_{i0}}{\cos\beta_{i0}}(t_2 - t_1) + \Delta L_i \tag{6-34}$$

n 个档距可列出 n 个这样的方程，然后相加，并注意到 $\sum_{i=1}^{n} \Delta l_{i1} = \sum_{i=1}^{n} \Delta l_{i2} = \sum_{i=1}^{n} \Delta L_i = 0$，则

$$\sum_{i=1}^{n} \frac{\gamma_{i2}^2 l_{i0}^3 \cos\beta_{i0}}{24\sigma_{i02}^2} - \sum_{i=1}^{n} \frac{\gamma_1^2 l_{i0}^3 \cos\beta_{i0}}{24\sigma_{i01}^2} = \sum_{i=1}^{n} \frac{l_{i0}(\sigma_{i02} - \sigma_{i01})}{E\cos^2\beta_{i0}} + \alpha(t_2 - t_1) \sum_{i=1}^{n} \frac{l_{i0}}{\cos\beta_{i0}}$$

或

$$\sum_{i=1}^{n} \frac{l_{i0}\sigma_{i02}}{\cos^2\beta_{i0}} - \frac{E}{24} \sum_{i=1}^{n} \frac{\gamma_{i2}^2 l_{i0}^3 \cos\beta_{i0}}{\sigma_{i02}^2}$$

$$= \sum_{i=1}^{n} \frac{l_{i0}\sigma_{i01}}{\cos^2\beta_{i0}} - \frac{E}{24} \sum_{i=1}^{n} \frac{\gamma_1^2 l_{i0}^3 \cos\beta_{i0}}{\sigma_{i01}^2} - \alpha E(t_2 - t_1) \sum_{i=1}^{n} \frac{l_{i0}}{\cos\beta_{i0}} \tag{6-35}$$

式（6-35）是采用滑轮线夹时连续档应力变化的状态方程式，式中有 n 个未知量 σ_{i02}，不能直接用于求解，一般用于最高悬挂点处的应力 σ_{k02} 假定值正确与否的判定。仍然可用上述的试凑递推法，即假定最高悬挂点处的应力 σ_{k02} 为某一值，假设第一档的水平应力 σ_{i02}，试凑递推求出使 $\delta_n = 0$ 的各档应力 σ_{i02}，然后代入式（6-35）看是否正确。若

式 (6-35)闭合，说明假定的应力 σ_{k02} 可以接受，解得的 n 个水平应力值 σ_{i02} 正确，否则应重新假定 σ_{k02} 再计算。

若状态 I 为架线竣工情况时，应考虑初伸长的影响。

4. 同时作用横向风载时各档的应力和状态方程式

当作用有横向风荷载时，若不计滑轮的摩擦力，仍可假定滑轮两侧出口处架空线的轴向应力相等。仿上述各式的推导过程，可得到采用滑轮线夹、垂直荷载和横向荷载同时作用下连续档架空线的有关计算公式。

第 i 基杆塔两侧顺线路方向水平应力间的关系为

$$\frac{\sigma_{i0}}{\cos\beta_{i0}} + \gamma'_i \left(\frac{\gamma'_i l_{i0}^2}{8\sigma_{i0}\cos\beta_{i0}} + \frac{h_{i0}\cos\eta_i}{2} \right)$$

$$= \frac{\sigma_{(i+1)0}}{\cos\beta_{(i+1)0}} + \gamma'_{i+1} \left[\frac{\gamma'_{i+1} l_{(i+1)0}^2}{8\sigma_{(i+1)0}\cos\beta_{(i+1)0}} - \frac{h_{(i+1)0}\cos\eta_{i+1}}{2} \right] \qquad (6-36)$$

最高悬挂点 k 处的轴向应力 σ_k 与第 i 档顺线路的水平应力分量 σ_{i0} 间的关系为

$$\sigma_k = \frac{\sigma_{i0}}{\cos\beta_{i0}} + \gamma'_i \left(\frac{\gamma'_i l_{i0}^2}{8\sigma_{i0}\cos\beta_{i0}} + \frac{h_{i0}\cos\eta_i}{2} \right) + \sum_{j=i+1}^{k} \gamma'_j h_{j0}\cos\eta_j \qquad (6-37)$$

悬垂绝缘子串顺线路方向的偏移量 δ_i 仍可用式 (6-25) 计算，但必须注意此时式中的 P_i 为有风时悬垂线夹对架空线的垂直作用力，σ_{i0}、$\sigma_{(i+1)0}$ 须满足式 (6-36) 或式 (6-37)。

无风状态 I 与有风状态 II 间的各档顺线路的水平应力状态方程式为

$$\sum_{i=1}^{n} \frac{l_{i0}\sigma_{i02}}{\cos^2\beta_{i0}} - \frac{E}{24}\sum_{i=1}^{n} \frac{\gamma'^2_i l_{i0}^3 \cos\beta_{i0}}{\sigma_{i02}^2}(1+\tan^2\beta_{i0}\sin^2\eta_i)$$

$$= \sum_{i=1}^{n} \frac{l_{i0}\sigma_{i01}}{\cos^2\beta_{i0}} - \frac{E\gamma_1^2}{24}\sum_{i=1}^{n} \frac{l_{i0}^3 \cos\beta_{i0}}{\sigma_{i01}^2} - \alpha E(t_2-t_1)\sum_{i=1}^{n} \frac{l_{i0}}{\cos\beta_{i0}} \qquad (6-38)$$

上三式中　η_i——第 i 档架空线的风偏角；

γ'_i——有风时第 i 档架空线的综合比载；

γ_1——无风时架空线的比载。

5. 架空线的窜动长度

气象条件发生变化时，各档架空线应力发生变化，滑轮因两侧张力不等而产生转动，从而使各档线长发生窜动，直至滑轮受力达到新的平衡为止。在某些情况下，各档间架空线的窜动量可能很大，架空线上的防振设施甚至会碰撞滑轮，因此需要检查架空线的窜动长度。

以架线情况为状态 I，相应的比载为 γ_1，气温为 t_1，第 i 档档距 l_{i0}，高差角 β_{i0}，水平应力 σ_{i01}，悬挂曲线长度为

$$L_{i1} = \frac{l_{i0}}{\cos\beta_{i0}} + \Delta l_{i1} + \frac{\gamma_1^2 l_{i0}^3 \cos\beta_{i0}}{24\sigma_{i01}^2}$$

若平均应力为 $\sigma_{\mathrm{cp}i}$，制造温度为 t_0，相应的原始线长为

$$L_{i01} = L_{i1}\left[1 - \frac{\sigma_{\mathrm{cp}i}}{E} - \alpha(t_1-t_0)\right]$$

$$\approx \frac{l_{i0}}{\cos\beta_{i0}} + \Delta l_{i1} + \frac{\gamma_1^2 l_{i0}^3 \cos\beta_{i0}}{24\sigma_{i01}^2} - \frac{l_{i0}}{\cos\beta_{i0}}\left[\frac{\sigma_{i01}}{E\cos\beta_{i0}} + \alpha(t_1-t_0)\right] \qquad (6-39)$$

当气象条件变至状态 II 时，比载为 γ'_{i2}，气温为 t_2，应力为 σ_{i02}，初伸长（降温 Δt）已

释放完毕，则状态Ⅱ下第 i 档架空线的原始线长为

$$L_{i02} = \frac{l_{i0}}{\cos\beta_{i0}} + \Delta l_{i2} + \frac{\gamma_{i2}'^2 l_{i0}^3 \cos\beta_{i0}}{24\sigma_{i02}^2}(1 + \tan^2\beta_{i0}\sin^2\eta_i)$$

$$- \frac{l_{i0}}{\cos\beta_{i0}}\left[\frac{\sigma_{i02}}{E\cos\beta_{i0}} + \alpha(t_2 - \Delta t - t_0)\right] \tag{6-40}$$

式（6-39）、式（6-40）之差值，就是气象条件由状态Ⅰ变至状态Ⅱ时第 i 档原始线长的改变量，即由其他档滑进该档的原始线长，其长度为

$$\Delta L_{i0} = L_{i02} - L_{i01}$$

$$= (\Delta l_{i2} - \Delta l_{i1}) + \left[\frac{\gamma_{i2}'^2 l_{i0}^3 \cos\beta_{i0}}{24\sigma_{i02}^2}(1 + \tan^2\beta_{i0}\sin^2\eta_i) - \frac{\gamma_1^2 l_{i0}^3 \cos\beta_{i0}}{24\sigma_{i01}^2}\right]$$

$$- \frac{l_{i0}}{E\cos^2\beta_{i0}}(\sigma_{i02} - \sigma_{i01}) - \frac{\alpha l_{i0}}{\cos\beta_{i0}}(t_2 - t_1 + \Delta t) \tag{6-41}$$

经过滑轮 i 滑向小号杆塔侧的线长 $\Delta L_{i0\delta}$ 为

$$\Delta L_{i0\delta} = \Delta L_{10} + \Delta L_{20} + \cdots + \Delta L_{i0} = \sum_{j=1}^{i}\Delta L_{j0} \tag{6-42}$$

欲利用式（6-41）求得 ΔL_{i0}，需要先求出两种状态下的 Δl_{i1}、Δl_{i2} 和 σ_{i01}、σ_{i02}，求解的方法仍然是前述的试凑递推法，将求得的 σ_{i01}、σ_{i02}、Δl_{i1}、Δl_{i2} 代入式（6-41），可得到第 i 档的原始线长改变量 ΔL_{i0}，进而由式（6-42）得到滑过相应滑轮的原始线长窜动量 $\Delta L_{i0\delta}$。将 $\Delta L_{i0\delta}$ 折算为状态Ⅱ下的线长窜动量 $\Delta L_{i2\delta}$ 的计算式为

$$\Delta L_{i2\delta} = \Delta L_{i0\delta}\left(1 + \frac{\sigma_{cp2}}{E} + \alpha t_2\right) \tag{6-43}$$

由于 $\Delta L_{i0\delta}$ 数值较小，工程上可不考虑应力、气温作用引起的伸长量，而将 $\Delta L_{i0\delta}$ 直接视为架空线在滑轮中的实际滑动长度，即认为 $\Delta L_{i2\delta} \approx \Delta L_{i0\delta}$。

本节各计算公式均是在滑轮无摩擦力的假定下得出的，而实际上滑轮总是存在摩擦力的，因此上述各式均存在不同程度的误差，在滑轮润滑条件不好时尤其如此。由于各滑轮摩擦力在零和其最大静摩擦力之间变化，且摩擦力的方向处于随机状态，这使得考虑滑轮摩擦力影响时各档应力的计算非常复杂和困难。所幸的是在保证滑轮润滑良好、转动灵活的情况下，摩擦力对各参数的影响在工程允许范围内，因此一般可不考虑滑轮摩擦力。对于必须计及滑轮摩擦力影响的特殊情况，通常只考虑严重边界条件下的参数特定值。如为了检查重要跨越档可能出现的最小对地间距，需要求得最小可能应力，则可假定各滑轮线夹的摩擦力均达到最大值，且方向均指向跨越档，即假定滑向跨越档内的线长增量最大，再根据气象条件就可求出可能出现的最小应力（最大弧垂）；为了求得最高悬挂点可能发生的最大应力 σ_{km}，可假定该杆塔两侧各滑轮的摩擦力均达到各自的最大值，且方向背向 k 号杆塔，k 号杆塔自身滑轮的摩擦力可视为零；为了估算气象条件由架线状态Ⅰ变至运行状态Ⅱ时滑过滑轮线夹的线长最大窜动量，可以假定各滑轮的摩擦力均达到最大值，且方向均指向第 k 档（最大窜动量可能发生在耐张段一端靠大档距 k 一侧的杆塔上），按此假定条件求出 σ_{i01}、σ_{i02} 和 Δl_{i1}、Δl_{i2} 后，即可求出 $\Delta L_{i0\delta}$，并从中找到窜动量最大者。

三、架空线一端采用平衡锤时的应力和线长

为了降低跨越杆塔高度，过江大跨越可采用图6-6所示的架线方式。其一侧耐张杆

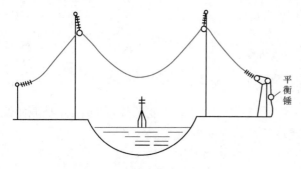

平衡锤

图 6-6　采用平衡锤拉紧架空线

塔上通过耐张绝缘子串、耐张线夹锚固架空线，另一端耐张杆塔上通过耐张绝缘子串、滑轮和平衡锤拉紧架空线，中间各直线杆塔上均采用滑轮悬挂。这种架线方式使架空线在经常运行气温下保持较大的基本恒定张力，能够根据气温的变化自动调节跨越档的弧垂。当气温升高时，架空线的应力变小，平衡锤下降拉紧架空线，从而使弧垂减小，直至架空线的轴向拉力与平衡锤重相等为止；当气温降低或比载增大时，架空线的应力增大，平衡锤上升，保证应力不致过大。若采用架空线两端锚固的架线方式，由于高航行水位多发生于气温较高的夏季，此时水位高，弧垂也大，为保证通航安全距离，必须设立较高的过江杆塔，这势必增大投资。

1. 架空线的运行应力和平衡锤重的选择

在耐张段一端锚固，另一端采用平衡锤拉紧的情况下，最大弧垂不会发生于最高气温气象，而必发生于最大垂直比载气象。这是因为最高气温时，架空线虽然变温伸长使弧垂增大，但张力降低使平衡锤下降，拉紧架空线其弧垂又减小，故最高气温不会使弧垂达到最大值。最大垂直比载（覆冰无风）时，一方面架空线应力增大弹性伸长增加，另一方面平衡锤上升增加档内线长，二者都使弧垂增加从而达最大值。

架空线的经常运行应力和平衡锤重一般按下面步骤进行选择：

（1）根据跨越档档距、最大垂直比载和架空线许用应力，计算该档的弧垂。

（2）以覆冰无风气象下的水位高度、航船顶高、航道位置以及架空线弧垂，按通航安全间距的要求，确定跨越档两侧的塔高。

（3）根据确定的塔高，按最高航行水位时航船的通过要求，计算此时容许的弧垂和相应的最小容许应力。若最小容许应力等于或小于平均运行应力许用值，就以它作为跨越档的经常运行应力；若大于平均运行应力许用值，则需要加高跨越塔，加大容许弧垂，使架空线经常运行应力不大于年均运行应力许用值。

（4）根据求得的跨越档的经常运行应力，计算出最高悬挂点处的轴向应力 σ_k 以及平衡锤悬挂处的轴向应力 σ_n 或张力 T_n，T_n 即为平衡锤的重力。

为减轻平衡锤重，其悬挂方式多采用滑轮组形式，图 6-6 中采用了一个动滑轮，所需平衡锤重为直接悬挂时的一半。

平衡锤的位置，应保证在常温下距悬挂滑轮和地面均有一定的距离，以便气象条件变化时能上下移动，对档内线长进行调整。平衡锤上升的最高位置要有所限制，否则随比载的增大，平衡锤任意上升，向档内输送的线长会使弧垂无限制地增大，将无法保证通航安全距离。通常采取锚线的形式限制平衡锤的最高位置。

2. 控制条件的选定

平衡锤在未到达最高位置之前，架空线的应力是基本恒定的。平衡锤到达最高位置并在此维持时，架空线应力的变化规律与采用滑轮线夹两端锚固的连续档相同，应控制架空线的应力不超过许用应力。假设某一气象条件（如跨越档最大垂直比载下的最大容许弧垂）作为控制条件，按照两端锚固中间滑轮悬挂的连续档应力计算方法，求解其他各种气象条件下的各档水平应力和悬挂点轴向应力，若这些应力均不超过各自的限定值，则控制条件假设正确；若有超过者，应再以超过最多者作为控制条件，推求其他各种气象条件下的应力。反复运算，直至选出最不利的气象条件为止，此气象条件就是平衡锤最高位置的控制条件。

3. 平衡锤的起动气温

平衡锤上升到最高位置时被下方的锚线止住不动，在实际控制条件 k 下，气温为 t_k，耐张段内任一档的线长为

$$L_{ik} = \frac{l_{i0}}{\cos\beta_{i0}} + \Delta l_{ik} + \frac{\gamma'^2_{ik} l^3_{i0} \cos\beta_{i0}}{24\sigma^2_{i0k}}(1 + \tan^2\beta_{i0}\sin^2\eta_i)$$

相应的原始线长为

$$L_{i0k} = \frac{l_{i0}}{\cos\beta_{i0}} + \Delta l_{ik} + \frac{\gamma'^2_{ik} l^3_{i0} \cos\beta_{i0}}{24\sigma^2_{i0k}}(1 + \tan^2\beta_{i0}\sin^2\eta_i) - \frac{l_{i0}\sigma_{i0k}}{E\cos^2\beta_{i0}} - \alpha t_k \frac{l_{i0}}{\cos\beta_{i0}}$$

整个耐张段的原始线长为

$$\sum_{i=1}^{n} L_{i0k} = \sum_{i=1}^{n} \left[\frac{l_{i0}}{\cos\beta_{i0}} + \frac{\gamma'^2_{ik} l^3_{i0} \cos\beta_{i0}}{24\sigma^2_{i0k}}(1 + \tan^2\beta_{i0}\sin^2\eta_i) \right]$$
$$- \sum_{i=1}^{n} \frac{l_{i0}\sigma_{i0k}}{E\cos^2\beta_{i0}} - \alpha t_k \sum_{i=1}^{n} \frac{l_{i0}}{\cos\beta_{i0}}$$

在气象条件变化，如气温逐渐升高，比载变为自重比载的过程中，架空线的应力不断减小。当平衡锤悬挂点处的应力降至平衡锤重产生的相应应力 σ_{nd} 时，平衡锤开始动作。此时的温度 t_d 称为平衡锤的起动气温。若不考虑 Δl_i、Δh_i 的影响，根据已知的 σ_{nd}，利用式（6-32）可以求出各档的水平应力 σ_{i0d}。此状态下耐张段的原始线长为

$$\sum_{i=1}^{n} L_{i0d} = \sum_{i=1}^{n} \left[\frac{l_{i0}}{\cos\beta_{i0}} + \frac{\gamma^2_d l^3_{i0} \cos\beta_{i0}}{24\sigma^2_{i0d}} \right] - \sum_{i=1}^{n} \frac{l_{i0}\sigma_{i0d}}{E\cos^2\beta_{i0}} - \alpha t_d \sum_{i=1}^{n} \frac{l_{i0}}{\cos\beta_{i0}}$$

两种状态的原始线长应相等，即 $\sum_{i=1}^{n} L_{i0d} = \sum_{i=1}^{n} L_{i0k}$，从而解得

$$t_d = t_k + \frac{1}{\alpha \sum_{i=1}^{n} \frac{l_{i0}}{\cos\beta_{i0}}} \left[\frac{\gamma^2_d}{24} \sum_{i=1}^{n} \frac{l^3_{i0}\cos\beta_{i0}}{\sigma^2_{i0d}} - \sum_{i=1}^{n} \frac{\gamma'^2_{ik} l^3_{i0}\cos\beta_{i0}}{24\sigma^2_{i0k}}(1 + \tan^2\beta_{i0}\sin^2\eta_i) \right.$$
$$\left. + \frac{1}{E} \sum_{i=1}^{n} \frac{l_{i0}}{\cos\beta_{i0}}(\sigma_{i0k} - \sigma_{i0d}) \right] \tag{6-44}$$

当实际气温高于起动气温 t_d 时，平衡锤可上下移动，处于调节位置。当实际气温低于起动气温 t_d 时，平衡锤上升到最高位置，架空线处于两端锚固状态。

4. 架线时的架空线应力与平衡锤的位置

设平衡锤在最高位置时的控制气象为第 I 状态，各档水平应力为 σ_{i0k}。架线气象为第 II 状态，并考虑初伸长降温 Δt，各档水平应力为 σ_{i0j}。根据原始线长相等，可写出两种状态下耐张段的状态方程式为

$$\sum_{i=1}^{n} \frac{l_{i0}\sigma_{i0j}}{\cos^2\beta_{i0}} - \frac{E}{24} \sum_{i=1}^{n} \frac{\gamma^2_{ij} l^3_{i0}\cos\beta_{i0}}{\sigma^2_{i0j}}$$

$$= \sum_{i=1}^{n} \frac{l_{i0}\sigma_{i0k}}{\cos^2\beta_{i0}} - \frac{E}{24} \sum_{i=1}^{n} \frac{\gamma_{ik}'^2 l_{i0}^3 \cos\beta_{i0}}{\sigma_{i0k}^2} (1 + \tan^2\beta_{i0}\sin^2\eta_i) - \alpha E(t_j - t_k - \Delta t) \sum_{i=1}^{n} \frac{l_{i0}}{\cos\beta_{i0}}$$

假定平衡锤悬挂点处架空线的轴向应力为 σ_{nj}，利用式（6-32）采用试凑递推法，可逐个求得 n 个未知应力 σ_{i0j}。将求得的 n 个 σ_{i0j} 代入上式，若闭合说明假定正确，否则需重新假定 σ_{nj} 再进行计算。如果满足上式的轴向应力大于或等于平衡锤的起动应力，即 $\sigma_{nj} > \sigma_{nd}$，则架线时平衡锤处于最高位置的锚固状态。如果 $\sigma_{nj} < \sigma_{nd}$，则表明架线情况下平衡锤处于动作状态，平衡锤需自最高位置下移一段距离 S_{jd} 安装。假设架线时各档的水平应力均为平衡锤动作期间的恒定应力，即 $\sigma_{n0j} = \sigma_{n0d}$，则架线状态与平衡锤起动状态下的线长之差主要是气温的变化引起，平衡锤的下移距离是

$$S_{jd} = \alpha(t_j - t_d - \Delta t) \sum_{i=1}^{n} \frac{l_{i0}}{\cos\beta_{i0}} \tag{6-45}$$

中长期运行后，初伸长释放完毕，在同样的气温下平衡锤的下移量要多一些，增加的一段为耐张段内初伸长的总放出量。当架空线达到最高温度 t_m（计入架空线的载流升温），平衡锤的最大下移量为

$$S_{md} = \alpha(t_m - t_d) \sum_{i=1}^{n} \frac{l_{i0}}{\cos\beta_{i0}} \tag{6-46}$$

采用式（6-45）和式（6-46）计算平衡锤的下移距离时，应计及动滑轮组倍率的影响。

5. 架空线的窜动长度

当气温降低至最低气温或为最大比载气象时，架空线应力变大，平衡锤上升可能到达最高位置。当气温升高至最高气温气象时，平衡锤下降可能达到最低位置。气象条件发生变化，架空线通过滑轮产生窜动，对各档线长进行调节。

设架线时气温为 t_j，第 i 档比载为 γ_{ij}，水平应力为 σ_{i0j}，平衡锤下移距离为 S_{jd}。检查架空线滑过滑轮的窜动量时的气温为 t_c，第 i 档比载为 γ_i'，水平应力为 σ_{i0c}，风偏角为 η_i，平衡锤下降距离为 S_{cd}。两种状态下第 i 档的架空线线长之差等于其弹性伸长量、温度膨胀量、初伸长放出量和外档滑进来的线长增量 ΔL_{i0} 之和，即

$$\left[\frac{l_{i0}}{\cos\beta_{i0}} + \frac{\gamma_i'^2 l_{i0}^3 \cos\beta_{i0}}{24\sigma_{i0c}^2} (1 + \tan^2\beta_{i0}\sin^2\eta_i) + \Delta l_{ic} \right] - \left(\frac{l_{i0}}{\cos\beta_{i0}} + \frac{\gamma_{ij}'^2 l_{i0}^3 \cos\beta_{i0}}{24\sigma_{i0j}^2} + \Delta l_{ij} \right)$$

$$= \frac{l_{i0}(\sigma_{i0c} - \sigma_{i0j})}{E\cos^2\beta_{i0}} + \frac{l_{i0}}{\cos\beta_{i0}} \alpha(t_c - t_j + \Delta t) + \Delta L_{i0}$$

所以

$$\Delta L_{i0} = (\Delta l_{ic} - \Delta l_{ij}) + \frac{\gamma_i'^2 l_{i0}^3 \cos\beta_{i0}}{24\sigma_{i0c}^2} (1 + \tan^2\beta_{i0}\sin^2\eta_i)$$

$$- \frac{\gamma_{ij}^2 l_{i0}^2 \cos\beta_{i0}}{24\sigma_{i0j}^2} - \frac{l_{i0}(\sigma_{i0c} - \sigma_{i0j})}{E\cos^2\beta_{i0}} + \alpha(t_c - t_j + \Delta t) \frac{l_{i0}}{\cos\beta_{i0}} \tag{6-47}$$

第 i 基杆塔上通过滑轮的窜动量（滑向小号侧）为

$$\Delta L_{i0\delta} = \sum_{k=1}^{i} \Delta L_{k0} = \Delta L_{10} + \Delta L_{20} + \cdots + \Delta L_{i0} \tag{6-48}$$

挂平衡锤的第 n 基耐张塔，滑向耐张段内的长度为 $\Delta L_{n0\delta}$。当两种状态平衡锤均处于最高位置时，$\Delta L_{n0\delta} = 0$。当两种状态平衡锤均处于动作状态时，$\Delta L_{n0\delta}$ 为两种状态下平衡锤下移距离之差，即

$$\Delta L_{n0\delta} = \sum_{i=1}^{n} \Delta L_{i0} = S_{jd} - S_{cd} \qquad (6-49)$$

需要指出，当采用平衡锤拉紧架空线时，一定要保证滑轮的摩擦力足够小，否则将失去平衡锤的有利作用。最不利的情况是滑轮摩擦力很大，致使其相当于固定线夹状态，这将使跨越间隙、架空线应力等运行参数变坏。

第四节　连续档架空地线的应力选配

确定架空地线的使用应力，不仅要考虑最大比载、最低气温、年平均气温等气象条件下使用应力要满足相应的许用值，而且还应满足大气过电压下档距中央导线与地线的防雷间距要求。

在过去的线路设计中，所有耐张段的地线多选用同一使用应力，只要整条线路中有一档为满足导线和地线间的防雷间距要求需提高地线的使用应力时，全线地线的使用应力全部提高。这必然使得多数耐张段内的地线应力不必要地增大，运行、防振条件变坏，还容易产生地线的"上拔"。目前常用的方法是按耐张段选配地线应力。首先按杆塔塔头导线和地线悬挂点间尺寸，大气过电压下档距中央导线与地线的防雷间距要求，推算在大气过电压下各耐张段地线应达到的使用应力，再以此应力利用状态方程式推求在各种气象条件下各耐张段的最大使用应力和平均运行应力，并检查其是否满足安全系数的要求。这种选配应力的方法，虽然各代表档距地线的安全系数不同，但是在满足导线防雷间距要求的前提下尽可能地放松地线，提高了安全系数，改善了运行条件。

一、架空地线的应力选配和控制档距

如图 6-7 所示，设杆塔上导线与地线悬挂点间的垂直距离为 H，水平距离为 S，外过无风气象下导线和地线的比载、水平应力和中央弧垂分别为 γ_d、σ_d、f_d 和 γ_b、σ_b、f_b，则档距中央导线与地线间的距离 D 为

$$D = \sqrt{[(H + f_d) - f_b]^2 + S^2}$$
$$= \sqrt{\left[\frac{l^2}{8}\left(\frac{\gamma_d}{\sigma_d} - \frac{\gamma_b}{\sigma_b}\right) + H\right]^2 + S^2} \qquad (6-50)$$

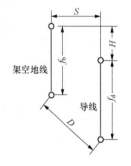

图 6-7　档距中央导线与地线的间距

式（6-50）中 f_d、f_b 采用平抛物线公式计算，一般能满足工程精度要求。在档距中央，外过无风气象下导线与架空地线的净空距离 D 应满足

$$D \geqslant 0.012l + 1 \quad (m)$$

将式（6-50）代入上式，可解得

$$\sigma_b \geqslant \cfrac{\gamma_b}{\cfrac{\gamma_d}{\sigma_d} - \cfrac{8[\sqrt{(1+0.012l)^2 - S^2} - H]}{l^2}} = \cfrac{\gamma_b}{\cfrac{\gamma_d}{\sigma_d} - B} \quad (MPa) \qquad (6-51)$$

其中

$$B = \frac{8[\sqrt{(1+0.012l)^2 - S^2} - H]}{l^2} \quad (m^{-1}) \qquad (6-52)$$

上两式中长度尺寸 l、S、H 的单位为 m，比载 γ_d、γ_b 的单位为 MPa/m，应力 σ_d 的单位为 MPa。

对一个耐张段而言，导线应力 σ_d 及塔头尽寸 S、H 是已知的，耐张段内各档距的大小则是不同的，因此地线应力是档距 l 的函数。考虑施工方便起见，耐张段内地线采用同一应力架设。为确保段内每一档地线与导线间的防雷距离，σ_b 应取每档要求中的最大值。最基本的方法是利用式（6-51）求出耐张段内每一档要求的 σ_b，从中选出最大者作为架线应力。这种方法的缺点是计算工作量大。通常的做法是求出出现极大应力值 σ_{bm} 下的档距 l_Q（控制档距），将实际档距 l 与 l_Q 相比较，找出要求最大应力时的档距 l_m，从而得到需要的地线应力。根据式（6-51）知，欲使 σ_b 最大，则必有 B 极大，因此求 σ_b 极大值问题转化为求 B 的极大值 B_m 问题。令

$$\frac{\mathrm{d}B}{\mathrm{d}l} = \frac{1}{l_Q^2}\left[\frac{8 \times (0.012l_Q + 1) \times 0.012}{\sqrt{(0.012l_Q + 1)^2 - S^2}} - 2B_m l_Q\right] = 0$$

解得

$$B_m = \frac{8 \times 0.012(0.012l_Q + 1)}{2l_Q \sqrt{(0.012l_Q + 1)^2 - S^2}} \tag{6-53}$$

与式（6-52）联立，可得

$$H = \frac{(0.012l_Q)^2 + 0.036l_Q - 2(S^2 - 1)}{2\sqrt{(0.012l_Q + 1)^2 - S^2}} \tag{6-54}$$

在已知 H、S 条件下，利用上式求解 l_Q，需采用试凑法借助计算机进行。工程上常事先依据式（6-54），以 S 为参变量，绘制出 l_Q 与 H 的关系曲线（见图6-8），供使用时查用。

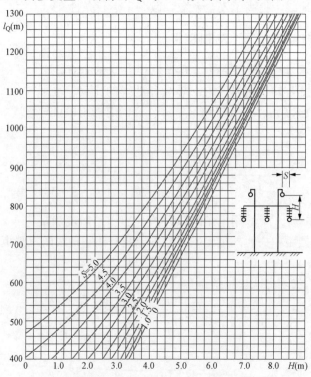

图6-8 地线的控制档距 l_Q 与 S、H 的关系曲线（+15℃）

当地线与导线悬挂点间的水平间距 S 小得可以忽略时，式（6-54）变为较为简单的直线关系

$$H = 0.006l_Q + 1 \qquad (6-55)$$

或

$$l_Q = (H-1)/0.006 = 166.7(H-1) \qquad (6-56)$$

在某些线路设计中，在计算 l_Q 时不考虑 S 的影响，这实际上是将地线与导线间的垂直间距作为防雷间距，所以是偏于安全的，但地线可能会产生不必要的拉紧。

控制档距的意义在于：按档距 l_Q 求出耐张段的地线控制应力 σ_{bm}，以此应力架设地线，则档距为 l_Q 一档的防雷间距恰好满足要求，而其他大于或小于 l_Q 的档距（即 $l_i \neq l_Q$）中的防雷间距均有富裕。

在 S、H 确定的条件下，地线的使用应力 σ_b（或 B）是档距 l 的单峰函数，其变化如图 6-9 所示。为了尽可能降低地线应力，避免将地线拉得过紧，当耐张段的最大档距 $l_{max} < l_Q$ 时，可取 l_{max} 对应下的 σ_{bm} 作为外过电压气象时的地线压力，此时耐张段所有档的地线与导线间距均能满足设计规范要求；当耐张段的最小档距 $l_{min} > l_Q$ 时，可取 l_{min} 对应下的 σ_{bm} 作为地线的架线应力，此时耐张段各档的防雷间距也均能满足设计规范的要求；当 $l_{min} \leqslant l_Q \leqslant l_{max}$ 时，取与 l_Q 最接近的档距计算。

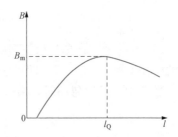

图 6-9　地线的 B 值与档距的关系

需要指出，利用上述方法得到的 σ_{bm} 是大气过电压即气温 $+15℃$、无风无冰气象条件下地线的使用应力，当气象条件不同于大气过电压时，架空线的应力应按代表档距利用状态方程式转换。欲求得地线的最大使用应力和年均运行应力，也应以大气过电压气象条件下的各参数为已知状态，其他气象条件为未知状态，代入状态方程式求出相应气象条件下的应力，从中找出最大值，并应检查各气象条件下的应力是否在许用范围内，同时还应保证任何气象条件下地线与导线间的距离大于容许的最小运行间距，对重冰区不均匀覆冰和脱冰情况尤其应该注意。

由于选配地线应力时，耐张段内各档的长度和采用的杆塔类型（S、H）尚未最后确定，且不宜事先估计，因此常取 l_Q 下的 σ_{bm}；待施工图设计阶段，再根据耐张段各档的实际长度，考虑是否放松地线或调整杆塔地线支架尺寸 S、H。

二、地线支架高度的选择

地线的支架高度是由下述诸因素综合决定的。

（1）地线对边导线的保护角。

（2）地线与导线间垂直距离和水平位移。为防止不均匀覆冰和脱冰跳跃引起地线与导线产生鞭击或闪络，防止地线的脱冰在下落中冲击导线，以及保证内过电压对地空气间隙等，地线与导线之间应有一定的垂直距离和水平位移。

（3）双地线在导线水平排列时对中导线的保护范围。

（4）档距中央导线与地线的间距要求。

（5）地线的许用应力。许用应力越大，需要的支架高度就越低，反之需要的支架高度

就越高。地线的支架高度必须保证其使用应力在许用应力范围之内。

线路设计中选用的定型杆塔，其地线的支架高度应满足上述五个要求。当档距中央地线对导线的间距恰好满足要求时，地线与导线悬挂点间的高度 H 可由式（6-50）得到

$$H = \sqrt{(0.012l+1)^2 - S^2} - \frac{l^2}{8}\left(\frac{\gamma_d}{\sigma_d} - \frac{\gamma_b}{\sigma_b}\right) = \sqrt{(0.012l+1)^2 - S^2} - \Delta f \quad (6-57)$$

一般 S 值比较容易确定，对杆塔重量的影响也小。导线与地线的档距中央弧垂之差 Δf 一般不为负值，否则地线弧垂大于导线弧垂，会引起档距中央保护角减小等弊病。若取 $\Delta f = 0$，则支架高度 H 由其使用的最大档距决定，这对定型杆塔的设计来说不够经济合理。若取 $\Delta f > 0$，由于 Δf 随 l^2 的增加而增大，在选定合适的 σ_b 之后，H 相对 l 有最大值。将 H 对 l 求导并令其等于零，整理后可得到

$$S = (0.012l+1)\sqrt{1 - \left(\frac{0.006l}{\Delta f}\right)^2} \quad (6-58)$$

式（6-58）是关于 l 的高次方程，在已知 γ_d、γ_b 和 σ_d、σ_b 及 S 下可试凑求解。将解得的 l 值代入式（6-57）即可求得最大值 H_{max}，作为设计定型杆塔的依据。

当 S 很小可以忽略时，由式（6-58）得

$$l = \frac{0.048}{\dfrac{\gamma_d}{\sigma_d} - \dfrac{\gamma_b}{\sigma_b}} \quad (6-59)$$

相应地

$$H_{max} = 1 + \frac{2.88 \times 10^{-4}}{\dfrac{\gamma_d}{\sigma_d} - \dfrac{\gamma_b}{\sigma_b}} \quad (6-60)$$

从式（6-60）看到，H_{max} 与档距的大小无关，因而没有必要特别加高大档距塔型的地线支架高度。从经济角度看，总希望 H_{max} 小一些为好，这需要增大 σ_b。但地线的使用应力受其许用应力的限制，因此不能为减小 H 过分增大 σ_b，相应的弧垂差 Δf 通常取导线弧垂的 10% 左右比较适宜。

第五节　连续倾斜档的架线观测弧垂及线长的调整

在输电线路上下山中，由于地形的原因，形成连续倾斜档。在紧线架线施工中，架空线悬挂于滑轮中，根据两点间应力的关系，随着线路向山顶方向延伸，架空线的水平应力逐档渐次增加，连续倾斜档的最低档的架空线水平应力最小，最高档的架空线水平应力最大。由于杆塔两侧相邻档架空线的水平张力不等，迫使其上的悬垂绝缘子串及放线滑车向山顶方向偏斜（参见图 6-5）。连续倾斜档架线施工时，需要确定的是各档的水平应力、观测弧垂以及安装悬垂线夹时的移印距离。

一、连续倾斜档紧线时各档的水平应力

在图 6-5 中，连续倾斜档由 $0 \sim n$ 号杆塔间的 n 个档距组成，悬垂串的长度 λ_i。竣工后悬垂绝缘子串铅垂，各档档距 l_{i0}、高差 h_{i0}、高差角 β_{i0}，水平应力相等均为 σ_0；紧线施

工时悬垂绝缘子串偏斜，顺线路方向的偏移量 δ_i，各档参数变为档距 l_i、高差 h_i、高差角 β_i，水平应力 σ_{i0}。紧线时导线在滑轮中悬挂，第 i 档最低点相对于第 1 档最低点的高度差 y_{i1} 为

$$y_{i1} = \frac{\sigma_{i0}}{\gamma}\left(1 - \mathrm{ch}\,\frac{\gamma a_i}{\sigma_{i0}}\right) + \sum_{j=1}^{i-1} h_j - \frac{\sigma_{10}}{\gamma}\left(1 - \mathrm{ch}\,\frac{\gamma a_1}{\sigma_{10}}\right) \qquad (6\text{-}61)$$

式中　a_i——第 i 档最低点距该档左悬挂点的水平距离。

h_i 有正负之分，右悬挂点高者取正值，反之取负值。

$$a_i = \frac{l_i}{2} - \frac{\sigma_{i0}}{\gamma}\mathrm{arsh}\,\frac{h_i}{\dfrac{2\sigma_{i0}}{\gamma}\mathrm{sh}\,\dfrac{\gamma l_i}{2\sigma_{i0}}} \qquad (6\text{-}62)$$

$$h_i = h_{i0} + \Delta h_i \approx h_{i0} + \frac{1}{2}\left(\frac{\delta_i^2}{\lambda_i} - \frac{\delta_{i-1}^2}{\lambda_{i-1}}\right) \qquad (6\text{-}63)$$

忽略滑轮的摩擦力，根据两点之间的应力关系，第 i 档的水平应力 σ_{i0} 与第 1 档的水平应力 σ_{10} 之间有关系

$$\sigma_{i0} = \sigma_{10} + \gamma y_{i1} \qquad (6\text{-}64)$$

紧线施工时一般可认为 $\delta_0 = 0$，$\delta_n = 0$。达到紧线要求时，紧线段架空线在各档水平应力 σ_{i0} 下的总悬挂曲线长度所对应的总原始线长，等于竣工后各档水平应力均为 σ_0 下的总悬挂曲线长度所对应的总原始线长，所以

$$\sum_{i=1}^{n}\left[\sqrt{\left[\frac{2(\sigma_{10} + \gamma y_{i1})}{\gamma}\mathrm{sh}\,\frac{\gamma l_i}{2(\sigma_{10} + \gamma y_{i1})}\right]^2 + h_i^2} \times \left(1 - \frac{\sigma_{10} + \gamma y_{i1}}{E\cos\beta_i}\right)\right]$$
$$= \sum_{i=1}^{n}\left[\sqrt{\left(\frac{2\sigma_0}{\gamma}\mathrm{sh}\,\frac{\gamma l_{i0}}{2\sigma_0}\right)^2 + h_{i0}^2}\left(1 - \frac{\sigma_0}{E\cos\beta_{i0}}\right)\right] \qquad (6\text{-}65)$$

式（6-65）中右端各量为竣工后的值，紧线时已知，左端中 σ_{10} 待求。一般利用计算机采用迭代逼近法求解，步骤如下：

（1）将竣工后的档距参数和设计应力 σ_0 作为初值；

（2）利用式（6-61）～式（6-63），计算 y_{i1}（$i=1, 2, \cdots, n$）；

（3）利用式（6-65），试算逼近求得 σ_{10}；

（4）利用式（6-64）求得 σ_{i0}（$i=1, 2, \cdots, n$）；

（5）利用式（6-25）、式（6-63）和 $l_i = l_{i0} + \Delta l_i = l_{i0} + (\delta_i - \delta_{i-1})$，计算悬垂绝缘子串偏斜时的有关参数 σ_i、l_i、h_i、β_i（$i=1, 2, \cdots, n$）；

（6）返步骤（2）反复迭代计算，直至相邻二次迭代所得 σ_{10} 基本不变为止。

二、连续倾斜档紧线时各档的水平应力简化计算方法

连续档线路竣工后，第 i 档导线的线长可表示为

$$L_{i0} = \frac{l_{i0}}{\cos\beta_{i0}} + \frac{\gamma_1^2 l_{i0}^3 \cos\beta_{i0}}{24\sigma_0^2} \qquad (6\text{-}66)$$

由于线路中各档线长的变化仅由应力和气温变化引起，因此假设紧线前后气温不变，则各档线长的变化仅受应力的影响。采用 $\sigma_0/\cos\beta_{i0}$ 代表平均应力，联合式（6-66）和式（5-2），同时略去极小项，可得第 i 档导线在未受到应力作用的原始线长 L_i 为

$$L_i = \left(\frac{l_{i0}}{\cos\beta_{i0}} + \frac{\gamma_1^2 l_{i0}^3 \cos\beta_{i0}}{24\sigma_0^2}\right)\left(1 - \frac{\sigma_0}{E\cos\beta_{i0}}\right) \approx \frac{l_{i0}}{\cos\beta_{i0}} + \frac{\gamma_1^2 l_{i0}^3 \cos\beta_{i0}}{24\sigma_0^2} - \frac{l_{i0}\sigma_0}{E\cos^2\beta_{i0}}$$

$$(6\text{-}67)$$

式（6-67）中，L_i 是关于水平应力 σ_0 的函数，则线长 L_i 随应力 σ_0 的变化率 ε_i 为

$$\varepsilon_i = \frac{\mathrm{d}L_i}{\mathrm{d}\sigma_o} = -\frac{\gamma_1^2 l_{i0}^3 \cos\beta_{i0}}{12\sigma_o^3} - \frac{l_{i0}}{E\cos^2\beta_{i0}} \tag{6-68}$$

因此，采用 ε_i 可推导出得到各档的线长增量为

$$\Delta L_i = \varepsilon_i \Delta\sigma_i \tag{6-69}$$

式中，$\Delta\sigma_i = \sigma_{i0} - \sigma_0$。

由于整个耐张段在紧线前后导线的总长度不变，可得

$$\sum_{i=0}^n \varepsilon_i \Delta\sigma_i = 0 \tag{6-70}$$

将式（6-69）代入式（6-70），得到

$$\varepsilon_1(\sigma_{10}-\sigma_0) + \varepsilon_2(\sigma_{20}-\sigma_0) + \varepsilon_i(\sigma_{i0}-\sigma_0) + \cdots + \varepsilon_n(\sigma_{n0}-\sigma_0) = 0 \tag{6-71}$$

展开后，得到

$$\varepsilon_1\sigma_{10} + \varepsilon_2\sigma_{20} + \cdots + \varepsilon_i\sigma_{i0} + \varepsilon_n\sigma_{n0} = \sigma_0\sum_{i=1}^n \varepsilon_i \tag{6-72}$$

将式（6-64）代入式（6-72）并整理得到

$$\sigma_{10}\sum_{i=1}^n\varepsilon_i + \gamma\sum_{i=1}^n\varepsilon_i y_{i1} = \sigma_0\sum_{i=1}^n\varepsilon_i \tag{6-73}$$

求解得到

$$\sigma_{10} = \sigma_0 - \frac{\gamma\sum_{i=1}^n\varepsilon_i y_{i1}}{\sum_{i=1}^n\varepsilon_i} \tag{6-74}$$

式（6-74）中，相对高差 y_{i1} 的近似求法有两种，一种方法是可以从定位图中直接量取，另一种方法是用竣工后应力 σ_0 代入弧垂公式进行计算求得。按式（6-74）求得 σ_{10} 后，σ_{i0} 可由式（6-64）求得。

三、连续倾斜档紧线时各档的观测弧垂

一般情况下，连续倾斜档紧线时各档的观测弧垂可用斜抛物线弧垂公式求得，即

$$f_i = \frac{\gamma l_i^2}{8\sigma_{i0}\cos\beta_i}$$

需精确计算时，可采用

$$f_i = \frac{\sigma_{i0}}{\gamma}\left[\sqrt{1+\left(\frac{h_i}{\frac{2\sigma_{i0}}{\gamma}\mathrm{sh}\frac{\gamma l_i}{2\sigma_{i0}}}\right)^2}\,\mathrm{ch}\frac{\gamma l_i}{2\sigma_{i0}} - \sqrt{1+\left(\frac{h_i}{l_i}\right)^2} + \frac{h_i}{l_i}\left(\mathrm{arcsh}\frac{h_i}{l_i} - \mathrm{arcsh}\frac{h_i}{\frac{2\sigma_{i0}}{\gamma}\mathrm{sh}\frac{\gamma l_i}{2\sigma_{i0}}}\right)\right] \tag{6-75}$$

四、连续倾斜档的悬垂线夹的安装位置

悬垂线夹的安装位置应保证线夹安装后悬垂串铅垂，需将紧线时各档的线长调整为竣工后各档的线长，各档的线长调整量一般可用下式计算

$$\Delta L_i = \frac{\gamma^2 l_{i0}^3 \cos\beta_{i0}}{24}\left(\frac{1}{\sigma_{i0}^2} - \frac{1}{\sigma_0^2}\right) - \frac{(\sigma_{i0}-\sigma_0)l_{i0}}{E\cos^2\beta_{i0}} \tag{6-76}$$

当连续档含有大高差档或大跨距档，需要对各档的线长调整量精确计算时，可采用

$$\Delta L_i = \sqrt{\left(\frac{2\sigma_{i0}}{\gamma}\operatorname{sh}\frac{\gamma l_i}{2\sigma_{i0}}\right)^2 + h_i^2}\left(1 - \frac{\sigma_{i0}}{E\cos\beta_i}\right)$$
$$- \sqrt{\left(\frac{2\sigma_0}{\gamma}\operatorname{sh}\frac{\gamma l_{i0}}{2\sigma_0}\right)^2 + h_{i0}^2}\left(1 - \frac{\sigma_0}{E\cos\beta_i}\right) \tag{6-77}$$

当 ΔL_i 为正值时，表示为调减量；当 ΔL_i 为负值时，表示为调增量。若以山下端第 1 档 1 号杆塔处为移印的起始点，则第 i 号杆塔上安装悬垂线夹时的移印距离为

$$s_i = \sum_{j=1}^{i} \Delta L_j \tag{6-78}$$

当 s_i 为正值时表示自画印点起向左侧移印，s_i 为负值时表示自画印点起向右侧移印，如图 6-10 所示。当 s_i 中的 ΔL_i 采用式（6-76）计算时，垂球线与架空线相交处 A 为画印起点。当 s_i 中的 ΔL_i 采用式（6-77）计算时，由于在有关线长计算中已计及悬垂绝缘子串的偏斜量 δ_i，故应以图 6-10 中滑轮与架空线的接触点 B 点为 s_i 的画印起点。

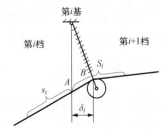

图 6-10 悬垂线夹的安装位置

第六节 架空线施工中的过牵引

一、过牵引现象

架空线施工紧线时，一般在紧线杆塔悬挂点的下方悬挂滑轮，架空线的一端通过耐张串悬挂在锚塔上，另一端则由紧线滑轮上的牵引绳牵引、提升和拉紧架空线，然后将该端耐张串挂到紧线塔的挂线孔上，如图 6-11 所示。

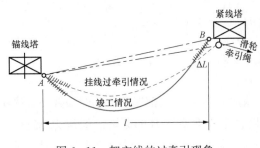

图 6-11 架空线的过牵引现象

由于紧线滑轮低于挂线孔一定距离，而耐张串重量大，在挂线过程中又不可能全部绷直达到设计长度，因此在挂线（实为挂耐张串）时，就需要将耐张串尾部的连接金具（如 U 型环）拉过头一些才能挂得上，这种现象称为架空线的过牵引。过牵引时的张力（应力）称为过牵引张力（应力），多拉出的长度称为过牵引长度。

过牵引张力的大小与档距的大小、耐张段的长度以及施工方法有关。连续档的过牵引张力一般不太大，设计时常取过牵引系数为 1.1，即挂线时架空线的张力允许增加 10%，有时也按与施工单位商定的允许过牵引长度，作为紧线施工设计的依据。孤立档的过牵引问题较为严重，特别是较小档距的孤立档，过牵引张力可能达到很大的数值，甚至会拉断架空线或危及杆塔、横担的安全，对此应予以重视。必要时，可采取专用工具减少过牵引长度，以降低过牵引张力。

二、 常用施工方法所需的过牵引长度

施工方法不同，需要的过牵引长度也不相同。目前我国主要采用三种施工紧线方法：

（1）用钢绳绑扎在耐张线夹处牵引。这种施工方法简单、方便，但耐张串未受张力，故所需过牵引长度最长，一般为150～200mm。

（2）用专用卡具张紧绝缘子金具牵引。这种施工方法由于耐张串也承受张力，拉得较直，故所需过牵引长度较短，一般为90～120mm。

（3）用可调金具补偿过牵引长度。过牵引时，将调节金具调至最长，易于挂线；挂线后，调短调节金具，使架空线达到设计弧垂。调节金具的可调长度一般为90～120mm。这种施工方法多用于小档距的孤立档或重要交叉跨越处，过牵引长度一般为60～80mm。

架空地线的过牵引长度可只考虑其末端连接金具的长度，一般为90～120mm。

三、 过牵引的计算

过牵引应力应限制在允许值范围内，以保证过牵引时杆塔和架空线的安全。计算时，可以按选定的施工方法所需要的过牵引长度，计算相应的过牵引应力，检查杆塔和架空线等是否能承受；也可以按杆塔和架空线等所允许的最大安装应力，计算出相应的允许过牵引长度，选择施工方法。

1. 按过牵引长度计算过牵引应力

过牵引长度由架空线的弹性变形量、悬挂曲线的几何形状改变量以及杆塔挠曲变形等组成。

（1）过牵引时的架空线弹性伸长量。设紧线时架空线的安装应力为 σ_0，过牵引应力为 σ_{0q}，根据胡克定律，得过牵引产生的架空线伸长量为

$$\Delta L_1 = \frac{l}{E\cos\beta}\left(\frac{\sigma_{0q}}{\cos\beta} - \frac{\sigma_0}{\cos\beta}\right) = \frac{\sigma_{0q} - \sigma_0}{E\cos^2\beta}l$$

（2）过牵引时悬线几何变形产生的长度为

$$\Delta L_2 = \frac{\gamma^2 l^3 \cos\beta}{24}\left(\frac{1}{\sigma_0^2} - \frac{1}{\sigma_{0q}^2}\right)$$

（3）过牵引时挂线侧杆塔在挂线点产生的挠度为

$$\Delta L_3 = B\sigma_{0q}A$$

由于耐张杆塔的刚度一般都很大，而且施工紧线时杆塔一般都安装有临时拉线，以平衡紧线张力，因此杆塔挠度很小，工程计算中可以忽略挠度系数 B 的影响，即认为 $\Delta L_3 = 0$。过牵引计算时，架空线的蠕变伸长量和耐张串的弹性伸长量均较小，可忽略不计。因此过牵引长度近似为

$$\Delta L = \Delta L_1 + \Delta L_2 = \frac{\sigma_{0q} - \sigma_0}{E\cos^2\beta}l + \frac{r^2 l^3 \cos\beta}{24}\left(\frac{1}{\sigma_0^2} - \frac{1}{\sigma_{0q}^2}\right) \tag{6-79}$$

所以孤立档过牵引的应力状态方程式为

$$\sigma_{0q} - \frac{E\gamma^2 l^2 \cos^3\beta}{24\sigma_{0q}^2} = \sigma_0 - \frac{E\gamma^2 l^2 \cos^3\beta}{24\sigma_0^2} + \frac{\Delta L E\cos^2\beta}{l} \tag{6-80}$$

若采用线长系数表示，则状态方程式为

$$\sigma_{0q}^2\left\{\sigma_{0q}+\left[\frac{K_0}{\sigma_0^2}-\sigma_0-\frac{\Delta LE\cos^2\beta}{l}\right]\right\}=K \tag{6-81}$$

式中 K_0，K——架空线安装时的线长系数和过牵引线长系数。

2. 按允许安装应力计算过牵引长度

如果施工气象条件下架空线的允许安装应力为 $[\sigma_0]$，则相应过牵引长度可由式（6-80）、式（6-81）反推求得

$$\Delta L=\frac{l}{\cos\beta}\left[\frac{\gamma^2 l^2\cos^2\beta}{24}\left(\frac{1}{\sigma_0^2}-\frac{1}{[\sigma_0]^2}\right)+\frac{[\sigma_0]-\sigma_0}{E\cos\beta}\right] \tag{6-82}$$

或

$$\Delta L=\frac{l}{E\cos^2\beta}\left[\left(\frac{K_0}{\sigma_0^2}-\frac{K}{[\sigma_0]^2}\right)+\left([\sigma_0]-\sigma_0\right)\right] \tag{6-83}$$

由于过牵引为短期荷载，其架空线的安全系数可以比正常运行时小一些，一般取 2 即可。

第七节 架空输电线路的改建

已架成的架空输电线路，在运行期间往往会出现新的交叉跨越物，或因地质、水文条件的变化及其他原因，需要将线路中的若干基杆塔进行下列改建工作：

(1) 移动杆塔位置（杆高及数目不变）；

(2) 增加杆塔高度（杆位及数目不变）；

(3) 增设杆塔；

(4) 上述项目的组合。

线路改建要求改建后导线对地距离、架空线应力以及杆塔的受力条件等都应符合原线路的设计要求。改建施工常用方法是将改建的耐张段按新的情况重新紧线，重新安装线夹。这种方法施工比较复杂且不经济，而且导线上原来安装线夹的部位串入档内，将降低架空线的使用张力。另一种方法是不重新紧线，只串动少数几基杆塔上悬垂线夹的位置而完成改建。

一、移动杆塔位置及杆塔加高

某条线路如图 6-12 所示，现需将第 k 基杆塔的高度增加 Δh，杆位相应移动 Δl，要求改建前后架空线应力保持 σ_0 不变。改建前的线长为

$$\sum L=\frac{l_a}{\cos\beta_a}+\frac{\gamma^2 l_a^3\cos\beta_a}{24\sigma_0^2}+\frac{l_b}{\cos\beta_b}+\frac{\gamma^2 l_b^3\cos\beta_b}{24\sigma_0^2}$$

改建后的线长为

$$\sum L'=\frac{l_a'}{\cos\beta_a'}+\frac{\gamma^2 l_a'^3\cos\beta_a'}{24\sigma_0^2}+\frac{l_b'}{\cos\beta_b'}+\frac{\gamma^2 l_b'^3\cos\beta_b'}{24\sigma_0^2}$$

要求不重新紧线，故

$$\sum L=\sum L'$$

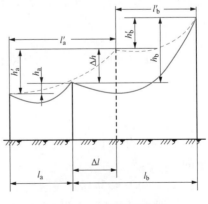

图 6-12 移动杆塔位置

139

因为

$$l'_a = l_a + \Delta l, \quad l'_b = l_b - \Delta l, \quad h'_a = h_a + \Delta h, \quad h'_b = h_b - \Delta h$$

$$\cos\beta_a = \frac{l_a}{\sqrt{l_a^2 + h_a^2}}, \quad \cos\beta'_a = \frac{l'_a}{\sqrt{l'^2_a + h'^2_a}} = \frac{l_a + \Delta l}{\sqrt{(l_a + \Delta l)^2 + (h_a + \Delta h)^2}}$$

$$\cos\beta_b = \frac{l_b}{\sqrt{l_b^2 + h_b^2}}, \quad \cos\beta'_b = \frac{l'_b}{\sqrt{l'^2_b + h'^2_b}} = \frac{l_b - \Delta l}{\sqrt{(l_b - \Delta l)^2 + (h_b - \Delta h)^2}}$$

代入式 $\sum L = \sum L'$ 中，并加以整理得

$$\sqrt{l_a^2 + h_a^2} + \sqrt{l_b^2 + h_b^2} + \frac{\gamma^2}{24\sigma_0^2}\left(\frac{l_a^4}{\sqrt{l_a^2 + h_a^2}} + \frac{l_b^4}{\sqrt{l_b^2 + h_b^2}}\right)$$

$$= \sqrt{(l_a + \Delta l)^2 + (h_a + \Delta h)^2} + \sqrt{(l_b - \Delta l)^2 + (h_b - \Delta h)^2}$$

$$+ \frac{\gamma^2}{24\sigma_0^2}\left(\frac{(l_a + \Delta l)^4}{\sqrt{(l_a + \Delta l)^2 + (h_a + \Delta h)^2}} + \frac{(l_b - \Delta l)^4}{\sqrt{(l_b - \Delta l)^2 + (h_b - \Delta h)^2}}\right) \quad (6 - 84)$$

式中只有 Δh 和 Δl 为未知量，给定其中一个，便可求得另一个。在符合周边环境的众多 Δh 和 Δl 组中，选出位置合适的一组，便可以得到改建前后各档应力均为 σ_0 的改建方案。

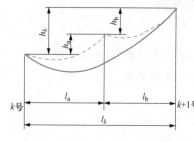

图 6 - 13　增设一基杆塔

二、 增设一基杆塔

如图 6 - 13 所示，原档距为 l_k，高差为 h_k，现中间加一基杆塔，档距变成 l_a 和 l_b，高差为 h_a 和 h_b，保持改建前后应力均为 σ_0。改建前的线长为

$$\sum L = \frac{l_k}{\cos\beta_k} + \frac{\gamma^2 l_k^3 \cos\beta_k}{24\sigma_0^2}$$

改建后的线长为

$$\sum L' = \frac{l_a}{\cos\beta_a} + \frac{\gamma^2 l_a^3 \cos\beta_a}{24\sigma_0^2} + \frac{l_b}{\cos\beta_b} + \frac{\gamma^2 l_b^3 \cos\beta_b}{24\sigma_0^2}$$

将 $l_b = l_k - l_a$，$h_b = h_k - h_a$ 代入上式，并注意到 $\sum L = \sum L'$ 得

$$\sqrt{l_k^2 + h_k^2} + \frac{\gamma^2}{24\sigma_0^2}\frac{l_k^4}{\sqrt{l_k^2 + h_k^2}}$$

$$= \sqrt{l_a^2 + h_a^2} + \sqrt{(l_k - l_a)^2 + (h_k - h_a)^2} + \frac{\gamma^2}{24\sigma_0^2}\left(\frac{l_k^4}{\sqrt{l_a^2 + h_a^2}} + \frac{(l_k - l_a)^4}{\sqrt{(l_k - l_a)^2 + (h_k - h_a)^2}}\right)$$

$$(6 - 85)$$

选中一组合适的 l_a、h_a，便可得各档应力为 σ_0 的改建方案。

练 习 题

1. 何为代表档距？代表档距有什么作用？代表档距的计算公式是在何种假设条件下导出的？

2. 某 220kV 线路通过我国典型气象区Ⅶ区，导线采用 LGJ - 300/25 型，线路的一个耐张段如图 6 - 14 所示。假定架线竣工时（初伸长未放出）悬垂绝缘子串铅垂，气象条件变化引起悬垂绝缘子串偏斜后各档应力趋于一致，试计算外过无风气象条件下 2～3 号杆

塔一档导线的弧垂。(导线安全系数取 $k=2.5$，$E=78400\text{MPa}$，$\alpha=18.8\times10^{-6}\text{℃}^{-1}$，最大设计风速 30m/s)

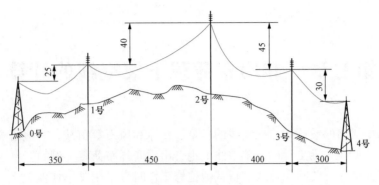

图 6 - 14 题 2 图 (单位：m)

3. 条件同上题，试按连续档编写程序精确求解各档的应力和弧垂。已知悬垂绝缘子串串长 $\lambda=1582\text{mm}$，串重 $G_J=438.7\text{N}$。

4. 何为控制档距？控制档距有什么作用？

5. 已知某连续倾斜档的耐张段，档距为 $l_1=l_2=l_3=400\text{m}$，悬点高差为 $h_1=50\text{m}$，$h_2=60\text{m}$，$h_3=50\text{m}$，导线为 LGJ - 400/35 型，紧线气温条件下的导线设计应力 $\sigma_0=60\text{N/mm}^2$，比载 $\gamma_1=31.31\times10^{-3}\text{MPa/m}$，弹性模量 $E=80000\text{N/mm}^2$，求紧线时第三档的弧垂及各档线夹调整距离。

6. 何为过牵引现象？它对输电线路有何影响？如何进行处理？

第七章　非均布荷载下架空线的计算

在架空输电线路的设计中，架空线的自重、覆冰和风压等荷载，一般可视为沿线长或档距均匀分布。但在实际工程中，架空线上也会出现非均布荷载。例如：

（1）施工人员在安装间隔棒或进行其他检修工作时常采用飞车作业，飞车和施工人员的重量为作用在架空线上的集中荷载。

（2）运行检修人员修补档距中损坏的导线或检测档距中的压接管时，往往采用绝缘爬梯挂在架空线上进行高空作业，爬梯和施工人员的重量为作用在架空线上的集中荷载。

（3）两基耐张杆塔相邻形成孤立档时，档距较小的情况下，必须考虑耐张绝缘子串的重量，该重量可视为在某区段上的均布荷载。

（4）架空线上悬挂的引流线和悬空换位中的跳线，形成集中荷载。

（5）软横担和采用滑索运送杆塔等情况，也可按作用有集中荷载的架空线考虑。

输电线路中的非均布荷载可分为集中荷载和在某区段上远大于架空线自重的分布荷载两类。在档距较小、架空线截面较小的情况下，非均布荷载与架空线自重相比占有不可忽视的分量，在计算架空线的应力、弧垂和线长时，必须考虑这些荷载的影响，否则将产生不能容许的误差。

第一节　架空线悬挂曲线方程的一般形式

某档作用有非均布荷载的架空线，如图 7-1 所示。其上除均布比载 γ 外，还作用有分布荷载 $p = f(x)$ 以及若干集中荷载 q_i。为使问题简化起见，假设：

（1）架空线为理想柔索，线上各点弯矩为零；

（2）各荷载间的水平距离不受架空线变形的影响；

（3）各荷载的大小不受架空线变形的影响。

在所有荷载作用下，架空线在悬挂点 A、B 处的张力分别为 T_A 和 T_B，其垂向分力相应为 R_A 和 R_B，档距方向的

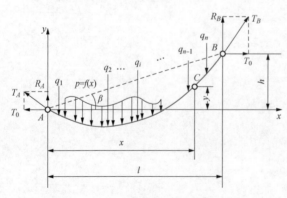

图 7-1　非均布荷载下的架空线受力图

水平分力为 T_0。R_A、R_B 的大小可分别对悬挂点 B、A 列力矩平衡方程式求出，即

$$T_0 h + R_A l - \sum M_B = 0$$
$$T_0 h - R_B l + \sum M_A = 0$$

从而得到

$$R_A = \frac{\sum M_B}{l} - T_0 \frac{h}{l} = Q_A - T_0 \tan\beta \qquad (7 - 1)$$

$$R_B = \frac{\sum M_A}{l} + T_0 \frac{h}{l} = -Q_B + T_0 \tan\beta \qquad (7 - 2)$$

式中　h，l，β——高差（右悬挂点较高时为正，反之为负）、档距和高差角；

$\sum M_A$，$\sum M_B$——档内全部荷载（不包括悬挂点反力）对悬挂点 A、B 之力矩；

Q_A，Q_B——档内荷载在悬挂点 A、B 引起的相当于简支梁上的支点剪力，$Q_A = \sum M_B / l$，$Q_B = -\sum M_A / l$。

相当简支梁指的是两简支点间距为档距 l，受与档内架空线相同荷载作用的梁。

取架空线 AC 段为分析对象，列 C 点力矩平衡方程，有

$$T_0 y + R_A x - \sum M_C = 0$$

将式（7 - 1）代入公式，可得架空线悬挂曲线方程的一般形式为

$$y = x\tan\beta + \frac{1}{T_0}\left(\sum M_C - \frac{\sum M_B}{l}x\right) = x\tan\beta - \frac{M_x}{T_0} \qquad (7 - 3)$$

式中　$\sum M_C$——C 点左侧档内所有荷载对 C 点的力矩；

M_x——相当简支梁上 C 点所在截面的弯矩，$M_x = Q_A x - \sum M_C$。

应该指出，柔性架空线实际上并不存在剪力和弯矩，引入剪力和弯矩的概念，是因为此二量的计算方法与简支梁中的剪力和弯矩的计算方法完全相同，这样悬挂曲线方程变得简练了。

第二节　非均布荷载下架空线的弧垂、张力和线长

一、非均布荷载下架空线的弧垂

1. 任一点的弧垂

根据弧垂的定义，任一点 x 处的弧垂为

$$f_x = x\tan\beta - y = \frac{M_x}{T_0} \qquad (7 - 4)$$

式（7 - 4）表明，架空线任一点 x 处的弧垂与相当简支梁上该点弯矩 M_x 的大小成正比，与架空线的水平张力 T_0 成反比。不论弧垂所在平面内的荷载如何分布，只要求得 M_x 和水平张力 T_0，即可得到该点弧垂。因此可以说式（7 - 4）是计算弧垂的既简单又普遍的公式。

特殊地，若荷载以集度 $p = \gamma A$ 沿斜档距均匀分布，则折算到档距上的均布荷载为 $p/\cos\beta$，那么

$$M_x = Q_A x - \frac{px^2}{2\cos\beta} = \frac{pl}{2\cos\beta}x - \frac{px^2}{2\cos\beta} = \frac{px(l-x)}{2\cos\beta}$$

于是

$$f_x = \frac{M_x}{T_0} = \frac{p}{T_0} \frac{x(l-x)}{2\cos\beta} = \frac{\gamma x(l-x)}{2\sigma_0\cos\beta}$$

上式即为均布荷载下斜抛物线的任一点弧垂公式，这进一步说明式（7 - 4）是正确的。

2. 以相当剪力表示的弧垂公式

运用式（7 - 4）求弧垂，需要计算弯矩，有时使用起来不太方便，工程实用中最好能用具体荷载计算。根据材料力学知，简支梁任一截面处的弯矩等于相应区段剪力图下的面积，对于分布荷载可视为分段均布的情况［见图 7 - 2 （a）］有

$$f_x = \int_0^x \frac{Q_x}{T_0}\mathrm{d}x = \frac{1}{T_0}\sum_{i=0}^{k}\frac{(Q_i + Q_i')\Delta l_i}{2} = \frac{1}{T_0}\sum_{i=0}^{k}\frac{Q_i^2 - Q_i'^2}{2p_i} \qquad (7 - 5)$$

式中　k——将均布荷载段自左向右依次编为 0、1、2…时，x 处的 C 点所在段号，即在 C 点左侧共有 $k+1$ 个均布荷载段；

Δl_i——第 i 个均布荷载段的水平长度；

p_i——第 i 个均布荷载段的荷载集度；

Q_i，Q_i'——相当简支梁上第 i 个均布荷载段左右端点的剪力，当任一点 C 不位于均布荷载段的右端处时，Q_k' 取 C 点的剪力 Q_x。

式（7 - 5）表明，任一点 x 处的弧垂，等于其左侧各个均布荷载段的平均剪力（该段左、右端处的剪力之和的一半）与该段长度的乘积之和除以水平张力，即该点左侧剪力图的总面积除以水平张力。

架空线的最大弧垂发生在最大弯矩处，即剪力为零的位置。这一位置利用剪力图很容易求得。设剪力为零的点位于区段 Δl_i 内，则有

$$Q_x = Q_i - p_i(x - a_{i-1}) = 0$$

从而解得最大弧垂发生的位置

$$x_m = a_{i-1} + \frac{Q_i}{p_i} = a_{i-1} + \Delta l_c \qquad (7 - 6)$$

式中　a_{i-1}——该均布荷载段 i 的首端（左端）位置坐标；

Δl_c——该均布荷载段的首端到剪力为零的点之间的距离。

将剪力零点左侧各段长度及首末两端的荷载剪力代入式（7 - 5），即可得到最大弧垂 f_m。

架空线的最低点位于 $\frac{\mathrm{d}y}{\mathrm{d}x}=0$ 处，为此对式（7 - 3）求导，有

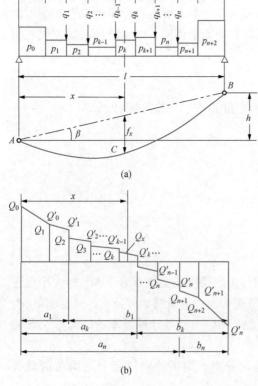

图 7 - 2　非均布荷载与剪力图
(a) 荷载图；(b) 剪力图

$$\frac{\mathrm{d}y}{\mathrm{d}x} = \tan\beta - \frac{1}{T_0}\frac{\mathrm{d}M_x}{\mathrm{d}x} = \tan\beta - \frac{Q_x}{T_0} = 0$$

即最低点弧垂位于下面剪力处

$$Q_x = T_0\tan\beta = T_0\frac{h}{l} \tag{7-7}$$

二、非均布荷载下架空线的张力

架空线上任一点的斜率为

$$\tan\theta_x = \frac{\mathrm{d}y}{\mathrm{d}x} = \tan\beta - \frac{1}{T_0}\frac{\mathrm{d}M_x}{\mathrm{d}x} = \tan\beta - \frac{Q_x}{T_0} \tag{7-8}$$

当架空线的水平张力 T_0 已知时，其轴向张力 T_x 的垂向分量 T_{xv} 为

$$T_{xv} = T_0\tan\theta_x = T_0\tan\beta - Q_x \tag{7-9}$$

因而求得架空线的轴向张力为

$$T_x = \frac{T_0}{\cos\theta_x} = T_0\sqrt{1+\tan^2\theta_x} = \sqrt{T_0^2 + (Q_x - T_0\tan\beta)^2} \tag{7-10}$$

将 T_0、T_{xv} 和 T_x 分别除以架空线的截面积 A，就得到水平应力 σ_0、垂向应力 σ_{xv} 和轴向应力 σ_x。

值得注意的是，在集中荷载作用点上有两个不同的剪力值，这使得架空线的垂向张力 T_{xv} 也有两个不同的值，二者之差为该集中荷载的大小。集中荷载的存在使轴向应力发生突变。

三、非均布荷载下架空线的线长

将式（7-8）代入线长积分公式，得到

$$\begin{aligned}
L &= \int_0^l \sqrt{1+\left(\frac{\mathrm{d}y}{\mathrm{d}x}\right)^2}\,\mathrm{d}x = \int_0^l \sqrt{1+\left(\tan\beta - \frac{Q_x}{T_0}\right)^2}\,\mathrm{d}x \\
&= \frac{1}{\cos\beta}\int_0^l \sqrt{1+\left[\left(\frac{Q_x}{T_0}\right)^2 - 2\frac{Q_x}{T_0}\tan\beta\right]\cos^2\beta}\,\mathrm{d}x \\
&= \frac{1}{\cos\beta}\int_0^l \left\{1 + \frac{\cos^2\beta}{2}\left[\left(\frac{Q_x}{T_0}\right)^2 - 2\frac{Q_x}{T_0}\tan\beta\right] - \frac{\cos^4\beta}{8}\left[\left(\frac{Q_x}{T_0}\right)^2 - 2\frac{Q_x}{T_0}\tan\beta\right]^2 + \cdots\right\}\mathrm{d}x \\
&= \frac{1}{\cos\beta}\int_0^l \left\{1 + \frac{\cos^2\beta}{2}\left(\frac{Q_x}{T_0}\right)^2 - \frac{Q_x}{T_0}\sin\beta\cos\beta \right. \\
&\quad \left. - \frac{1}{2}\left(\frac{Q_x}{T_0}\right)^2\sin^2\beta\cos^2\beta + \frac{1}{2}\left(\frac{Q_x}{T_0}\right)^3\sin\beta\cos^3\beta - \cdots\right\}\mathrm{d}x
\end{aligned}$$

忽略 Q_x/T_0 的高次方，可得

$$L \approx \frac{1}{\cos\beta}\int_0^l \left[1 + \frac{\cos^4\beta}{2}\left(\frac{Q_x}{T_0}\right)^2 - \frac{Q_x}{T_0}\sin\beta\cos\beta\right]\mathrm{d}x$$

由材料力学知，简支梁的剪力图总面积为零，即 $\int_0^l Q_x\,\mathrm{d}x = 0$，同时 $\frac{\mathrm{d}Q_x}{\mathrm{d}x} = -p_x$ 或 $\mathrm{d}x = -\frac{\mathrm{d}Q_x}{p_x}$，代入上式并进行分段积分可以得到

$$L = \frac{l}{\cos\beta} + \frac{\cos^3\beta}{2T_0^2}\int_0^l Q_x^2\,\mathrm{d}x = \frac{l}{\cos\beta} - \frac{\cos^3\beta}{2T_0^2}\int_{Q_A}^{Q_B}\frac{Q_x^2}{p_x}\mathrm{d}Q_x$$

$$= \frac{l}{\cos\beta} + \frac{\cos^3\beta}{6T_0^2}\sum_{i=0}^{n}\frac{Q_i^3 - Q_i'^3}{p_i} \tag{7-11}$$

式中，Q_i、Q_i'、p_i 等的意义与式（7-5）相同；积分段以不同均布荷载段的分界点和集中荷载的作用点为界进行划分。

若沿档距均布着集度为 $p_0 = \gamma A/\cos\beta$ 的荷载，则相当简支梁在两悬挂点处的剪力分别为

$$Q_A = \frac{p_0 l}{2}, \quad Q_B = -Q_A = -\frac{p_0 l}{2}$$

代入式（7-11）得

$$L = \frac{l}{\cos\beta} + \frac{\cos^3\beta}{6T_0^2}\frac{1}{4p_0}(p_0 l)^3 = \frac{l}{\cos\beta} + \frac{p_0^2 l^3 \cos^3\beta}{24T_0^2} = \frac{l}{\cos\beta} + \frac{\gamma^2 l^3 \cos\beta}{24\sigma_0^2}$$

该式即为斜抛物线的线长公式。

第三节　孤立档架空线的弧垂和线长

孤立档的两端为耐张型杆塔，架空线采用耐张线夹通过耐张绝缘子串悬挂于杆塔横担上。孤立档架空线的应力、弧垂和线长不受相邻档的影响。孤立档两端悬挂的耐张绝缘子串与架空线相比，一般较重，其比载与架空线比载有较大不同，孤立档往往还有"T"接线等集中荷载作用。在较小档距和较小架空线截面情况下，这些荷载对架空线的影响不能忽略，应当按非均布荷载计算孤立档架空线。

一、耐张绝缘子串的比载

为了简便起见，耐张绝缘子串的比载统一以架空线的截面积为基准，即耐张绝缘子串的比载等于其单位长度上的荷载与架空线截面积之比。仿照架空线比载的定义，可以写出各种气象条件下耐张绝缘子串的比载计算公式。

1. 耐张串的自重比载

$$\gamma_{J1} = \frac{G_J}{\lambda A} \quad (\text{MPa}/\text{m}) \tag{7-12}$$

式中　G_J——耐张串的重量，N；

λ——耐张串的长度，m；

A——架空线的截面积，mm^2。

2. 耐张串的冰重比载

$$\gamma_{J2} = \frac{n_1 G_{Jb} + n_2 G_{cb}}{\lambda A} \quad (\text{MPa}/\text{m}) \tag{7-13}$$

式中　G_{Jb}——单片绝缘子覆冰重量，N，其值查表7-1；

G_{cb}——单联绝缘子金具覆冰重量，N，其值查表7-1；

n_1——耐张串中绝缘子的片数；

n_2——金具联数。

表7-1　绝缘子和金具的覆冰重量（N）

绝缘子型号	覆冰厚度（mm）	
	5	10
XP-70	5.49	11.66
XP-100	6.57	13.82
单联绝缘子金具	3.53	8.23

3. 耐张串的总垂直比载

$$\gamma_{J3} = \gamma_{J1} + \gamma_{J2} \tag{7-14}$$

4. 耐张串的无冰风压比载

计算耐张绝缘子串上的风压荷载时，风速不均匀系数和风载体型系数常取为 1，所以耐张串的无冰风压比载为

$$\gamma_{J4} = \frac{n_1 A_J + n_2 A_c}{\lambda A} W_v = 0.625 \frac{n_1 A_J + n_2 A_c}{\lambda A} v^2 \quad (\text{MPa/m}) \tag{7-15}$$

式中　A_J，A_c——一片绝缘子和单联绝缘子金具的迎风面积，m^2，其值查表 7-2；

$\qquad$ W_v——风速为 v 时的理论风压，Pa；

$\qquad$ v——风速，m/s；

$\quad$ n_1，n_2——绝缘子的片数和金具联数。

表 7-2 　　　　　　　　　　绝缘子和金具的迎风面积（mm²）

绝缘子型号	覆冰厚度（mm）		
	0	5	10
XP-70	0.0203	0.0237	0.0273
XP-100	0.0239	0.0276	0.0316
单联绝缘子金具	单导线：0.03；双分裂：0.04；4 分裂：0.05		

5. 耐张串的覆冰风压比载

$$\gamma_{J5} = 0.625 B \frac{n_1 A_{Jb} + n_2 A_c}{\lambda A} v^2 \quad (\text{MPa/m}) \tag{7-16}$$

式中　A_{Jb}——一片绝缘子覆冰后的迎风面积，m^2；

$\qquad$ B——覆冰风载增大系数，取值同架空线。

其余各符号的意义同前。

6. 耐张串的无冰综合比载

$$\gamma_{J6} = \sqrt{\gamma_{J1}^2 + \gamma_{J4}^2} \tag{7-17}$$

7. 耐张串的覆冰综合比载

$$\gamma_{J7} = \sqrt{\gamma_{J3}^2 + \gamma_{J5}^2} = \sqrt{(\gamma_{J1} + \gamma_{J2})^2 + \gamma_{J5}^2} \tag{7-18}$$

二、 孤立档架空线的弧垂

设孤立档的档距为 l，高差为 h，高差角为 β［见图 7-2（a）］；耐张绝缘子串长度分别为 λ_1、λ_2，重量分别为 G_{J1}、G_{J2}，相应的比载分别为 γ_{J1}、γ_{J2}，荷载集度分别为 p_{J1}、p_{J2}［分别对应图 7-2（a）中的 p_0、p_{n+2}］；架空线的比载为 γ，其上作用有 n 个集中荷载 q_i，距两悬挂点 A、B 的水平距离分别为 a_i 和 b_i（$i = 1, 2, \cdots, n$），如图 7-3 所示。

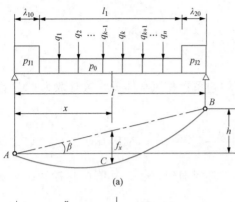

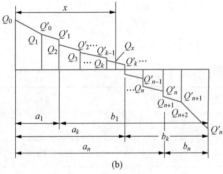

图 7 - 3　孤立档荷载与剪力图

（a）荷载图；（b）剪力图

为使问题简化，进一步假设：

（1）架空线和耐张串均视为理想柔索，各点实际弯矩为零。

（2）耐张串在斜档距上的投影长度等于其实际长度 λ_1、λ_2，则其水平投影长度分别为 $\lambda_{10}=\lambda_1\cos\beta$，$\lambda_{20}=\lambda_2\cos\beta$（分别对应图 7 - 2 中的 Δl_0、Δl_{n+2}）。

（3）架空线所占档距为 $l_1=l-(\lambda_{10}+\lambda_{20})$。

（4）架空线比载 γ 和耐张绝缘子串比载 γ_{J1}、γ_{J2} 沿斜档距均布，折算到档距 l 上的集度分别为 $p_0=\dfrac{\gamma A}{\cos\beta}$，$p_{J1}=\dfrac{\gamma_{J1}A}{\cos\beta}$，$p_{J2}=\dfrac{\gamma_{J2}A}{\cos\beta}$。

1．两端具有等长耐张串时的弧垂

通常孤立档两端耐张串的水平投影长度相差很小，可以认为 $\lambda_{10}=\lambda_{20}=\lambda_0$，但其重量仍保持各自的值 G_{J1}、G_{J2}，即认为耐张串等长异重，这对档中弧垂和支点反力的计算精度影响很小。分别列两悬挂点 A、B 的力矩平衡方程式，可得两悬挂点处的支反力 R_A、R_B 为

$$R_A=\frac{1}{l}\left[G_{J1}\left(l-\frac{\lambda_0}{2}\right)+\frac{G_{J2}\lambda_0}{2}+p_0l_1\left(\lambda_0+\frac{l_1}{2}\right)+\sum_{i=1}^{n}q_ib_i\right]-T_0\frac{h}{l}$$

$$=G_{J1}-\frac{G_{J1}-G_{J2}}{2l}\lambda_0+\frac{p_0l}{2}-p_0\lambda_0+\frac{1}{l}\sum_{i=1}^{n}q_ib_i-T_0\frac{h}{l}$$

$$R_B=\frac{1}{l}\left[\frac{G_{J1}\lambda_0}{2}+G_{J2}\left(l-\frac{\lambda_0}{2}\right)+p_0l_1\left(\lambda_0+\frac{l_1}{2}\right)+\sum_{i=1}^{n}q_ia_i\right]+T_0\frac{h}{l}$$

$$=G_{J2}+\frac{G_{J1}-G_{J2}}{2l}\lambda_0+\frac{p_0l}{2}-p_0\lambda_0+\frac{1}{l}\sum_{i=1}^{n}q_ia_i+T_0\frac{h}{l}$$

相当简支梁上的剪力相应为

$$Q_0=G_{J1}-\frac{G_{J1}-G_{J2}}{2l}\lambda_0+\frac{p_0l}{2}-p_0\lambda_0+\frac{1}{l}\sum_{i=1}^{n}q_ib_i$$

$$Q_0'=Q_0-G_{J1}=-\frac{G_{J1}-G_{J2}}{2l}\lambda_0+\frac{p_0l}{2}-p_0\lambda_0+\frac{1}{l}\sum_{i=1}^{n}q_ib_i$$

$$Q_1=Q_0'$$

$$Q_1'=Q_0'-p_0(a_1-\lambda_0)=-\frac{G_{J1}-G_{J2}}{2l}\lambda_0+\frac{p_0l}{2}-p_0a_1+\frac{1}{l}\sum_{i=1}^{n}q_ib_i$$

$$Q_2=Q_1'-q_1=-\frac{G_{J1}-G_{J2}}{2l}\lambda_0+\frac{p_0l}{2}-p_0a_1+\frac{1}{l}\sum_{i=1}^{n}q_ib_i-q_1$$

$$Q_2'=Q_2-p_0(a_2-a_1)=-\frac{G_{J1}-G_{J2}}{2l}\lambda_0+\frac{p_0l}{2}-p_0a_2+\frac{1}{l}\sum_{i=1}^{n}q_ib_i-q_1$$

$$\vdots$$

$$Q_j = Q'_{j-1} - q_{j-1} = -\frac{G_{J1} - G_{J2}}{2l}\lambda_0 + \frac{p_0 l}{2} - p_0 a_{j-1} + \frac{1}{l}\sum_{i=1}^{n} q_i b_i - \sum_{i=1}^{j-1} q_i$$

$$Q_{jx} = Q_j - p_0(x - a_{j-1}) = -\frac{G_{J1} - G_{J2}}{2l}\lambda_0 + \frac{p_0 l}{2} - p_0 x + \frac{1}{l}\sum_{i=1}^{n} q_i b_i - \sum_{i=1}^{j-1} q_i$$

$$Q'_j = Q_j - p_0(a_j - a_{j-1}) = -\frac{G_{J1} - G_{J2}}{2l}\lambda_0 + \frac{p_0 l}{2} - p_0 a_j + \frac{1}{l}\sum_{i=1}^{n} q_i b_i - \sum_{i=1}^{j-1} q_i$$

$$\vdots$$

$$Q_{n+1} = Q'_n - q_n = -\frac{G_{J1} - G_{J2}}{2l}\lambda_0 + \frac{p_0 l}{2} - p_0 a_n + \frac{1}{l}\sum_{i=1}^{n} q_i b_i - \sum_{i=1}^{n} q_i$$

$$Q'_{n+1} = Q_{n+1} - p_0(l - \lambda_0 - a_n) = -\frac{G_{J1} - G_{J2}}{2l}\lambda_0 - \frac{p_0 l}{2} + p_0\lambda_0 - \frac{1}{l}\sum_{i=1}^{n} q_i a_i$$

$$Q_{n+2} = Q'_{n+1}$$

$$Q'_{n+2} = Q_{n+2} - G_{J2} = -\frac{G_{J1} - G_{J2}}{2l}\lambda_0 - \frac{p_0 l}{2} + p_0\lambda_0 - \frac{1}{l}\sum_{i=1}^{n} q_i a_i - G_{J2} = Q_B$$

（1）当 $a_{j-1} \leqslant x \leqslant a_j$ 时，将上面有关 Q_i、Q'_i 代入式（7-5），整理后可以得到

$$f_x = \frac{1}{T_0}\left[\frac{p_0 x(l-x)}{2} + \frac{(G_{J1} - p_0\lambda_0)\lambda_0}{2} - \frac{(G_{J1} - G_{J2})\lambda_0}{2}\frac{x}{l} + \frac{x}{l}\sum_{i=1}^{n} q_i b_i - \sum_{i=1}^{j-1} q_i(x - a_i)\right]$$

$$(7-19)$$

用比载 γ、γ_{J1}、γ_{J2} 表示时，式（7-19）可写为

$$f_x = \frac{1}{\sigma_0}\left[\frac{\gamma x(l-x)}{2\cos\beta} + \frac{(\gamma_{J1} - \gamma)\lambda_0^2}{2\cos\beta} - \frac{(\gamma_{J1} - \gamma_{J2})\lambda_0^2}{2\cos\beta}\frac{x}{l} + \frac{x}{l}\sum_{i=1}^{n} \tau_i b_i - \sum_{i=1}^{j-1} \tau_i(x - a_i)\right]$$

$$(7-20)$$

其中
$$\tau_i = \frac{q_i}{A} \qquad\qquad (7-21)$$

式中　τ_i——集中荷载单位截面重力，与应力具有同样的单位。

式（7-20）虽然比较复杂，但物理意义仍比较直观。式中，中括号内第一项是架空线比载 γ 产生的斜抛物线弧垂，第二、三项是耐张串比载对弧垂的影响，最后两项是集中荷载产生的弧垂。

（2）当 $\lambda_0 \leqslant x \leqslant a_1$ 时，相当于式（7-20）中 $j-1=0$ 的情况，此时

$$f_x = \frac{1}{\sigma_0}\left[\frac{\gamma x(l-x)}{2\cos\beta} + \frac{(\gamma_{J1} - \gamma)\lambda_0^2}{2\cos\beta} - \frac{(\gamma_{J1} - \gamma_{J2})\lambda_0^2}{2\cos\beta}\frac{x}{l} + \frac{x}{l}\sum_{i=1}^{n} \tau_i b_i\right] \quad (7-22)$$

（3）当 $a_n \leqslant x \leqslant l - \lambda_0$ 时，相当于式（7-20）中 $j-1=n$ 的情况，此时

$$f_x = \frac{1}{\sigma_0}\left[\frac{\gamma x(l-x)}{2\cos\beta} + \frac{(\gamma_{J1} - \gamma)\lambda_0^2}{2\cos\beta} - \frac{(\gamma_{J1} - \gamma_{J2})\lambda_0^2}{2\cos\beta}\frac{x}{l} + \frac{(l-x)}{l}\sum_{i=1}^{n} \tau_i a_i\right] \quad (7-23)$$

（4）几种特殊情况。

1）两端耐张串等长等重，且无集中荷载。

当 $\lambda_0 \leqslant x \leqslant l - \lambda_0$ 时，有

$$f_x = \frac{1}{\sigma_0\cos\beta}\left[\frac{\gamma x(l-x)}{2} + \frac{(\gamma_J - \gamma)\lambda_0^2}{2}\right] \qquad (7-24)$$

式中　γ_J——耐张串比载。

对式（7-24）求导，并令其等于零，可知在档距中央弧垂达到最大值

$$f_\mathrm{m} = \frac{1}{\sigma_0 \cos\beta}\left[\frac{\gamma l^2}{8} + \frac{(\gamma_\mathrm{J} - \gamma)\lambda_0^2}{2}\right] \tag{7-25}$$

显然，式（7-25）中括号内的第二项是由于耐张串的比载大于架空线的比载引起的弧垂增大。

2）两端耐张串等长等重，且有一个集中荷载。

当 $\lambda_0 \leqslant x \leqslant a$ 时，有

$$f_x = \frac{1}{\sigma_0}\left[\frac{\gamma x(l-x)}{2\cos\beta} + \frac{(\gamma_\mathrm{J} - \gamma)\lambda_0^2}{2\cos\beta} + \frac{\tau b x}{l}\right] \tag{7-26}$$

当 $a \leqslant x \leqslant l - \lambda_0$ 时，有

$$f_x = \frac{1}{\sigma_0}\left[\frac{\gamma x(l-x)}{2\cos\beta} + \frac{(\gamma_\mathrm{J} - \gamma)\lambda_0^2}{2\cos\beta} + \frac{\tau a(l-x)}{l}\right] \tag{7-27}$$

欲求最大弧垂的位置 x_m 和最大弧垂 f_m，可令 f_x 对 x 的导数等于零，解得 x_m，进而求得 f_m。

3）只有一个集中荷载。在孤立档档距较大时，可将耐张串的比载近似为架空线的比载。在该档有"T"引线或采用飞车、爬梯作业，即类似于只有一个集中荷载的情况。

当 $0 \leqslant x \leqslant a$ 时，有

$$f_x = \frac{\gamma x(l-x)}{2\sigma_0 \cos\beta} + \frac{\tau b x}{\sigma_0 l} \tag{7-28}$$

当 $a \leqslant x \leqslant l$ 时，有

$$f_x = \frac{\gamma x(l-x)}{2\sigma_0 \cos\beta} + \frac{\tau a(l-x)}{\sigma_0 l} \tag{7-29}$$

式（7-28）、式（7-29）中的第二项，是集中荷载引起的弧垂增大。考虑到飞车和爬梯相对架空线悬点的位置 a 或 b 是经常变化的，则最大弧垂的位置和最大弧垂值 f_m 随之变化。当集中荷载作用在档距中央，即 $a = b = l/2$ 时，得到所有情形下的最大弧垂

$$f_\mathrm{m} = \frac{\gamma l^2}{8\sigma_0 \cos\beta} + \frac{\tau l}{4\sigma_0} \tag{7-30}$$

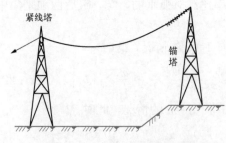

图 7-4 孤立档施工架线情况

2. 仅一端具有耐张串的弧垂

孤立档架线施工观测弧垂时，往往在挂线侧悬挂有耐张绝缘子串，而在牵引侧暂时没有耐张绝缘子串，如图 7-4 所示。

计算仅一端具有耐张串的孤立档弧垂时，可简单地将两端具有耐张串时的弧垂计算公式中相应的比载 γ_J1（或 γ_J2）代以架空线比载 γ。

（1）在左悬挂点紧线时，以 γ 取代式（7-20）中的 γ_J1，可得到仅一端具有耐张串时任一点 x（$a_{i-1} \leqslant x \leqslant a_i$）处的弧垂为

$$f_x = \frac{1}{\sigma_0}\left[\frac{\gamma x(l-x)}{2\cos\beta} + \frac{(\gamma_\mathrm{J2} - \gamma)\lambda_0^2}{2\cos\beta}\frac{x}{l} + \frac{x}{l}\sum_{i=1}^{n}\tau_i b_i - \sum_{i=1}^{i-1}\tau_i(x - a_i)\right] \tag{7-31}$$

无集中荷载时，有

$$f_x = \frac{\gamma x(l-x)}{2\sigma_0 \cos\beta} + \frac{(\gamma_\mathrm{J} - \gamma)\lambda_0^2}{2\sigma_0 \cos\beta}\frac{x}{l} \tag{7-32}$$

（2）在右悬挂点紧线时，以 γ 取代式（7 - 20）中的 γ_{J2}，可得到相应的弧垂为

$$f_x = \frac{1}{\sigma_0}\left[\frac{\gamma x(l-x)}{2\cos\beta} + \frac{(\gamma_{J1}-\gamma)\lambda_0^2}{2\cos\beta}\left(1-\frac{x}{l}\right) + \frac{x}{l}\sum_{i=1}^{n}\tau_i b_i - \sum_{i=1}^{j-1}\tau_i(x-a_i)\right] \quad (7-33)$$

无集中荷载时，有

$$f_x = \frac{\gamma x(l-x)}{2\sigma_0\cos\beta} + \frac{(\gamma_{J1}-\gamma)\lambda_0^2}{2\sigma_0\cos\beta}\left(1-\frac{x}{l}\right) \quad (7-34)$$

（3）无集中荷载时，最大弧垂为

$$f_m = \frac{\gamma l^2}{8\sigma_0\cos\beta} + \frac{(\gamma_J-\gamma)\lambda_0^2}{4\sigma_0\cos\beta} + \frac{(\gamma_J-\gamma)^2\lambda_0^4}{8\sigma_0\gamma l^2\cos\beta} \quad (7-35)$$

其发生在 x_m 处，即

$$x_m = \frac{l}{2} + \frac{(\gamma_J-\gamma)\lambda_0^2}{2\gamma l} \quad (7-36)$$

当集中荷载为动荷载时，如飞车、滑索运输线路器材等情况，应当考虑冲击的影响。在应用上述有关公式时，将相应的集中荷载 $q(\tau)$ 增大 1.3 倍后计算，即取冲击系数为 1.3。

三、孤立档架空线的线长

采用式（7 - 11）计算孤立档架空线的线长，需要求得荷载剪力 Q_i、Q_i'，较为复杂。工程上常采用由荷载和档内有关参数直接表示的线长计算式，这里直接给出而不再推导。

1. 两端具有等长耐张绝缘子串时的线长

$$L = \frac{l}{\cos\beta} + \frac{p_0^2\cos^3\beta}{24T_0^2}\Big\{l_1^2(l_1+6\lambda_0) + \frac{12}{p_0^2 l}\Big\{\lambda_0 l\Big(\frac{GG_{J1}+GG_{J2}}{2}$$

$$+ \frac{G_{J1}^2+G_{J2}^2}{3} + G_{J1}\sum_{i=1}^{n}q_i\Big) - \frac{(G_{J1}-G_{J2})\lambda_0}{2}\Big[\frac{(G_{J1}-G_{J2})\lambda_0}{2} + 2\sum_{i=1}^{n}q_i a_i\Big]$$

$$+ \sum_{i=1}^{n}(p_0 l+q_i)q_i a_i b_i + 2\sum_{i=1}^{n-1}\Big(q_i a_i\sum_{j=i+1}^{n}q_j b_j\Big)\Big\}\Big\} \quad (7-37)$$

式中　l，β——孤立档的档距和高差角；

$\quad l_1$，λ_0——架空线所占档距和两端耐张串的水平投影长度，$l_1 = l - 2\lambda_0$；

$\quad\quad p_0$——架空线荷载集度的水平投影值，$p_0 = \gamma A/\cos\beta$；

G，G_{J1}，G_{J2}——架空线的荷载和两端耐张串的荷载，$G = p_0 l_1$；

$\quad q_i$，a_i，b_i——第 i 个集中荷载及该荷载至左、右悬挂点 A、B 的水平距离。

式（7 - 37）与均布荷载的斜抛物线线长公式形式上相似，这只要将花括号的内容假想为某个档距的立方就可看出。该假想档距大于实际档距，表明耐张串和集中荷载使档内悬挂曲线长度有所增加。

当两端耐张串等长且等重时，有

$$L = \frac{l}{\cos\beta} + \frac{p_0^2\cos^3\beta}{24T_0^2}\Big\{l_1^2(l_1+6\lambda_0) + \frac{12}{p_0^2 l}\Big[\lambda_0 l G_J\Big(G+\frac{2}{3}G_J+\sum_{i=1}^{n}q_i\Big)$$

$$+ \sum_{i=1}^{n}(p_0 l+q_i)q_i a_i b_i + 2\sum_{i=1}^{n-1}\Big(q_i a_i\sum_{j=i+1}^{n}q_j b_j\Big)\Big]\Big\} \quad (7-38)$$

当两端耐张串等长等重且无集中荷载时，有

$$L = \frac{l}{\cos\beta} + \frac{p_0^2\cos^3\beta}{24T_0^2}\Big[l_1^2(l_1+6\lambda_0) + \frac{12\lambda_0}{p_0^2}G_J\big(G+\frac{2}{3}G_J\big)\Big] \tag{7-39}$$

式中　　G_J——耐张串的荷载，$G_{J1}=G_{J2}=G_J$。

其他符号的意义同前。

2. 仅一端具有耐张绝缘子串时的线长

假设选在左悬挂点端紧线，以 $p_0\lambda_0$ 取代式（7-37）中的 G_{J1}，便得到仅右悬挂点悬挂耐张串时的线长。此时架空线所占档距 $l_1'=l-\lambda_0$，悬挂曲线长度的计算公式为

$$\begin{aligned}
L &= \frac{l}{\cos\beta} + \frac{p_0^2\cos^3\beta}{24T_0^2}\Big\{(l_1'-\lambda_0)^2(l_1'+5\lambda_0) + \frac{12}{p_0^2 l}\Big\{\lambda_0 l\Big[\frac{Gp_0\lambda_0+GG_{J2}}{2} \\
&\quad + \frac{(p_0\lambda_0)^2+G_{J2}^2}{3} + p_0\lambda_0\sum_{i=1}^{n}q_i\Big] - \frac{(p_0\lambda_0-G_{J2})\lambda_0}{2}\Big[\frac{(p_0\lambda_0-G_{J2})\lambda_0}{2} + 2\sum_{i=1}^{n}q_i a_i\Big] \\
&\quad + \sum_{i=1}^{n}(p_0 l+q_i)q_i a_i b_i + 2\sum_{i=1}^{n-1}\Big(q_i a_i\sum_{j=i+1}^{n}q_j b_j\Big)\Big\}\Big\} \\
&= \frac{l}{\cos\beta} + \frac{p_0^2\cos^3\beta}{24T_0^2}\Big\{(l_1'-\lambda_0)^2(l_1'+5\lambda_0) + \frac{12}{p_0^2 l}\Big\{\lambda_0 l\Big[\frac{Gp_0\lambda_0+GG_{J2}}{2} \\
&\quad + \frac{(p_0\lambda_0)^2+G_{J2}^2}{3}\Big] - \frac{(p_0\lambda_0-G_{J2})^2\lambda_0^2}{4} + \lambda_0\Big(G_{J2}\sum_{i=1}^{n}q_i a_i + \lambda_0 p_0\sum_{i=1}^{n}q_i b_i\Big) \\
&\quad + \sum_{i=1}^{n}(p_0 l+q_i)q_i a_i b_i + 2\sum_{i=1}^{n-1}\Big(q_i a_i\sum_{j=i+1}^{n}q_j b_j\Big)\Big\}\Big\} \\
&= \frac{l}{\cos\beta} + \frac{p_0^2\cos^3\beta}{24T_0^2}\Big\{l_1'^2(l_1'+3\lambda_0) + \frac{12}{p_0^2 l}\Big[\lambda_0 l G_{J2}\Big(\frac{p_0 l_1'}{2}+\frac{G_{J2}}{3}\Big) \\
&\quad - \frac{(G_{J2}+p_0 l_1')^2\lambda_0^2}{4} + \lambda_0\Big(G_{J2}\sum_{i=1}^{n}q_i a_i + \lambda_0 p_0\sum_{i=1}^{n}q_i b_i\Big) \\
&\quad + \sum_{i=1}^{n}(p_0 l+q_i)q_i a_i b_i + 2\sum_{i=1}^{n-1}\Big(q_i a_i\sum_{j=i+1}^{n}q_j b_j\Big)\Big]\Big\}
\end{aligned} \tag{7-40}$$

选在右悬挂点紧线时，仅左悬挂点有耐张串，可仿此方法得到该情况下的线长计算式。

第四节　孤立档架空线的状态方程式

建立孤立档架空线状态方程式的原则，仍以两种气象条件下档内架空线长度间的关系为基础。假设：

（1）耐张绝缘子串的长度不受张力和气温变化的影响。一般耐张绝缘子串的长度与档内架空线的长度相比显得很短，其截面又远大于架空线截面，因此耐张绝缘子串的弹性伸长远小于架空线在相同张力下的弹性伸长，耐张绝缘子串的热胀冷缩量也远小于架空线的热胀冷缩量。

（2）参与弹性变形和热胀冷缩的架空线长度为 $l_1/\cos\beta$，其中 l_1 为档内架空线所占档距。

（3）以平均应力的主要部分 $\sigma_0/\cos\beta$（或张力 $T_0/\cos\beta$）代替平均应力 σ_{cp}（或平均张力

T_{cp}）计算架空线的全部弹性伸长。

（4）假定各荷载作用区段的水平位置保持不变。

基于以上假设，参照式（5-2）可写出孤立档架空线的基本状态方程式为

$$L_2 - L_1 = \frac{l_1}{EA\cos^2\beta}(T_{02} - T_{01}) + \frac{al_1}{\cos\beta}(t_2 - t_1) \tag{7-41}$$

式中　L_1，L_2——已知状态和待求状态下的架空线线长；

T_{01}，T_{02}——已知状态和待求状态下架空线的水平张力；

t_1，t_2——已知状态和待求状态下的气温。

将线长公式（7-11）表示的 L_1、L_2 代入式（7-41），得到

$$T_{02} - \frac{1}{T_{02}^2}\left(\frac{EA\cos^5\beta}{6l_1}\sum\frac{Q_{2i}^3 - Q_{2i}'^3}{p_{2i}}\right) = T_{01} - \frac{1}{T_{01}^2}\left(\frac{EA\cos^5\beta}{6l_1}\sum\frac{Q_{1i}^3 - Q_{1i}'^3}{p_{1i}}\right) - \alpha EA\cos\beta(t_2 - t_1) \tag{7-42}$$

或

$$\sigma_{02} - \frac{1}{\sigma_{02}^2}\left(\frac{E\cos^5\beta}{6l_1 A^2}\sum\frac{Q_{2i}^3 - Q_{2i}'^3}{p_{2i}}\right) = \sigma_{01} - \frac{1}{\sigma_{01}^2}\left(\frac{E\cos^5\beta}{6l_1 A^2}\sum\frac{Q_{1i}^3 - Q_{1i}'^3}{p_{1i}}\right) - \alpha E\cos\beta(t_2 - t_1) \tag{7-43}$$

令

$$\left.\begin{aligned} K_1 &= \frac{E\cos^5\beta}{6l_1 A^2}\sum\frac{Q_{1i}^3 - Q_{1i}'^3}{p_{1i}} \\ K_2 &= \frac{E\cos^5\beta}{6l_1 A^2}\sum\frac{Q_{2i}^3 - Q_{2i}'^3}{p_{2i}} \end{aligned}\right\} \tag{7-44}$$

式中　K_1，K_2——已知状态和未知状态下架空线的线长系数，其值的大小不仅与该气象条件下的荷载大小有关，而且与其作用位置有关。

将式（7-44）代入式（7-43），整理后得到孤立档架空线的应力状态方程式为

$$\sigma_{02}^2\left\{\sigma_{02} + \left[\frac{K_1}{\sigma_{01}^2} - \sigma_{01} + \alpha E\cos\beta(t_2 - t_1)\right]\right\} = K_2 \tag{7-45}$$

从式（7-45）可以看出，欲求未知状态下的水平应力 σ_{02}，关键是要计算出两种状态下的线长系数 K_1、K_2。

一、两端具有等长耐张绝缘子串时的线长系数

将线长公式（7-11）和式（7-44）对比，并注意到式（7-37），可得两端具有等长耐张绝缘子串时的线长系数为

$$\begin{aligned} K &= \frac{p_0^2 E\cos^5\beta}{24A^2 l_1}\left\{l_1^2(l_1 + 6\lambda_0) + \frac{12}{p_0^2 l}\left\{\lambda_0 l\left(\frac{GG_{J1} + GG_{J2}}{2} + \frac{G_{J1}^2 + G_{J2}^2}{3} + G_{J1}\sum_{i=1}^n q_i\right)\right.\right. \\ &\quad \left.\left. -\frac{(G_{J1} - G_{J2})\lambda_0}{2}\left[\frac{(G_{J1} - G_{J2})\lambda_0}{2} + 2\sum_{i=1}^n q_i a_i\right] + \sum_{i=1}^n(p_0 l + q_i)q_i a_i b_i + 2\sum_{i=1}^{n-1}\left(q_i a_i\sum_{j=i+1}^n q_j b_j\right)\right\}\right\} \\ &= \frac{\gamma^2 E\cos^3\beta}{24}\left\{l_1(l_1 + 6\lambda_0) + \frac{12}{W_1\gamma_\beta}\left\{\frac{\lambda_0}{A}\left[\frac{W_1(G_{J1} + G_{J2})}{2} + \frac{G_{J1}^2 + G_{J2}^2}{3A} + G_{J1}\sum_{i=1}^n \tau_i\right]\right.\right. \\ &\quad -\frac{(G_{J1} - G_{J2})\lambda_0}{2Al}\left[\frac{(G_{J1} - G_{J2})\lambda_0}{2A} + 2\sum_{i=1}^n \tau_i a_i\right] + \sum_{i=1}^n\left(\gamma_\beta + \frac{\tau_i}{l}\right)\tau_i a_i b_i \\ &\quad \left.\left. +\frac{2}{l}\sum_{i=1}^{n-1}\left(\tau_i a_i\sum_{j=i+1}^n \tau_j b_j\right)\right\}\right\} \end{aligned} \tag{7-46}$$

式中　　l，β——孤立档的档距和高差角；

G，G_{J1}，G_{J2}——架空线的荷载和两端耐张绝缘子串的荷载，$G=p_0 l_1$；

l_1，λ_0——架空线所占档距和两端耐张绝缘子串的水平投影长度，$l_1=l-2\lambda_0$，$\lambda_0=\lambda\cos\beta$，$\lambda$ 为耐张绝缘子串的实际长度；

p_0——架空线荷载集度的水平投影值，$p_0=\gamma A/\cos\beta$；

q_i，a_i，b_i——第 i 个集中荷载的量值及该荷载至左、右悬挂点 A、B 的水平距离；

E——架空线的弹性系数；

τ_i——集中荷载的单位截面重力，$\tau_i=q_i/A$；

n——集中荷载的个数；

W_1——架空线单位截面荷载，$W_1=\gamma l_1/\cos\beta$；

γ_β——架空线的水平投影比载，$\gamma_\beta=\gamma/\cos\beta$。

若两端耐张绝缘子串等长且等重，即 $G_{J1}=G_{J2}=G_J$，则

$$K=\frac{\gamma^2 E\cos^3\beta}{24}\left\{l_1(l_1+6\lambda_0)+\frac{12}{W_1\gamma_\beta}\left[\frac{\lambda_0 G_J}{A}\left(W_1+\frac{2G_J}{3A}+\sum_{i=1}^{n}\tau_i\right)\right.\right.$$
$$\left.\left.+\sum_{i=1}^{n}\left(\gamma_\beta+\frac{\tau_i}{l}\right)\tau_i a_i b_i+\frac{2}{l}\sum_{i=1}^{n-1}\left(\tau_i a_i\sum_{j=i+1}^{n}\tau_j b_j\right)\right]\right\} \tag{7-47}$$

若两端耐张绝缘子串等长、等重且无集中荷载，则

$$K=\frac{\gamma^2 E\cos^3\beta}{24}\left[l_1(l_1+6\lambda_0)+\frac{12\lambda_0 G_J}{W_1\gamma_\beta A}\left(W_1+\frac{2G_J}{3A}\right)\right] \tag{7-48}$$

二、仅一端具有耐张绝缘子串时的线长系数

作用有 n 个集中荷载，仅右悬挂点悬挂耐张绝缘子串时的线长系数为

$$K=\frac{p_0^2 E\cos^5\beta}{24A^2 l_1}\left\{l_1^2(l_1+3\lambda_0)+\frac{12}{p_0^2 l}\left[\lambda_0 lG_J\left(\frac{p_0 l_1}{2}+\frac{G_J}{3}\right)-\frac{(G_J+p_0 l_1)^2\lambda_0^2}{4}\right.\right.$$
$$\left.\left.+\lambda_0\left(G_J\sum_{i=1}^{n}q_i b_i+\lambda_0 p_0\sum_{i=1}^{n}q_i a_i\right)+\sum_{i=1}^{n}(p_0 l+q_i)q_i a_i b_i+2\sum_{i=1}^{n-1}\left(q_i a_i\sum_{j=i+1}^{n}q_j b_j\right)\right]\right\}$$
$$=\frac{\gamma^2 E\cos^3\beta}{24}\left\{l_1(l_1+3\lambda_0)+\frac{6\lambda_0 G_J}{W_1\gamma_\beta A}\left(W_1+\frac{2G_J}{3A}\right)-\frac{3\lambda_0^2(W_1+G_J/A)^2}{W_1\gamma_\beta l}\right.$$
$$+\frac{12}{W_1\gamma_\beta}\left[\frac{\lambda_0}{l}\left(\frac{G_J}{A}\sum_{i=1}^{n}\tau_i b_i+\lambda_0\gamma_\beta\sum_{i=1}^{n}\tau_i a_i\right)+\sum_{i=1}^{n}\left(\gamma_\beta+\frac{\tau_i}{l}\right)\tau_i a_i b_i$$
$$\left.\left.+\frac{2}{l}\sum_{i=1}^{n-1}\left(\tau_i a_i\sum_{j=i+1}^{n}\tau_j b_j\right)\right]\right\} \tag{7-49}$$

式中　　l_1——架空线所占档距，$l_1=l-\lambda_0$；

G_J——耐张绝缘子串的重量；

A——架空线的截面积；

其他符号的意义同前。

当无集中荷载时，式（7-49）变为

$$K=\frac{\gamma^2 E\cos^3\beta}{24}\left[l_1(l_1+3\lambda_0)+\frac{6\lambda_0 G_J}{W_1\gamma_\beta A}\left(W_1+\frac{2G_J}{3A}\right)-\frac{3\lambda_0^2(W_1+G_J/A)^2}{W_1\gamma_\beta l}\right] \tag{7-50}$$

三、 常见荷载分布情况下的线长系数

几种常见荷载分布情况下的线长系数及有关计算公式见表 7 - 3。表中计算公式均是以斜抛物线方程为基础化简而来的，由于化简近似的方法不同，还有其他的形式，这里不再介绍。

表 7 - 3　　　　　　　　　　　　弧立档应力、弧垂计算公式汇总表

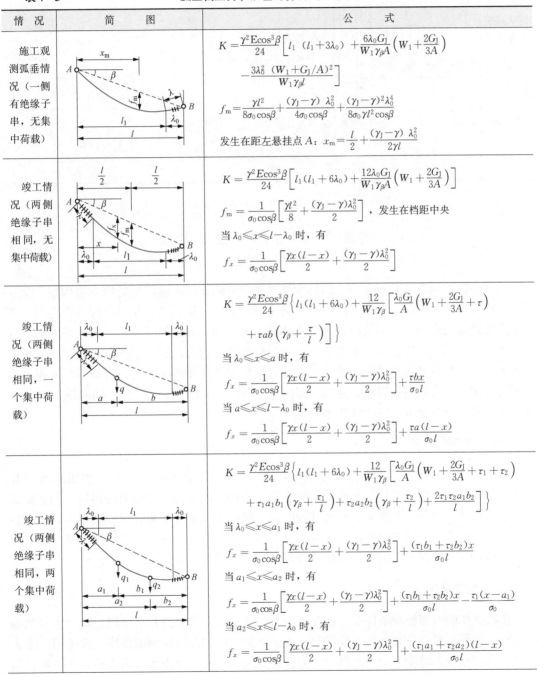

情 况	简 图	公 式
施工观测弧垂情况（一侧有绝缘子串，无集中荷载）		$K = \dfrac{\gamma^2 E \cos^3\beta}{24}\left[l_1\,(l_1+3\lambda_0) + \dfrac{6\lambda_0 G_J}{W_1\gamma_\beta A}\left(W_1+\dfrac{2G_J}{3A}\right)\right.$ $\left. - \dfrac{3\lambda_0^2\,(W_1+G_J/A)^2}{W_1\gamma_\beta l}\right]$ $f_m = \dfrac{\gamma l^2}{8\sigma_0\cos\beta} + \dfrac{(\gamma_J-\gamma)\,\lambda_0^2}{4\sigma_0\cos\beta} + \dfrac{(\gamma_J-\gamma)^2\lambda_0^4}{8\sigma_0\gamma l^2\cos\beta}$ 发生在距左悬挂点 A：$x_m = \dfrac{l}{2} + \dfrac{(\gamma_J-\gamma)\,\lambda_0^2}{2\gamma l}$
竣工情况（两侧绝缘子串相同，无集中荷载）		$K = \dfrac{\gamma^2 E\cos^3\beta}{24}\left[l_1(l_1+6\lambda_0) + \dfrac{12\lambda_0 G_J}{W_1\gamma_\beta A}\left(W_1+\dfrac{2G_J}{3A}\right)\right]$ $f_m = \dfrac{1}{\sigma_0\cos\beta}\left[\dfrac{\gamma l^2}{8} + \dfrac{(\gamma_J-\gamma)\lambda_0^2}{2}\right]$，发生在档距中央 当 $\lambda_0 \leqslant x \leqslant l-\lambda_0$ 时，有 $f_x = \dfrac{1}{\sigma_0\cos\beta}\left[\dfrac{\gamma x(l-x)}{2} + \dfrac{(\gamma_J-\gamma)\lambda_0^2}{2}\right]$
竣工情况（两侧绝缘子串相同，一个集中荷载）		$K = \dfrac{\gamma^2 E\cos^3\beta}{24}\left\{ l_1(l_1+6\lambda_0) + \dfrac{12}{W_1\gamma_\beta}\left[\dfrac{\lambda_0 G_J}{A}\left(W_1+\dfrac{2G_J}{3A}+\tau\right)\right.\right.$ $\left.\left. + \tau a b\left(\gamma_\beta+\dfrac{\tau}{l}\right)\right]\right\}$ 当 $\lambda_0\leqslant x\leqslant a$ 时，有 $f_x = \dfrac{1}{\sigma_0\cos\beta}\left[\dfrac{\gamma x(l-x)}{2} + \dfrac{(\gamma_J-\gamma)\lambda_0^2}{2}\right] + \dfrac{\tau b x}{\sigma_0 l}$ 当 $a\leqslant x\leqslant l-\lambda_0$ 时，有 $f_x = \dfrac{1}{\sigma_0\cos\beta}\left[\dfrac{\gamma x(l-x)}{2} + \dfrac{(\gamma_J-\gamma)\lambda_0^2}{2}\right] + \dfrac{\tau a(l-x)}{\sigma_0 l}$
竣工情况（两侧绝缘子串相同，两个集中荷载）		$K = \dfrac{\gamma^2 E\beta}{24}\left\{ l_1(l_1+6\lambda_0) + \dfrac{12}{W_1\gamma_\beta}\left[\dfrac{\lambda_0 G_J}{A}\left(W_1+\dfrac{2G_J}{3A}+\tau_1+\tau_2\right)\right.\right.$ $\left.\left. + \tau_1 a_1 b_1\left(\gamma_\beta+\dfrac{\tau_1}{l}\right) + \tau_2 a_2 b_2\left(\gamma_\beta+\dfrac{\tau_2}{l}\right) + \dfrac{2\tau_1\tau_2 a_1 b_2}{l}\right]\right\}$ 当 $\lambda_0\leqslant x\leqslant a_1$ 时，有 $f_x = \dfrac{1}{\sigma_0\cos\beta}\left[\dfrac{\gamma x(l-x)}{2} + \dfrac{(\gamma_J-\gamma)\lambda_0^2}{2}\right] + \dfrac{(\tau_1 b_1+\tau_2 b_2)x}{\sigma_0 l}$ 当 $a_1\leqslant x\leqslant a_2$ 时，有 $f_x = \dfrac{1}{\sigma_0\cos\beta}\left[\dfrac{\gamma x(l-x)}{2} + \dfrac{(\gamma_J-\gamma)\lambda_0^2}{2}\right] + \dfrac{(\tau_1 b_1+\tau_2 b_2)x}{\sigma_0 l} - \dfrac{\tau_1(x-a_1)}{\sigma_0}$ 当 $a_2\leqslant x\leqslant l-\lambda_0$ 时，有 $f_x = \dfrac{1}{\sigma_0\cos\beta}\left[\dfrac{\gamma x(l-x)}{2} + \dfrac{(\gamma_J-\gamma)\lambda_0^2}{2}\right] + \dfrac{(\tau_1 a_1+\tau_2 a_2)(l-x)}{\sigma_0 l}$

情 况	简 图	公 式
竣工情况（两侧绝缘子串相同，n 个集中荷载）		$K = \dfrac{\gamma^2 E \cos^3\beta}{24}\Big\{ l_1(l_1 + 6\lambda_0) + \dfrac{12}{W_1\gamma_\beta}\Big[\dfrac{\lambda_0 G_{\rm J}}{A}\Big(W_1 + \dfrac{2G_{\rm J}}{3A} + \sum\limits_{i=1}^{n}\tau_i\Big)$ $+ \sum\limits_{i=1}^{n}\tau_i a_i b_i\Big(\gamma_\beta + \dfrac{\tau_i}{l}\Big) + \dfrac{2}{l}\sum\limits_{i=1}^{n-1}\Big(\tau_i a_i \sum\limits_{j=i+1}^{n}\tau_j b_j\Big)\Big]\Big\}$ 当 $\lambda_0 \leqslant x \leqslant a_1$ 时，有 $f_x = \dfrac{1}{\sigma_0\cos\beta}\Big[\dfrac{\gamma x(l-x)}{2} + \dfrac{(\gamma_{\rm J}-\gamma)\lambda_0^2}{2}\Big] + \dfrac{\sum\limits_{j=1}^{n}\tau_j b_j}{\sigma_0 l}x$ 当 $a_{i-1} \leqslant x \leqslant a_i$ 时，有 $f_x = \dfrac{1}{\sigma_0\cos\beta}\Big[\dfrac{\gamma x(l-x)}{2} + \dfrac{(\gamma_{\rm J}-\gamma)\lambda_0^2}{2}\Big] + \dfrac{\Big(\sum\limits_{j=1}^{n}\tau_j b_j\Big)x}{\sigma_0 l} - \dfrac{\sum\limits_{j=1}^{i-1}\tau_j(x-a_j)}{\sigma_0}$ 当 $a_n \leqslant x \leqslant l-\lambda_0$ 时，有 $f_x = \dfrac{1}{\sigma_0\cos\beta}\Big[\dfrac{\gamma x(l-x)}{2} + \dfrac{(\gamma_{\rm J}-\gamma)\lambda_0^2}{2}\Big] + \dfrac{\Big(\sum\limits_{j=1}^{n}\tau_j b_j\Big)(l-x)}{\sigma_0 l}$

第五节　孤立档的控制条件

孤立档的控制条件要根据档内的具体情况进行具体分析，选用合适的方法确定。孤立档无非均布荷载作用时，可采用临界档距判定控制条件。孤立档有非均布荷载作用时，应以既满足跨越安全间距又不使应力不必要地加大为原则，确定控制条件。对小孤立档，在条件允许的情况下，应适当放松架空线，降低最大使用应力，这样不仅有利于运行，也便于施工挂线。具有非均布荷载的孤立档，因荷载作用的具体情况不同，因而不便采用临界档距的方法判定有效控制条件，通常采用试推比较法或比较折中法逐个档距确定控制条件。这类孤立档在输电线路中并不多。

一、试推比较法

首先确定出可能的控制条件，假定其中某个条件为有效控制条件，利用状态方程式（7-45）推求其他可能控制条件下的应力值。若均不超过各自的应力许用值，则假定正确。若其中某一个条件下的应力超出其限度值，则应以该条件作为有效控制条件。若有多个条件的应力超限，则以超限最多的条件作为假定控制条件，重新进行计算。必要时，可改变原假定有效控制条件的应力限度或放宽实际控制条件的应力限度。

二、比较折中法

在孤立档的可能控制条件中，存在有应力达到最大限定应力和最小限定应力相应的两种条件。例如在最大荷载下上人检修时，为保证架空线和杆塔构架的强度，应力有一个上限最大值；在最高温度下上人检修时，为保证对跨越物的安全距离，应力有一个下限的最小值。各可能控制条件下的 F_i 计算式为

$$F_i = \frac{K_i}{\sigma_{0i}^2} - \sigma_{0i} - \alpha E t_i \cos\beta \tag{7-51}$$

利用上式可以得到最大限定应力条件下的 F_a，最小限定应力条件下的 F_b。由最大限定应力条件推求出的某一气象条件下的应力，必须大于由最小限定应力条件推求出的同一气象条件下的应力，否则各限定条件是相互矛盾的。而 F_i 值大者推求出的某一气象条件下的应力小，所以必须有 $F_a \leqslant F_b$ 成立。若 $F_a \leqslant F_b$ 不成立，可采取增加杆塔高度，进一步降低最小限定应力值的方法使 F_b 增大；或采用提高杆塔和架空线强度，加大最大限定应力值的方法，使 F_a 减小，最终满足 $F_a \leqslant F_b$ 的要求。此时可在 F_a 与 F_b 之间选定一个折中的 F_m 作为控制条件，即

$$F_a \leqslant F_m \leqslant F_b \tag{7-52}$$

以 F_m 值为已知状态，利用式（7-45）即可求解任一状态 n 下的架空线应力。其方程为

$$\sigma_{0n}^2(\sigma_{0n} + F_m + \alpha E t_n \cos\beta) = K_n \tag{7-53}$$

用折中的 F_m 作为控制条件，能保证满足最大限定应力和最小限定应力的要求，且具有一定的裕度。当无最小限定应力的条件限制时，应取 F_i 中的最大者作为 F_m。

第六节　非均布垂直荷载和水平荷载共同作用下架空线的计算

在非均布垂直荷载作用下，又有横向水平风压荷载作用时，由于架空线、绝缘子串、集中荷载物的迎风面积、体形等不同，风荷载沿档距亦成非均匀分布，各不同荷载段上的综合荷载的方向可能不一致，因此架空线、绝缘子串和集中荷载物在风偏后可能不在同一个平面内，架空线为一般的空间曲线，其弧垂、应力和线长等的计算趋于复杂。

非均布垂直荷载和水平荷载共同作用下架空线的计算，仍然可用分解法。将风偏后的空间曲线及作用在其上的荷载投影到两个相互垂直的平面内（一般为水平平面和垂直平面），利用平面力系的平衡条件求出各投影平面内架空线的悬挂曲线方程、弧垂和应力，然后再进行合成。

一、风偏后非均布荷载下架空线的弧垂

设架空线上的所有荷载（包括耐张绝缘子串）的垂直分量在相当梁上任一点引起的荷载剪力为 Q_{vx}，水平分量引起的荷载剪力为 Q_{hx}，架空线顺线路方向的水平张力为 T_0，则任一点弧垂的垂直投影可仿式（7-5）直接写为

$$f_{vx} = \frac{1}{T_0} \sum_{i=0}^{k} \frac{(Q_{vi} + Q'_{vi})\Delta l_i}{2} \tag{7-54}$$

式中　Q_{vi}，Q'_{vi}——第 i 区段左、右两端的垂向荷载剪力；
　　　　Δl_i——第 i 区段荷载的作用长度。

同理，弧垂的水平投影计算式为

$$f_{hx} = \frac{1}{T_0} \sum_{i=0}^{k} \frac{(Q_{hi} + Q'_{hi})\Delta l_i}{2} \tag{7-55}$$

式中　Q_{hi}，Q'_{hi}——分别为第 i 区段左、右两端的横向水平荷载剪力。

风偏后架空线任一点的综合弧垂是该点垂直投影弧垂和水平投影弧垂的合成，即

$$f_x = \sqrt{f_{vx}^2 + f_{hx}^2} = \frac{1}{2T_0}\sqrt{\Big[\sum_{i=0}^{k}(Q_{vi}+Q'_{vi})\Delta l_i\Big]^2 + \Big[\sum_{i=0}^{k}(Q_{hi}+Q'_{hi})\Delta l_i\Big]^2} \quad (7\text{-}56)$$

二、 风偏后非均布荷载下架空线的线长

设 z 坐标轴通过左悬挂点 A 且位于水平投影平面内，其正向与 f_{hx} 同向，则风偏后的档内线长（包括耐张绝缘子串）计算式为

$$L = \int_0^l \sqrt{1 + \Big(\frac{\partial y}{\partial x}\Big)^2 + \Big(\frac{\partial z}{\partial x}\Big)^2}\,\mathrm{d}x$$

由式（7-8）推知

$$\frac{\partial y}{\partial x} = \tan\beta - \frac{Q_{vx}}{T_0} \quad (7\text{-}57)$$

$$\frac{\partial z}{vx} = \frac{Q_{hx}}{T_0} \quad (7\text{-}58)$$

所以

$$L = \int_0^l \sqrt{1 + \Big(\tan\beta - \frac{Q_{vx}}{T_0}\Big)^2 + \Big(\frac{Q_{hx}}{T_0}\Big)^2}\,\mathrm{d}x$$

$$= \int_0^l \sqrt{1 + \tan^2\beta - 2\tan\beta\frac{Q_{vx}}{T_0} + \Big(\frac{Q_{vx}}{T_0}\Big)^2 + \Big(\frac{Q_{hx}}{T_0}\Big)^2}\,\mathrm{d}x$$

$$= \frac{1}{\cos\beta}\int_0^l \sqrt{1 + \cos^2\beta\Big[\Big(\frac{Q_{vx}}{T_0}\Big)^2 + \Big(\frac{Q_{hx}}{T_0}\Big)^2 - 2\tan\beta\frac{Q_{vx}}{T_0}\Big]}\,\mathrm{d}x$$

$$= \frac{1}{\cos\beta}\int_0^l \Big\{1 + \frac{\cos^2\beta}{2}\Big[\Big(\frac{Q_{vx}}{T_0}\Big)^2 + \Big(\frac{Q_{hx}}{T_0}\Big)^2 - 2\tan\beta\frac{Q_{vx}}{T_0}\Big]$$

$$- \frac{\cos^4\beta}{8}\Big[\Big(\frac{Q_{vx}}{T_0}\Big)^2 + \Big(\frac{Q_{hx}}{T_0}\Big)^2 - 2\tan\beta\frac{Q_{vx}}{T_0}\Big]^2 + \cdots\Big\}\,\mathrm{d}x$$

通常 $\frac{Q_{vx}}{T_0}\ll 1$、$\frac{Q_{hx}}{T_0}\ll 1$，略去上式微量项，并注意到 $\int_0^l Q_{vx}\,\mathrm{d}x = 0$，上式可近似为

$$L \approx \frac{1}{\cos\beta}\int_0^l \Big[1 + \frac{1}{2}\Big(\frac{Q_{hx}}{T_0}\Big)^2\cos^2\beta + \frac{1}{2}\Big(\frac{Q_{vx}}{T_0}\Big)^2\cos^2\beta(1 - \sin^2\beta)\Big]\,\mathrm{d}x$$

$$= \frac{1}{\cos\beta}\int_0^l \Big[1 + \frac{1}{2}\Big(\frac{Q_{hx}}{T_0}\Big)^2\cos^2\beta + \frac{1}{2}\Big(\frac{Q_{vx}}{T_0}\Big)^2\cos^4\beta\Big]\,\mathrm{d}x$$

$$= \frac{l}{\cos\beta} + \frac{\cos^3\beta}{2T_0^2}\int_0^l Q_{vx}^2\,\mathrm{d}x + \frac{\cos\beta}{2T_0^2}\int_0^l Q_{hx}^2\,\mathrm{d}x$$

$$= \frac{l}{\cos\beta} + \frac{\cos^3\beta}{6T_0^2}\sum\frac{Q_{vi}^3 - Q_{vi}'^3}{p_{vi}} + \frac{\cos\beta}{6T_0^2}\sum\frac{Q_{hi}^3 - Q_{hi}'^3}{p_{hi}} \quad (7\text{-}59)$$

式中　p_{vi}，p_{hi}——第 i 区段上的垂向和横向荷载集度。

显然，风偏后架空线的线长比无风时有所增加。

三、 风偏后非均布荷载下的架空线状态方程式

架空线受垂直荷载和水平荷载同时作用时，其线路方向的水平张力 T_0 仍然处处相等，

因而其状态方程式只需将有风时的线长公式［式（7 - 59）］代入式（7 - 41）即可得到，其形式仍与式（7 - 45）相同，只是有风时线长系数采用的计算式为

$$K = \frac{E\cos^5\beta}{6l_1A^2}\sum\frac{Q_{vi}^3 - Q_{vi}'^3}{p_{vi}} + \frac{E\cos^3\beta}{6l_1A^2}\sum\frac{Q_{hi}^3 - Q_{hi}'^3}{p_{hi}} \tag{7 - 60}$$

第七节　耐张绝缘子串的水平及垂直投影长度

耐张绝缘子串的水平投影长度 λ_0 近似取值为 $\lambda\cos\beta$，对架空线弧垂和应力的计算影响很小，一般可以满足工程要求的精度。但在某些特殊情况下，如检查绝缘子串末端的间隙或所悬挂设备的位置，以及耐张绝缘子串很长而档距较小下弧垂和应力的计算等，若仍认为 $\lambda_0 = \lambda\cos\beta$，可能会产生不能容许的较大误差，这时需要比较精确地计算耐张绝缘子串的水平投影长度 λ_0 和垂直投影长度 λ_v。

一、耐张绝缘子串水平和垂直投影长度的精确计算

耐张绝缘子串是由一些不易弯曲的金具零件和绝缘子铰接组装而成。其中第 i 个部件的长度为 λ_i、荷载为 g_i，在水平张力 T_0 作用下，呈现图 7 - 5（a）所示的弦多边形形状。图中 A 为与杆塔连接点，C 为与线夹连接点。假定部件数为 n，各个部件为刚体，其长度不受张力和温度的影响。取第 i 个部件为研究对象［见图 7 - 5（b）］，列出其端点的力矩平衡方程式为

$$T_0\lambda_{iv} - (R_A - \sum_{j=i}^{n}g_j)\lambda_{0i} - \frac{1}{2}g_i\lambda_{0i} = 0$$

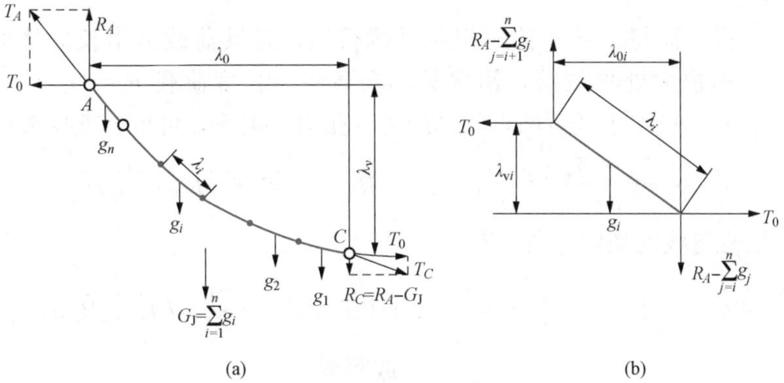

图 7 - 5　耐张绝缘子串投影长度精确计算示意图
(a) 整串受力图；(b) 单个部件受力图

或

$$T_0\lambda_{vi} = (R_A - \sum_{j=i}^{n}g_j + \frac{1}{2}g_i)\lambda_{0i}$$

又

$$\lambda_{vi}^2 = \lambda_i^2 - \lambda_{0i}^2$$

由上两式可解得

$$\lambda_{0i} = \frac{T_0 \lambda_i}{\sqrt{\left(R_A - \sum_{j=i}^{n} g_j + \frac{1}{2} g_i \right)^2 + T_0^2}}$$

$$\lambda_{vi} = \frac{\left(R_A - \sum_{j=i}^{n} g_j + \frac{1}{2} g_i \right) \lambda_i}{\sqrt{\left(R_A - \sum_{j=i}^{n} g_j + \frac{1}{2} g_i \right)^2 + T_0^2}}$$

所以整个耐张绝缘子串的水平和垂直投影长度分别为

$$\lambda_0 = \sum_{i=1}^{n} \lambda_{0i} = \sum_{i=1}^{n} \frac{T_0 \lambda_i}{\sqrt{\left(R_A - \sum_{j=i}^{n} g_j + \frac{1}{2} g_i \right)^2 + T_0^2}} \tag{7-61}$$

$$\lambda_v = \sum_{i=1}^{n} \lambda_{vi} = \sum_{i=1}^{n} \frac{\left(R_A - \sum_{j=i}^{n} g_j + \frac{1}{2} g_i \right) \lambda_i}{\sqrt{\left(R_A - \sum_{j=i}^{n} g_j + \frac{1}{2} g_i \right)^2 + T_0^2}} \tag{7-62}$$

当利用上述公式计算时，R_A 一般是未知的，这时可先假定 $\lambda_0 \approx \lambda \cos\beta$，利用本章第三节有关公式算出 R_A 的近似值，再代入式（7-61）、式（7-62）得到较准确的 λ_0、λ_v。若要求的精度较高时，可将求得的 λ_0 再代入有关公式求得新的 R_A，反复迭代直至达到满意的精度。一般 R_A 受 λ_0 的影响很小，不必多次反复运算。

二、 耐张绝缘子串水平投影长度和垂直投影长度的近似计算

1. 按悬链线计算

当绝缘子串很长而每个部件长度相对显得很短，且其荷载沿串长大体均匀分布时，可将耐张绝缘子串视为处处铰接，沿串长均布着单位长度荷载 $p_J = G_J / \lambda$ 的悬链线，如图 7-6 所示。根据悬链线上任意两点间的应力（张力）关系，可得垂直投影长度为

$$\lambda_v = \frac{T_A - T_C}{p_J} = \frac{\lambda}{G_J} \left[\sqrt{T_0^2 + R_A^2} - \sqrt{T_0^2 + (R_A - G_J)^2} \right] \tag{7-63}$$

由于张力沿悬链线的切向方向，有

$$d\lambda_x = \sqrt{1 + \left(\frac{dy}{dx} \right)^2} dx = \sqrt{1 + \left(\frac{R_x}{T_0} \right)^2} dx = \frac{1}{T_0} \sqrt{T_0^2 + R_x^2} dx$$

或写成

$$dx = \frac{T_0}{\sqrt{T_0^2 + R_x^2}} d\lambda_x$$

而

$$R_x = R_A - p_J \lambda_x$$

所以

$$d\lambda_x = -\frac{1}{p_J} dR_x$$

故有

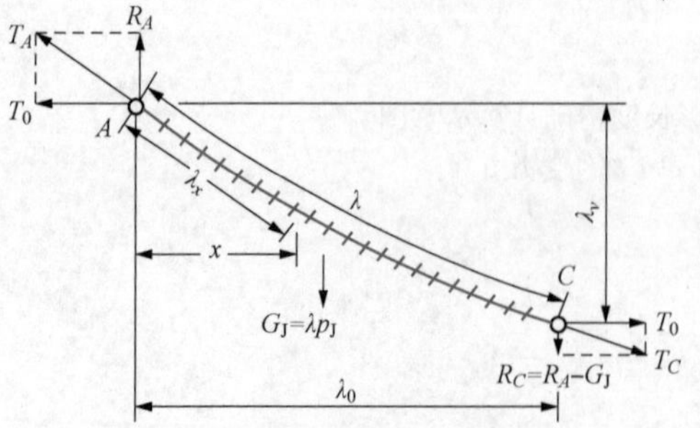

图 7-6　耐张绝缘子串投影长度
按悬链线计算示意图

$$\mathrm{d}x = -\frac{T_0}{p_\mathrm{J}\sqrt{T_0^2 + R_x^2}}\mathrm{d}R_x$$

对上式进行积分，即可求得耐张绝缘子串的水平投影长度为

$$\lambda_0 = \int_0^{x_C}\mathrm{d}x = -\frac{T_0}{p_\mathrm{J}}\int_{R_A}^{R_C}\frac{1}{\sqrt{T_0^2+R_x^2}}\mathrm{d}R_x = \frac{T_0}{p_\mathrm{J}}\Big(\mathrm{arsh}\,\frac{R_A}{T_0} - \mathrm{arsh}\,\frac{R_C}{T_0}\Big)$$

$$= \frac{T_0}{p_\mathrm{J}}\Big(\mathrm{arsh}\,\frac{R_A}{T_0} - \mathrm{arsh}\,\frac{R_A - G_\mathrm{J}}{T_0}\Big) \tag{7-64}$$

运用式（7-63）、式（7-64）计算时，R_A 的获得方法与式（7-61）中的说明相同。式（7-64）算得的 λ_0 比实际的要短一些，这是由于把弦多边形假定为悬链线的缘故。

2. 按直棒计算

在正常张力的档距内，由于架空线张力很大，耐张绝缘子串几乎被拉直。工程上计算跳线悬挂点位置时（相当于图 7-5 中的 C 点），经常把绝缘子串看作为均布荷载的刚性直棒，此时相当于式（7-61）、式（7-62）中的部件数 $n=1$ 的情况，则有

$$\left.\begin{array}{l}\lambda_0 = \dfrac{T_0\lambda}{\sqrt{\Big(R_A - \dfrac{1}{2}G_\mathrm{J}\Big)^2 + T_0^2}} = \lambda\cos\theta \\[3em] \lambda_v = \dfrac{\Big(R_A - \dfrac{1}{2}G_\mathrm{J}\Big)\lambda}{\sqrt{\Big(R_A - \dfrac{1}{2}G_\mathrm{J}\Big)^2 + T_0^2}} = \lambda\sin\theta\end{array}\right\} \tag{7-65}$$

其中，θ 为直棒绝缘子串与水平轴间的倾斜角，有

$$\theta = \arctan\Big(\frac{R_A - G_\mathrm{J}/2}{T_0}\Big) \tag{7-66}$$

利用式（7-65）算得的 λ_0 要比实际的长一些。

第八节　孤立档架空线应力弧垂计算举例

某 220kV 架空输电线路进变电站的孤立档如图 7-7 所示，档距 $l=45\mathrm{m}$，高差 $h=9\mathrm{m}$；导线采用水平排列，每相采用单根 LGJQ-300 型钢芯铝绞线，截面积 $A=335\mathrm{mm}^2$，弹性系数 $E=72590\mathrm{MPa}$，温度膨胀系数 $\alpha=20\times10^{-6}℃^{-1}$。进线架（$A$ 侧）悬挂单联 14 片 XP-70 型耐张绝缘子串，串长 $\lambda_1=2.6\mathrm{m}$。终端塔（B 侧）悬挂双联耐张绝缘子串，每联 14 片 XP-70 型绝缘子，串长 $\lambda_2=3.0\mathrm{m}$。档内距 A 悬点 $a=18\mathrm{m}$ 处装有引下线，重 $q=147.9\mathrm{N}$。档内跨越编号为 1、2、3 的旁路母线，母线高 $D=11\mathrm{m}$，间距 4m，中相距 A 悬点 10m。要求在最高气温（最大弧垂气象）和引下线处单相带

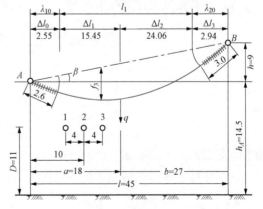

图 7-7　孤立档架空线计算图例（单位：m）

电上人检修时，导线距母线的间距 $\delta \geqslant 2.55\text{m}$；气温 $+15℃$ 上人检修时，引下线处的集中荷载总重 1643.2N。由于进线架限制，正常运行时架空线允许张力 $T_0 \leqslant 6867\text{N}$，气温 $-15℃$ 上人检修时，允许张力 $T_0 \leqslant 11770\text{N}$。基本数据见表 7-4、表 7-5，试计算架线观测、竣工时的应力和弧垂。

表 7-4 基 本 数 据 表

项目	l (m)	h (m)	$\cos\beta$	a (m)	b (m)	λ_{10} (m)	λ_{20} (m)
数据	45	9	0.98058	18	27	2.55	2.94
项目	A (mm²)	d (mm)	E (MPa)	α (℃⁻¹)	p (N/m)	$[\sigma_0]$ (MPa)	q (N)
数据	335	23.7	72590	20×10^{-6}	10.95	20.5	147.9

注 $\lambda_{10}=\lambda_1\cos\beta$；$\lambda_{20}=\lambda_2\cos\beta$。

表 7-5 气象条件数据和相应荷载

项目 气象条件	气温 (℃)	风速 (m/s)	冰厚 (mm)	绝缘子串荷载（N）						集中荷载（N）			架空线荷载集度（N/m）		
				G_{v1}	G_{h1}	G_{J1}	G_{v2}	G_{h2}	G_{J2}	q_v	q_h	q	p_v	p_h	p
最低气温	-40	0	0	801.9	0	801.9	1643.2	0	1643.2	147.9	0	147.9	10.95	0	10.95
最厚覆冰	-5	10	10	1150.2	42.8	1151.0	2300.4	59.2	2301.2	262.9	39.4	265.8	20.30	3.22	20.55
最大风速	-5	30	0	801.9	220.2	831.6	1643.2	302.3	1670.8	147.9	131.5	197.9	10.95	10.79	15.37
最高气温	+40	0	0	801.9	0	801.9	1643.2	0	1643.2	147.9	0	147.9	10.95	0	10.95
上人检修	-15	0	0	801.9	0	801.9	1643.2	0	1643.2	1643.2	0	1643.2	10.95	0	10.95

一、 计算各种情况下的线长系数

该孤立档耐张绝缘子串异长异重，需分别作出无冰无风、最大风速、覆冰有风和上人检修四种气象条件所对应的相当简支梁和相应的剪力图，将有关数据代入式（7-44），得到各种情况下的线长系数 K。

1. 无风情况下的线长系数

最低气温、最高气温对应的均为无冰无风情况，荷载大小与作用位置相同，线长系数相同，计算过程如下：

（1）计算无风无冰情况下相当简支梁上的荷载，作出相当简支梁。

$$p_0 = \frac{G_{v1}}{\lambda_{10}} = \frac{801.9}{2.55} = 314.4706(\text{N/m})$$

$$p_1 = p_2 = \frac{p}{\cos\beta} = \frac{10.95}{0.98058} = 11.167(\text{N/m})$$

$$p_3 = \frac{G_{v2}}{\lambda_{20}} = \frac{1643.2}{2.94} = 558.912(\text{N/m})$$

$$q = 147.90(\text{N})$$

相当简支梁如图 7-8（a）所示。

（2）计算无冰无风情况下相当简支梁上各点的剪力，作出剪力图。

$$R_A = \frac{1}{l}\left[\sum p_i\Delta l_i\left(\frac{\Delta l_i}{2}+b_i\right)+qb\right]$$

$$=\frac{1}{l}\left[p_0\lambda_{10}\left(\frac{\lambda_{10}}{2}+b_0\right)+p_1\Delta l_1\left(\frac{\Delta l_1}{2}+b_1\right)+p_2\Delta l_2\left(\frac{\Delta l_2}{2}+b_2\right)+p_3\lambda_{20}\left(\frac{\lambda_{20}}{2}+b_3\right)+qb\right]$$

其中

$$p_0\lambda_{10}\left(\frac{\lambda_{10}}{2}+b_0\right)=314.4706\times2.55\times\left[\frac{2.55}{2}+(45-2.55)\right]=35063.08(\mathrm{N\cdot m})$$

$$p_1\Delta l_1\left(\frac{\Delta l_1}{2}+b_1\right)=11.167\times15.45\times\left(\frac{15.45}{2}+27\right)=5991.04(\mathrm{N\cdot m})$$

$$p_2\Delta l_2\left(\frac{\Delta l_2}{2}+b_2\right)=11.167\times24.06\times\left(\frac{24.06}{2}+2.94\right)=4022.06(\mathrm{N\cdot m})$$

$$p_3\lambda_{20}\left(\frac{\lambda_{20}}{2}+0\right)=558.9116\times2.94\times\frac{2.94}{2}=2415.50(\mathrm{N\cdot m})$$

$$qb=147.9\times27=3993.30(\mathrm{N\cdot m})$$

所以

$$Q_A=R_A=\frac{1}{45}\times(35063.08+5991.035+4022.06+2415.504+3993.30)$$

$$=1144.10(\mathrm{N})$$

$$Q_0=Q_A=1144.10(\mathrm{N})$$

$$Q_0'=Q_A-G_{\mathrm{v}1}=1144.11-314.47\times2.55=342.21(\mathrm{N})$$

$$Q_1=Q_0'=342.21(\mathrm{N})$$

$$Q_1'=Q_1-p_1\Delta l_1=342.21-11.167\times15.45=169.68(\mathrm{N})$$

$$Q_2=Q_1'-q=169.68-147.9=21.78(\mathrm{N})$$

$$Q_2'=Q_2-p_2\Delta l_2=21.78-268.67=-246.89(\mathrm{N})$$

$$Q_3=Q_2'=-246.89(\mathrm{N})$$

$$Q_3'=Q_3-p_3\lambda_{20}=-246.89-1643.20=-1890.09(\mathrm{N})$$

相应的剪力图如图 7 - 8（b）所示。

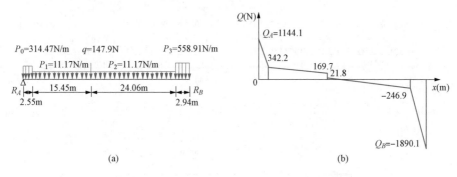

图 7 - 8　无冰无风下的相当简支梁和剪力图
（a）相当简支梁；（b）剪力图

（3）计算线长系数。对剪力图的第一区段，有

$$[Q_0^3-(Q_0')^3]/p_0=\frac{1144.11^3-342.21^3}{314.47}=4634940.72(\mathrm{N^2\cdot m})$$

同理，可得其他区段的 $[Q_i^3-(Q_i')^3]/p_i$ 分别为 3151296.73、1348616.78、12054154.51$\mathrm{N^2\cdot m}$，所以

$$K = \frac{E\cos^5\beta}{6l_1A^2}\sum\frac{Q_i^3-(Q_i')^3}{p_i}$$

$$= \frac{72590\times0.98058^5}{6\times39.51\times335^2}\times(4634940.72+3151296.73+1348616.78+12054154.51)$$

$$= 52414.89(\text{MPa})^3$$

上人检修情况的线长系数的计算过程与上述相同，仅集中荷载的大小不同。

2. 有风情况下的线长系数

最大风速和覆冰有风情况均有风荷载作用，需分别绘制垂直投影平面、水平投影平面的相当简支梁和剪力图（见图7-9和图7-10），方法同上，然后按式（7-60）计算其线长系数。

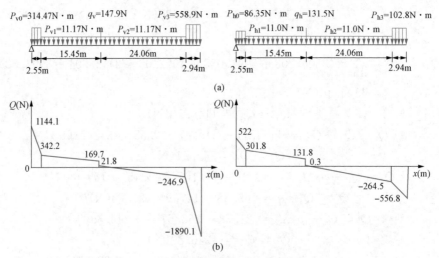

图7-9 最大风速下的相当简支梁和剪力图

(a) 相当简支梁；(b) 剪力图

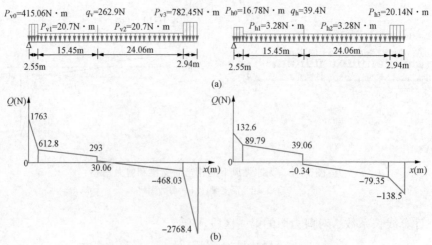

图7-10 覆冰有风下的相当简支梁和剪力图

(a) 相当简支梁；(b) 剪力矩

按相当简支梁剪力图算得的线长系数 K 列在表7-6中。

3. 线长系数的简化计算

工程上常将两端耐张串视为等长度 $\lambda_0 = (\lambda_{10} + \lambda_{20})/2$，此时 $l_1 = l - 2\lambda_0$；有风时，将综合荷载视为作用于同一平面内，这样本问题就简化为等长异重、一个集中荷载的孤立档问题，可以应用式（7-46）直接计算求解。对无冰无风情况，由于

$$\lambda_0 = \frac{\lambda_{10} + \lambda_{20}}{2} = \frac{2.55 + 2.94}{2} = 2.745(\text{m})$$

$$l_1 = l - 2\lambda_0 = 45 - 2 \times 2.745 = 39.51(\text{m})$$

$$\gamma = \frac{p}{A} = \frac{10.95}{335} = 32.687 \times 10^{-3}(\text{MPa/m})$$

$$\gamma_\beta = \frac{\gamma}{\cos\beta} = \frac{32.687 \times 10^{-3}}{0.98058} = 33.334 \times 10^{-3}(\text{MPa/m})$$

$$W_1 = \gamma_\beta l_1 = 33.334 \times 10^{-3} \times 39.51 = 1.317(\text{MPa})$$

$$\tau_1 = \frac{q}{A} = \frac{147.9}{335} = 0.4415(\text{MPa})$$

所以

$$
\begin{aligned}
K' =& \frac{\gamma^2 E \cos^3\beta}{24}\Bigg\{ l_1(l_1 + 6\lambda_0) + \frac{12}{W_1\gamma_\beta}\Bigg\{ \frac{\lambda_0}{A}\Bigg[\frac{W_1(G_{J1} + G_{J2})}{2} + \frac{G_{J1}^2 + G_{J2}^2}{3A} + G_{J1}\sum_{i=1}^{n}\tau_i \Bigg] \\
& - \frac{(G_{J1} - G_{J2})\lambda_0}{2Al}\Bigg[\frac{(G_{J1} - G_{J2})\lambda_0}{2A} + 2\sum_{i=1}^{n}\tau_i a_i \Bigg] \\
& + \sum_{i=1}^{n}\Big(\gamma_\beta + \frac{\tau_i}{l} \Big)\tau_i a_i b_i + \frac{2}{l}\sum_{i=1}^{n-1}\Big(\tau_i a_i \sum_{j=i+1}^{n}\tau_j b_j \Big) \Bigg\} \Bigg\} \\
=& \frac{32.687^2 \times 10^{-6} \times 72590 \times 0.98058^3}{24} \\
& \times \Bigg\{ 39.51 \times (39.51 + 6 \times 2.745) + \frac{12}{1.317 \times 33.334 \times 10^{-3}} \\
& \times \Bigg\{ \frac{2.745}{335}\Bigg[\frac{1.317 \times (801.9 + 1643.2)}{2} + \frac{801.9^2 + 1643.2^2}{3 \times 335} + 801.9 \times 0.4415 \Bigg] \\
& - \frac{(801.9 - 1643.2) \times 2.745}{2 \times 335 \times 45}\Bigg[\frac{(801.9 - 1643.2) \times 2.745}{2 \times 335} + 2 \times 18 \times 0.4415 \Bigg] \\
& + \Big(0.033334 + \frac{0.4415}{45} \Big) \times 0.4415 \times 18 \times 27 + 0 \Bigg\} \Bigg\} \\
=& 51347.47(\text{MPa}^3)
\end{aligned}
$$

同理，可得上人检修、最大风速和覆冰有风时的线长系数的近似值 K'，其值也列入表7-6中。表中同时给出了视 K 为精确值的 K' 的相对误差 δ_K，从中可以看出，二者之间的误差很小。

表7-6　　　　　　　　　　　各种运行情况下的线长系数

气象情况	无冰无风	最大风速	覆冰有风	上人检修
线长系数 K（MPa³）	52414.89	70141.35	133726.73	361436.85
线长系数 K'（MPa³）	51347.47	71526.83	131868.11	360900.17
误差 δ_K（%）	−2.037	1.975	−1.390	−0.148

二、 确定控制条件

1. 确定最小限定应力

架空线在最高气温和带电上人检修时，要求对旁路母线 1、2、3 的间距 $\delta \geqslant 2.55\text{m}$，故存在最小限定应力的要求，宜用比较折中法确定控制条件。

（1）最高气温确定的最小限定应力。根据具体布置情况（见图 7-6），母线 1、2、3 距悬挂点 A 的水平距离分别为 6、10、14m，母线 1 上方对应的架空线允许弧垂为

$$f_1 = h_A + x\tan\beta - D - \delta = 14.5 + 6 \times 9/45 - 11 - 2.55 = 2.15(\text{m})$$

同理，可得母线 2 允许弧垂 $f_2 = 2.95\text{m}$，母线 3 允许弧垂 $f_3 = 3.75\text{m}$。

根据无冰无风对应的相当简支梁，悬挂点 A 处的荷载剪力 $Q_A = 1144.11\text{N}$，根据式（7-4），可得允许弧垂决定的最小允许应力为

$$\sigma_{01} = \frac{T_{01}}{A} = \frac{M_x}{Af_1} = \frac{1}{Af_1}\left\{Q_A x - \left[G_{J1}\left(x - \frac{\lambda_{10}}{2}\right) + \frac{p}{\cos\beta}\frac{(x-\lambda_{10})^2}{2}\right]\right\}$$

$$= \frac{1}{335 \times 2.15} \times \left\{1144.11 \times 6 - \left[801.9 \times \left(6 - \frac{2.55}{2}\right) + \frac{10.95}{0.98058} \times \frac{(6-2.55)^2}{2}\right]\right\}$$

$$= 4.178(\text{MPa})$$

同理，得到 $\sigma_{02} = 4.184\text{MPa}$，$\sigma_{03} = 4.045\text{MPa}$。

显然，应取三个应力中的最大者，即 $\sigma_{02} = 4.184\text{MPa}$ 作为最高气温时的最小限定应力。

（2）带电上人检修确定的最小限定应力。在集中荷载处上人检修时，对架空线与母线间距的要求和最高气温时相同，故三个允许弧垂也和最高气温的相同。根据上人检修时的相当简支梁，悬挂点 A 处的荷载剪力 $Q_A = 2041.29\text{N}$，利用式（7-4），得到三个允许弧垂决定的最小允许应力分别为 $\sigma_{01} = 11.652\text{MPa}$，$\sigma_{02} = 13.262\text{MPa}$，$\sigma_{03} = 14.043\text{MPa}$。取最大者 $\sigma_{03} = 14.043\text{MPa}$，作为该情况的最小限定应力。

2. 确定最大应力限定条件并选定控制条件

可能的最大应力限定条件有最低气温、覆冰有风、最大风速和上人检修。由式（7-51）计算各可能控制条件的 F_a 值，列于表7-7，其中 F_a 值最大者（覆冰有风）为最大应力限制条件。表中同时给出了按式（7-51）计算出的两种最小限定应力相应的 F_b 值，其中最小者（上人检修）为最小应力限制条件。

表 7-7　　　　　各限定条件的 F 值

限定条件＼项目	气温（℃）	线长系数 K（MPa³）	最大限定应力（MPa）	最小限定应力（MPa）	F_a 值（MPa）	F_b 值（MPa）
最低气温	−40	52414.89	20.500	—	161.1674	—
覆冰有风	−5	133726.73	20.500	—	304.8256	—
最大风速	−5	70141.35	20.500	—	153.5219	—
上人检修	−15	361436.85	35.134	—	279.0242	—
上人检修	+15	361436.85	—	14.0433	—	1797.3140
最高气温	+40	52414.89	—	4.184	—	2933.2930

为使架空线张力和与母线的间距均有裕度，应取折中的 $F_a \leqslant F_m \leqslant F_b$（如 $F_m = 480\text{MPa}$）作为总的控制条件。本例裕度很大，可考虑进一步降低终端塔塔高，使 F_b 向 F_a 靠近，则设计更加合理。

三、计算各种情况下的实际应力

以 $F_m = 480\text{MPa}$ 作为已知控制条件，利用式（7-53）计算各种气象情况下的实际应力，见表 7-8。可以看出，架空线的应力既大于所要求的最小限定应力，又小于最大限定应力。表中同时给出了由近似线长系数算得的应力 σ_0' 和其相对误差，误差 δ_σ 均明显小于误差 δ_K，因此采用平均等长耐张串代替异长耐张串计算线长系数，在工程上是可行的。

表 7-8　　　　　　　　　　　各种运行情况下的实际应力

条件	最高气温	最低气温	覆冰有风	最大风速	上人检修（计算张力时）	上人检修（检查间距时）
σ_0(MPa)	9.7913	10.9890	16.5300	12.0270	27.2731	26.1754
σ_0'(MPa)	9.6919	10.8780	16.4166	12.1437	27.2534	26.1564
误差 δ_σ(%)	−1.0152	−1.0101	−0.6860	0.9703	−0.0722	−0.0726

四、计算架线观测应力和弧垂

当采用观测弧垂法架线时，一般紧线侧不挂绝缘子串，悬挂或暂时不悬挂引下线。待观测弧垂工作结束后，将紧线侧端的架空线割去耐张绝缘子串长度，再加挂耐张绝缘子串和引下线，此时的竣工弧垂恰好符合设计要求。本例在 B 终端塔侧紧线，暂不安装引下线。

（1）计算架线观测情况线长系数 K''（不安装引下线）。架线观测时无冰无风，A 端有耐张串，所以

$$\gamma = \frac{p}{A} = \frac{10.95}{335} = 32.687 \times 10^{-3} (\text{MPa/m})$$

$$l_1 = l - \lambda_{10} = 45 - 2.55 = 42.45 (\text{m})$$

$$W_1 = \frac{\gamma l_1}{\cos\beta} = \frac{32.687 \times 10^{-3} \times 42.45}{0.98058} = 1.415 (\text{MPa})$$

$$\gamma_\beta = \frac{\gamma}{\cos\beta} = \frac{32.687 \times 10^{-3}}{0.98058} = 33.334 \times 10^{-3} (\text{MPa/m})$$

根据式（7-50），有

$$K'' = \frac{\gamma^2 E \cos^3\beta}{24}\left[l_1(l_1 + 3\lambda_{10}) + \frac{6\lambda_{10}G_{J1}}{W_1\gamma_\beta A}\left(W_1 + \frac{2G_{J1}}{3A}\right) - \frac{3\lambda_{10}^2(W_1 + G_{J1}/A)^2}{W_1\gamma_\beta l}\right]$$

$$= \frac{(32.687 \times 10^{-3})^2 \times 72590 \times 0.98058^3}{24} \times \left[42.45 \times (42.45 + 3 \times 2.55)\right.$$

$$\left. + \frac{6 \times 2.55 \times 801.9}{1.415 \times 33.334 \times 10^{-3} \times 335} \times \left(1.415 + \frac{2 \times 801.9}{3 \times 335}\right)\right.$$

$$-\frac{3\times2.55^2\times(1.415+801.9/335)^2}{1.415\times33.334\times10^{-3}\times45}\Big]$$

$$=13196.61(\text{MPa}^3)$$

（2）计算架线弧垂常数。由于

$$\gamma_{J1}=\frac{G_{J1}}{\lambda_{10}A}=\frac{801.9}{2.55\times335}=938.72\times10^{-3}(\text{MPa/m})$$

所以
$$f'_m=\frac{\gamma l^2}{8\sigma'_0\cos\beta}+\frac{(\gamma_{J1}-\gamma)\lambda_{10}^2}{4\sigma'_0\cos\beta}+\frac{(\gamma_{J1}-\gamma)^2\lambda_{10}^4}{8\sigma'_0\gamma l^2\cos\beta}$$

$$=\frac{1}{\sigma'_0\cos\beta}\Big[\frac{\gamma l^2}{8}+\frac{(\gamma_{J1}-\gamma)\lambda_{10}^2}{4}+\frac{(\gamma_{J1}-\gamma)^2\lambda_{10}^4}{8\gamma l^2}\Big]$$

$$=\frac{1}{0.9805\sigma'_0}\Big[\frac{32.687\times10^{-3}\times45^2}{8}+\frac{(938.72-32.687)\times10^{-3}\times2.55^2}{4}$$

$$+\frac{(938.72-32.687)^2\times10^{-6}\times2.55^4}{8\times32.687\times10^{-3}\times45^2}\Big]$$

$$=\frac{10.0065}{\sigma'_0}(\text{m})$$

（3）架线观测时的应力与弧垂。采用降温法补偿初伸长，即以恒定降温 $\Delta t=20℃$ 后的应力架线。根据状态方程式（7-53），有

$$\sigma'^2_0[\sigma'_0+F_m+\alpha E(t-20)\cos\beta]=K''$$

令
$$C=F_m+\alpha E(t-20)\cos\beta=480+20\times10^{-6}\times72590(t-20)\times0.98058$$

$$=451.528+1.4236t\quad(\text{MPa})$$

应力计算公式为

$$\sigma'^2_0(\sigma'_0+C)=K''$$

给出不同的施工温度，由上式算得紧线应力 σ'_0，进而可算得 f'_m，架线观测应力和弧垂的计算结果列于表7-9。

五、计算竣工应力与弧垂

架线竣工时，架空线两侧均悬挂了绝缘子串，且安装了集中荷重（引下线），此时初伸长未放出，档内的最大弧垂作为竣工验收弧垂。首先判定最大弧垂发生位置，设 $x_M>a$，根据最大弧垂处剪应力为零，有

$$Q_A-G_{J1}-\frac{p}{\cos\beta}(x_M-\lambda_{10})-q=0$$

$$x_M=\lambda_{10}+\frac{\cos\beta}{p}(Q_A-G_{J1}-q)$$

$$=2.55+\frac{0.98058}{10.95}\times(1144.11-801.9-147.9)$$

$$=19.95(\text{m})>18(\text{m})$$

求得的 x_M 值大于 a，说明假设正确。若求得的 x_M 值小于 a，则需重设 $x_M<a$ 再计算。若再计算出的 x_M 值大于 a，则表示最大弧垂在集中荷载处。在 $x_M=19.95\text{m}$ 处相当梁上的弯矩为

$$M_{xM} = Q_A x_M - G_{J1}\left(x_M - \frac{\lambda_{10}}{2}\right) - \frac{p}{\cos\beta}\frac{(x_M - \lambda_{10})^2}{2} - q(x_M - a)$$

$$= 1144.11 \times 19.95 - 801.9 \times \left(19.95 - \frac{2.55}{2}\right)$$

$$- \frac{10.95 \times (19.95 - 2.55)^2}{2 \times 0.98058} - 147.9 \times (19.95 - 18)$$

$$= 5870.68(\text{N} \cdot \text{m})$$

竣工弧垂常数为

$$f_m = \frac{M_{xM}}{\sigma_0 A} = \frac{5870.68}{335\sigma_0} = \frac{17.5244}{\sigma_0}(\text{m})$$

应力计算公式为

$$\sigma_0^2(\sigma_0 + C) = K$$

式中的 K 应为无风无冰下的线长系数。竣工应力与弧垂的计算结果列于表 7 - 9。

表 7 - 9　　　　　　　　架线观测和竣工情况的应力与弧垂

气温 (℃)	C (MPa)	架线观测情况 $K''=13196.61$（MPa³）		竣工情况 $K=52414.89$（MPa³）	
		σ_0'(MPa)	f_m'(m)	σ_0（MPa）	f_m（m）
40	508.4721	5.0692	1.9740	10.0541	1.7430
30	494.2361	5.1406	1.9466	10.1936	1.7192
20	480.0000	5.2151	1.9188	10.3390	1.6950
10	465.7639	5.2929	1.8906	10.4908	1.6705
0	451.5279	5.3743	1.8619	10.6493	1.6456
−10	437.2918	5.4595	1.8329	10.8152	1.6203
−20	423.0558	5.5488	1.8034	10.9890	1.5947
−30	408.8197	5.6427	1.7734	11.1714	1.5687
−40	394.5836	5.7415	1.7428	11.3630	1.5422

练 习 题

1. 导出架空线悬挂曲线方程一般形式的前提条件是什么？何为相当简支梁？

2. 耐张绝缘子串的比载是如何定义的？

3. 为使问题简化，在导出孤立档架空线的弧垂、线长计算公式时，作了哪些假设？在导出孤立档的状态方程式时，作了哪些假设？

4. 判定孤立档控制气象条件的方法有哪几种？试简述其原理。

5. 从架空线计算角度来看，孤立档架线观测、竣工和长期运行三种状态之间有何主要不同？

6. 通过我国典型气象区Ⅰ区的某 110kV 线路，采用 LGJ - 185/30 型钢芯铝绞线，孤立档档距 l＝100m，采用 XP - 70 型单联耐张绝缘子串，共 8 片重 438.7N，耐张绝缘子串长 1582mm，试分别求架线施工观测和竣工时的应力、弧垂（最大设计风速为 35m/s，考虑初伸长）。

7. 某 220kV 输电线路，通过典型气象区Ⅲ区，其中一个孤立档，导线为 LGJ‐240/40 型钢芯铝绞线，采用 XP‐100 型单联耐张绝缘子串，串长 λ＝2515mm，串重 871N，孤立档档距 250m，紧线安装时气温－5℃，考虑耐张绝缘子串和初伸长的影响，试按允许过牵引长度确定施工方法（最大设计风速 25m/s）。

第八章　架空线的断线张力和不平衡张力

第一节　概　　述

架空线由于断线，在断线档的相邻档架空线具有的水平张力，称为架空线的断线张力。架空线的断线事故具有较大的破坏性，不仅使供电中断，还常使杆塔倾覆，甚至影响被跨越设施的正常运行。所以，在线路设计中要从杆塔强度和塔型布置上限制断线后事故的影响范围。

输电线路架设时，一般要求保证直线杆塔上的绝缘子串铅垂，直线杆上不出现不平衡的水平张力。但当气象条件改变时，由于耐张段内各档档距、高差、荷载等的不同，杆塔两侧架空线的水平张力不再相等。因气象条件变化，在杆塔上产生的水平张力差，称为架空线的不平衡张力。

统计分析表明，断线事故多发生于小截面架空线，300mm^2 以上架空线基本无断线，导线断线率较低，地线断线率更低，断线倒杆（塔）的基本是直线杆塔，断线原因大部分是雷击和外力破坏，无规律性可言。

计算架空线断线张力和不平衡张力的目的，是为计算杆塔强度，验算架空线不均匀覆冰、上人检修等情况下的电气间隙，校验邻档断线后跨越档的交叉跨越间距，以及检查转动横担或释放线夹是否能动作等提供依据。

在计算杆塔强度时，现行输电线路设计规范规定：10mm 及以下冰区导、地线的断线张力（或分裂导线的纵向不平衡张力）取其最大使用张力的百分数，见表 8-1；出现断线张力（或分裂导线的纵向不平衡张力）的根数，根据直线型杆塔还是耐张型杆塔，是单回路、双回路还是多回路的组合确定；不均匀覆冰情况下的导、地线的不平衡张力的取值见表 8-2，并考虑所有导、地线同时同向有不均匀覆冰的不平衡张力。

表 8-1　10mm 及以下冰区导、地线的断线张力（或分裂导线纵向不平衡张力）（%）

地形	地线	直线塔导线			耐张塔导线	
		单导线	双分裂导线	双分裂以上导线	单导线	双分裂及以上导线
平丘	100	50	25	20	100	70
山地	100	50	30	25	100	70

表 8-2　　　　　　不均匀覆冰情况的导、地线不平衡张力（%）

直线型杆塔		耐张型杆塔	
导线	地线	导线	地线
10	20	30	40

上述有关断线张力的计算规定，仅用于确定杆塔荷载，用于杆塔设计和强度校验。对于重冰区线路、邻档断线的交叉跨越间距的校验、杆塔试验以及检查转动横担或释放线夹是否能动作等，需要精确地知道断线张力和不平衡张力的情况，必须依据实际档距、高差、杆塔结构和气象等进行具体计算。

为提高输电线路的运行可靠性，近年建设的高压架空输电线路多采用固定横担和固定悬垂线夹，很少采用转动横担、压屈横担和释放线夹，因此本章仅研究固定横担、固定悬垂线夹下断线张力的计算。

第二节　固定横担固定线夹下单导线的断线张力

直线型杆塔采用悬垂绝缘子串和固定横担、固定线夹时，单根导线断落后断线档张力变为零，在另一侧同相导线拉力的作用下，杆塔向未断线侧产生挠曲，悬垂绝缘子串向未断线侧偏斜，使得未断线侧的导线比断线前松弛，张力减小。未断线侧的其余直线型杆塔也向同一方向挠曲，其上的悬垂绝缘子串向同一方向偏斜，但偏斜程度逐基减小，如图 8-1 所示。此时断线档杆塔承受的是断线冲击过程稳定后的已经衰减了的残余张力。绝缘子串越长，导线就越松弛，张力衰减就越多，残余张力就越小。直线杆塔的挠曲变形进一步增大了导线的松弛量，因而残余张力更小。

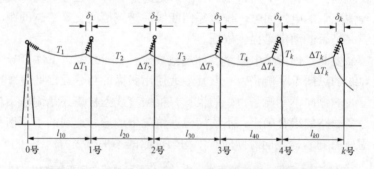

图 8-1　连续档断线后绝缘子串偏斜和杆塔挠曲情况

断线引起的悬垂绝缘子串偏斜和杆塔挠曲变形，还使未断线侧各档的档距向减小的方向变化。紧邻断线档的档距减小得最多，距断线档越远减小得越少。

残余张力的大小和档距的减小程度与断线后剩余档数有关。剩余档数是指断线档到耐张杆塔之间的档数。剩余档数越少，绝缘子串的偏斜就越严重，导线就越松弛，残余张力就越小，档距减小得越多。当断线后剩余档数仅有一档时，悬垂绝缘子串偏斜得像耐张绝缘子串一样。一般情况下，认为距断线点五档以外的导线受断线的影响很小，可以不再考虑。断线档的相邻档的残余张力最小，弧垂最大，且该力完全由断线档侧的杆塔承受，故将其定义为断线张力。

一、断线张力的有关方程及其求解

设断线前气温为 t，比载为 γ，各档水平应力为 σ_0，第 i 档的档距为 l_{i0}，高差角 β_{i0}。假设断线后气温、比载不变，第 i 档档距减小了 Δl_i 变为 l_i，水平应力变为 σ_{i0}，仿式（6-19），略去高差变化量的影响，断线后第 i 档的档距减小量为

$$\Delta l_i = \left[\frac{\gamma^2 l_{i0}^2 \cos^2\beta_{i0}}{24} \left(\frac{1}{\sigma_{i0}^2} - \frac{1}{\sigma_0^2} \right) + \frac{\sigma_0 - \sigma_{i0}}{E\cos\beta_{i0}} \right] \frac{l_{i0}}{\cos^2\beta_{i0}\left(1 + \frac{\gamma^2 l_{i0}^2}{8\sigma_{i0}^2}\right)} \tag{8-1}$$

用张力表示为

$$\Delta l_i = \left[\frac{p^2 l_{i0}^2 \cos^2\beta_{i0}}{24} \left(\frac{1}{T_i^2} - \frac{1}{T_0^2} \right) + \frac{T_0 - T_i}{EA\cos\beta_{i0}} \right] \frac{l_{i0}}{\cos^2\beta_{i0}\left(1 + \frac{p^2 l_{i0}^2}{8T_i^2}\right)} \tag{8-2}$$

式中　　p——断线前、后斜档距单位长度上的架空线荷载；

T_0，T_i——断线前耐张段内架空线的水平张力和断线后第 i 档架空线的水平张力。

断线后由于架空线张力变小，弹性伸长量也减小，故断线后档内悬线长度要比断线前缩短一些。断线后档距缩小，Δl_i 取为正。

若断线后连续档剩余 k 档，则依式（8-2）可列出 k 个方程，但含有 T_i、Δl_i（$i=1$，2，$\cdots$，k）共 $2k$ 个待求量，需再列出 k 个方程才能求解。这可以从 k 基直线杆塔上架空线悬挂点偏移量与两侧张力的关系中得到。当第 i 基杆塔架空线悬挂点作用有不平衡张力时，悬垂绝缘子串及杆塔将向大张力侧偏斜，设悬垂绝缘子串悬挂点处的杆塔挠度系数为 B，可写出架空线悬挂点偏距 δ_i 的计算式为

$$\delta_i = \Delta l_1 + \cdots + \Delta l_i = \frac{\lambda(T_i - T_{i+1})}{\sqrt{\left(P_i + \frac{G_J}{2}\right)^2 + (T_i - T_{i+1})^2}} + B(T_i - T_{i+1}) \tag{8-3}$$

式中　　λ——悬垂绝缘子串的长度，m；

G_J——悬垂绝缘子串的荷重，N；

T_i，T_{i+1}——断线后第 i 档和第 $i+1$ 档架空线的水平张力，N；

P_i——导线作用于悬挂点的垂直荷载，N。对靠近断线档的第 k 基杆塔，由于一侧导线断线落地，垂直荷载 P_v 为其近似值。

式（8-3）中的杆塔挠度系数 B 包括塔身和横担两部分，它不仅与断线的相位、杆塔类型有关，尚与未断导线和地线的支持作用有关。对于刚性较大的铁塔来说，断线后的挠度很小，一般略去不计。对架有地线的直线杆塔来说，由于地线的支持，顺线路方向的挠度较小，一般情况下也可认为 $B=0$。这样求得的断线张力要偏大一些。

利用式（8-2）、式（8-3）两组方程，按下面步骤试凑求解，即可得到断线后各档的张力。

设已知 $T_1 \rightarrow$ 式（8-2）$\rightarrow \Delta l_1$；$\delta_1 = \Delta l_1$；δ_1、$T_1 \rightarrow$ 式（8-3）$\rightarrow T_2$；$T_2 \rightarrow$ 式（8-2）$\rightarrow \Delta l_2$；$\delta_2 = \delta_1 + \Delta l_2$；$\delta_2$、$T_2 \rightarrow$ 式（8-3）$\rightarrow T_3$；$\cdots$；$T_k \rightarrow$ 式（8-2）$\rightarrow \Delta l_k$；$\delta_k = \delta_{k-1} + \Delta l_k$；$\delta_k$、$T_k \rightarrow$ 式（8-2）$\rightarrow T_{k+1} \equiv 0$。

利用上述方法试凑求解时，初值 T_1（Δl_1）的取值对计算的反复次数影响很大。残余

张力 T_1 一定小于未断线前的张力 $T_0 = \sigma_0 A$，剩余档数越多，T_1 与 T_0 的差值越小，档距的变化量 Δl_1 也越小。

二、 求解断线张力的作图法

利用计算机采用试凑法求解断线张力是很方便的。在无条件应用时，可采用图解法。固定横担固定线夹断线张力图解法如图 8-2 所示。具体做法如下：

（1）以 δ（Δl）为横坐标，T（ΔT）为纵坐标建立直角坐标系。

（2）利用式（8-2），绘制断线后各档档距变化与张力变化的关系曲线 I：$T = f(\Delta l)$。

（3）利用式（8-3），绘制断线后直线杆塔上架空线悬挂点偏移量 δ_i 与不平衡张力差 $\Delta T_i = T_i - T_{i+1}$ 的关系曲线 II：$\delta = f(\Delta T)$。

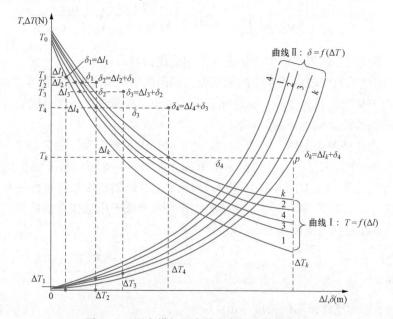

图 8-2　固定横担固定线夹断线张力图解法

当悬挂点等高等档距时，曲线 I、II 各仅有一条。

（4）图解法求解步骤。假定靠耐张塔一档的架空线张力为 T_1（见图 8-1），由 T_1 查曲线 I 中相应曲线 1，得到 Δl_1。因 $\delta_1 = \Delta l_1$，据此查曲线 II 中相应曲线 1，得到 ΔT_1，计算出 $T_2 = T_1 - \Delta T_1$。

由 T_2 查曲线 I 中相应曲线 2，找出 Δl_2，算出 $\delta_2 = \Delta l_2 + \delta_1$。由 δ_2 查曲线 II 中相应曲线 2，得到 ΔT_2，算出 $T_3 = T_2 - \Delta T_2$。

由 T_i 查曲线 I 中相应曲线 i，找出 Δl_i，算出 $\delta_i = \Delta l_i + \delta_{i-1}$。由 δ_i 查曲线 II 中相应曲线 i，得到 ΔT_i，算出 $T_{i+1} = T_i - \Delta T_i$。如此类推下去，直至算出断线相邻档的 T_k，由 T_k 查曲线 I 中相应曲线 k，得到 Δl_k，算出 $\delta_k = \Delta l_k + \delta_{k-1}$，由 δ_k 查曲线 II 中相应曲线 k，算出 ΔT_k。

如果 $T_k = \Delta T_k$，或者说 δ_k 的线段末端 P 正好落在曲线 II 中相应曲线 k 上，则假定的 T_1 正确，T_k 即为所求的断线张力；否则应重新假定 T_1，重复上述步骤直至 $T_k = \Delta T_k$ 为止。

如果 $T_k > \Delta T_k$，或者说 δ_k 线末端 P 点未到达曲线 II 中相应曲线 k，表明 T_1 设大了。

如果 $T_k < \Delta T_k$，或者说 δ_k 线末端 P 点超过曲线 II 中相应曲线 k，表明 T_1 设小了。

三、 断线档的选择原则

为保证交叉跨越在断线事故情形下，仍满足规范规定的跨越限距要求，进行校验时断线档应选在跨越档的相邻档。由于断线张力与档距大小密切相关，不同档距分布下的断线档选定原则见表 8 - 3。

表 8 - 3　　　　　　　　　　　　　　断线档选取原则

档距分布形式	档距特点	断线档选择原则
	各档档距大致相等	选在档距较多的一侧断线
	跨越档两侧的档距分别为一大一小，即 $l_3 > l_5$	选在大档距内断线
	跨越档两侧的档距一侧较大，一侧很小，且小档距的邻档为一大档距，$l_2 > l_5 > l_3$	先选在较大档距 l_5 内断线，若计算结果裕度不大，需再选在小档距内断线计算，取裕度小的情况
	跨越档一侧为大档距，且靠近非直线杆塔，$l_1 > l_3$	先假定选在多档距一边，再计算大档距一边

【例 8 - 1】　某 35kV 架空输电线路，无地线。一耐张段内共有 10 档，档距基本相等，代表档距为 $l_r = 273\mathrm{m}$，如图 8 - 3 所示。导线为 LGJ - 120/25 型，截面积 $A = 146.73\mathrm{mm}^2$，弹性系数 $E = 76000\mathrm{MPa}$；在档距 l_8 内跨越 I 级通信线，通信线高 7m，位于距 8 号杆 30m 处；直线杆塔悬挂点高 13m，挠度系数 $B = 0.0003\mathrm{m/N}$，悬垂绝缘子串长 $\lambda = 0.886\mathrm{m}$，重 233.4N。气温 $+15\text{℃}$、无风、无冰时架空线应力为 $\sigma_0 = 75\mathrm{MPa}$，自重比载 $\gamma_1 = 35.2 \times 10^{-3}$ MPa/m。试核验邻档断线后的交叉垂直距离。

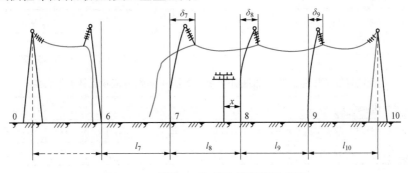

图 8 - 3　[例 8 - 1] 耐张段断线示意图

解 欲核验跨越间距，应选取邻档断线进行计算。因断线后剩余档数越少，张力衰减越严重，松弛弧垂越大，所以取档距 l_7 为断线档。

（1）作 $T = f(\Delta l)$ 曲线 I。将有关数值代入式（8 - 2），得

$$\Delta l_i = \left[82839.45 \times \left(\frac{1}{T_i^2} - \frac{1}{11004.75^2} \right) + \frac{1}{11151480} \times (11004.75 - T_i) \right] \times \frac{273}{1 + \frac{248518.35}{T_i^2}} \quad (m)$$

给出不同的 T，可求得相应的 Δl，数据示于表 8 - 4 中，曲线 I 绘制于图 8 - 4 中。

表 8 - 4 $T = f(\Delta l)$ 曲 线 计 算 表

T (N)	2500	3000	3500	4000	4500	5000	5500
Δl (m)	3.501	2.454	1.807	1.378	1.076	0.856	0.690
T (N)	6000	6500	7000	7500	8500	9500	11004.75
Δl (m)	0.560	0.456	0.371	0.300	0.187	0.100	0

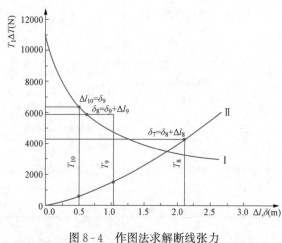

图 8 - 4 作图法求解断线张力

（2）作 $\delta = f(\Delta T)$ 曲线 II。因各档距基本相等，设垂直档距 l_v 等于水平档距 l_h，则悬挂点的垂直荷载为

$$P = \gamma_1 A l_r$$
$$= 35.20 \times 10^{-3} \times 146.73 \times 273$$
$$= 1410(N)$$

将有关数值代入式（8 - 3），得

$$\delta = 0.0003\Delta T + \frac{0.886\Delta T}{\sqrt{2330812 + \Delta T^2}}$$

给出不同的 ΔT，求出相应的悬挂点偏移量 δ，见表 8 - 5。利用该组数值作出图 8 - 4 中的曲线 II。

（3）按照作图法的步骤，根据图 8 - 4，求得各档导线的残余张力、直线杆塔承受的不平衡张力差和悬挂点偏移量，列于表 8 - 6。

表 8 - 5 $\delta = f(\Delta T)$ 曲 线 计 算 表

ΔT (N)	250	500	750	1000	1500	2000	2500
δ (m)	0.2182	0.4258	0.6157	0.7855	1.0709	1.3043	1.5062
ΔT (N)	3000	3500	4000	4500	5000	5500	6000
δ (m)	1.6896	1.8621	2.0278	2.1890	2.3474	2.5037	2.6586

表 8 - 6   各档导线的残余张力、直线杆塔承受的不平衡张力差和悬挂点偏移量

导线残余张力（N）				不平衡张力差（N）			悬挂点偏移量（m）		
T_7	T_8	T_9	T_{10}	ΔT_7	ΔT_8	ΔT_9	δ_7	δ_8	δ_9
0	4413	5907	6450	4413	1459	556	2.15	1.05	0.47

（4）核验交叉垂直距离。

由于断线张力 $T_8=4413\text{N}$，所以断线应力为

$$\sigma_0=\frac{T_8}{A}=\frac{4413}{146.73}=30.08(\text{MPa})$$

跨越点处导线的弧垂为

$$f_x=\frac{\gamma_1 x(l_8-x)}{2\sigma_0}=\frac{35.2\times10^{-3}\times30\times(273-30)}{2\times30.08}=4.265(\text{m})$$

导线对 I 级通信线的交叉距离为

$$S=13-7-4.265=1.735(\text{m})$$

该电压等级的输电线路，断线时对 I 级通信线交叉跨越距离应不小于 1m，故本例满足要求。

第三节　分裂导线的断线张力

分裂导线一相导线全断的概率很小。考虑一根子导线断线，由于未断子导线的支持，杆塔上产生的不平衡张力往往小于线路正常运行和施工紧线时杆塔上出现的最大不平衡张力。当需要比较精确计算相分裂导线的断线张力时，可采用下述方法。

如图 8-5 所示，设相分裂有 n 根子导线，耐张段内有连续 m 档，各档等高、等档距，悬垂绝缘子串长 λ、重 G_J，第 k 档相导线断线后尚剩 n' 根子导线。当一相内有子导线断裂时，断线档内的间隔棒由于承受不了断线后的张力差而被拉脱或损坏，故一般认为断线档内间隔棒不承受张力差，张力差全部作用在悬挂点上。如果档距为 l_0，断线前每根子导线的水平张力为 T_0，断线后第 i 档每根子导线的张力为 T_i。断线后断线档的档距及剩余 n' 根子导线的张力均要增加，其他档的档距及张力均减小。断线后第 i 档的档距变化量 Δl_i 与每根导线张力 T_i 的关系，仍可用式（8-2）表示。

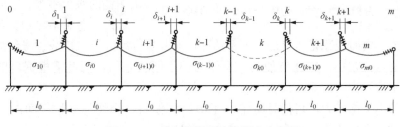

图 8-5　耐张段分裂导线断线示意图

由于分裂导线断线后，剩余子导线的支持力使杆塔的刚度大为增强，因此可以忽略杆塔的挠曲变形。断线档的非相邻档的悬挂点偏移量 δ_i 与两侧每根子导线的张力差 ΔT_i 的关系为

$$\delta_i=\frac{\lambda(T_i-T_{i+1})}{\sqrt{\left(P_i+\dfrac{G_J}{2n}\right)^2+(T_i-T_{i+1})^2}}=\frac{\lambda\Delta T_i}{\sqrt{\left(P_i+\dfrac{G_J}{2n}\right)^2+\Delta T_i^2}}\qquad(8-4)$$

断线档两侧直线杆塔上的悬挂点偏移量 δ_{k-1}、δ_k 与其两侧每根子导线张力的关系为

$$\delta_{k-1} = \frac{\lambda(T_{k-1} - T_k n'/n)}{\sqrt{\left(P_{k-1} + \dfrac{G_J}{2n}\right)^2 + \left(T_{k-1} - \dfrac{n'}{n}T_k\right)^2}} \tag{8-5}$$

$$\delta_k = \frac{\lambda(T_{k+1} - T_k n'/n)}{\sqrt{\left(P_k + \dfrac{G_J}{2n}\right)^2 + \left(T_{k+1} - \dfrac{n'}{n}T_k\right)^2}} \tag{8-6}$$

各档档距改变量 Δl_i 与悬挂点偏移量 δ_i 的关系为

$$\Delta l_i = \delta_i - \delta_{i-1} \tag{8-7}$$

根据上述各公式即可采用试凑法或图解法求解，方法同本章第二节。

第四节　线路正常运行中的不平衡张力

输电线路在架线竣工时，可以认为悬垂绝缘子串处于铅垂位置，各直线杆塔不承受架空线张力差。但在正常运行中，由于以下几种情况，会使耐张段内各档架空线的张力相差悬殊，致使直线杆塔承受较大的不平衡张力：

（1）耐张段中各档距长度、高差相差悬殊，当气象条件变化后，引起各档张力不等；

（2）耐张段中各档不均匀覆冰或不同时脱冰，因各档比载不同引起张力不等；

（3）线路在检修时，先松下某悬挂点的导线或后挂某悬挂点的导线，造成两档合为一档，将引起与相邻各档张力不等，如图 8-6 所示（图中虚线为检修前架空线的位置）；

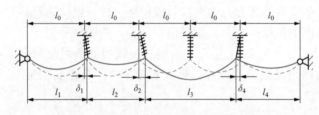

图 8-6　两档合为一档时的悬垂绝缘子串偏移

（4）耐张段某档进行飞车、绝缘爬梯等作业，集中荷载引起不平衡张力；

（5）在高差很大的山区，尤其是重冰区的连续倾斜档，山上档和山下档的张力不等。

以上各种情况中，耐张段各档不均匀覆冰或不同时脱冰是常见的较严重情况，尤其是重冰区。采用分裂导线的线路，因断线张力的规定值较小，应注意使不平衡张力小于断线张力，因此需根据可能的严重情况，进行不平衡张力的计算和校验。

架空线的不平衡张力，可使悬垂绝缘子串产生偏斜，导线与横担之间的电气间距减小，严重时靠近横担的第一个绝缘子可能会碰及杆塔构件。

影响不平衡张力的因素很多，例如耐张段内的档数、档距大小和分布、脱冰和覆冰档的多少和位置以及绝缘子串长度和导线型号等。因此在计算不平衡张力时，不可能全部情况都加以计算，只能考虑比较严重的几种情况。

计算不平衡张力时，以耐张段内连续地有半数档结冰，另半数档脱冰的情况最严重，但没有充分的运行资料表明这种情况会发生。因此对不均匀覆脱冰，通常按以下两种情况考虑：覆冰时一档为 100%，而其他档均为 50%；脱冰时一档脱冰 50%，而其他档均未脱冰。

对不均匀覆冰时重冰档位于耐张段两端档和耐张段中央档，不均匀脱冰时轻冰档位于耐张段两端档和耐张段中央档四种情形的计算表明：

（1）不论不均匀覆冰或脱冰，重冰档张力最大，弧垂也最大；轻冰档张力最小，弧垂也最小。

（2）两侧冰载不等的直线杆塔上承受的不平衡张力最大，其悬垂绝缘子串的偏移量也最大。

（3）从重冰档和轻冰档所在位置来说，位于耐张段两端档时，靠耐张杆塔的直线杆塔所受不平衡张力较大；位于耐张段中央时，轻冰档的弧垂变化量较大。

检查上下线的垂直间距时，一般假定上部导线全部覆冰（设计冰厚），下部导线靠耐张段中间较大的一档全部或部分脱冰，冰厚10～15mm时为全部覆冰的50%，冰厚20～30mm时为全部覆冰的25%。这种情形出现的可能性较大，且上下线间较为接近。

不均匀脱覆冰情况下有关参数的计算，可按照耐张段内各档应力的精确计算方法进行。需要指出，在校验间距时还要考虑覆冰突然脱落，弹性能释放产生的架空线跳跃。跳跃幅度 H 可用下面经验公式计算

$$H = (2000 - l)\Delta f \times 10^{-3} \quad (\text{m}) \tag{8-8}$$

式中　Δf——架空线脱冰前后的弧垂差，m；

　　　l——档距，m。

第五节　地线的支持力

断导线时，断线张力使悬垂绝缘子串偏斜，杆塔挠曲，杆塔顶部地线的悬挂点产生位移，地线在断线档被拉紧，起到限制杆塔挠曲的支持作用，此时的断线档的地线张力称为地线的支持力。

地线的支持力与耐张段的长度、档距大小及断线档的位置、杆塔的挠度有关。耐张段较短，档距大，断线档紧靠耐张杆塔，因耐张塔悬挂点不位移，仅有一侧的直线杆塔挠曲，则地线的支持力不大。如果耐张段较长，档距小，断线档在耐张段的中部，由于该档两侧直线杆塔挠曲且方向相反，则地线的支持力最大。对柔性直线杆塔（如无拉线的直线单杆和门型杆），地线的支持力可达导线断线张力的40%～70%，对地线线夹的握持力要求、杆塔及基础设计的影响不可忽略。

一、地线支持力对杆塔的作用

断线档两侧的直线杆塔上作用有导线的不平衡张力 ΔT_d 和地线的支持力 ΔT_b，二力的作用方向相反，如图8-7（a）所示。

杆塔可视为一端自由、一端固定的悬臂梁，其弯矩如图8-7（b）所示。曲线1、2分别是地线最大支持力和最小支持力情况下杆塔的弯矩。可以看出，地线支持力最小时，杆塔的弯矩在地面处最大，所以计算杆塔根部受弯和基础倾覆

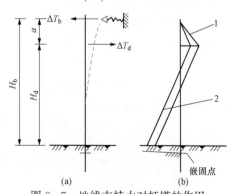

图8-7　地线支持力对杆塔的作用
（a）断线档杆塔的受力；（b）杆塔的弯矩

时，需用最小的地线支持力。地线支持力最大时，横担处的弯矩最大，所以计算横担受弯受扭时，需用最大的地线支持力。

二、 地线支持力的计算

地线支持力的精确计算是很复杂的，如果忽略非断线档直线杆塔上导线不平衡张力引起的杆顶挠度，并且不考虑导线不平衡张力与地线支持力的相互影响，则计算大为简化，其精度也可满足工程要求。

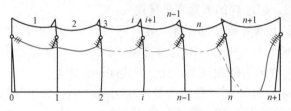

图 8 - 8　地线支持力在耐张段中的作用

假定图 8 - 8 所示耐张段的第 $n+1$ 档导线断线，导线的断线张力已经求得，现求地线对 n 号杆塔的支持力。

（1）确定断线张力和地线支持力作用下的杆顶挠度系数。

断线张力和地线支持力作用下的杆顶挠度系数 B_d 和 B_b，可分别由下两式计算

$$B_d = \frac{C_d H_b^3}{3K_0} \quad \text{(m/N)} \tag{8-9}$$

$$B_b = \frac{C_b H_b^3}{3K_0} \quad \text{(m/N)} \tag{8-10}$$

式中　H_b——地线绝缘子串悬挂点距杆塔根部嵌固处（一般取埋深的 1/3）的高度，m。

K_0——杆塔根部嵌固处的刚度，N·m^2。

C_d，C_b——与作用力位置有关的系数，对等径杆，$C_d = \frac{3}{2}\left(\frac{H_d}{H_b}\right)^2 - \frac{1}{2}\left(\frac{H_d}{H_b}\right)^3$，$C_b = 1$，对拔梢杆，根据高度比 $\frac{H_d}{H_b}$ 和刚度比 $\eta = \frac{K_0}{K_b}$，由图 8 - 9 中曲线查得；H_d 为导线悬垂绝缘子串悬挂点到杆塔根部嵌固处的高度，m；K_b 为地线悬点处的杆塔刚度，N·m^2。

（2）假设地线支持力为 ΔT_b，则 n 号杆塔上地线线夹的位移为

$$\begin{aligned} \delta_n &= \delta_d - \delta_b - \delta_J \\ &= B_d \Delta T_d - B_b \Delta T_b \\ &\quad - \frac{\lambda \Delta T_b}{\sqrt{(P_b + G_J/2)^2 + \Delta T_b^2}} \end{aligned} \tag{8-11}$$

式中　δ_n——n 号杆地线线夹的位移，偏向 0 号杆者为正，m；

δ_d，δ_b——导线断线张力 ΔT_d 和地线支持力 ΔT_b 引起的杆顶位移，m；

δ_J——地线悬垂绝缘子串的偏移量，m；

ΔT_d——导线断线张力，N；

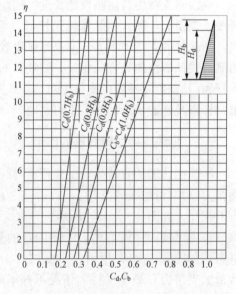

图 8 - 9　系数 C_d、C_b 的曲线

ΔT_b——地线的支持力，N；

　λ——地线悬垂绝缘子串长，m；

　G_J——地线悬垂绝缘子串的重量，N；

　P_b——地线作用于悬垂绝缘子串上的垂直荷载，N。

按式（8-11）计算时，应判别 δ_n 之正负。断线档的档距增大，δ_n 应为正值。如果计算出的 δ_n 为负，表示断线档档距缩短，那就不会有地线支持力了。原因是 ΔT_b 假定值过大，应减小后重新计算。

（3）求第 $n+1$ 档地线的张力 T_{n+1}。若 $n+1$ 号杆为耐张杆（计算较小的地线支持力），则该档档距将增加 $\Delta l_{n+1}=\delta_n$。若 $n+1$ 号杆为直线杆且在长耐张段的中部（计算较大的地线支持力），则 $\Delta l_{n+1}=2\delta_n$。

设断线前后气温相同，地线比载不变，相应单位长度荷载为 p，第 i 档水平张力分别为 T_0、T_i，仿式（8-2）得地线张力与档距变化量 Δl_i 之间的关系为

$$\Delta l_i = \left[\frac{p^2 l_{i0}^2 \cos^2\beta_{i0}}{24}\left(\frac{1}{T_0^2}-\frac{1}{T_i^2}\right)+\frac{T_i-T_0}{EA\cos\beta_{i0}}\right]\frac{l_{i0}}{\cos^2\beta_{i0}\left(1+\frac{p^2 l_{i0}^2}{8T_i^2}\right)} \quad (8-12)$$

在确定 Δl_{n+1} 后，第 $n+1$ 档地线的张力由下式确定

$$\Delta l_{n+1} = \left[\frac{p^2 l_{(n+1)0}^2 \cos^2\beta_{(n+1)0}}{24}\left(\frac{1}{T_0^2}-\frac{1}{T_{n+1}^2}\right)+\frac{T_{n+1}-T_0}{EA\cos\beta_{i0}}\right]\frac{l_{(n+1)0}}{\cos^2\beta_{(n+1)0}\left[1+\frac{p^2 l_{(n+1)0}^2}{8T_{n+1}^2}\right]}$$

$$(8-13)$$

（4）求第 n 档地线的张力 T_n。

$$T_n = T_{n+1}-\Delta T_n = T_{n+1}-\Delta T_b$$

求得的 T_n 应为整个耐张段中地线张力最小的，当然也不会比断线前的地线水平张力 T_0 大。

（5）利用式（8-12）计算第 n 档的档距变化量 Δl_n（Δl_i，$i=n$，$n-1$，…，2，1，下同），结果 Δl_i 应为负值，因为非断线档的档距减小。

（6）非断线档的地线线夹位移与档距变化量之间的关系为

$$\delta_{i-1} = \delta_i + \Delta l_i \quad (8-14)$$

（7）第 i 基杆塔的地线张力差由式（8-15）确定

$$\delta_i = \frac{\lambda\Delta T_i}{\sqrt{(P_b+G_J/2)^2+\Delta T_i^2}}+B_b\Delta T_i \quad (8-15)$$

该式适用于自第 $n-1$ 基开始递减的杆塔，式中第二项为地线张力差引起的杆顶挠度，对某些类型的杆塔（如拔梢杆）而言，其值影响甚大。

（8）第 i 档地线的张力为

$$T_i = T_{i+1}+\Delta T_i \quad (8-16)$$

从步骤（5）反复进行计算，直至 0 号耐张杆塔为止，此时应有 $\delta_0=0$。如果 $\delta_0\neq0$，则应修正原假设 ΔT_b，重新计算，直到满足要求为止。

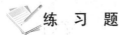 练 习 题

1. 何为断线张力？何为不平衡张力？在计算杆塔荷载时，如何确定断线张力和不平

衡张力？在校验跨越间距时，如何确定断线张力和不平衡张力？

2. 何为地线的支持力？当需要考虑地线的支持力计算杆塔的荷载时，校验杆塔根部和校验横担强度各应如何选择导线的断线档？

3. 某 110kV 架空线路，导线为 LGJ-95/20 型，某耐张段共有 10 档，无高差，档距基本相等为 $l_r=250\text{m}$，在档距 l_7 内跨越 I 级通信线，通信线高 7m，位于距 6 号杆 40m 处，如图 8-10 所示。直线杆塔悬挂点高 14m，挠度系数 $B=0.0003\text{m/N}$，悬垂绝缘子串长 $\lambda=1.322\text{m}$，重 393N。在气温 +15℃、无风时的导线应力为 $\sigma_0=66\text{MPa}$，试核验邻档断线后的交叉垂直距离。

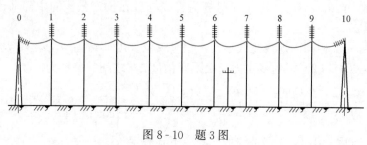

图 8-10 题 3 图

第九章　架空线的振动和防振

架空线在风、冰等因素的作用下具有不同特征的运动现象——各种类型的振动。本章介绍架空线各种振动形式，并从架空线振动的基本理论出发，着重研究较为常见、在某些地区成为线路控制条件的微风振动的有关问题。

第一节　架空线的振动形式及产生原因

由风雪作用引起的架空线振动可分为微风振动、舞动、次档距振荡、脱冰跳跃和摆动，由电磁力引起的振动可分为短路振动和电晕振动。

一、微风振动

微风振动是架空线在微风作用下产生的高频低幅的垂向振动。微风振动频率较高，一般为 $5\sim120\mathrm{Hz}$；振幅不大，峰—峰值一般在架空线直径的 3 倍以下；所需风速较小，通常在 $0.5\sim10\mathrm{m/s}$ 范围内；持续时间较长，一般为数小时，有时可达几天。

当稳定气流以速度 v 吹过圆柱体时，在圆柱体的背风侧会产生气流旋涡，它上、下交替产生且旋向相反，并以速度 v_0 不断离开圆柱体向后渐渐消失，如图 9-1 所示。当上部 A 点产生旋涡时，下部 B 点的流速大于 A 点而产生负压，圆柱体上出现向下的冲击力，反之会产生向

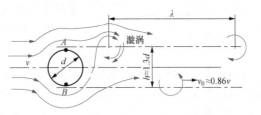

图 9-1　架空线微风振动的产生原理

上的冲击力。在上下交替的冲击力作用下，圆柱体会产生上下振动。最早研究旋涡特性的是卡门（Karman）和斯特劳哈尔（Strouhal）两人，故称之为卡门旋涡。旋涡的交替频率计算式为

$$f_\mathrm{s} = S\frac{v}{d} \qquad (9\text{-}1)$$

式中　f_s——卡门旋涡频率，Hz；

　　　v——风速，m/s；

　　　d——圆柱体（架空线）直径，mm；

　　　S——斯特劳哈尔数，$S=185\sim210$，我国一般采用 200。

当卡门旋涡的频率 f_s 与该圆柱体（架空线）的固有频率 f_n 接近时，便引起共振，产

生微风振动。

实际观测发现，微风振动发生后，尽管风速不断发生变化，但只要不超过某一范围，架空线的振动频率和旋涡频率都不变化，仍保持为架空线的固有频率，这种现象称为锁定效应或同步效应。这是由于架空线以 f_n 振动以后，气流受到架空线振动的抑制，卡门旋涡表现出相当好的顺序性，频率也为 f_n。

微风振动引起架空线疲劳断线、金具磨损和杆塔部件破坏等，必须采取防振措施。微风振动的防振设计是线路设计的一项重要内容。

二、 舞动

架空线上的覆冰断面常呈带翼状的筒形，此时若遇强风，架空线会产生低阶固有频率的自激振动，振动振幅极大，振动起来势如野马奔腾，称为奔马型振动，又称舞动。舞动频率低（0.1～3Hz）、振幅大（可达10m以上），多在导线覆冰，且有强风（10～20m/s）时发生。舞动一般较少发生，但一旦发生，持续时间较长，常为数小时。架空线截面积较大（直径大于40mm）、分裂导线根数较多、架空线离地较高，舞动较严重且概率增大。

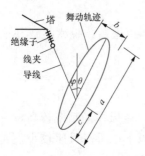

图9-2 架空线某点的理论舞动轨迹

舞动时，架空线沿水平方向、垂直方向运动，且有扭动。舞动波为进行波，架空线上某点的运动轨迹近似为垂直方向长轴的椭圆，其理论舞动轨迹如图9-2所示。

一般来说，影响导线舞动发生的因素涉及三方面：

（1）微气象条件，其中覆冰状态和风激励是直接影响因素，但温度、相对湿度等其他气象参数通过影响导线覆冰的方式，间接影响舞动的发生和强度；

（2）微地形环境，局部特殊地形环境可能使得该位置的气象条件与宏观区域截然不同，从而达到舞动易发的气象条件；

（3）线路结构参数，导线自身因素如分裂数、截面积等也会影响舞动。

目前，关于舞动产生的机理仍在研究中，但由于舞动绝大多数发生在覆冰气象，因此有两点可以肯定：风是舞动的必要条件，冰是舞动的主要因素。

舞动产生的危害是多方面的，会造成线路跳闸、导线电弧烧伤、金具损坏、导线断股、断线、倒塔等，导致大面积停电和重大经济损失。例如2018年1月23～25日，湖北地区出现大范围的强降温及风雪天气，鄂西北、鄂西南北部、江汉平原北部和鄂东北西部出现持续冻雨，冻雨在输电线路上迅速形成覆冰，在风力作用下，致使省内29条超高压、特高压线路发生舞动，其中500kV宜都—兴隆Ⅰ回线路6基直线塔倾倒。

防止舞动危害可从避舞、抗舞和抑舞三方面采取措施。设计线路时首先要考虑避开易舞区，对可能发生舞动的区段可加大相间距离或加装相间绝缘间隔棒等，对发生舞动的区段加装防舞装置等。

三、 次档距振荡

次档距振荡为分裂导线的线路所特有。为了保持子导线的间距，档距中每隔一定距离安装一个间隔棒。间隔棒之间的水平距离称为次档距。次档距振荡是风的尾流效应引起的子导线在次档距内的水平振荡，一般频率为 $1\sim5\mathrm{Hz}$，振幅介于舞动和微风振动之间，为架空线直径的 $4\sim20$ 倍。由于同一相中有多条导线，迎风面子导线的尾流效应，会使下风头的子导线产生以水平运动为主加扭转形成的椭圆轨迹振荡，水平方向为椭圆的长轴。背风侧子导线的振动又激发迎风侧子导线产生相反方向的椭圆振荡。图 9-3 表示了 4 分裂导线的典型次档距振荡的运动模式。

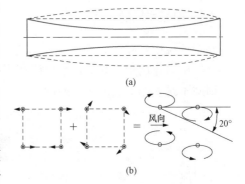

图 9-3 次档距振荡的典型模式
(a) 俯视图；(b) 典型运动模式

次档距振荡会造成分裂导线相互碰撞和鞭击，使线股磨损，在间隔棒线夹处产生疲劳断股，使间隔棒线夹松动。次档距振荡的解决措施一般是采用阻尼间隔棒，增大分裂导线的间距，缩短次档距长度，合理布置子导线位置等。阻尼间隔棒采取不等距、不对称布置，最大次档距不宜大于 70m，端次档距宜控制在 $28\sim35\mathrm{m}$。

四、 脱冰跳跃型振动

脱冰跳跃是指架空线覆冰后在气温升高、自然风力作用或人为振动敲击、机械除冰等作用下发生覆冰整档脱冰或在一档内的不同位置先后脱冰，引起架空线的跳跃和输电铁塔的振动。

脱冰不但影响架空线再覆冰过程，而且由于瞬时拉力的骤变和架空线的剧烈跳跃，架空线会发生危害很大的机械事故或电气事故。例如导线脱冰跳跃导致导地线之间或导线之间空气间隙的减小，严重时引起闪络；此外导线脱冰跳跃还对绝缘子串、金具及铁塔产生较大的动态拉力，对其产生破坏作用。

覆冰区的线路大多采用相间间隔棒，以抑制导线受到覆冰、脱冰或风力作用而引起的不同期运动，从而实现相间距离的有效控制。导线处于静止状态时，间隔棒受力等于预拉（压）力或为零；当导线脱冰产生不同期摆动时，间隔棒将承受拉力和压力的交替作用，能有效缓解脱冰跳跃幅度。

五、 受风摆动型振动

导线受稳定横向风荷作用后，产生风偏角 θ，如图 9-4 所示。风速变化，导线便以 θ 为中心在 $\theta-\alpha$ 与 $\theta+\alpha$ 之间摆动，最不利情形下，两相线间距离变为 x，若 x 不能满足相间距离的要求，将会引起相间闪络。加长横担以增大导线间距，是保证受风摆动下安全的常用办法。

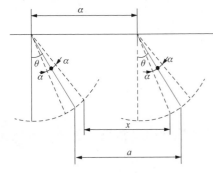

图 9-4 受风摆动型振动

六、 短路电流引起的导线振动

分裂导线在线路短路时，一相中各子导线流过同一方向的大电流，在电磁力作用下，同相的几根子导线相吸；而切断电流后，导线又在自重和拉力作用下作相反方向的运动，产生振动。

七、 电晕引起的振动

潮湿环境中，导线会产生电晕放电。随着电晕现象的激化，会将带电的水微粒子射出，反作用力作用于导线上，会引起有规律的振动。电晕振动的频率低，振幅小，危害轻微，因此不是人们特别关注的问题。

第二节　微风振动的基本理论

一、 无刚度无阻尼的架空线振动

如图 9-5 所示，某架空线路的档距为 l，水平张力为 T_0，架空线单位长度质量为 m，在重力作用下，架空线处于平衡位置。假设在此位置上，架空线发生振动，对微段 $\mathrm{d}x$，忽略重力，其受力情况如图 9-5 所示，其中 $-m\dfrac{\partial^2 y}{\partial t^2}\mathrm{d}x$ 为运动惯性力。在 x 方向上有

$$T_B\cos\alpha_B = T_A\cos\alpha_A = T_0$$

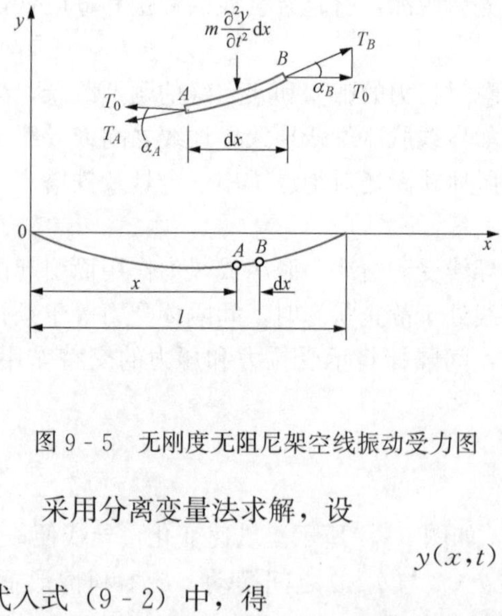

在 y 方向上有

$$T_B\sin\alpha_B - T_A\sin\alpha_A - m\frac{\partial^2 y}{\partial t^2}\mathrm{d}x = 0$$

将 $T_A=\dfrac{T_0}{\cos\alpha_A}$，$T_B=\dfrac{T_0}{\cos\alpha_B}$，$\tan\alpha_A=\dfrac{\partial y}{\partial x}$，

$\tan\alpha_B=\dfrac{\partial y}{\partial x}+\dfrac{\partial^2 y}{\partial x^2}\mathrm{d}x$ 代入上式，有

$$T_0\left(\frac{\partial y}{\partial x}+\frac{\partial^2 y}{\partial x^2}\mathrm{d}x\right)-T_0\frac{\partial y}{\partial x}-m\frac{\partial^2 y}{\partial t^2}\mathrm{d}x = 0$$

即

图 9-5　无刚度无阻尼架空线振动受力图

$$T_0\frac{\partial^2 y}{\partial x^2}=m\frac{\partial^2 y}{\partial t^2} \qquad (9-2)$$

采用分离变量法求解，设

$$y(x,t)=U(x)V(t) \qquad (9-3)$$

代入式 (9-2) 中，得

$$T_0\frac{1}{U}\frac{\mathrm{d}^2 U}{\mathrm{d}x^2}=m\frac{1}{V}\frac{\mathrm{d}^2 V}{\mathrm{d}t^2}$$

令 $a^2=T_0/m$，则

$$\frac{1}{U}\frac{\mathrm{d}^2 U}{\mathrm{d}x^2}=\frac{1}{a^2}\frac{1}{V}\frac{\mathrm{d}^2 V}{\mathrm{d}t^2}$$

上式左端与时间 t 无关，右端与位置 x 无关，因此必等于同一常数。令这个常数为 $-(\omega/a)^2$，则

$$\frac{1}{U}\frac{\mathrm{d}^2U}{\mathrm{d}x^2}=\frac{1}{a^2}\frac{1}{V}\frac{\mathrm{d}^2V}{\mathrm{d}t^2}=-\frac{\omega^2}{a^2}$$

于是

$$\left.\begin{array}{l}\dfrac{\mathrm{d}^2U}{\mathrm{d}x^2}+\dfrac{\omega^2}{a^2}U=0\\[2mm]\dfrac{\mathrm{d}^2V}{\mathrm{d}t^2}+\omega^2V=0\end{array}\right\} \tag{9-4}$$

其解为

$$U(x)=A\sin\frac{\omega}{a}x+B\cos\frac{\omega}{a}x$$

$$V(t)=C\sin\omega t+D\cos\omega t$$

$U(x)$ 是位置 x 的函数，称为主函数。将上两式代入式（9-3），得

$$y(x,t)=\left(A\sin\frac{\omega}{a}x+B\cos\frac{\omega}{a}x\right)(C\sin\omega t+D\cos\omega t) \tag{9-5}$$

其中，常数 A、B 由边界条件确定，C、D 由初始条件确定。

假定导线两端固定，则当 $x=0$ 时，$y(0,\ t)=0$；$x=l$ 时，$y(l,\ t)=0$。代入式（9-5），分别得到 $B=0$ 和 $\sin(\omega l/a)=0$，由后者知

$$\frac{\omega l}{a}=n\pi\quad(n=1,2,3,\cdots)$$

$$\omega_n=\frac{n\pi}{l}a=\frac{n\pi}{l}\sqrt{\frac{T_0}{m}}\quad(n=1,2,3,\cdots) \tag{9-6}$$

上式中的 ω_n 为架空线的固有圆频率，不同的 n 表示不同阶的固有圆频率。以固有振动频率 f_n 表示

$$f_n=\frac{\omega_n}{2\pi}=\frac{n}{2l}\sqrt{\frac{T_0}{m}}=\frac{1}{\lambda}\sqrt{\frac{T_0}{m}} \tag{9-7}$$

$$\lambda=\frac{2l}{n} \tag{9-8}$$

式中　λ——振动波波长。

从式（9-7）可以看出，导线的固有频率只与 n、l、T_0 和 m 有关，是由系统所决定的，与初始条件无关。对应不同的 n，有不同的频率 f_n，即固有频率不是一个值，而是一组值。

根据式（9-6）和 $B=0$，得主函数为

$$U_n(x)=A_n\sin\frac{n\pi}{l}x\quad(n=1,2,3,\cdots) \tag{9-9}$$

式（9-9）是 n 阶固有频率的振动主模态，在架空线长度方向上呈正弦曲线变化。当架空线以某阶固有频率振动时，可以认为

$$y_n(x,t)=\sin\frac{n\pi}{l}x(C_n\sin\omega_n t+D_n\cos\omega_n t) \tag{9-10}$$

假设导线的初始位移为零，即当 $t=0$ 时，$y_n(x,\ 0)=0$，代入式（9-10）得

$$y(x,0)=D_n\sin\frac{n\pi}{l}x=0$$

必有

$$D_n = 0$$

所以

$$y_n(x,t) = C_n \sin\frac{n\pi}{l}x \sin\omega_n t = y_0 \sin\frac{2\pi x}{\lambda}\sin\omega_n t \qquad (9-11)$$

式中　y_0——最大振幅，mm；

　　　　λ——以圆频率 ω_n 振动时的波长，m；

　　　　x——距架空线悬挂点的水平距离，m。

相应的线上各点的速度为

$$y_n'(x,t) = \omega_n y_0 \sin\frac{2\pi x}{\lambda}\cos\omega_n t = \omega_n y_0 \sin\frac{2\pi x}{\lambda}\sin\left(\omega_n t + \frac{\pi}{2}\right) \qquad (9-12)$$

各点的加速度为

$$y_n''(x,t) = -\omega_n^2 y_0 \sin\frac{2\pi x}{\lambda}\sin\omega_n t = \omega_n^2 y_0 \sin\frac{2\pi x}{\lambda}\sin(\omega_n t + \pi) \qquad (9-13)$$

从式（9-11）～式（9-13）看出，位移、速度、加速度都是时间的正弦函数，它们的变化周期相同，只是相位不同。速度超前位移 90°，加速度超前或滞后位移 180°，即与位移方向相反。

从 $\sin\frac{n\pi x}{l}$ 看出，当 $n=1$ 时，x 从 0 到 $\frac{l}{2}$ 再到 l 变化时，$\sin\frac{n\pi x}{l}$ 从 0 到 1 再到 0，是一个正弦半波。当 $n=2$ 时，x 从 0 到 $\frac{l}{4}$ 再到 $\frac{l}{2}$ 变化时，$\sin\frac{n\pi x}{l}$ 从 0 到 1 再到 0，是一个正弦半波；x 从 $\frac{l}{2}$ 到 $\frac{3l}{4}$ 再到 l 变化时，$\sin\frac{n\pi x}{l}$ 从 0 到 -1 再到 0，是又一个正弦半波。所以 n 代表档内的半波数。导线振动时，档内可以有一个半波，直到无穷多个半波。

对某一确定位置 x_0，有

$$y_n(x_0,t) = y_0 \sin\frac{n\pi}{l}x_0 \sin\omega_n t = y_x \sin\omega_n t$$

上式表明，架空线上的某点作简谐振动，振幅 $y_x = y_0 \sin\frac{n\pi x_0}{l}$。当 $x_0 = \frac{kl}{n}$（$k=0$，1，2，…）时，$y_x = 0$，这样的位置称为节点。当 $x_0 = \frac{(2k+1)l}{2n}$ 时，振幅达到最大，这样的位置称为波腹。

对某一确定时刻 t_0，有

$$y_n(x,t_0) = y_0 \sin\frac{n\pi}{l}x \sin\omega_n t_0 = y_t \sin\frac{2\pi x}{\lambda}$$

上式表明，振动波沿档距呈正弦的驻波分布，波节点、波腹的位置不变，其振幅为

$$y_t = y_0 \sin\omega_n t_0$$

二、有刚度无阻尼的架空线振动

设架空线的刚度为 EJ，水平张力为 T_0，单位长度质量为 m。由于刚度的存在，微元段 dx 上有弯矩，如图 9-6 所示。列平衡方程有

$$\sum x = 0, \; T_B\cos\alpha_B - T_A\cos\alpha_A = 0$$

$$\sum y = 0, T_B \sin\alpha_B - T_A \sin\alpha_A - m\frac{\partial^2 y}{\partial t^2}\mathrm{d}x + Q - \left(Q + \frac{\partial Q}{\partial x}\mathrm{d}x\right) = 0$$

$$\sum M_A = 0, \left(M + \frac{\partial M}{\partial x}\mathrm{d}x\right) - M - \left(Q + \frac{\partial Q}{\partial x}\mathrm{d}x\right)\mathrm{d}x - m\frac{\partial^2 y}{\partial t^2}\mathrm{d}x\frac{\mathrm{d}x}{2}$$

$$+ T_B \sin\alpha_B \mathrm{d}x - T_B \cos\alpha_B \frac{\partial y}{\partial x}\mathrm{d}x = 0$$

整理并略去高阶微量，得

$$T_0 \frac{\partial^2 y}{\partial x^2} - m\frac{\partial^2 y}{\partial t^2} - \frac{\partial Q}{\partial x} = 0$$

$$\frac{\partial M}{\partial x} - Q = 0$$

由梁的弯曲理论可得

$$M = EJ\frac{\partial^2 y}{\partial x^2}$$

所以

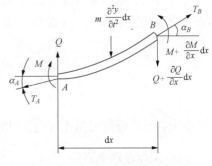

图 9 - 6 有刚度无阻尼架空
线的振动微元

$$Q = \frac{\partial M}{\partial x} = EJ\frac{\partial^3 y}{\partial x^3}$$

$$T_0 \frac{\partial^2 y}{\partial x^2} - m\frac{\partial^2 y}{\partial t^2} - EJ\frac{\partial^4 y}{\partial x^4} = 0$$

用分离变量法解此偏微分方程，设 $y(x,t) = U(x)V(t)$ ，代入上式得

$$EJ\frac{1}{mU}\frac{\mathrm{d}^4 U}{\mathrm{d}x^4} - \frac{T_0}{mU}\frac{\mathrm{d}^2 U}{\mathrm{d}x^2} = -\frac{1}{V}\frac{\mathrm{d}^2 V}{\mathrm{d}t^2}$$

上式等号左边为 x 的函数，等号右边为 t 的函数，左右两边必等于同一个常数。设这个常数为 ω^2，可得到两个常微分方程

$$EJ\frac{\mathrm{d}^4 U}{\mathrm{d}x^4} - T_0 \frac{\mathrm{d}^2 U}{\mathrm{d}x^2} = mU\omega^2$$

$$\frac{\mathrm{d}^2 V}{\mathrm{d}t^2} = -V\omega^2$$

上式的解为

$$V(t) = A\sin\omega t + B\cos\omega t$$

假设导线两端为铰支，则当 $x=0$ 时，$U=0$，$\frac{\mathrm{d}^2 U}{\mathrm{d}x^2}=0$；当 $x=l$ 时，$U=0$，$\frac{\mathrm{d}^2 U}{\mathrm{d}x^2}=0$。设

$$U(x) = U\sin\frac{n\pi x}{l} \qquad (n = 1,2,3,\cdots)$$

能满足边界条件，因此

$$EJ\left(\frac{n\pi}{l}\right)^4 \sin\frac{n\pi x}{l} + T_0\left(\frac{n\pi}{l}\right)^2 \sin\frac{n\pi x}{l} = m\omega^2 \sin\frac{n\pi x}{l}$$

所以

$$\omega_n = \frac{n\pi}{l}\sqrt{\frac{T_0}{m}}\sqrt{1 + \frac{EJ}{T_0}\left(\frac{n\pi}{l}\right)^2} \tag{9-14}$$

主模态的位移方程为

$$y_n(x,t) = U(x)V(t) = \sin\frac{nx\pi}{l}(A_n\sin\omega_n t + B_n\cos\omega_n t) \qquad (9\text{-}15)$$

式中　A_n，B_n——常数，根据初始位移和初始速度确定。

将有刚度架空线的固有频率与无刚度的比较，其比值为

$$\sqrt{1 + \frac{EJ}{T_0}\left(\frac{n\pi}{l}\right)^2} > 1 \qquad (9\text{-}16)$$

可以看出，刚度架空线的固有频率比无刚度的稍大，固有频率的阶数越高二者相差得越多。忽略刚度影响时，其误差一般不超过 5%。

第三节　微风振动强度的表示方法

微风振动的强度可用振动角和动弯应变表示。

一、采用振动角表示

1. 架空线的振动角

架空线产生稳定的微风振动时，振动波在整个档距呈驻波形式，如图 9-7 所示。架空线离开平衡位置的位移大小，在档距和时间上都可近似视为按正弦规律变化。波峰（波腹）和节点的位置不变。节点的角度位移称为振动角，可用节点处的振动波斜率来表示。由于线夹出口处的交变动应力最大，因此振动强度以线夹出口处的振动角大小来衡量。

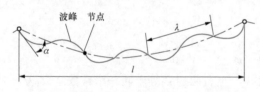

图 9-7　架空线微风振动的驻波

架空线上线夹出口附近任一点 x 处的振动方程，根据式（9-11）可写为

$$y = y_0\sin\frac{2\pi x}{\lambda}\sin\omega t \qquad (9\text{-}17)$$

式中　y_0——最大振幅，即半波中点的位移；

　　　λ——振动波的波长；

　　　x——距线夹出口处的距离；

　　　ω——振动波的角频率。

其斜率即为振动角的正切

$$\tan\alpha = \frac{\partial y}{\partial x} = \frac{2\pi y_0}{\lambda}\cos\frac{2\pi x}{\lambda}\sin\omega t$$

在线夹出口处 $x=0$，所以

$$\tan\alpha = \frac{2\pi y_0}{\lambda}\sin\omega t \qquad (9\text{-}18)$$

从式（9-18）看到，架空线振动角和时间 t 有关，在 $\sin\omega t = 1$ 时有最大值

$$\alpha_m = \arctan\frac{2\pi y_0}{\lambda} \qquad (9\text{-}19)$$

式（9-19）决定的振动角 α_m 表示了振动的严重情况，可作为振动强度的表征参数。显然 α_m 愈大，架空线在线夹出口处的弯曲程度愈严重，弯曲动应力也愈大，架空线也就愈容易产生断股。在不采用防振措施时，实际工程中的振动角一般可达 $25' \sim 35'$。

在悬挂点附近，即当 x 很小时，振幅 $y \approx y_0 \dfrac{2\pi x}{\lambda}$，则 $y_0 \approx \dfrac{\lambda y}{2\pi x}$，所以

$$\alpha_m = \arctan \frac{2\pi y_0}{\lambda} \approx \arctan \frac{y}{x} \tag{9-20}$$

测量振动时，国际上规定以距线夹出口 89mm（3.5in）处的振幅 A_{89} 作为测量标准。此时

$$\alpha_m \approx \arctan \frac{A_{89}}{89} \tag{9-21}$$

2. 振动角的允许值

振动角的允许值理应按照动态应力的允许值确定，即应根据架空线线股的疲劳应力极限来确定，但到目前为止，还没有简单实用的二者之间关系的计算公式。因此振动角的允许值是依据运行经验和试验确定的。由于架空线的平均运行应力增大时，线股的疲劳应力极限下降，因此振动角的允许值还因平均运行应力的不同而不同。振动角的允许值可参考表9-1。

表 9-1 架空线振动角的允许值（大跨越除外）

平均运行应力（抗拉强度%）	振动角允许值（′）
≤25	10
>25	5

二、采用动弯应变表示

动弯应力与动弯应变成正比，因而动弯应变比振动角更能直接反映出架空线弯曲动应力的大小。当认为振幅 A_{89} 与振动频率、波长、张力、档距和线夹有无转动无关时，A_{89} 与动弯应变之间为线性关系。测试结果表明，A_{89} 给定时，架空线在线夹处的弯曲斜率与均布荷载 p 作用下、末端挠度为 A_{89}、长为 $l=89$mm 的悬臂梁接近。根据材料力学有关公式，这种悬臂梁的固定端弯矩 $M=\dfrac{pl^2}{2}$，末端挠度 $A_{89}=\dfrac{pl^4}{8EJ}$，设其外表面到弯曲中性层的距离为 C，则其固定端的最大弯曲应变为

$$\varepsilon = \frac{MC}{EJ} = \frac{4A_{89}C}{l^2} = \frac{4A_{89}C}{89^2} = 505A_{89}C \times 10^{-6} \tag{9-22}$$

架空线外表面到弯曲中性层的距离 C 处于架空线半径与线股半径之间。测试表明，在 $A_{89} \leqslant 0.38$mm 时，线夹会限制外层线股的自由滑动，若取架空线外层线股的半径即取 $C=0.5d$，需在式（9-22）中乘以试验因数 1.4，所以测振常用的动弯应变计算式为

$$\varepsilon = \pm 1.4 \times 505 \times 0.5dA_{89} \times 10^{-6} = \pm 354dA_{89} \times 10^{-6} \tag{9-23}$$

式中 d——绞线外层股径，mm；

A_{89}——距线夹出口 89mm 处测得的相对于线夹的振动单幅值，mm。

国外有文献指出，式（9-23）可能会有 50% 的误差。国内有文献指出，常数 354 是随频率、振幅 A_{89}、架空线张力和刚度等因素变化的，建议对钢芯铝绞线取 540，对大跨越各种导线取 500。

悬垂线夹、间隔棒、防振锤等处架空线微风振动的动弯应变允许值可参考表 9-2。

表 9-2 架空线的微风振动动弯应变允许值

导线类型		钢芯（铝包钢芯）铝绞线	铝包钢绞线（导线）	铝包钢绞线（地线）	钢芯铝合金绞线	铝合金绞线	镀锌钢绞线	OPGW		
								铝合金线	铝合金与铝包钢混绞	铝包钢线
动弯应变允许值	大跨越	±100	±100	±150	±120	±120	±200	±120	±120	±150
	普通档	±150	±150	±200	±150	±150	±300	±150	±150	±200

第四节 用能量平衡原理估算振动幅值

一、能量平衡原理

架空线振动时，一方面由风力输入给系统振动的能量，另一方面体系内的阻尼消耗一部分能量。当两种能量达到平衡状态时，架空线具有稳定的振动幅值。

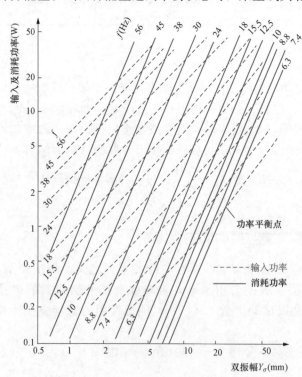

假定架空线的规格型号、张力以及档距长度已知，在整个档距上的风速稳定而均匀，架空线以正弦驻波振动，振动频率 f 采用对数坐标，此时风输给架空线的能量与振幅之间的关系如图 9-8 中虚线所示，架空线消耗的能量与振幅之间的关系如图 9-8 中实线所示，其相同频率的交点为能量平衡点，即可知该频率下的架空线稳定振动双振幅 Y_0。

架空线张力增大时，股间的压力增大，股间难以产生动弯时的滑动摩擦耗能，阻尼作用下降；另外，张力增大时波长变大，阻尼功率会进一步降低，所以功率平衡点的位置随张力的不同而不同。档距不同时，功率平衡点的位置也不同。

图 9-8 振动功率平衡点

二、振幅频率曲线

根据图 9-8，给定一个频率，就可找到一个功率平衡点，进而得到双振幅 Y_0。将各个频率所对应的振幅汇集起来，就可绘出架空线的振幅频率曲线，如图9-9中实线所示。从图中可以看出，部分低频段上的振幅较大，这是由于低频的阻尼功率较低所致。

若已知架空线悬挂点的允许动弯应变 ε（外层铝股通常为 $\pm 100\mu_\varepsilon$），可以求得相应的允许振幅与频率之间的临界曲线，如图9-9中虚线所示。实际振幅高于临界曲线时，表明需要采取防振措施，降低实际振幅至允许振幅以下。

三、 防振措施下的振幅

架空线在正常的使用张力下，单根普通架空线靠自身的阻尼一般不能使其振幅维持在安全水平之内，需要采取防振措施增加能量消耗，降低振动幅值。

如图9-10所示，在某频率下外部风输入给架空线的功率为 P_W，无防振措施时架空线的自阻尼耗能功率为 P_Z，两者的功率平衡点对应的振幅为较大的 Y_a。采取防振措施后，防振装置增加了额外的功率消耗 P_F，总耗能功率曲线 P_Z+P_F 与输入功率曲线 P_W 的平衡点下移至 b 点，振幅相应降至 Y_b 的安全水平。

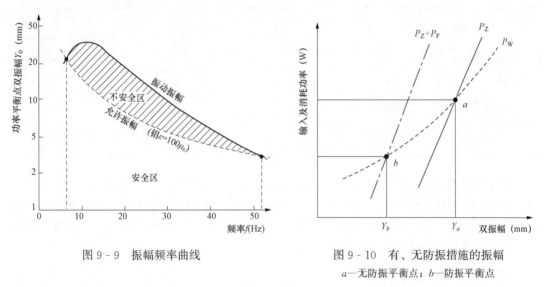

图9-9 振幅频率曲线

图9-10 有、无防振措施的振幅

a—无防振平衡点；b—防振平衡点

第五节 影响微风振动的主要因素

影响微风振动的因素主要有风速和风向、地形和地物、架空线结构和材料、档距长度和悬挂高度、悬挂体系以及架空线使用张力等。

一、 风速和风向

风作用于架空线上，输入一定的风能，使其发生振动。输入的能量与风速二次方成正比。风速较小时，输入的能量不足以克服架空线系统的运动阻力，因此引起架空线振动的风速有一下限值，一般取 0.5m/s。当风速增大，其不均匀性增加到一定程度时，由于卡门旋涡的稳定性受到破坏，致使架空线振动减弱甚至停止，因此振动风速有一上限值，一般取 5m/s，大跨越和高塔可取 7～10m/s。

风向对架空线的振动有很大影响。当风向与架空线的夹角在 45°～90°之间时，在微风振动风速范围内，可以观察到架空线的稳定振动。当夹角在 30°～45°之间时，振动的时间较短，且时有时无而不持续。当夹角小于 20°时，由于风输入的能量不足，所以基本上观察不到架空线的振动。

二、 地形和地物

风速的均匀性与方向的恒定性，是保持架空线持续振动的必要条件。当线路通过开阔的平原地区，其地面的粗糙度小，对气流的扰乱作用小，气流的均匀性和方向性均不容易受到破坏，所以容易使架空线持续稳定振动。若地形起伏错综崎岖，或有高低建筑物、森林，地面粗糙度加大，破坏了气流的均匀性和方向的恒定性，因而架空线不易振动或持续振动，而且振动强度降低。苏联地区的地形条件与振动强度的统计资料（见表 9-3），较好地说明了这一问题。

表 9-3　　　　　　　　　　苏联地形与振动强度资料统计表

地区地理条件	相对于开阔地带最大振幅的倍数	最大振动角 α_{max} （′）	一年内振动大于 5′相对振动持续时间比
大跨越（档距 500～1500m）	1.3～1.4	35～45	0.35～0.50
平坦开阔地带（档距 200～500m）	1.0	25～35	0.2～0.35
稀疏的矮树林，地形崎岖的地区，或房屋建筑区（档距 150～300m）	0.5～0.7	15～20	0.08～0.15
树高超过导线悬挂点的森林地区	0.1～0.2	5～10	0.02～0.05

虽有些因素对架空线的振动可起消振作用，但在线路上作为一种有效保护意义不大，而且也很难衡量其影响程度，因而除个别穿过森林或大城市的线路外，一般线路是不考虑这一有利影响的。但是对线路个别档距或一段路径，如果处在风口或江面、湖面、海面等，都要加强防振措施，以保证线路可靠运行。

三、 架空线结构和材料

1. 架空线截面形状和表面状况的影响

当架空线是一个圆形截面的柱体时，气流在其背面形成上下交替的卡门旋涡，引起振动。若架空线为非圆形截面，如三股线制成的绞线，因这种结构破坏了卡门旋涡的稳定频率，其振动情况就较轻微，但这种结构不适于工程使用。

架空线表面愈光滑，愈易发生微风振动。例如英国塞文河跨越，跨距 1620m，为改善运行中出现的严重舞动造成的混线事故，在导线上缠绕塑料带，使导线表面更为光滑，结果虽消除了导线的舞动现象，但增强了导线的微风振动，迫使增加防振锤数量，由 7 个增为 9 个。由此经验来看，在微风振动严重的地区，不宜采用光滑导线。

2. 架空线股丝、股数和直径的影响

架空线的股数多和层数多，有较高的自阻尼作用，能消耗更多的能量，使之不易振动或降低振动强度，因此选用多股多层结构的架空线有利于防振。此外，在同样截面积下，股数愈多，股线直径必然愈小。对于同一允许振动应力值，小的股线直径可允许较大的弯曲幅值，或者说在同一弯曲幅值下，有较小的弯曲动应力。

架空线直径对振动的影响，有关资料的看法不尽一致。一般认为，在相同振幅下，直径小的，风输入的相对功率要大些。统计资料也表明，架空线的直径越小，疲劳断股的比例越高。因此在档距条件相同时，架空线的直径越小越要重视架空线的防振。

3. 架空线材料的影响

通常，线材的疲劳极限并不按其破坏强度的增大成比例增大，二者的比值反而随破坏强度的提高而下降，如高强度钢丝，其疲劳极限约为其破坏强度的28%，而特高强度的钢丝，这个比值就降到24%。因而在工程中用相同的平均运行应力安全系数，从振动方面看并不具有同等的安全性。

另外，架空线所用材料的质量越小，其振动越严重。这是由于风速相同时，输入两个相同直径的圆柱体的能量相同，或者说两圆柱体产生相同的上扬力，质量小的获得的加速度大，振幅必然要大些。从振动频率来看，其他因素相同时，单位长度质量大的架空线的振动频率要低一些。所以铝绞线、铝钢比大的钢芯铝绞线的振动，要比钢绞线、铝钢比小的钢芯铝绞线严重。

4. 分裂导线和间隔棒的影响

与单导线相比，分裂导线本身的结构特点，改变了其周围的气流状况，从而削弱了振动能量；间隔棒的阻尼，增大了对导线振动能量的消耗；间隔棒对子导线的相互牵制，迫使其作同步振动，因此分裂导线的振动强度和持续时间都大为减小。子导线根数越多，消振效果越好。据IEEE介绍，4分裂导线的振幅可比单导线的降低83%~90%。西北电力设计院实测330kV水平2分裂导线的振幅为单导线的33%~60%。东北电力设计院的试验表明，4分裂导线安装间隔棒时，线夹出口处导线的动弯应变为不装间隔棒时的60%左右。为有效利用间隔棒，应采取不等距安装，档内各次档距应不相等，以免波节点落在间隔棒上。

四、 档距长度和悬挂高度

一般认为，风输给架空线的能量与档距长度成正比，即档距越大，风输入能量就越大。同时档距增大，半波数凑成整数的概率也增加。此外，档距长度增大，架空线悬挂高度随之增高，振动风速范围上限也相应提高。由于这些原因，架空线振动的概率、频率和持续时间都因档距增大而增大。

架空线离地愈高，气流的均匀性受地面粗糙度的干扰影响愈小。由于可致振动的风速范围加大，使得架空线发生振动的概率增加，同时也使架空线的振频与振幅加大。此风速上限值，可按下列经验公式计算

$$v_h = 0.0667h + 3.333 \quad (\text{m/s}) \tag{9-24}$$

式中　h——架空线离地高度，m。

五、 悬挂体系

在档距端部，架空线通过绝缘子串与杆塔横担相连，这些部件的阻尼对架空线振动的强度有很大影响。架空线振动时，绝缘子串各元件间产生相对位移和摩擦，横担产生变形，消耗掉一部分振动能量，减轻了振动的危害。运行实践表明，悬垂绝缘子串和针式绝

缘子相比，刚度较小的木杆和刚度大的铁塔相比，刚度较小的横担端部和刚度较大的杆顶相比，酒杯铁塔的边横担和中横担相比，前者的架空线振动强度小，断股数少。国外对一条 345kV 线路的实测结果表明，边相导线的振动强度比中相的要低 10% 以上；另一条水平排列的木杆针式绝缘子线路，横担上的边相导线的断股为 0.6%，而杆顶中相导线的断股数竟高达 30%。

六、 架空线张力

架空线张力对振动的影响有如下两个方面。

1. 对振动频率的影响

从 $f_n = \dfrac{n}{2l}\sqrt{\dfrac{T_0}{m}}$ 可以明显看出，张力 T_0 增大频率也就增高，单位时间内振动次数多了。如果以耐振次数衡量架空线疲劳极限，则其疲劳寿命短了，这对线路长期运行是不利的。

2. 对疲劳极限的影响

架空线经常承受静态应力和动态应力的作用。静态应力包括架空线张拉应力，线股绞制后产生的残余应力，架空线弯曲所产生的弯曲应力等。动态应力由架空线的振动所引起，对架空线强度的影响远大于静态应力，是引起架空线断股继而断线的根本原因，必须将交变动态应力值限制在架空线的疲劳极限应力以内。架空线所用线材的疲劳极限应力与材料有关，还与平均运行应力有关，其数值可据古德曼（Goodman）图算得，即

$$\sigma_t = \sigma_a \left(1 - \frac{\sigma_m}{\sigma_p}\right) \tag{9-25}$$

式中　　σ_t——线材在静态应力 σ_m 作用下的疲劳极限应力，MPa；

　　　　σ_a——线材静态应力为零时的疲劳极限应力，MPa；

　　　　σ_m——线材承受的静态应力，MPa；

　　　　σ_p——线材的抗拉强度，MPa。

从式（9-25）可以看出，承受的静态应力越高，则疲劳极限应力越低，在同样振动条件下，静态应力大的也就更容易发生断股。如果考虑线材绞制成架空线以及架空线安装在悬垂线夹中所受的作用，疲劳极限还要进一步降低。如铝线材的抗拉强度 $\sigma_p = 169MPa$，无静态应力时疲劳极限应力 $\sigma_a = 57MPa$（相当于振动 10^8 次），当静态应力 $\sigma_m = 0.3\sigma_p$ 时，按式（9-25）计算的疲劳应力 $\sigma_t = 40MPa$，为原来数值的 70%。考虑绞制成架空线后，该数值还要降低 20%～50%，如果再考虑安装于线夹中的影响，输电线路架空线铝股的疲劳极限只能取 10～20MPa。

结合国内外线路实际运行经验来看，提高架空线张力，容易使其过早发生疲劳而导致断股或断线，对线路运行是不利的。但并不等于说应无限制地降低导线张力，因为即使张力降到很小，只要条件适当，亦会发生振动，只是振动强度降低和振动时间减少。另外，导线张力减少将使线路档距减小或杆塔增高，线路投资增大，这是不经济的。因此架空线使用的平均运行应力和采用的相应防振措施，应既使线路运行安全，又能降低建设投资。

第六节　微风振动的防振设计

在整个档距内，不管架空线以何种波长和频率振动，都以两端固定点即线夹出口处的架空线受损最为严重。主要原因是：

（1）线夹出口处的架空线始终是一个节点，角度位移大。

（2）线夹本身转动不太灵活，在悬挂点容易形成死点，振动波不容易通过线夹传向相邻档，除部分反射外，振动的绝大部分能量集中消耗在线夹出口处的架空线上。

（3）悬挂点处架空线具有较大的静应力，允许的疲劳极限应力较低，使线夹出口处的导线最容易疲劳破坏，引起断股甚至断线，或造成金具损坏。

当架空线微风振动的强度超过允许水平（如疲劳寿命 40 年）时，必须采取防振措施降低动弯应力和振动持续时间，以保护线夹出口处的架空线。

一、常用防振措施

1. 防振锤

防振锤是目前使用较广泛的一种积极防振措施，对减弱或消除架空线振动危害的效果显著，可以将振动的最大双倍振幅降低至十几分之一。使用时，防振锤通过其线夹固定于架空线上，当架空线发生振动时，防振锤上下运动，利用重锤的惯性，使钢绞线产生内摩擦消耗架空线的大部分振动能量，空气对重锤的阻尼消耗一部分能量，防振锤线夹处消耗和反射一部分能量。根据能量平衡原理，防振锤的能量消耗可使微风振动的强度降低。

根据对架空线路导线振动的调查，某线路未装防振锤的悬挂点有 1098 处，2 年内断股322 处，占 29.3%；加防振锤的悬挂点 1125 处，2 年内断股的仅占 0.44%。另一条线路，装了防振锤后，最大双倍振幅降低至 1/14 左右。对某线路进行测振，档距在 400~566m，当无防振锤时振幅很大，测振仪达到指示极限，实际振动角超过 30′以上，而且持续振动时间长达 18~20h，可以看出振动是激烈的。当安装一个防振锤后，振动几乎可以略去。

但如果选择的防振锤型号不当，或安装位置不对，或个数过多或过少，就不但起不到防振锤应有的作用，甚至适得其反。例如，防振锤过重会使该锤安装处架空线出现"死点"，发生断股；过轻，则不仅不能抑制架空线振动，还将导致防振锤自身破坏。位置不当，不可能充分发挥防振锤的作用，达不到减轻导线振动的目的。例如某线路地线为GJ-50 型，档距 200~260m，每档每侧装了 2 个防振锤，只运行了 3~6 个月，即在档距内侧防振锤线夹处出现了大量断股。

2. 阻尼线

在架空线悬垂线夹两侧或耐张线夹出口一侧，装上与架空线同型号或其他型号的单根线或部分双根线并在一起的连续多个花边，起阻尼防振作用，这些花边称为阻尼线。阻尼线通常与防振锤配合，用于输电线路大跨越。我国大跨越常用的两种阻尼线如图 9-11所示。

阻尼线是一种结构简单但理论计算极为复杂的分布型消振器。架空线振动时，固定在

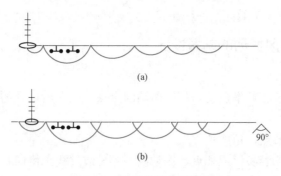

图 9-11　阻尼线的几种形式

(a) 垂直悬挂；(b) 交叉悬挂

架空线上的阻尼线相继振动，架空线及阻尼线本身线股之间产生摩擦，消耗部分能量；另一些振动能量由振动波通过阻尼线与架空线的连接点，发生反复折射，使档内的稳定振动遭到破坏，振动能量逐渐消耗掉。同防振锤比较，阻尼线的主要特点是：

（1）质量轻，不容易在固定点形成"死点"。

（2）取材方便，且便于通过调整花边改变固有频率，其固有频率较多。

（3）在高频时，其耗能效果较防振锤好，但在低频时不如防振锤。

（4）现场实测表明，阻尼线的耗能特性曲线随频率变化出现非常凹凸的现象，在曲线的谷底点上消耗能量相当小，在小振幅时消耗能量急剧降低。

防振锤和阻尼线防振具有互补性，因而国内外大跨越多采用防振锤与阻尼线联合防振，以充分发挥它们各自的优点。

3. 护线条

目前导线上广泛采用的护线条，是用具有良好弹性的铝合金线股制成的螺旋形预绞丝。护线条一般以护线为主，兼起防振作用。将护线条缠在导线上，置于悬垂线夹中。安装护线条后，由于加大了导线断面惯性矩，在同样的外力作用下，挠度减小，应变和应力减小，导线受力状况得到改善，一般可减小动弯应力 20%～50%。现行线路的平均运行应力高，振动比较严重，单纯用护线条是不够的。

4. 合理选择架空线的平均运行应力

限制架空线运行应力，可以降低悬挂点静应力，有利于架空线的防振，因此在线路设计规范中，对合理选择平均运行应力作了规定。对铝钢截面比不小于 4.29 的钢芯铝绞线和钢绞线，平均运行应力的上限和防振措施应符合表 9-4 的规定，当有多年运行经验证明振动危险很小，可不受此表限制。

表 9-4　　　　　　　　　　导线和地线平均运行应力的上限和防振措施

情　　况	防　振　措　施	平均运行应力的上限（抗拉强度%）	
		钢芯铝绞线	钢绞线
档距不超过 500m 的开阔地区	不需要	16	12
档距不超过 500m 的非开阔地区	不需要	18	18
档距不超过 120m	不需要	18	18
不论档距大小	护线条	22	—
不论档距大小	防振锤（阻尼线）或另加护线条	25	25

注　4 分裂及以上导线采用阻尼间隔棒时，档距 500m 及以下可不再采用其他防振措施。

虽然较高的架空线平均运行应力可以降低线路造价，但对防振不利；应力太低，则会造成线路造价过高。因此根据实际振动情况和采取的防振措施,合理地选择架空线平均运行应力是必要的。

还有其他一些防振办法,如避开易振区,采用柔性横担、偏心线夹、防振线夹,打背线,自阻尼导线等。

二、 防振锤的安装设计

架空输电线路是否需要采取防振措施,可根据表9-4确定。当采取防振锤防振时,安装设计的内容是确定防振锤的型号、安装个数和安装位置等。

1. 防振锤型号的选择

由于导线和地线的直径和单位质量不同,在使用中的悬挂高度、应力、档距也不同,风输入的能量不同,因此其振动幅值、振频范围等就有差异,不可能用一种型号的防振锤来解决所有架空线的振动问题。一般来讲,若锤重过大,总质量超过半波长架空线的质量,则防振锤安装点将变成波节点,防振锤起不到耗能防振作用;若锤重过轻,则施加于钢绞线端部的惯性力小,防振锤耗能将会不足。因此直径大的和单位质量大的架空线,相应的防振锤尺寸要大些和重些,反之防振锤就小些和轻些。常用FD、FG型防振锤与架空线的配合见表9-5。

表 9-5　　　　　　　　　　防振锤与架空线的配合表

架空线截面积（mm²）	35～50	70～95	120～150	185～240	300～400
防振锤型号	FD-1	FD-2	FD-3	FD-4	FD-5
架空线截面积（mm²）	500～630	35	50	70	100
防振锤型号	FD-6	FG-35	FG-50	FG-70	FG-100

2. 防振锤个数的选择

当架空线的振幅很小或振动延续时间很短,对架空线没有危险时,不需要安装防振锤。随着档距的增大和平均运行应力上限的提高,振动随之严重,需要采取相应的防振措施,一般是在档距的两端各安装一个防振锤。对于300m以上的较大档距,由于风的输入能量较大,有时一端装一个标准防振锤不足以将振幅降低到规定的水平,需要安装多个(一般1～3个)防振锤。对于大跨越,有时甚至达到6～7个。我国单根导地线的防振锤安装数量见表9-6。

表 9-6　　　　　　　　　　单根导线防振锤安装数量

架空线直径 d(mm)	档距范围（m）	防振锤个数
d<12	≤300	1
	300<档距范围≤600	2
	>600	3

架空线直径 d(mm)	档距范围（m）	防振锤个数
	≤350	1
12≤d≤22	350<档距范围≤700	2
	>700	3
	≤450	1
22<d<37.1	450<档距范围≤800	2
	>800	3

对防振锤的安装个数存在不同的观点。一种观点认为，防振锤的安装数量基本上与档距的长度成正比，再大的档距亦应如此。如英国对大跨越的防振设计规定，防振锤的安装数量可近似地按每120m一个防振锤计算。另一种观点认为，不能简单地用增加防振锤数量的办法提高能量消耗，档距每端安装的防振锤数量不应超过2个，且频率特性应不同；如果档距很大，仍不能将振幅限制到安全值以下，则应采用"档距中央阻尼"的其他方法解决。例如苏联规定1500m以下的大跨越，每端只需安装2个频率特性不同的防振锤，已经有50条大跨越的运行经验证实是安全可靠的。其理由是：①防振锤数量超过2个时，所消耗的总能量不是代数相加；②输入风能很大时，仅在档距端部集中消耗能量，并不能使整个档距的振幅减小到安全程度，因而增加防振锤数量只不过是将振动危险点转移到最外侧防振锤的线夹处；③采用档距中央阻尼，相当于把大档距分割成几个小档距，分别采取防振措施，防振效果更好。还有一种观点认为，应发展一种在档距内总共只安装一个防振锤的半档防振方法。半档防振方法在一些国家已经采用，我国尚无运行经验。

分裂导线系统与单导线系统的阻尼性能和振动模式不同，背流效应也改变了子导线的风能量，因此分裂导线的振动水平和持续时间均有显著减小，振动水平可减小到单导线的50%，持续时间减至20%左右，多分裂减小的趋势更加明显。现行规范规定，4分裂及以上导线采用阻尼间隔棒时，档距在500m及以下可不再采用其他防振措施。对2分裂导线则大多仍采用表9-6给出的数量。

3. 防振锤安装位置的计算

防振锤最好安装在波腹点附近位置，这样振动时其重锤的上下位移最大，重锤的惯性使钢绞线的弯曲度增大，能最大限度地消耗振动能量。但架空线的振动频率和波长随风速大小和应力大小而变化，在振动风速范围内，波长在最大值和最小值之间变动。因此防振锤的安装位置应照顾到最长和最短波时都能起到一定的防振作用。如图9-12所示，防振锤安装位置为 S_0 对最长波和最短波均有防振作用，其他波的第一个节点位于最短半波长 $\frac{\lambda_N}{2}$ 和最长半波长 $\frac{\lambda_M}{2}$ 之间，均大于 S_0，故对其他波而言，防振

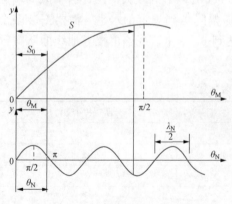

图9-12 防振锤安装位置示意图

锤安装在 S_0 位置将比最长波和最短波更接近于波腹，防振作用将会更好。如果将防振锤装在对最长波最有利的位置 S 点处，对其他长度的波来讲，必然有一个波的节点刚好通过 S 点，对这个波及相邻的波就不起作用或起很小作用，对防振不利。防振锤的具体安装位置应在最长波波腹的前半部和最短波波腹的后半部，并使两种波的相角互补，即

$$\theta_{\rm N} = \pi - \theta_{\rm M} \tag{9-26}$$

而

$$\theta_{\rm N} = \frac{2\pi S_0}{\lambda_{\rm N}}, \quad \theta_{\rm M} = \frac{2\pi S_0}{\lambda_{\rm M}}$$

代入式（9-26），整理后得

$$S_0 = \frac{1}{2} \frac{1}{\frac{1}{\lambda_{\rm M}} + \frac{1}{\lambda_{\rm N}}} = \frac{\frac{\lambda_{\rm M}}{2} \times \frac{\lambda_{\rm N}}{2}}{\frac{\lambda_{\rm M}}{2} + \frac{\lambda_{\rm N}}{2}} \tag{9-27}$$

令架空线振动频率等于卡门旋涡频率，得到最长半波长 $\frac{\lambda_{\rm M}}{2}$ 和最短半波长 $\frac{\lambda_{\rm N}}{2}$ 为

$$\frac{\lambda_{\rm M}}{2} = \frac{d}{2Sv_{\rm N}} \sqrt{\frac{T_{\rm M}}{m}}, \quad \frac{\lambda_{\rm N}}{2} = \frac{d}{2Sv_{\rm M}} \sqrt{\frac{T_{\rm N}}{m}} \tag{9-28}$$

式中　$v_{\rm M}$，$v_{\rm N}$——架空线振动的风速上限和下限值，m/s；

$\quad\quad$ $T_{\rm M}$，$T_{\rm N}$——最低气温和最高气温时架空线的水平张力，N；

$\quad\quad\quad\quad$ d——架空线的直径，mm；

$\quad\quad\quad\quad$ m——架空线的单位长度质量，kg/m；

$\quad\quad\quad\quad$ S——斯特劳哈尔数。

当 $\frac{\lambda_{\rm N}}{2} \ll \frac{\lambda_{\rm M}}{2}$ 时，式（9-27）变为 $S_0 \approx \frac{\lambda_{\rm N}}{2}$，这意味着置防振锤于最短波的波节点上，为使防振锤仍有一定作用，可引入系数进行调整。通常为

$$S_0 = (0.9 \sim 0.95)\frac{\lambda_{\rm N}}{2} \tag{9-29}$$

在线路的运行中，出现最高气温和最低气温的时间不多，且风速远较架空线张力对波长的影响大，而大档距架空线在最高和最低气温下的张力变化并不很大，因此有时用架空线的平均运行张力 $T_{\rm cp}$ 代替最高和最低气温下的张力 $T_{\rm N}$ 和 $T_{\rm M}$ 计算半波长，此时防振锤的安装距离为

$$S_0 = \frac{v_{\rm M}}{v_{\rm M} + v_{\rm N}} \frac{\lambda_{\rm N}}{2} \tag{9-30}$$

防振锤的安装距离 S_0，通常是指从线夹出口到防振锤固定线夹中心间的距离。当架空线装有护线条时，因悬点处刚度增大使波节点略向外移，此时安装距离可较式（9-27）的计算值增大 10% 左右。

需要指出，当上限风速较大时，频率增大，最短半波长减小，安装位置 S_0 减小，防振锤更偏重于对高频侧的保护，而高频时架空线自阻尼作用强，振幅小（见图 9-9），振动强度不大；此时低频侧是架空线振动最严重的频段，却未能得到防振锤的充分保护，因此要慎重提高振动风速的上限值，同时可考虑对档内每端一个的防振锤采用不等距安装。

4. 多个防振锤的安装位置

当需安装多个防振锤时,其安装位置仍以最大限度地抑制振动为原则确定。目前有等距离安装和不等距离安装两种方法。

(1) 等距离安装。等距离安装即各相邻防振锤的间距均等于 S_0,第 i 个防振锤的中心距线夹出口处的距离 S_i 为

$$S_i = iS_0 \tag{9-31}$$

这种安装方式下,第 1 个防振锤位于最短波的相位 $\pi - \theta_M$ 处,最长波的相位 θ_M 处;第 i 个防振锤位于最短波的相位 $i(\pi - \theta_M)$ 处,最长波的相位 $i\theta_M$ 处,如图 9-13 所示,防振效果较好。但多个防振锤均位于第 1 个最长半波内,防振锤的总质量会远大于该段架空线的质量,从而使该段架空线不再振动,距悬点最远的防振锤处成为新的危险点,因此一般多主张端部防振锤的个数不宜超过 2 个。等距离安装简单方便,是常用的安装方式。

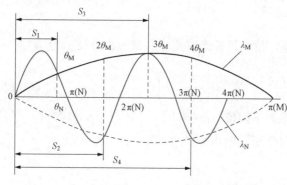

图 9-13 多个防振锤等距安装位置

(2) 不等距安装。具体的安装方法目前尚未统一。若每端安装 n 个同型防振锤,可将防护范围 $\frac{\lambda_N}{2} \sim \frac{\lambda_M}{2}$ 等比例地分为 n 段,即

$$\frac{\lambda_1/2}{\lambda_2/2} = \frac{\lambda_2/2}{\lambda_3/2} = \cdots = \frac{\lambda_n/2}{\lambda_{n+1}/2}$$

其中 $\frac{\lambda_1}{2} = \frac{\lambda_N}{2}$,$\frac{\lambda_{n+1}}{2} = \frac{\lambda_M}{2}$,对 $\frac{\lambda_i}{2} \sim \frac{\lambda_{i+1}}{2}$ 间的安装位置仍按式 (9-27) 的原则计算,不难导出第 i 个防振锤的安装

距离为

$$S_i = \frac{\left(\frac{\lambda_M}{2} \Big/ \frac{\lambda_N}{2}\right)^{\frac{i}{n}}}{1 + \left(\frac{\lambda_M}{2} \Big/ \frac{\lambda_N}{2}\right)^{\frac{1}{n}}} \frac{\lambda_N}{2} \tag{9-32}$$

采用两个同型防振锤时的安装距离,也可由下式确定

$$S_1 = S_0, \quad S_2 = 1.75S_0 \tag{9-33}$$

三、阻尼线的安装设计

1. 阻尼线的选材

阻尼线宜采用比被保护架空线较轻的绞线,股径细、股数和层数多的较好,因为这种绞线的自阻尼性能好,能较多地吸收能量;弯曲刚度较小,可以获得较低的共振频率;各阶振动频率间隔小,能与更多的架空线固有频率发生共振,因此防振效果较好。但为取料方便,一般采用和被保护架空线相同型号的线材,远端短花边易进行剥层处理。

国外也有采用挠性好的钢丝绳作阻尼线的,防振效果也很好。但连接点处钢丝绳的质量最好不超过按架空线选配的防振锤的质量,以防止出现"死点"。

2. 阻尼线花边的固有频率

阻尼线的花边,可视为档距 l 和张力 T_0 都很小、刚度为 EJ 的悬线。根据式 (9-14),

其 n 阶固有频率为

$$\omega_n = \left(\frac{n\pi}{l}\right)^2 \sqrt{\frac{EJ}{m}} \qquad (9\text{-}34)$$

从式（9-34）可以看出，阻尼线花边的固有频率与花边弦长的二次方成反比。因此长花边用于防护低频振动，中花边用于防护中频振动，短花边用于防护高频振动。

3. 花边数、花边弧垂和安装位置

花边的个数随档距的增加而增多，一般最少3个，多则达5～6个。花边的弦长一般不等，由线夹处向档距中央花边弦长递减，最长4～6m，最短0.5～2m。

花边弧垂的大小对防振效果影响不大，一般取弦长的 $1/10\sim1/6$。

阻尼线的缠扎点位置，应照顾到在最长波和最短波时均起到较好的消振作用，位于波腹点或相邻缠扎点的相对位移最大时的效果最好。一般第一个缠扎点布置在最短波的第一个波腹处，靠近档距中央的最外侧的缠扎点布置在最长波的第一个波腹处，其余缠扎点按向外侧花边弦长递减布置在其他振动频率下的波腹附近。悬垂线夹下面往往设置防振跳线［见图9-11（b）］，以提高防振效果。当受电气间隙限制时，防振跳线可连接到悬垂线夹上［见图9-11（a）］。

交叉阻尼线［见图9-11（b）］不仅有垂直方向的振动，还兼有转动，相邻花边交错安装有利于降低安装点的动弯应力，防振性能好，但需采取可靠措施长期保持阻尼线 $45°$倾斜。

阻尼线与防振锤联合使用时，防振锤宜安装在第一个大花边内，不宜安装在阻尼线外侧，以免防振锤夹头处出现较大的动弯应变。

【例9-1】　通过某气象区的一条线路，导线采用 LGJ-120/25 型钢芯铝绞线，截面积 $A=146.73\text{mm}^2$，直径 $d=15.74\text{mm}$，单位长度质量 $m=0.5266\text{kg/m}$。线路的一个耐张段如图9-14所示，悬挂点等高，导线平均离地高度 $H=12\text{m}$。若已知架空线的应力弧垂曲线，欲采用防振锤防振，试进行防振设计。

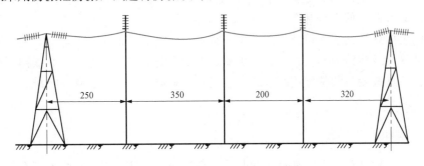

图9-14　耐张段的架设情况（单位：m）

解　（1）代表档距为

$$l_r = \sqrt{\frac{250^3 + 350^3 + 200^3 + 320^3}{250 + 350 + 200 + 320}} = 297.7\text{(m)}$$

（2）由应力弧垂曲线查得：

最低气温时的导线应力 $\sigma_M=87.8\text{MPa}$，相应张力 $T_M=12.88\text{kN}$；

最高气温时的导线应力 $\sigma_N=58.08\text{MPa}$，相应张力 $T_N=8.52\text{kN}$。

（3）确定振动风速范围。

风速上限值为

$$v_M = 0.0667H + 3.333 = 0.0667 \times 12 + 3.333 = 4.13 \approx 4 (\text{m/s})$$

风速下限值为

$$v_N = 0.5 (\text{m/s})$$

（4）防振装置设计（设必须采用防振措施）。根据导线的型号查表 9-5 知，防振锤应采用 FD-3 型。根据档距长度和导线直径查表 9-6 知，导线悬挂点两侧应各安装一个防振锤。

导线最大半波长为

$$\frac{\lambda_M}{2} = \frac{d}{400 v_N} \sqrt{\frac{T_M}{m}} = \frac{15.74}{400 \times 0.5} \times \sqrt{\frac{12.88 \times 10^3}{0.5266}} = 12.310 (\text{m})$$

导线最小半波长为

$$\frac{\lambda_N}{2} = \frac{d}{400 v_M} \sqrt{\frac{T_N}{m}} = \frac{15.74}{400 \times 4} \times \sqrt{\frac{8.52 \times 10^3}{0.5266}} = 1.251 (\text{m})$$

防振锤的安装距离为

$$S_0 = \frac{\frac{\lambda_M}{2} \times \frac{\lambda_N}{2}}{\frac{\lambda_M}{2} + \frac{\lambda_N}{2}} = \frac{12.310 \times 1.251}{12.310 + 1.251} = 1.136 (\text{m})$$

第七节　导线的防舞机理及防舞措施

我国重视输电导线舞动并开展专项研究，是在 1987 年湖北省中山口大跨越发生强烈舞动而导致导线断线以后开始的。研究取得了丰硕的成果，开发出了多种有效的防舞装置，如双摆防舞器、偏心重锤等。

现代防舞措施概括起来可分为三大类：其一，从气象及地形条件考虑，避开易于形成舞动的覆冰区域及线路走向；其二，从机械与电气安全的角度考虑，提高线路抵抗舞动的能力；其三，从改变与调整导线系统的参数出发，采取各种防舞装置与措施，抑制舞动的发生。

一、舞动的产生机理

输电导线的舞动是一个极其复杂的非线性系统问题，其产生的影响因素众多，且各因素之间存在一定的相关性。由于舞动现象具有突发性和不确定性，确定舞动发生的影响因素时，通常是根据历史统计资料进行分析。目前的理论研究和大量实践观察已证明影响导线舞动的主要因素有三方面，分别是线路系统结构参数、导线覆冰和风激励。

舞动产生的机理仍在研究中，现主要有以下几种观点：

（1）垂直舞动机理。美国邓哈托（Den Hartog）认为导线产生偏心覆冰时，月牙形的覆冰形成机翼，作用于其上的风力分解为水平分力和垂直分力，垂直的气动升力大于导线的气动阻力时导线发生舞动。

对于垂直舞动机理，也即邓哈托原理，激励模型如图 9 - 15 所示。设一单位长度的覆冰导线元，在风速 u 的作用下以速度 v 上下振动。此时，导线元上除了受到水平方向的风速 u 以外，还将受到垂直方向风分量的作用，即对于运动中的导线而言，风相当于是从斜方向吹到导线上的。当导线元向上运动时，则相对风速 u_r 与水平方向成 α，其攻角 α 变化量可按下式计算

$$\alpha = -\arctan\frac{u}{v} \tag{9 - 35}$$

由于速度 v 在振动过程中是变化的，所以对导线而言相当于作用在其上的风的方向也是随时间变化的。按照流体力学理论，对于圆形截面的导线，作用在导线上的风力只有阻力而没有升力；对于覆冰非圆形截面的导线，作用在导线上的力既有升力（垂直于风向）也有阻力。从式（9 - 35）

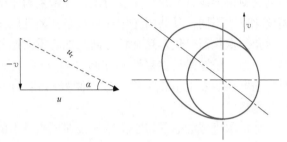

图 9 - 15　邓哈托风激励模型

可以看出，导线元速度 v 和攻角 α 方向始终相反，即导线元向上运动时，攻角减小，升力为负，且与导线元运动方向相反。同理导线元向下运动，攻角增大，升力为正，且与导线元运动方向相反。

邓哈托进行了新月形截面模型的风洞试验，得到了升力与攻角的关系曲线如图 9 - 16 所示。分析图 9 - 16 的升力变化规律可以发现，当导线元从 $\alpha = 0°$ 位置时开始上升运动，相对于导线风是从斜上方吹到导线上，攻角的变化量 α 为负值，导线元受到空气动力为负值；同样当导线元开始下降运动时，攻角的变化量 α 为正值，导线元受到的是升力。因此，当导线处于该攻角时，无论导线做何种运动，受到的空气动力都是与运动方向相反的，系统是稳定的。

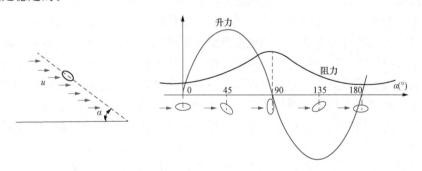

图 9 - 16　邓哈托升力、阻力—攻角曲线

但是当导线元从 $\alpha = 90°$ 位置开始上升时，由于升力曲线具有负斜率，其受到的升力方向发生变化，当导线元向下运动，受到的升力为负值。可见，此时无论导线元做何种运动，受到的升力与导线元的运动方向都是一致的。该种状态下，导线元吸收了能量，变为不稳定状态，任何扰动都会由于输入了能量而发展成为大振幅的振动。

也就是说，邓哈托理论认为，只有在风向和非圆形截面长轴垂直的位置附近才是不稳定的，此时产生舞动现象。这种理论显然仅考虑了偏心覆冰导线在风激励下的空气动力特

性，忽略了导线扭转的影响，无法解释实际中存在的风向和非圆形截面长轴平行时也发生的舞动现象。

（2）扭转舞动机理。加拿大尼格尔（O·Nigol）认为架空线有上下运动，又有扭动，当横向垂直振动频率与架空线固有扭转频率耦合时，产生舞动。

该理论认为，导线单侧覆冰使得冰壳重心和空气动力的作用中心与原有导线的轴向重心不相重合，因而覆冰导线具有了绕原有导线轴向重心的扭转力矩。导线自身具有的扭转刚度又使得导线具有扭转恢复力矩，该恢复力矩随扭转程度的增加而增加。这两种扭转力矩变化速率不同，其共同作用使导线呈往复性的扭转。此外，空气动力引起的扭转力矩也随攻角的变化而变化，且旋转方向与偏心重力矩并不一定同向。这样综合作用在导线上的俯仰力矩，使导线呈往复性的扭转。当空气动力扭转阻尼为负且大于导线的固有自阻尼时，输电导线发生扭转失稳，进而激发扭转自激振动，并通过耦合作用而诱发输电横向振动。

尼格尔机理考虑了偏心覆冰导线在风激励下的空气动力特性及导线扭转的影响，这是对舞动理论的重要补充和发展，也为防舞技术开辟了一个重要的途径。由以上两个原理知道，在攻角为 0°、90°和 180°时，最容易产生舞动，那么在攻角 0°～90°、90°～180°之间就有一个不易产生舞动的极大值。

（3）动力稳定性机理。该理论把舞动看作为一种动力不稳定现象，认为只有不稳定振动才有可能产生像舞动这样大的振幅。防舞就是要提高系统的动力稳定性。在其计算模型中，考虑了垂直、水平和扭转分量以及三者的耦合。

因为存在导线覆冰偏心惯性，扭转振动和横向振动就有可能相互诱发。横向运动先发生时，如果其频率接近扭转运动频率，强有力的横向运动将通过偏心惯性诱发扭转运动。横向与扭转的耦合运动可以产生两个固有自激同步运动，形成以横向运动为主、扭转振动严格与之同步的强迫振荡。扭转振动先发生时，导线绕质量中心旋转，将一微小的横向运动响应传递给导线中心，当位于升力曲线的负斜率区域内时，横向运动和扭转运动相互加强，横向振动的积累速度比仅有邓哈托机理时起的作用大。扭转振动通过耦合项产生交变力，导致横向振动既可发生在升力曲线的负斜率区域内，也可发生在正斜率区域内。

由以上分析可见，动力稳定性理论通过偏心惯性的存在，很好地将邓哈托理论及尼格尔理论结合起来。横向振动一般先出现再诱发扭转振动，两者之间可以相互诱发，相互加强。正是由于两者相互加强，所以两者的同步运动并不能稳定在一个固有频率，这与常见的共振不同。由于扭转振动的存在，使得在邓哈托机理下不可能发生振动的正斜率区域也能发生振动。

（4）低阻尼系统共振机理。该理论认为，舞动是在输电线路系统低阻尼条件下，由风力产生的结构共振。该理论不再把架空线两端悬点视为静止不动的固定端，而考虑了端点激振。在风作用下，输电线路的各组成单元都产生不同程度的振动，悬垂绝缘子串及线夹也不例外。导线张力增大，多股绞线被雨水浸湿并产生坚硬的覆冰，线路运行数年以后线股滑移能力下降，都会引起多股绞线的结构阻尼降低，容易引发系统共振。风力引发低阻尼系统共振舞动的机理，可以较好地解释薄冰（无冰）导线也产生舞动的现象。

然而截至当前，由于输电线路舞动是一个包含随机因素与非线性特性，并涉及空气动力、悬索振动、塔线体系、气固耦合、微地形、微气象研究等学科的复杂课题，上述理论虽然能解释一些舞动现象，但仍只能局部适用于某些地区甚至特定线路。当前还没有一个对各种气象、地形地貌和线路结构条件皆适用的舞动产生机理，以及防舞技术和方法。

二、易舞动区的特征

在路径方案选择时，若条件允许，尽可能合理选择路径走向，以避免线路舞动的发生。若难于避免时，则应对线路易舞动区做出切合实际的调查，以便在设计时采用必要的防舞措施。一般来讲，易舞动区的特征主要体现在地形及气象两个方面。

（1）地形方面。舞动一般多发生在平原开阔地带。地形平坦开阔，周围屏蔽较少，风速比较稳定，风向比较固定，有利于导线舞动的发生。

（2）覆冰情况。舞动一般发生在导线不均匀覆冰条件下。常见覆冰厚度见表9-7。最大覆冰厚度可达25～30mm。

表9-7 导线舞动覆冰厚度统计表

资料来源	覆冰统计年限	舞动次数与单侧覆冰厚度（mm）			
		5℃以下	5～10℃	10～20℃	20℃以上
苏联	1982～1985	70	46	64	32
中国辽宁	2009～2010	83	59	45	—
合计		153	105	109	32

（3）舞动风速。舞动风速一般在5～20m/s，也有在20m/s以上发生者。

（4）舞动风向。国内外绝大多数导线舞动通报中，风向与线路轴线间的夹角在45°～90°之间。

（5）舞动气温。据苏联舞动统计表明，70%的舞动发生在环境温度-5～0℃；25%左右的舞动发生在环境温度-6～15℃；也曾测得有4次舞动发生在气温-27、-30℃及-37℃（两次），而且在-30℃时，肉眼观察未发现导线覆冰。国内导线舞动气温与苏联基本相同，多数发生在-5～0℃。

在进行新建线路设计时，必须进行必要的沿线舞动情况及气象、地形条件的调查。由于舞动的最主要条件是线路覆冰和主导风向，因此，应特别注意对冬、春季节（11月至次年3月）气象条件的调查。对冬季不可能覆冰的地区则无须考虑线路防舞设计。

三、提高线路抵抗舞动的措施

1. 塔位布置

从塔位布置上提高线路抗舞的措施，可以采取在易舞动地区适当缩小档距，降低杆塔高度的方法。当线路跨越主干铁路、高速公路等重要设施时，宜采用耐—直—直—耐的跨越方式，同时尽量避免耐张塔跨越。

2. 线路部件机械强度设计

从线路部件机械强度设计上提高线路抗舞能力可以采用以下方法：

（1）在舞动频发地区的杆塔设计上适当提高杆塔抵抗舞动产生动荷载的能力，如加大铁塔底宽和顶宽以提高输电铁塔振动的可靠性，以及加装防舞器。据估计，导线舞动时产生的最大动态张力可达静态张力的2倍；加装防舞器后，导线舞动产生的动态张力可降至静态张力的 1.5 倍以下。

（2）适当提高耐张塔导线挂点、横担和塔身连接处等重要部位的构件强度，增大螺栓强度或增加螺栓数量。

（3）耐张塔及邻近耐张的直线杆塔宜全塔采用防松螺栓。

（4）对经过舞动频发及强舞动地区线路的金具设计安全系数提高至 3.0～4.0，绝缘子设计安全系数提高至 3.5～4.5。

（5）可增大绝缘子串的质量以降低张力变化引起的振幅。

（6）可采用耐磨金具，亦可采用具有抗舞性能的金具。

3. 杆塔头布置设计

从杆塔塔头布置上提高线路抗舞能力，设计时应考虑如下方面：

（1）在舞动区段内可适当增加相间距离；直线塔可采用 V 型绝缘子串，以限制导线舞动幅值。

（2）为保证导线舞动过程中不产生相间及相对地闪络，相间及相对地的最小间隙按工频电压考虑，其数值应不小于表 9-8 所列数值。

表 9-8   各电压等级的最小电气间隔

电压等级（kV）	交流					直流			
	110	220	330	500	750	1000	±500	±660	±800
相间间隙（m）	0.45	0.95	1.6	2.3 (2.1)	4.2 (3.9)	5.0 (4.7)	2.8 (2.6)	3.8	4.6 (4.2)
相对地间隙（m）	0.25	0.55	0.9	1.3 (1.2)	2.4 (2.25)	2.9 (2.7)	1.4 (1.3)	1.9	2.3 (2.1)

注 表中所列数值为海拔 1000m 值，括号内数值为海拔 500m 值。

四、防舞动装置

目前输电线路常用的防舞动装置有相间间隔棒、线夹回转式间隔棒、双摆防舞器、失谐摆及偏心重锤等。

1. 防舞装置选择原则

35～220kV 线路相导线水平排列时可采用线夹回转式间隔棒、双摆防舞器、失谐摆及偏心重锤等，相导线三角排列或垂直时可采用相间间隔棒，也可采用线夹回转式间隔棒、双摆防舞器、失谐摆及偏心重锤等。

330～750kV 同塔双（多）回常规线路宜采用线夹回转式间隔棒、相间间隔棒、双摆防舞器、失谐摆及偏心重锤等，不同回路可采用不同的防舞装置。单回线路宜采用线夹回转式间隔棒、失谐摆、双摆防舞器及偏心重锤。紧凑型输电线路采用相间间隔棒。

特高压输电线路宜采用线夹回转式间隔棒或双摆防舞器。

2. 线夹回转式间隔棒

线夹回转式间隔棒采取不等距、不对称的布置方式。最大次档距不大于 50m，端次档距不大于 25m，平均次档距 45m 左右。通常，将间隔棒的半数夹头采用回转式，且应使得回转式夹头朝向一致。

3. 相间间隔棒

相间间隔棒的安装位置，应尽量在舞动常发波形的波腹处附近，避免安装在同一断面内。采用间距可调式连接金具。

相间间隔棒布置方式参见表 9 - 9、表 9 - 10。

表 9 - 9　　　　　**500kV 同塔双回垂直排列线路相间间隔棒布置方法**

档距（m）	数量（只）	布置位置（与小号侧的距离，m）	
		上相－中相	中相－下相
$l \leqslant 300$	2	$\frac{1}{3}l$	$\frac{2}{3}l$
$300 < l \leqslant 500$	3	$\frac{1}{4}l$、$\frac{3}{4}l$	$\frac{1}{2}l$
$500 < l \leqslant 800$	5	$\frac{2}{9}l$、$\frac{1}{2}l$、$\frac{7}{9}l$	$\frac{2}{5}l$、$\frac{3}{5}l$
$l > 800$	7	$\frac{1}{7}l$、$\frac{2}{5}l$、$\frac{3}{5}l$、$\frac{7}{8}l$	$\frac{1}{4}l$、$\frac{1}{2}l$、$\frac{3}{4}l$

表 9 - 10　　　　**220kV 及以下电压等级垂直排列线路相间间隔棒布置方法**

档距（m）	数量（只）	布置位置（与小号侧的距离，m）	
		上相－中相	中相－下相
$100 \leqslant l < 400$	2	$\frac{1}{3}l$	$\frac{2}{3}l$
$400 \leqslant l < 500$	3	$\frac{1}{4}l$、$\frac{3}{4}l$	$\frac{1}{2}l$
$500 \leqslant l < 600$	4	$\frac{2}{9}l$、$\frac{3}{5}l$	$\frac{2}{5}l$、$\frac{7}{9}l$
$600 \leqslant l < 700$	5	$\frac{2}{9}l$、$\frac{1}{2}l$、$\frac{7}{9}l$	$\frac{2}{5}l$、$\frac{3}{5}l$

4. 双摆防舞器

档距小于 700m 时，采用三点布置原则，分别置于 $\frac{2}{9}l$、$\frac{1}{2}l$、$\frac{7}{9}l$ 处，并分别以这三点

为中心对称布置。档距大于 700m 时，采用四点布置原则，分别置于 $\frac{2}{9}l$、$\frac{7}{16}l$、$\frac{9}{16}l$、$\frac{7}{9}l$

处，并分别以这四点为中心对称部署。每处每个双摆防舞器安装间距为 7m 左右。

双摆质量控制在档内导线总质量的 7% 左右。在双摆防舞器安装位置的 ±10m 范围内不需安装线路子导线间隔棒。

5. 失谐摆

失谐摆主要应用于单导线防舞。摆锤总质量不超过档内导线质量的 7%，摆长不超过600mm，安装位置参考双摆防舞器布置方案。

6. 偏心重锤

偏心重锤的重锤总质量应为档内导线质量的 8% 左右。重锤交叉布置在间隔棒上。布置方式参考双摆防舞器。

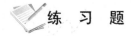 练 习 题

1. 架空线的振动类型有哪些？对线路有严重影响的主要是哪些类型？

2. 简述微风振动的机理。

3. 影响架空线微风振动的因素主要有哪些？

4. 导线在什么位置容易断线、断股？为什么？

5. 常用的架空线微风振动的防振措施有哪几种？

6. 防振锤安装在什么位置消振效果比较好？确定其安装位置主要考虑哪些因素？

7. 什么样的情况下需要考虑导线的防舞？导线的防舞措施有哪些？当前有哪些防舞动的装置？

第十章　架空输电线路的初步设计及其要点

第一节　初步设计原则与内容

初步设计是架空输电线路设计工程的重要阶段，这一阶段应明确主要设计原则。同时这些技术原则应符合国家现行的标准、规范的规定。

在初步设计阶段，为了确定设计原则，需编写初步设计说明书、主要设备材料清册、施工组织设计大纲和概算书等四部分内容。这些设计文件应充分表达设计意图，内容完整齐全、计算准确、文字说明严谨、图纸清晰正确、各级签署齐全。对于包含外委项目或分段设计的初步设计文件，主体设计单位应负责概算汇总。

一、初步设计说明书

初步设计说明书应列出卷册总目录、分卷目录、附件目录及附图目录。初步设计说明书包括以下内容：

（1）总论。包括设计依据、设计规模及范围、建设单位、设计单位及建设期限、电力系统简况和主要技术经济特性。

（2）线路路径。包括发电厂和变电站的进出线布置，以及线路路径方案。

（3）气象条件。包括对气象资料的汇总、分析和气象条件的选择。

（4）导线和地线。包括导线选型、地线选型、防振设计、防舞设计，同时以列表的形式给出导线和地线（含 OPGW）的机械电气特性。

（5）绝缘配合。包括污区划分、绝缘子选型、绝缘子强度选择、绝缘子片数选择和各种工况下的空气间隙。

（6）防雷和接地。包括防雷设计、接地设计和地线绝缘设计。

（7）绝缘子串和金具。包括导线和地线的绝缘子串组装型式和防掉串措施、各种工况下绝缘子串和金具的安全系数、接续和保护等主要金具的型式和型号等。

（8）导、地线换位及换相。说明导线和地线是否换位及其换位方式。

（9）导线对地和交叉跨越距离。给出导线对地及对各种交叉跨越物的最小距离，各种交叉、平行跨越物的跨越原则和防护措施。

（10）杆塔规划。给出导地线排列方式、塔头间隙，以及塔型系列规划。

（11）杆塔。提出全线杆塔结构的使用原则，进行杆塔结构的选择，给出包含杆塔呼称高度及材料用量的全线杆塔汇总表。

（12）基础。说明沿线地质和水文情况、土壤冻结深度、地震烈度、施工条件和防护措施。

（13）通信保护。列出设计原则和依据，以及对邻近电信线路危险与干扰的计算结果和保护措施。

（14）环境保护和劳动安全。说明对电磁环境和自然环境的影响及措施，以及线路工程和施工作业需要采取的安全措施。

（15）附属设施。说明配备的交通工具、通信方式和设备、检修工器具、备品备件的配置与数量等。

（16）附件。包括与工程有关的主管部门文件和批文、可行性研究报告的评审意见，以及其他各类委托、协议和会议纪要等。

（17）研究试验项目。列出研究试验项目清单和项目立项报告。

（18）大跨越说明书。包括大跨越的路径方案及规模、气象条件、导地线选型、绝缘配合和防雷接地、绝缘子串和金具、塔头布置和塔高、杆塔荷载、杆塔、基础、防振和防舞措施、登塔设施、辅助设施等。

（19）附图。包括各类必备图纸，以及视情况需要的图纸。

二、 主要设备材料清册

主要设备材料清册主要包括工程概况、编制依据、建设期限和施工单位、设备材料清册等四部分内容。

工程概况包括输电线路的电压等级、回路数、线路起讫点及路径长度，全线地形情况、污秽区情况，导线和地线型式，导线和地线悬垂、耐张串的绝缘子型式、片数和金具情况，杆塔和基础型式及数量等。编制依据包括工程设计任务书或设计合同、有关上级文件和工程设计资料。建设期限和施工单位需要列出确定的日期和法人单位。设备材料清册包括线路本体部分主要设备和材料表、通信保护部分主要设备和材料表、维护工器具和备品、备件等主要设备和材料表。

三、 施工组织设计大纲

线路施工组织设计大纲可作为说明书的一个章节，对投资影响较大的施工方案，如交通困难地段临时施工道路、索道、索桥修筑等，应单独编制施工组织设计大纲。大跨越应单独编制施工组织设计大纲。

施工组织大纲包括技术组织措施、沿线交通条件及工地运输、施工综合进度等内容。其中，技术组织措施包括工程概况、建设单位及期限、路径情况、通信设施、施工组织措施、主要设备材料表和对工程中特殊施工要求的说明；沿线交通条件及工地运输包括沿线交通条件的说明、配料站和计算平均运距；施工综合进度要求制订施工进度，编制从施工准备至竣工的施工进度表。

大跨越的施工组织设计大纲应包括大跨越规模、施工或永久电源、水源、通信设施配置，张牵场设置，施工及运行道路修筑情况，以及导、地线架设，附件安装，工程定额，工期测算，跨江放线封航措施等。

四、 概算书

初步设计概算书首先需要编制关于工程概况、工程投资及概算指标、编制依据、技术经济分析、建设单位及其他相关问题的说明，然后附上初步设计概算表和工程勘测报告，以及相关附表、附件。

第二节 路径选择和优化

架空输电线路的路径是指线路从起点变电站到终点变电站在地面上的全部路径。输电线路路径的走向直接影响线路的经济性、线路的可靠性、周围环境的协调性、施工难度及周期的合理性，对运行维护的便利性起着决定性作用。

一条输电线路有的经过几个区、县，有的经过几个省（市），通过地区多，涉及面广，与外部的关系复杂。所以在明确起止点后，要充分搜集可能路径方案沿线的有关资料，宜采用卫片、航片、全数字摄影测量系统和红外测量等新技术，在滑坡、泥石流、崩塌等地质条件复杂地区宜采用地质遥感技术，综合考虑线路长度、地形地貌、地质、冰区、交通、施工、运行及地方规划等因素，进行多方案技术比较，做到安全可靠，环境友好、经济合理。

一、路径选择的原则

（1）路径选择宜采用卫星照片、航空照片、全数字摄影测量系统和红外测量等新技术；在地质条件复杂地区，必要时宜采用地质遥感技术；综合考虑线路长度、地形地貌、地质、冰区、交通、施工、运行及地方规划等因素，进行多方案技术经济比较，做到安全可靠、环境友好、经济合理。

（2）路径选择应避开军事设施、大型工矿企业及重要设施等，符合城镇规划。

（3）路径选择宜避开不良地质地带和采动影响区，当无法避让时，应采取必要的措施；宜避开重冰区、导线易舞动区及影响安全运行的其他地区；宜避开原始森林、自然保护区和风景名胜区。

（4）路径选择应考虑与电台、机场、弱电线路等邻近设施的相互影响。

（5）路径选择宜靠近现有国道、省道、县道及乡镇公路，充分使用现有的交通条件，方便施工和运行。

（6）大型发电厂和枢纽变电站的进出线、两回或多回路相邻线路应统一规划，在走廊拥挤地段宜采用同杆塔架设。

（7）轻、中、重冰区的耐张段长度分别不宜大于 10、5、3km，且单导线线路不宜大于 5km。当耐张段长度较长时应采取防串倒措施。在高差或档距相差悬殊的山区或重冰区等运行条件较差的地段，耐张段长度应适当缩短。输电线路与主干铁路、高速公路交叉，应采用独立耐张段。

（8）山区线路在选择路径和定位时，应注意控制使用档距和相应的高差，避免出现杆塔两侧大小悬殊的档距，当无法避免时应采取必要的措施，提高安全度。

（9）有大跨越的输电线路，路径方案应结合大跨越的情况，通过综合技术经济比较确定。

二、 图上选线

图上选线是在地形图上进行大方案的比较,从多个路径方案中选出较好的方案,一般在室内进行,所以又称室内选线。图上选线所用地形图的比例以1:50000或1:100000为宜,有条件时,也可利用卫星照片或立体地面模型及正射影像图。

图上选线前应充分了解工程概况和系统规划,明确输电线路起止点及中途必经点的位置,以及线路输送容量、电压等级、回路数和架空导线型号等设计条件。选线时,应根据路径选择的原则,兼顾电网的发展规划,避开明显的障碍物,合理选择交叉跨越位置,力求使起止点间距离最短,在地形图上初步拟定出几个可能的路径方案。在已有资料的基础上,对这些方案进行分析比较,从中选出1~2个较好的方案,作为进一步搜集沿线资料和初勘的对象。

1. 搜集资料的内容

搜集资料的主要目的,是要取得对线路路径有影响的地上地下障碍物的有关资料以及所属单位对线路通过的意见。搜集资料的内容一般为有关部门所属设施现状及发展规模、占地范围、对线路的技术要求及意见等。

将搜集到的各路径方案沿线的有关资料补绘于选线地形图上,对各保留方案进行修正,剔除明显不合理和不可行的路径方案。对剩下的路径方案进行更深入细致的分析比较,必要时可再与严重影响路径走向的有关设施所属单位进一步协商,使路径方案更为合理和落实。经过上述过程,确定出可供重点踏勘的路径方案。

2. 初勘及路径方案的比较

初勘是按图上选定的路径方案到现场进行实地勘察,验证是否符合实际并决定各方案的取舍,也称踏勘。根据实际需要,可以采取沿线了解、重点勘查或仪器初测的方法进行。初勘结束后,根据获得的新资料修正路径方案,并组织各专业对路径方案进行技术经济比较,填写路径方案技术经济比较表。

三、 现场选线

现场选线是将批准的初勘路径在现场具体落实,所以也称终勘选线。现场选线为定线、定位工作确定线路的最终走向,对线路的经济技术指标和施工运行条件起着决定性作用。

图上选线方案初步完成后,即可进行现场路径方案的踏勘调查及协议工作。

现场踏勘应组织输电线路各个专业(电气、结构、技经、测量、地质、水文等)有关人员对线路沿线的地质地貌、水文、气象、污秽、森林覆盖、文物分布、矿产分布、电力设施、军事设施、工业设施、交通状况、城市规划等相关情况进行详细调查了解并签订相关协议;同时在有条件时,尚应结合卫星照片及航片选线方式对路径进行进一步优化,并对拥挤地段、规划区及重要的交叉跨越进行实地勘察及仪器测量,使路径走向避开不良地质地貌地段及重要协议设施。

在现场踏勘中尚应搜集了解沿线污秽、微气象、房屋拆迁资料,对沿线路径进行必要的修正。

1. 转角点选择

最理想的输电线路是起讫点间连成一条直线，但由于各种障碍物的影响，实际线路不可避免地要出现转角而成折线，合理的路径只要做到转角数少、转角度数小就可以了。为了施工方便，转角点不宜选在高山顶、深沟、河岸、悬崖边缘、坡度较大的山坡以及易被洪水冲刷、淹没和低洼积水之处。转角点应选在铁路、公路用地之处。转角点还应照顾到前后相邻档的塔位，避免出现过大或过小档距。

2. 跨河点选择

线路跨越江河容易出现大跨越。大跨越是线路中比较重要也比较薄弱的区段，因此跨越点的选择十分重要。跨河点必须力求选择在河道狭窄、河床平直、河岸稳定、两岸地形较高、不被冲刷、地质较好的地段，线路与河流尽量垂直。跨河方案一般可采用耐张杆塔—直线杆塔—直线杆塔—耐张杆塔的方式，金具采用独立挂点的双悬垂串。河面较宽时可考虑在江心岛上立杆，河水较浅时可考虑在河中立杆。

3. 山区路径选择

山区线路，应避免通过陡坡、悬崖峭壁、滑坡、崩塌区、泥石流、喀斯特溶洞等不良地质带。与山脊交叉时，应量从平缓处通过。山区间歇性河流多，流速大，冲击力大，应避免从干河沟通过，必须通过时，杆塔位应该在最高洪水位以上。山区交通运输困难，应从技术经济与施工运行条件上做好方案比较，既保证线路安全可靠运行，又降低线路投资。

4. 覆冰区路径选择

线路经过覆冰区时，应调查该地区覆冰出现的各种情况，特别要注意地形对覆冰的影响，避免从重冰区通过。如必须通过时，应选择有利地形（如利用地势较低的背风坡，靠近湖泊时在上风向侧通过等），尽量避免大档距，并要注意交通情况，尽量创造抢修条件。

5. 居民区和厂库房附近路径选择

工业企业区、港口、码头、火车站、市镇等人口密集地区属居民区，线路一般应避开或绕过。线路必须在居民区和厂库房附近通过时，所选路径应满足以下几点：

（1）不应跨越以易燃材料为顶盖的建筑物。对耐火屋顶的建筑物，如需跨越时应与有关方面协商同意，500kV 及以上输电线路不应跨越长期住人的建筑物。

（2）线路与甲类火灾危险性的厂房，甲类物品库房，易燃、易爆材料堆场，以及可燃或易燃、易爆液（气）体储罐的防火间距，不应小于杆塔全高加 3m。

（3）导线与建筑物的最小垂直距离和水平距离应符合设计规范的规定。

6. 跨越、接近弱电线路时

为减少对弱电线路的影响，输电线路跨越弱电线路（不包括光缆和埋地电缆）时的交叉角应符合表 10-1 的规定。弱电线路的等级划分见附录 C。输电线路与弱电线路接近时，应计算对弱电线路的干扰和危险影响程度，保证其在允许值范围内，计算方法可参考（DL/T 5033—2006）《输电线路对电信线路危险和干扰影响防护设计规程》。

表 10-1　　　　　　　　　　　输电线路与弱电线路的交叉角

弱电线路等级	一级	二级	三级
交叉角	≥45°	≥30°	不限制

7. 接近无线电台时

当输电线路与调幅广播收音台、监测台、电视差转台、收转台、航空无线电通信台、导航台等接近时，宜从非无线电接收方向通过，利用接近段的地形地物的屏蔽作用。为防止导线的电晕或其他原因的放电造成对无线电的干扰，保证无线电台（站）的正常工作，输电线路的导线与无线电台（站）的天线边缘之间应保持一定的最小距离。当不能满足规定的防护距离时，可根据输电线路和无线电台的具体情况，通过计算、测试或采取一定的防护措施协商解决。

8. 线路出入变电站

为简化变电构架设计，减少构架受力，合理出线，输电线路应尽量垂直于变电构架。

四、路径优化

输电线路的路径优化是通过收资协议、调查和现场勘测，利用卫星照片、航空照片、全数字摄影测量技术等，对线路路径走向进行优化，从而达到节约工程投资、便于施工、提高运行可靠性的目的。输电线路路径优化贯穿于路径方案确定的全过程。

输电线路的路径优化需根据电力系统规划的要求，综合考虑线路长度、地形地貌、地质、水文气象、冰区、交通、林木分布、矿产分布、障碍设施、交叉跨越、施工、运行、经济效益、社会效益和环境效益等因素，结合现场勘察情况，对线路路径进行全面的或局部方案优化，使整体路径走向在技术性、经济性、安全性等方面更趋合理。

一般大规模工程还要采用数字化的方法进行线路的路径优化，对特殊区段要通过全数字摄影测量技术获得横断面数据以进行排位，并进行多方案技术经济比较以确定路径走向。

输电线路路径方案优化时应注意以下几点：

（1）应综合考虑林区、重冰区、舞动区、微地形、微气象区等因素，通过技术经济比较，优化路径方案。

（2）应尽可能缩短线路的长度，减少转角次数，减小转角角度。

（3）应尽量靠近国道、省道、县道和乡镇公路，方便输电线路的施工和运行。

（4）应尽量避免跨越民房、厂房等建筑物，当无法避免时，对建筑物的距离应满足规程、规范的相关规定。

（5）尽可能远离居民区，减少房屋拆迁。

（6）应尽量避免通过果园等经济作物区或其他林木密集区。当无法避免时，应根据树木的自然生长高度按跨越设计。

（7）应尽量避让易燃易爆设施、不良地质地带和采空区等区域。当无法避让时，应采取必要的防护措施或相应技术手段，保证输电线路的安全运行。

（8）输电线路与其他线路交叉跨越（穿越）时，需要按规程规定保证足够的跨越（穿越）距离。输电线路跨越高速铁路、高速公路和重要输电通道的区段应采用独立耐张段。输电线路与铁路交叉角不应小于 $45°$，且不宜在铁路车站出站信号机以内跨越；与高速公路交叉角一般不应小于 $45°$；与重要输电通道交叉角不宜小于 $45°$。

第三节　对地距离和交叉跨越的有关规定

一、一般规定

为了人身安全，减轻静电感应产生的暂态电击给人们造成的不舒服感，减小对被跨越物的影响，必须保证输电线路对地面和各种跨越物之间的电气距离。

一般情况下，检查电气限距的气象条件是最大弧垂气象（最高气温或覆冰无风）和最大风偏气象（最大风或覆冰有风）。根据导线运行温度40℃（若导线按允许温度80℃设计时，导线运行温度取50℃）情况或覆冰无风情况，求得最大弧垂计算垂直距离；根据最大风情况或覆冰情况，求得最大风偏进行风偏校验。计算中可不考虑由于电流、太阳辐射等引起的弧垂增大，但应计及导线架线后塑性伸长的影响和设计、施工的误差。对重冰区线路，还应计算不均匀覆冰和验算覆冰情况下的导线弧垂增大。

大跨越的电气距离应按导线实际能够达到的最高温度校验。输电线路跨越标准轨距铁路、高速公路和一级公路，当交叉跨越档距超过200m时，最大弧垂应按导线允许温度计算，导线为钢芯铝绞线时，允许温度按不同要求取70℃或80℃。公路的等级划分参见附录D。

二、对地距离和交叉跨越的限距值

（1）导线对地限距。在最大弧垂气象条件下，导线对地面的距离不应小于表10-2所列数值。表中的居民区是指工业企业地区、港口、码头、火车站、城镇等人口密集区。居民区以外地区，均属非居民区。虽然时常有人、车辆或农业机械到达，但未遇房屋或房屋稀少的地区，亦属非居民区。交通困难地区是指车辆、农业机械不能到达的地区。在最大风偏气象条件下，导线与山坡、峭壁、岩石之间的净空距离不应小于表10-3所列数值。

表10-2　　　　　　　　　　　导线对地面的最小距离（m）

标称电压（kV）		35~110	220	330	500	750	1000	
							单回	双回（逆相序）
线路经过地区	居民区	7.0	7.5	8.5	14	19.5	27	25
	非居民区	6.0	6.5	7.5	11（水平排列）10.5（单回，三角排列）	15.5（农耕区）13.7（非农耕区）	22（农耕区）19（非农耕区）	21（农耕区）18（非农耕区）
	交通困难地区	5.0	5.5	6.5	8.5	11.0	15	

表10-3　　　　　　　　导线与山坡、峭壁、岩石之间的净空距离（m）

标称电压（kV）		35~110	220	330	500	750	1000
线路经过地区	步行可以到达的山坡	5.0	5.5	6.5	8.5	11.0	13.0
	步行不能到达的山坡、峭壁、岩石	3.0	4.0	5.0	6.5	8.5	11.0

（2）导线对建筑物限距。当输电线路跨越建筑物时，在最大弧垂气象情况下，导线与建筑物之间的垂直距离不应小于表 10-4 所列数值。当输电线路与建筑物接近时，在最大风偏气象情况下，边导线和建筑物之间的最小距离，不应小于表 10-5 所列数值。与城市多层建筑物或规划建筑物之间的距离是指其水平距离。在无风气象情况下，边导线与建筑物之间的水平距离，不应小于表 10-6 所列数值。

表 10-4 导线与建筑物之间的最小垂直距离

标称电压 (kV)	35	110	220	330	500	750	1000
垂直距离 (m)	4.0	5.0	6.0	7.0	9.0	11.5	15.5

表 10-5 导线与建筑物之间的最小净空距离

标称电压 (kV)	35	110	220	330	500	750	1000
允许距离 (m)	3.5	4.0	5.0	6.0	8.5	11.0	15.0

表 10-6 边导线与建筑物之间的水平距离

标称电压（kV）	35	110	220	330	500	750	1000
水平距离（m）	1.5	2.0	2.5	3.0	5.0	6.0	7.0

500kV 及以上输电线路跨越非长期住人的建筑物或邻近居住建筑时，建筑所在位置距地 1.5m 高处的未畸变电场不得超过 4kV/m。

（3）线路通过森林及绿化区。输电线路通过经济作物和集中林区时，宜采用加高杆塔跨越不砍通道的方案。跨越时，应考虑树木的自然生长高度，导线与树木之间的最小垂直距离应符合表 10-7 的规定。当需要砍伐通道时，通道净宽度不应小于线路宽度加通道附近主要树种自然生长高度的 2 倍。通道附近超过主要树种自然生长高度的个别树木也应砍伐。

线路通过公园、绿化区、防护林带，在最大计算风偏下导线与树木之间的最小净空距离不小于表 10-7 的规定值。

线路通过果林、经济作物林或城市灌木林、行道树不应砍伐通道，导线与这些树木之间的最小垂直距离应符合表 10-7 规定的数值。

表 10-7 导线与树木之间的最小距离

标称电压（kV）	35～110	220	330	500	750	1000 单回	1000 双回 （逆相序）
与树木间的最小垂直距离（m）	4.0	4.5	5.5	7.0	8.5	14.0	13.0
与树木间的最小净空距离（m）	3.5	4.0	5.0	7.0	8.5	10.0	
与果林、经济作物、 行道树等的最小垂直距离（m）	3.0	3.5	4.5	7.0	8.5	16.0	15.0

（4）跨越或接近铁路、道路、河流、管道、索道及各种架空线路时的基本要求：输电线路与铁路、道路、河流、管道、索道及各种架空线路交叉或接近时，其限距和其他要求应符合表 10-8 的规定。

表 10-8 输电线路与铁路、公路、河流、管道、索道及各种架空线路交叉或接近的基本要求

项 目	铁 路	公 路	电车道（有轨及无轨）	通航河流	不通航河流
导线或地线在跨越档内接头	标准轨距：不得接头 窄轨：不限制	高速公路、一级公路：不得接头 二、三、四级公路：不限制	不得接头	一、二级：不得接头 三级及以下：不限制	不限制
邻档断线情况的检验	标准轨距：检验 窄轨：不检验	高速公路、一级公路：检验 二、三、四级公路：不检验	检验	不检验	不检验

邻档断线情况的最小垂直距离(m)	标称电压(kV)	至轨顶	至承力索或接触线	至路面	至路面	至承力索或接触线	—	
	110～500	7.0	2.0	6.0		2.0		

最小垂直距离(m)	标称电压(kV)	至轨顶			至承力索或接触线	至路面	至路面	至承力索或接触线	至5年一遇洪水位	至最高航行水位的最高船樯顶	至百年一遇洪水位	冬季至冰面
		标准轨	窄轨	电气轨								
	110	7.5	7.5	11.5	3.0	7.0	10.0	3.0	6.0	2.0	3.0	6.0
	220	8.5	7.5	12.5	4.0	8.0	11.0	4.0	7.0	3.0	4.0	6.5
	330	9.5	8.5	13.5	5.0	9.0	12.0	5.0	8.0	4.0	5.0	7.5
	500	14.0	13.0	16.0	6.0	14.0	16.0	6.5	9.5	6.0	6.5	11（水平）10.5（三角）
	750	19.5	18.5	21.5	7.0(10)	19.5	21.5	7（10）	11.5	8.0	8.0	15.5
	1000 单回	27		10（16）		27			14	10	10	22
	1000 双回	25		10（14）		25			13	10	10	21

最小水平距离(m)	标称电压(kV)	杆塔外缘至轨道中心	杆塔外缘至路基边缘		杆塔外缘至路基边缘		边导线至斜坡上缘（线路与拉纤小路平行）	
			开阔地区	路径受限制地区	开阔地区	路径受限制地区		
	110	交叉：塔高加3.1m，无法满足时可适当减小，但不得小于30m（1000kV线路不小于40m） 平行：塔高加3.1m，困难时双方协商确定	交叉：8、10m（750kV）、15m或协议取值（1000kV）平行：最高杆(塔)高	5.0	交叉：8、10m（750kV）平行：最高杆(塔)高	5.0	最高杆（塔）高	
	220			5.0		5.0		
	330			6.0		6.0		
	500			8.0（15）		8.0		
	750			10（20）		10		
	1000			15（单回）13（双回）			1000kV线路的塔位应在河堤保护范围之外或按协议取值	

项　目	铁　路	公　路	电车道（有轨及无轨）	通航河流	不通航河流
附加要求	不宜在铁路出站信号机以内跨越	括号内数值用于高速公路。高速公路路基边缘指公路下缘的排水沟		最高洪水位时，有抗洪抢险船只航行的河流，垂直距离应协商确定。对 1000kV 线路，增加至最高航行水位的最小垂直距离要求：单回路 24m；双回路逆相序 23m	
备　注	括号内的数值用于跨杆顶	公路分级见附录D，城市道路分级可参照公路的规定		（1）不通航河流指不能通航，也不能浮运的河流； （2）次要通航河流对接头不限制； （3）需满足航道部门协议的要求	

项目	弱电线路		电力线路		特殊管道	索道	
导线或地线在跨越档内接头	不限制		110kV 及以上线路：不得接头 110kV 以下线路：不限制		不得接头	不得接头	
邻档断线情况的检验	一级：检验 二、三级：不检验		不检验		检验	不检验	
邻档断线情况的最小垂直距离（m）	标称电压（kV）		至被跨越物		—	至管道任何部分	—
	110～500		1.0		—	1.0	—
最小垂直距离（m）	标称电压（kV）		至被跨越物		至被跨越物	至管道任何部分	至管道任何部分
	110		3.0		3.0	4.0	3.0
	220		4.0		4.0	5.0	4.0
	330		5.0		5.0	6.0	5.0
	500		8.5		6.0 (8.5)	7.5	6.5
	750		12.0		7.0 (12)	9.5	8.5（顶部）、11.0（底部）
	1000		单回：18 双回：16		10 (16)	单回：18 双回：16	单回：18 双回：16
最小水平距离（m）	标称电压（kV）	与边导线间		与边导线间		边导线至管、索道任何部分	
		开阔地区	路径受限制地区	开阔地区	路径受限制地区	开阔地区	路径受限制地区（在最大风偏情况下）
	110		4.0		5.0		4.0
	220		5.0		7.0		5.0
	330		6.0		9.0		6.0
	500	平行：最高杆（塔）高	8.0	平行：最高杆（塔）高	13.0	平行：最高杆（塔）高	7.5
	750		10.0		16.0		9.5（管道）、8.5（顶部）、11（底部）
	1000		单回：13 双回：12		20		13

续表

项目	弱电线路	电力线路	特殊管道	索道
附加要求	输电线路应架设在上方	电压较高的线路一般架设在电压较低线路的上方。同一等级电压，电网公用线应架设在专用线上方	（1）与索道交叉，且索道在上方，索道的下方应装保护设施； （2）交叉点不应选在管道的检查井（孔）处； （3）与管、索道平行、交叉时，管、索道应接地	
备　注	弱电线路等级见附录 C	括号内的数值用于跨越杆（塔）顶	（1）管、索道上的附属设施，均应视为管、索道的一部分； （2）特殊管道指架设在地面上输送易燃、易爆物的管道	

注　1. 邻档断线情况的计算条件：+15℃，无风。

2. 路径狭窄地带，两线路杆塔位置交错排列时导线在最大风偏情况下，对相邻线路杆塔的最小水平距离，不应小于下列数值：

标称电压（kV）	110	220	330	500	750	1000
距　离（m）	3.0	4.0	5.0	7.0	9.5	13

3. 跨越弱电线路或电力线路，导线截面按允许载流量选择时应校验最高允许温度时的交叉距离，其数值不得小于操作过电压间隙，且不小于 0.8m。

4. 1000kV 线路宜远离低压用电线路和通信线路，在路径受限地区，与其平行长度不宜大于 1500m，与边导线的水平距离宜大于 50m。必要时，通信线路应采取防护措施，入户低压线路应给予必要的处理。跨越铁路时，交叉角不宜小于 45°，但不应小于 30°。跨越 110kV 及以上输电线路时，交叉角不应小于 15°。

5. 杆塔为固定横担，且采用分裂导线时，可不检验邻档断线时的交叉跨越垂直距离。

6. 重要交叉跨越确定的技术条件，应征求相关部门的意见。

第四节　导线和地线的选型

在初步设计中，确定气象条件后，就需要开展导线和地线的选型工作。

导线的选型是指，根据系统要求的输送容量确定导线的截面，并结合工程特点，如海拔、覆冰值、大气腐蚀和电晕、无线电干扰、可听噪声等因素，选择技术上满足系统、环境影响及施工、运行维护等要求的导线方案。在对导线进行技术方案比较的基础上，还应进行初投资与年费用的比较，并以年费用最低者为优，最后确定导线型号及规格。采用分裂导线时需论述导线分裂根数、分裂间距和排列方式。

地线的选型是指，根据系统通信、导线地线配合、地线热稳定和电晕等条件确定地线的型号。采用良导体地线时，应论证其必要性并进行技术经济比较；采用 OPGW 时，应论证 OPGW 及分流地线选型。

一、导线截面的选择

导线截面和分裂方式的选择应从电气性能和机械性能两方面考虑，保证安全经济地输送电能。一般先按经济电流密度初选导线截面，再按允许电压损失、发热、电晕等条件校验，且满足可听噪声和无线电干扰指标的要求。大跨越的导线截面宜按允许载流量选择。

1. 按经济电流密度选择

输电线路的总投资可分为与导线截面无关和有关两类费用。勘测设计、房屋搬迁、青苗赔偿和土地征用等费用，可看作与导线截面无关。导线截面越大，价格越高，杆塔及基础费用随之增大，线路建设费用也就越高。线路的投资总费用可表示为

$$Z_1 = (F_0 + aA)L \tag{10-1}$$

式中　F_0——与导线截面无关的线路单位长度费用；

　　　a——与导线截面相关的线路单位长度单位截面的费用；

　　　A——导线的截面积；

　　　L——线路长度。

线路的年运行费用包括检修维护费和管理费等，可用占总投资的百分比 b 表示为

$$Z_2 = bZ_1 = b(F_0 + aA)L \tag{10-2}$$

若不考虑电晕损失，线路的年电能损耗费用可用下式计算

$$Z_3 = 3I_{\max}^2 \tau C \frac{\rho L}{A} \tag{10-3}$$

式中　τ——最大负荷损耗小时数。可依据年最大负荷利用小时数和功率因数，查表 10-9 得到；

　　　$I_{\max}$——线路输送的最大电流；

　　　C——单位电价；

　　　ρ——导线的电阻率。

表 10-9　　　　　　　　　　　最大负荷损耗小时数 （h/年）

功率因数	年最大负荷利用小时数 （h）								
	3000	3500	4000	4500	5000	5500	6000	6500	7000
0.75	3000	3500	4000	4500	5000	5500	6000	6500	7000
0.8	2000	2350	2750	3150	3600	4100	4650	5250	5950
0.85	1800	2150	2600	3000	3500	4000	4600	5200	5900
0.9	1600	2000	2400	2900	3400	3950	4500	5100	5800
0.95	1400	1800	2200	2700	3200	3750	4350	5000	5700
1.0	1250	1000	2000	2500	3000	3600	4200	4850	5600

若投资回收年限为 n，则经济分析的年计算费用为

$$Z = \frac{Z_1}{n} + Z_2 + Z_3 = (1 + nb)(F_0 + aA)\frac{L}{n} + 3I_{\max}^2 \tau C \frac{\rho L}{A} \tag{10-4}$$

令 $\dfrac{\partial Z}{\partial A} = 0$，可得到导线的经济截面为

$$A_n = I_{\max} \sqrt{\frac{3n\rho\tau C}{a(1 + nb)}} \tag{10-5}$$

经济电流密度为

$$J_n = \frac{I_{\max}}{A_n} = \sqrt{\frac{a(1 + nb)}{3n\rho\tau C}} \tag{10-6}$$

我国 20 世纪 50 年代公布的经济电流密度列在表 10-10 中，可参考使用。得到经济电流密度后，到导线的载流面积为

$$A_n = \frac{I_{\max}}{J_n} \tag{10-7}$$

表 10 - 10   经济电流密度（A/mm²）

导线材料	年最大负荷利用小时数（h）		
	3000 以下	3000～5000	5000 以上
裸铝导线和母线	1.65	1.15	0.9
裸铜导线和母线	3.0	2.25	1.75

利用式（10-7）计算时，I_{max}一般应根据 5～10 年的电力系统发展规划，进行必要的负荷预测和潮流计算确定。

2. 按电压损耗校验

在不考虑线路电压损耗的横分量时，线路电压、输送功率、功率因数、电压损耗百分数、导线电阻率以及线路长度与导线截面的关系，可用式（10-8）表示，即

$$\delta = \frac{P_m L}{U_N^2}(R + X_0 \tan\varphi) \qquad (10-8)$$

式中 δ——线路允许的电压损耗百分比；

P_m——线路输送的最大功率，MW；

U_N——线路额定电压，kV；

L——线路长度，m；

R——单位长度导线电阻，Ω/m；

X_0——单位长度线路电抗，可取 $0.4 \times 10^{-3}\Omega$/m；

$\tan\varphi$——负荷功率因数角的正切。

3. 按导线允许载流量校验

控制导线允许载流量的主要依据是导线工作的最高允许温度，该温度主要由导线长期运行后的强度损失和连接金具的发热而定。工作温度越高，运行时间越长，导线的强度损失越大，同时接头部位越易氧化而损坏。GB 50545—2010《110kV～750kV 架空输电线路设计规范》规定了校验导线允许载流量时的允许温度：对钢芯铝绞线、钢芯铝合金绞线宜采用 70℃，必要时可采用 80℃，大跨越可采用 90℃；钢芯铝包钢绞线和铝包钢绞线可采用 80℃，大跨越可采用 100℃，也可由试验决定；镀锌钢绞线采用 125℃。

导线最高允许温度下的允许载流量可用式（10-9）计算，即

$$I = \sqrt{(W_R + W_F - W_S)/R_t} \qquad (10-9)$$

式中 I——导线的允许载流量，A；

W_R——单位长度导线的辐射散热功率，W/m；

W_F——单位长度导线的对流散热功率，W/m；

W_S——单位长度导线的日照吸热功率，W/m；

R_t——允许温度 t 时单位长度导线的交流电阻，Ω/m。

辐射散热功率 W_R 为

$$W_R = \pi d E_1 S_1 [(t + t_a + 273)^4 - (t_a + 273)^4] \qquad (10-10)$$

式中 d——导线外径，m；

E_1——导线表面的辐射散热系数，光亮的新线取为 0.23～0.43，旧线或涂黑色防腐剂的线取为 0.90～0.95；

S_1——斯特凡－包尔茨曼常数，取 5.67×10^{-8} W/m²；

t——导线表面的平均温升，℃；

t_a——环境温度，宜采用最高气温月的平均最高气温，℃。

对流散热功率 W_F 为

$$W_F = 0.57\pi\lambda_i t Re^{0.485} \tag{10-11}$$

式中 λ_i——导线表面空气层的传热系数，$\lambda_i = 2.42 \times 10^{-2} + 7(t_a+t/2) \times 10^{-5}$，W/(m·℃)。

Re——空气的雷诺数，$Re = Vd/\nu$，其中 V 为垂直于导线的风速，一般宜取 0.5m/s，大跨越因线路较高宜取 0.6m/s；ν 为导线表面空气层的运动黏度，$\nu = 1.32 \times 10^{-5} + 9.6(t_a+t/2) \times 10^{-8}$，m²/s。

日照吸热功率 W_S 为

$$W_S = \alpha_S J_S d \tag{10-12}$$

式中 α_S——导线表面的吸热系数，光亮的新线取为 0.35～0.46，旧线或涂黑色防腐剂的线取为 0.9～0.95；

J_S——日光对导线的日照强度，当天晴、日光直射导线时，可采用 1000W/m²。

4. 按电晕条件校验

超高压及以上输电线路的导线表面电场强度很高，以致超过周围空气的击穿强度，在导线表面形成电晕放电。电晕可引起无线电干扰、可听噪声、导线振动等，还会产生有功功率损耗。导线的电晕随外加电压的升高而出现、加剧。导线表面开始发生局部放电时的电压，称为起始电晕电压。导线表面全面发生电晕时的电压，称为临界电晕电压，相应的电场强度称为临界电晕场强。导线的临界电晕场强，与其直径、表面状况及大气条件等有关。清洁绞线在晴天的临界电晕场强为

$$E_0 = 3.03m\delta^n\left(1 + \frac{0.298}{\sqrt{r}}\right) \quad (\text{MV/m}) \tag{10-13}$$

式中 m——导线表面状况系数，表面洁净绞线取 0.966，伤痕且松股绞线取 0.81；

δ——相对空气密度；

n——空气密度指数，一般可取 0.66～0.72；

r——导线半径，cm。

导线表面的实际电场强度，不宜大于临界电晕场强的 80%～85%。年平均电晕损失，不宜大于线路电阻有功损失的 20%。海拔不超过 1000m（1000kV 线路为 500m）时，距离线路边导线地面投影外侧 20m 处，湿导线的可听噪声设计控制值不应大于 55dB（A）。

在海拔不超过 1000m 的地区，如导线直径不小于表 10-11 所列数值，一般不必验算电晕。

表 10-11　　　　　　　可不验算电晕的导线最小外径（海拔不超过 1000m）

标称电压 (kV)	110	220	330			500			750	
导线外径 (mm)	9.60	21.60	33.60	2×21.60	3×17.10	2×36.24	3×26.82	4×21.60	4×36.90	5×30.20	6×25.50

二、 地线的选择

架空输电线路的地线除用作防雷外，还有多方面的综合作用，如实现载波或光纤（OPGW）通信；降低不对称短路时的工频过电压，减小潜供电流；作为屏蔽线以降低电力线对通信线的干扰等。根据地线不同作用，地线的材料选择和悬挂方式也应该不同。

1. 地线架设的一般规定

输电线路是否架设地线，应根据线路电压等级、负荷性质和系统运行方式，并结合当地已有线路的运行经验、地区雷电活动的强弱、地形地貌特点及土壤电阻率高低等决定。在计算耐雷水平后，通过技术经济比较，采用合理的防雷方式。

110kV 输电线路宜沿全线架设地线，在年平均雷暴日数不超过 15 日或运行经验证明雷电活动轻微的地区，可不架设地线。无地线的输电线路，宜在变电站或发电厂的进出线段架设 1~2km 的地线。220~330kV 输电线路应沿全线架设地线，在年平均雷暴日数超过 15 日的地区或运行经验证明雷电活动轻微的地区，可架设单地线，山区宜采用双地线。500kV 及以上电压等级的输电线路，应沿全线架设双地线。

杆塔上地线和边导线所在平面与地线所在垂直平面之间形成的夹角，称为保护角，如图 10-1 所示。对于单回路，330kV 及以下线路的保护角不宜大于 15°，500~750kV 线路的保护角不宜大于 10°；1000kV 线路的保护角平原丘陵地区不宜大于 6°，山区不宜大于 −4°。对于同塔双回或多回路，110kV 线路的保护角不宜大于 10°，220~750kV 线路的保护角不宜大于 0°；1000kV 线路的保护角平原丘陵地区不宜大于 −3°，山区不宜大于 −5°。重覆冰线路的保护角可适当加大。

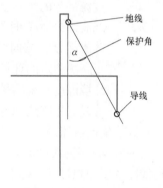

图 10-1 杆塔上的保护角

杆塔上两根地线之间的距离，不应超过地线与导线间垂直距离的 5 倍。

在气温 15℃、无风无冰的气象条件下，档距中央导线与地线之间的距离 D 应满足

$$D \geqslant 0.012l + 1(\text{m}) \tag{10-14}$$

式中　l——档距，m。

2. 地线的选择

地线悬挂方式和型号的选择与地线的作用直接相关。按照用途的不同，地线悬挂方式有两种。一种是直接悬挂于杆塔上，另一种是经过绝缘子与杆塔相连，使地线对地绝缘。

地线应满足电气和机械强度要求。为减小潜供电流，降低工频过电压，降低输电线路对通信线路的危险及干扰，地线一般需选用零序阻抗较小的良导体架空线，其截面积应满足综合利用的载流要求。当利用地线进行光纤通信时，选用 OPGW 型光纤复合地线。而当地线仅用作防雷时，可选择镀锌钢绞线或铝包钢绞线。当地线选用镀锌钢绞线时，其与导线的配合宜符合表 10-12 的规定。

表 10 - 12   地线采用镀锌钢绞线时与导线的配合

导线型号		LGJ - 185/30 及以下	LGJ - 185/45～LGJ - 400/35	LGJ - 400/50 及以上
镀锌钢绞线 最小标称截面 （mm²）	无冰区段	35	50	80
	覆冰区段	50	80	100

注 500kV 及以上线路的地线采用镀锌钢绞线时，无冰区段和覆冰区段的最小标称截面应分别不小于 80、100mm²。

电力系统发生单相接地故障时，地线要通过返回电流，由此产生的温升不应超过其允许值，以免机械强度明显下降。校验短路热稳定时的地线允许温度，钢芯铝绞线、钢芯铝合金绞线可采用 200℃，钢芯铝包钢绞线、铝包钢绞线可采用 300℃，镀锌钢绞线可采用 400℃，光纤复合地线的允许温度应采用产品试验保证值。地线的短路热稳定允许电流可按下式计算

$$I = \sqrt{\frac{C}{0.24\alpha_0 R_0 T}\ln\frac{\alpha_0(t-20)+1}{\alpha_0(t_a-20)+1}} \tag{10-15}$$

式中 I——地线的短路热稳定允许电流，A；

    C——载流部分的热容量，cal/(℃·cm)；

    α_0——载流部分 20℃时的电阻温度系数，℃⁻¹；

    R_0——载流部分 20℃时的电阻，Ω/cm；

    T——短路热稳定的计算时间，s；

    t_a——环境温度，采用最高气温月的平均最高气温，℃；

    t——地线的短路热稳定允许温度，℃。

特高压输电线路的地线，还应按电晕起晕条件进行校验，地线表面的静电场强，不宜大于其临界电晕场强的 80%。输电线路的电磁感应对附近通信线路有一定影响，当对重要通信线路的影响超过规定标准时，为加强对通信线路的保护，可以考虑与地线配合架设屏蔽地线。屏蔽地线需要使用良导电线材，目前多用 LGJ - 95/55 型钢芯铝绞线。

OPGW 型光纤复合地线的外层铝合金绞线起防雷保护和屏蔽作用，芯部的光导纤维起通信作用。光纤复合地线可根据工程实际需要向生产厂家定制。

3. 地线的绝缘

当地线仅用于防雷时，可逐基杆塔接地，以提高防雷的可靠性。但逐基杆塔接地会产生较大的附加电能损失，如一条长 200～300km 的 220kV 输电线路的附加电耗每年可达几十万千瓦时，一条长 300～400km 的 500kV 线路则每年高达数百万千瓦时。因此超高压及以上等级的输电线路的地线，即使无综合用途，也往往将其绝缘架设，以减少能耗。

绝缘地线利用一只带有放电间隙的无裙绝缘子（见图 10-2）与杆塔隔开，雷击时利用放电间隙击穿接地，因此绝缘地线具有与一般地线同样的防雷效果。安装时必须对放电间隙进行整定，使其在雷击前的先导阶段能

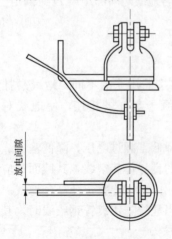

图 10 - 2 无裙绝缘子放电间隙

够预先建弧，在雷击过后能够及时切断间隙中的工频电弧恢复正常运行状态，在线路重合闸成功时不致重燃。在线路发生短路事故时，间隙也能被击穿，并保证短路事故消除后，间隙能熄弧恢复正常。放电间隙值应根据地线上感应电压的续流熄弧条件和继电保护的动作条件确定，一般为 10～40mm。还应当注意，绝缘地线上往往感应有较高的对地电压，在导线和地线都不换位时，330、500kV 线路绝缘地线的感应电压可分别达到 23kV 和 50kV 左右。因此安装绝缘地线的线路必须进行适当换位，对其的任何操作都应按带电作业考虑。

第五节　导线的排列方式与换位

一、导线的排列方式

导线的排列方式主要取决于线路的回路数、线路运行的可靠性、杆塔荷载分布的合理性以及施工安装、带电作业方便，并应使塔头部分结构简单，尺寸小。单回线路的导线常呈三角形、上字型和水平排列，双回线路的导线有伞型、鼓型和双三角形排列，如图 10 - 3 所示。在特殊地段线路导线还有垂直排列等方式。

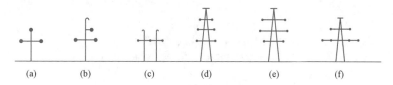

图 10 - 3　导线的排列方式

(a) 三角形；(b) 上字型；(c) 水平排列；(d) 伞型；

(e) 鼓型；(f) 双三角形

运行经验表明，单回线路采用水平排列的运行可靠性比上字型和三角形排列好，特别是在重冰区、多雷区和电晕严重的地区。这是因为水平排列的线路杆塔高度较低，雷击机会减少；上字型和三角形排列的下层导线因故（如不均匀脱冰时）向上跃起时，易发生相间闪络和导线间相碰事故。但导线水平排列的杆塔比上字型和三角形排列的复杂，造价高，并且所需线路走廊也较大。一般地，普通地区可结合具体情况选择水平、上字型或三角形排列，重冰区、多雷区宜采用水平排列，电压在 220kV 以下导线截面积不太大的线路采用上字型或三角形排列比较经济。

由于伞型排列不便于维护检修，因此目前双回线路同杆架设时多采用鼓型排列。这样可以缩短横担长度，减少塔身扭力，获得比较满意的防雷保护角，耐雷水平提高。

二、导线的换位

高压输电线路正常运行时，会在架空绝缘地线上感应出静电感应电压和纵感应电动势。静电感应电压是由于三相导线与绝缘地线和大地间的电容耦合产生的。输电线路全线不换位时，220kV 线路的静电感应电压可达 10kV 以上，500kV 线路的静电感应电压在

50～60kV 左右。由于架空地线相对三相导线的空间位置不对称，导线磁通在绝缘地线上产生沿线分布的纵感应电动势。纵感应电动势是沿线叠加的，并与输送容量成正比。220kV 线路输送 150MW·h 时纵感应电动势达 20V/km，500kV 线路输送 1200MW·h 时纵感应电动势达 70V/km。过高的感应电压会造成地线绝缘子间隙放电灼伤损坏，从而造成事故。另外，三相导线的排列不对称时，各相导线的电抗和电纳不相等会造成三相电流不平衡，引起负序电流和零序电流，可能引起系统内电机的过热，并对线路附近的其他弱电线路带来不良影响。解决这些问题的简便途径是输电线路的各相导线在空中轮流交换其位置。

1. 换位原理

换位的原则是保证各相导线在空间每一位置的长度总和相等。图 10 - 4 示出了全线采用一个和两个整循环换位的布置情况。图 10 - 4（a）为一个整循环换位，达到首端和末端相位一致。图 10 - 4（b）为两个整循环换位，达到首端和末端相位一致。与单循环换位相比，多循环换位总的换位处数相对减少，有利于远距离输电线路的安全运行。

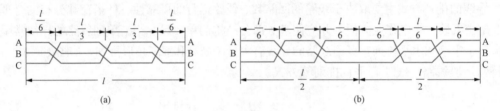

图 10 - 4　导线换位示意图

(a) 一个整循环换位；(b) 两个整循环换位

在中性点直接接地的电力网中，长度超过 100km 的输电线路均应换位。换位循环长度不宜大于 200km。如一个变电站某级电压的每回出线虽小于 100km，但其总长度超过 200km，可采用换位或变换各回路的相序排列，以平衡不对称电流。中性点非直接接地的电力网，为降低中性点长期运行中的电位，可用换位或变换线路相序排列的方法来平衡不对称电容电流。

2. 换位方式

常见的换位方式有直线杆塔换位（滚式换位）、耐张杆塔换位和悬空换位，如图 10 - 5 所示。

直线杆塔换位利用三角形排列的直线杆塔实现，在换位处导线有交叉，因而易发生短路现象，因此直线杆塔换位广泛用于冰厚不超过 10mm 的轻冰区。为减小换位处由于排列方式的改变引起的悬垂绝缘子串的偏摆，换位杆塔的中心应偏离线路中心线。

耐张杆塔换位需要特殊的耐张换位杆塔，造价较高，但导线间距比较稳定，运行可靠性高。

悬空换位不需要特殊设计的耐张杆塔，仅在每相导线上再单独串接一组绝缘子串，通过交叉跳接，实现导线的换位。单独串接的绝缘子串承受的是线间电压，其绝缘强度一般应比对地绝缘高 30%～50%。

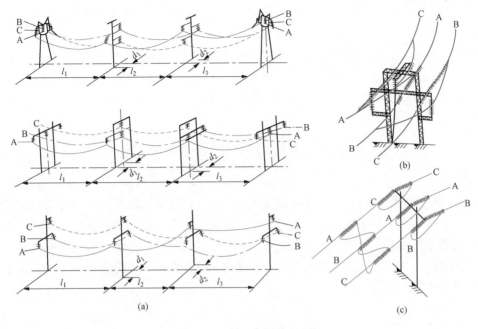

图 10-5 导线的换位方式

（a）滚式换位；（b）耐张杆塔换位；（c）悬空换位

3. 导线换位的优化

导线换位处是线路绝缘的薄弱环节，在满足要求的前提下应尽量简化换位，减少换位处数。由于单回路水平排列线路的对称性，导线 ABC 和 CBA 的排列是等效的，因此只要安排 A、B、C 三相处于中相位置的长度各占线路的 1/3，即可达到换位要求。三角排列线路的换位也可据此进行优化。图 10-6 为两种优化换位方式。图 10-6（a）要求 $a+d=b=c=l/3$，采用直线杆塔换位时，传统方式需要 5 基换位杆塔，优化方式只需 3 基；图 10-6（b）传统方式要求 $a+d=b=c=l/3$，优化方式要求 $e+i=f+h=g=l/3$，采用直线杆塔换位时，传统方式需要 6 基换位杆塔，优化方式只需 4 基。

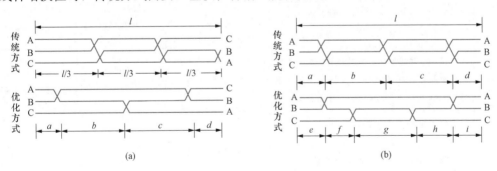

图 10-6 导线的优化换位方式

（a）换位且倒相；（b）换位不倒相

三、 地线的换位

当绝缘地线用作载波通信或屏蔽线，两点及多点接地时，为了降低能量损失，应当进行换位。地线换位应保证对每一种导线排列段，每根地线处于两侧位置的长度相等，并应注意其换位处和导线换位处错开。

地线的换位方式主要有两种：一种是从杆塔顶直接向上或向下交叉绕跳，但要注意地线与杆塔的间隙距离；另一种是在杆塔顶设置针式绝缘子，用以固定交叉跳线，放电间隙制作在针式绝缘子上，这种换位方式工作比较可靠。

第六节　绝缘子与绝缘子串的设计

架空输电线路的绝缘配合应使线路在工作电压、内过电压及外过电压等条件下安全可靠运行，包括塔头的绝缘配合和线路档距中央的绝缘配合。塔头的绝缘配合问题主要就是绝缘子的选型与绝缘子串的设计。设计时，应给出各种工况下绝缘子串的安全系数，确定绝缘子的型式、片数、联数，列出绝缘子的机械和电气特性，以及在相应工况风速下导线对杆塔的空气间隙距离。

一、绝缘子的选型

工频污秽条件下绝缘子选型及爬电距离要求根据绝缘子的种类、线路所经地区的污秽情况综合考核，GB 50545—2010《110kV～750kV 架空输电线路设计规范》中高压架空线路污秽分级标准见表 10-13。

表 10-13　　　　　　　　高压架空线路污秽分级标准

污秽等级	污湿特征		爬电比距（cm/kV）	
	污秽特征	盐密（mg/cm²）	220kV 及以下	330kV 及以上
0	大气清洁地区及离海岸盐场 50km 以上无明显污染地区	≤0.03	1.60 (1.39)	1.60 (1.45)
I	大气轻度污染地区，工业区和人口低密集区，离海岸盐场 10～50km 地区，在污闪季节中干燥少雾（含毛毛雨）或雨量较多时	>0.03～0.06	1.60～2.0 (1.39～1.74)	1.60～2.00 (1.45～1.82)
II	大气中等污染地区，轻盐碱和炉烟污染地区，离海岸盐场 3～10km 地区，在污闪季节中潮湿多雾（含毛毛雨）但雨量较少时	>0.06～0.10	2.00～2.50 (1.74～2.17)	2.00～2.50 (1.82～2.27)
III	大气污染较严重地区，重雾和重盐碱地区，近海岸盐场 1～3km 地区，工业与人口密度较大地区，离化学污源和炉烟污秽 300～1500m 的较严重污秽地区	>0.10～0.25	2.50～3.20 (2.17～2.78)	2.50～3.20 (2.27～2.91)
IV	大气特别严重污染地区，离海岸盐场 1km 以内地区，离化学污源和炉烟污秽 300m 以内的地区	>0.25～0.35	3.20～3.80 (2.78～3.30)	3.20～3.80 (2.91～3.45)

注　爬电比距计算时可取系统最高工作电压，括号内的数字为按标准电压计算的值。

230

1. 悬垂绝缘子的选择

当线路所经Ⅱ级及以上且以粉尘污秽为主要污染物的污秽区时，宜选用棒型或盘型复合绝缘子；在风、雨自洁效果良好的地区可选用空气动力型绝缘子，如双层伞型、三伞型、大小伞交替型绝缘子和瓷长棒型绝缘子等。当线路所经Ⅱ级以下污秽等级且以粉尘污秽为主要污染物的污秽区时，可根据运行经验选用绝缘子型式，并应按绝缘子爬电距离的有效系数进行配置。当线路所经地区为沿海型和内陆型等非粉尘污染地区时，可选用钟罩型或深棱型防污型绝缘子等；所经地区为沙漠型污秽地区时，宜选用空气动力型以及棒型绝缘子、盘型复合绝缘子和瓷棒型绝缘子。水泥厂等高粉尘区域附近，可采用自洁性能优良的绝缘子，并适当增加爬距。

新建线路不宜使用钟罩防污型或深棱伞型绝缘子，对于已运行线路，可根据绝缘子爬距的有效系数进行调整配置。

2. 耐张绝缘子的选择

耐张绝缘子设计时，一般应选用自洁性能好的绝缘子，如普通型、双伞型、三伞型的瓷、玻璃和复合盘型绝缘子，以及瓷长棒型绝缘子等。

在雨水充沛地区，Ⅲ级及以下的污秽等级新建线路，按实际污秽等级配置，对于Ⅲ级及以上污秽等级新建线路，统一爬电比距按不低于 44mm/kV 配置。在干旱少雨地区，按实际污秽等级配置。

在以粉尘污秽为主污染源的污秽区，新建线路不宜使用钟罩型绝缘子；对于已运行线路，则应根据当地运行经验进行配置。

二、 绝缘子串的片数

每联悬垂绝缘子的片数，应依据线路电压等级按绝缘配合条件确定，可采用爬电比距法计算。爬电比距是指不同污秽等级下单位工作电压所要求的爬电距离。海拔 1000m 以下的地区，每联悬垂绝缘子片数的计算式为

$$n \geqslant \frac{\lambda U}{K_e L_{01}} \qquad (10-16)$$

式中 n——每联绝缘子的片数；

U——标称电压，kV；

λ——爬电比距，按表 10-13 选取，cm/kV；

L_{01}——单片绝缘子的几何爬电距离，cm；

K_e——绝缘子爬电距离的有效系数，主要由绝缘子几何爬电距离在试验和运行中污秽耐压的有效性确定，以 XP-70、XP-160 型绝缘子为基础，取其 $K_e=1$，常见绝缘子的爬电距离有效系数见表 10-14。

表 10-14   **常见绝缘子的爬电距离有效系数**

绝缘子类型	盐密（mg/cm²）			
	0.05	0.10	0.20	0.40
玻璃绝缘子（普通型 LXP-160）	1.0			
双伞型绝缘子（XWP2-160）	1.0			

绝缘子类型	盐密（mg/cm²）			
	0.05	0.10	0.20	0.40
三伞型绝缘子	1.0			
长棒型瓷绝缘子	1.0			
深钟罩玻璃绝缘子	0.8			
浅钟罩型绝缘子	0.9	0.9	0.8	0.8
复合绝缘子	≤2.5 cm/kV		≥2.5 cm/kV	
	1.0		1.3	

在海拔 1000m 以下的地区，不同电压等级的操作过电压和雷电过电压要求的悬垂串绝缘子的片数，不应少于表 10-15 的数值。

表 10-15　　　　　操作过电压及雷电过电压要求的悬垂绝缘子串的最少片数

标称电压（kV）	110	220	330	500
单片绝缘子的高度（mm）	146	146	146	155
绝缘子片数（片）	7	13	17	25

高海拔地区悬垂串的绝缘子片数，宜按式（10-17）计算，即

$$n_H = n e^{0.1215 m_1 (H-1000)/1000} \tag{10-17}$$

式中　n_H——高海拔地区悬垂串的每联绝缘子所需片数；

　　　n——一般地区悬垂串的每联绝缘子所需片数；

　　　m_1——特征指数，反映气压对于污闪电压的影响程度，由试验确定，常用绝缘子特征指数可参考表 10-16 取值；

　　　H——海拔，m。

对于全高超过 40m 有地线的杆塔，为加强防雷，高度每增加 10m，应比表 10-15 的数量增加一片高度相当于 146mm 的绝缘子。全高 100m 以上的杆塔，绝缘子片数应根据运行经验并结合操作过电压和雷电过电压的计算确定。由于 750kV 线路采用 32 片结构高度为 170mm 绝缘子的耐雷水平已超过 150kA，且西北地区（除陕南外）平均雷暴日一般在 20 日及以下，雷电流幅值较小，因此 750kV 线路的杆塔全高超过 40m 时，根据实际情况进行计算，确定是否增加绝缘子的片数。

线路通过空气污秽地区时，宜采用防污绝缘子，也可增加普通绝缘子的个数。

考虑到耐张串在正常运行中承受的架空线张力较大，绝缘子容易劣化，所以每联耐张绝缘子的片数应在表 10-15 的基础上增加，110～330kV 线路应多一片，500kV 线路应多两片，750kV 及以上线路不需增加。通过污秽地区的线路，片数按表 10-16 选择。但当悬垂绝缘子的数量已达到表 10-15 的规定值时，耐张绝缘子的数量可不再增加。由于耐张绝缘子串的自洁性能较好，在同一污秽区，其爬电比距根据运行经验比悬垂绝缘子串适当减少。

表 10 - 16　　　　　　　　　　　　常用绝缘子串特征系数 m_1 的参考值

试品	材料	盘径 (mm)	结构高度 (mm)	爬电距离 (mm)	m_1 值		
					盐密		平均值
					0.05mg/cm²	0.20mg/cm²	
1 号	瓷	280	170	33.2	0.66	0.64	0.65
2 号		300	170	45.9	0.42	0.34	0.38
3 号		320	195	45.9	0.28	0.35	0.32
4 号		340	170	53.0	0.22	0.40	0.31
5 号	玻璃	280	170	40.6	0.54	0.37	0.45
6 号		320	195	49.2	0.36	0.36	0.36
7 号		320	195	49.3	0.45	0.59	0.52
8 号		380	145	36.5	0.30	0.19	0.25
9 号	复合				0.18	0.42	0.30

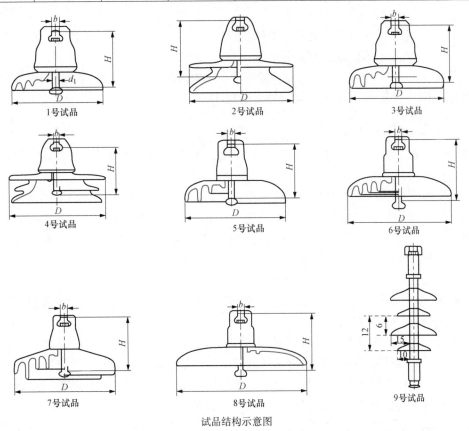

试品结构示意图

三、 绝缘子串的安全系数和联数设计

绝缘子串的机械强度安全系数，根据不同的荷载情况不应小于表 10 - 17 所列数值。其中常年荷载是指年平均气温下绝缘子所受的荷载。验算荷载是验算条件下绝缘子所承受的

荷载。断线的计算气象条件是无风、有冰、－5℃。双联及以上的多联绝缘子串应验算断一联后的机械强度，断联的计算气象条件是无风、无冰、－5℃，1000kV 线路的计算条件是无风、有冰、－5℃。

表 10 - 17　　　　　　　　绝缘子和金具机械强度的最低安全系数

情况	盘型绝缘子	棒型绝缘子	瓷横担	金具
最大使用荷载	2.7	3.0	3.0	2.5
常年荷载	4.0	4.0	4.0	—
验算荷载	1.5 (1.8)	1.5 (1.8)	1.5 (1.8)	1.5
断线	1.8	1.8	2.0	1.5
断联	1.5	1.5	—	1.5

注 括号内的数据用于 1000kV 线路。

绝缘子的相应最大许用荷载 $[T_J]$ 计算式为

$$[T_J] = \frac{T_R}{k} \qquad\qquad (10 - 18)$$

式中　T_R——绝缘子的额定机电破坏负荷，kN；

　　　k——绝缘子的机械强度安全系数。

当绝缘子的机械强度不足时，除可换用大吨位绝缘子外，通常采取双联和多联解决。所需绝缘子串的联数 N 可根据其所受最大荷载 T 确定，即

$$N \geqslant \frac{T}{[T_J]} \qquad\qquad (10 - 19)$$

绝缘子串的联数，除考虑机械强度外，还与输电线路的地形条件、工作可靠性要求以及投资和运行费用有关。

单联绝缘子串的绝缘子和金具的耗量少，串的长度略短，运行中更换缺陷绝缘子的费用较低，但当串中某一绝缘子损坏时，悬挂于其上的导线就要落地，线路退出运行，倘若线路是重要用户的唯一电源，将造成重大损失。双联绝缘子串的绝缘子片数是单串的 2 倍，当某一绝缘子损坏时，因未损坏的第二联仍悬挂着，因而能维持一段时间，但投资和运行维护费用较高。

采用 V 型绝缘子串时，其中一联破坏会使导线与杆塔接近到不能允许的程度，所以要把 V 型绝缘子串当作单联看待。

在重要跨越处，如跨越 220kV 及以上线路、铁路、高速公路、一级公路、一级和二级通航河流及特殊管道等，悬垂串宜采用双联串或两个单联串，500kV 及以上线路并宜采用双挂点。超高压线路的耐张绝缘子串，通常采用与子导线根数相同的联数，这样每根子导线都可通过各自的绝缘子串固定在杆塔上，运行可靠性提高，这在 330～500kV 线路上是合理的。但当超过电压 1000kV 时，子导线根数很多，上述做法必将引起杆塔加重、投资和运行维护费用增大，因此应当减少耐张绝缘子串的联数，并采用专用连接金具元件。

双联悬垂绝缘子串可纵向布置（两联绝缘子的轴线连成的平面顺着线路方向）或横向布置（两联绝缘子的轴线连成的平面垂直线路方向），多采用纵向布置。这是因为，纵向布置时，绝缘子串与杆塔的连接简单，巡检方便，两串受力比较均匀，风偏时两串间距离不变；断联时，导线的垂直位移小，支承联受到的冲击力小。横向布置时，横担较长，巡

查时不易观察，两串受力难以均衡，风偏时两串间距减小，有发生绝缘子串碰撞的危险；断联时，导线的垂直位移大，要承受转动附加冲力。

练 习 题

1. 什么是输电线路工程的初步设计？具体包含哪些工作内容？
2. 线路路径选择的步骤有哪些？
3. 线路通过林区时有什么要求？当线路与建设物平行接近和交叉时，需要注意什么要求？线路与各种工程设施交叉和接近时，基本要求是什么？
4. 线路设计时如何选择导线和地线的型号？
5. 导线和地线为何要进行换位？简述优化换位的基本思想。
6. 如何确定绝缘子的片数及联数？

第十一章　架空输电线路的施工图设计及其要点

第一节　施工图设计的主要内容

施工图设计是按照国家的有关法规、标准、初步设计原则和设计审核意见所做的安装设计，由施工图纸和施工说明书、计算书、地面标桩等组成。工程施工图设计文件的编制，必须符合国家有关法律法规、现行工程建设标准规范及电力行业技术标准，其中涉及强制性条文的规定必须严格执行，还应积极采用现行的通用设计和标准化设计。

根据 DL/T 5463—2012《110kV～750kV 架空输电线路施工图设计内容深度规定》，施工图设计文件的主要内容有：卷册总目录、图纸目录、施工图总说明书及附图、各专业设计图纸和说明、设备材料表、有关的勘测报告及附件、合同要求的工程预算书、各专业计算书等。计算书不属于必须交付的设计文件，但应按照有关规定的要求编制并归档保存。

一、施工图总说明书及附图

施工图总说明书主要是说明为实现设计意图而要求的施工方法、原则和工艺标准。说明书的前面应附本工程卷册总目录、本册图纸目录及附件目录等。

施工图总说明书包括以下内容：

（1）总述。包括工程概况、设计依据、设计规模和范围、初步设计评审意见的执行情况、强制性条文执行情况、主要技术和经济指标。

（2）两端变电站出线及线路路径。包括两端变电站进出线情况、线路路径和路径协议。

（3）设计气象条件。说明各种气象条件的设计取值，以及气象区划分情况。

（4）导线和地线。说明导线和地线（含 OPGW）的型号和参数，导线分裂和排列方式，导线、地线的力学设计及蠕变伸长的处理措施等。

（5）绝缘配合。说明全线污区划分、爬电比距取值、绝缘子串的设计，以及各种工况下的最小塔头空气间隙等。

（6）防雷和接地。简述工程的防雷措施，包括地线、接地装置的布置及防腐措施，以及对防雷措施和接地装置的特殊要求。

（7）导地线防护措施。说明导、地线防微风振动和导线次档距振荡、防舞动的措施。

（8）导线和地线换位。说明线路换位方式、换位次数和长度等情况。

（9）绝缘子和金具。包括导、地线绝缘子金具串的设计结果及适用条件。

（10）通信保护。说明对邻近电信线路及无线电设施的干扰影响情况，以及保护措施。

（11）杆塔。包括线路主要杆塔型式、使用条件、结构说明、防盗防腐防坠落措施，以及加工和施工要求等。

（12）基础。包括地形和地质概况、基础设计、杆塔与基础的连接、基础材料要求，以及基础加工及施工要求。

（13）对地距离及交叉跨越。说明对地和建筑物的跨越距离、线路电磁环境限值、房屋拆迁和林区高跨原则。

（14）附属设施。说明运行维护巡视站的建筑面积和标志、配备的交通工具和通信方式，以及设备配置和备品备件等。

（15）环境保护。说明执行国家环境保护、水土保持和生态环境等相关法律的评估报告，以及采取的环境保护措施。

（16）劳动安全和工业卫生。根据国家相关规定，结合工程实际情况，提出防火、防爆、防尘、防毒、防坠落、防电磁感应电压等安全措施及注意事项。

（17）施工、运行注意事项。根据施工、运行有关规定，分电力和结构专业分别提出施工、运行注意事项。

（18）主要设备材料汇总表。包括主要设备材料表和通信保护主要设备材料表。

（19）设计说明书及卷册目录。列出全部初步设计和施工图设计的说明书及卷册目录。

（20）附图。包括线路路径图、变电站进出线平面图、杆塔形式一览图、基础型式一览图、线路走廊拥挤地带的平面图和其他特殊图纸等。

（21）附件。包括上级和其他单位的重要文件、初步设计评审意见、重要的会议纪要、路径协议支撑文件等。

二、　线路平断面定位图及杆塔明细表

1. 平断面图

设计人员选出线路路径方案后，即可进行详细的勘测工作，包括定线测量、平面测量和断面测量。

定线测量是指，根据选定的路径，定出线路的中心线，把线路的起止点、转角点、方向点用标桩精确地实地固定下来，并测出线路路径的实际长度，钉好里程桩。

平面测量是指，测量线路中心线两侧各 50m 的带状区域的地物地貌，绘制成平面图。中心线两侧对线路有影响的地形地物均应在图上标出，如建筑物的位置和接近距离，陡坡、冲沟的位置和范围，耕地、树林沼泽地等的位置和边界，还应绘出交叉跨越物（电力线、通信线、铁路、道路、河流、管道、索道等）与线路的交叉角度、去向或与线路平行接近的位置、长度，为杆塔定位提供依据。

断面测量分为纵断面测量和横断面测量。

沿线路中心线（及高边线）测量各断面点的标高、交叉跨越物的位置和高程，绘制成纵断面图，供排定杆塔位置使用。高程的误差不超过 ±0.5m。绘制纵断面图的比例尺，对平地或起伏不大的丘陵，水平采用 1:5000，高差采用 1:500；起伏较大的丘陵、山区

或交叉跨越地区，水平用 1∶2000，高差用 1∶200。

当线路沿着大于 1∶4 的边坡或其他对风偏有影响的山坡通过时，应进行垂直线路中心线的横断面测量。测量宽度应视现场地形确定，一般为 40m 左右，由此绘成横断面图，供校验最大风偏时导线对地安全距离使用。横断面图绘于纵断面图相应位置的上方，纵横比例尺一律为 1∶500。

将线路经过地区的平面图、纵平面图和横断面图绘制在一起，构成平断面图。在平断面图中，线路路径中心线展为直线，线路转向（左转或右转）用箭头表示，并注明转角度数。在平断面图的下方，填写塔位标高、塔位里程、定位档距和耐张段长度及其代表档距等数据。图 11-1 所示为典型线路平断面图示例。

2. 平断面定位图

绘制线路平断面图后，设计人员在此基础上进行杆塔的定位和优化，形成包括沿线断面地形、杆塔位置及各项地面物的标高、里程、杆塔编号和杆塔型式、弧垂线等的断面定位图，以及包括各种杆塔档距、里程、标高、耐张段长度、代表档距等的平面图，最终构成平断面定位图。

3. 杆塔位明细表

绘制平断面定位图后，需要按照初步设计原则编制《线路工程定位手册》、定位校核曲线（表）和杆塔位明细表。

定位校核曲线（表）计算包括杆塔使用条件、K 值、导地线悬点应力、直线及小转角塔绝缘子串摇摆角、绝缘子金具串强度、耐张绝缘子串倒挂、悬垂角、导地线上拔及地面电场强度分布，以及超杆塔设计使用条件的验算负荷等。

杆塔位明细表包括基本风速与设计覆冰厚度，杆塔塔号、塔位点、塔型、塔的呼称高、塔位桩顶高程及定位高差（或施工基面），档距、水平档距、垂直档距、耐张段长、代表档距、转角度数及中心桩位移，接地装置，导地线绝缘子串、导地线防振锤、间隔棒、重锤、防舞装置，交叉跨越及处理情况等。

平断面定位图和杆塔位明细表中所有的计算，以及软件排位采用计算机辅助完成时，所采用的计算机软件必须经过有效鉴定。

三、 机电施工图及说明书

机电施工图及说明书主要包括架线施工图及说明书、换位（换相）图、跳线安装图、接地装置图、导地线防护措施、绝缘子串及金具组装图等。

架线施工图及说明书包括卷册说明、导地线特性曲线表、导地线架线曲线图、孤立档架线表、连续倾斜档线夹安装位置调整表；换位图包括导线换位示意图、地线分段绝缘安装示意图、换位塔导线布置图；跳线安装图包括耐张塔跳线安装示意图、跳线安装表、刚性跳线组装图；导地线防护措施包括导地线防振、间隔棒安装、防舞装置安装。

四、 杆塔施工图及说明书

杆塔施工图及说明书需要说明杆塔技术条件，即根据初步设计塔型规划情况进一步明确各类杆塔技术条件，包括塔头尺寸、地线支架高度、线间距离、电气间隙圆图和边导线保护角等，同时给出杆塔计算说明书和设计图纸。

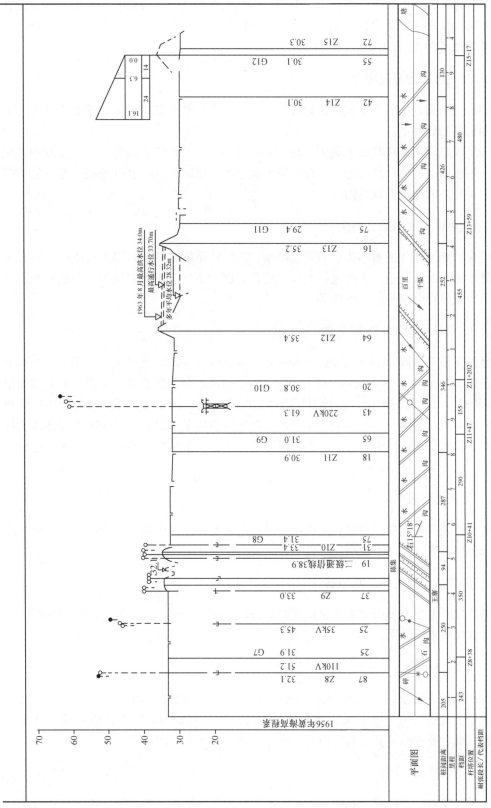

图 11 - 1　典型线路平断面图示例

另外，每一种（类）杆（塔）型应编写一份结构设计说明，或对一个工程所涉及的杆塔设计编写一份统一的结构设计和加工说明，列出各类杆塔在加工、施工中应当特别注意的要点及使用条件等。

五、 基础施工图及说明书

基础施工图及说明书主要包括基础配置（明细）表、基础施工说明、基础根开表、基础施工图和基础计算书。

500kV 及以上山区线路要求编制一塔一图，且图中应给出塔位的地形、塔基断面、接腿布置、地层岩土特性、杆塔编号、杆塔塔型及呼高、基础根开、基础规格、基础防护措施、基础与杆塔的连接参数等内容。

六、 通信保护施工图及说明书

通信保护施工图及说明书要求简要说明架空输电线路系统情况，以及与电信线路和无线电设施接近情况及结论。主要包括设计原则和依据、通信保护施工图纸、通信保护设备材料表，以及计算结果及保护措施等。

七、 OPGW（ADSS）施工图

当地线采用OPGW（optical fiber composite overhead wire，光纤复合架空地线）或者ADSS（all dielectric self - supporting optical fiber cable，全介质自承式光缆）时，需要给出 OPGW 或 ADSS 的施工图，包括力学特性曲线、光缆架线曲线、孤立档架线表、分流地线及光缆换位示意图、金具串安装示意图、防振装置安装示意图、ADSS 光缆杆塔上挂点示意图、接头盒和余缆架安装示意图、引下线夹和护线条结构示意图，以及光缆结构示意图等。

八、 设备材料表

设备材料表主要包括设备材料的说明和材料用量表，材料用量表分为电气部分材料表和结构部分材料表，并分类填写。

九、 通道清理施工图及说明书

通道清理施工图及说明书主要包括线路通道内房屋拆迁说明、其他障碍物设施拆迁说明和树木砍伐原则及说明。

十、 工程地质报告

工程地质报告用于说明勘察等级、执行标准、采用的勘探手段，塔位地基稳定性评价，沿线主要地层结构，地下水的埋藏情况和对杆塔及基础材料的腐蚀性，地震基本烈度，地基承载力及变形计算参数，以及对设计及施工应注意的问题提出建议。

十一、 水文气象报告

水文报告应对可行性研究和初步设计的水文报告进行整理，补充施工图阶段对沿线水

文的调查结论。气象报告则对可行性研究和初步设计的气象报告进行整理，补充施工图阶段沿线对微气象区的调查结论，明确气象分段情况和特殊段的设计要求。

十二、　预算书

预算书应说明工程概况及主要经济指标，包括初步设计批复文件、工程量、预算定额、项目划分及费用标准、人工工资、材料价格、编制年价差、建设场地征用及清理、价差预备费、建设期贷款利息和投资分析预算书等。

十三、　大跨越设计施工图及说明书

线路有大跨越时还应另外编制符合大跨越设计规程规范的施工图及说明书。

第二节　杆　塔　定　位

在选定的线路路径上，进行定线、平断面测量，在平断面图上合理配置杆塔位置的工作，称为杆塔定位。杆塔定位是线路设计的重要组成部分，定位的质量直接关系到输电线路的造价和施工、运行的安全。杆塔定位工作分为室内定位和室外定位。室内定位是用弧垂曲线模板在线路勘测所取得的平断面图上排定杆塔位置。室外定位是把在平断面图上确定的杆塔位置到现场复核校正，并用标桩固定下来。

一、　定位前的准备工作

定位工作开始前，应准备好适当比例的线路平断面图、定位用弧垂曲线模板，并需要将线路的有关技术资料和要求以及注意事项等汇编成《工程定位手册》，主要内容如下：

（1）线路特点概要，如线路起止点、长度及线路主要技术性能等；

（2）送、受电端的进出线平面图或进、出线构架数据，如构架位置、构架挂线点标高、线间距离、相序排列及允许张力等；

（3）全线计划换位系统图（包括换位杆塔分布、距离、换位方式和具体要求），换相方式和地点；

（4）不同气象区分段（有两种或两种以上气象区时）；

（5）导线和地线的型号及力学特性曲线，如使用两种或两种以上的不同型号电线或许用应力时，应标明各自架设的区段；

（6）绝缘子串组装图，如有需加强绝缘的区段，应说明具体位置并给出相应的组装图；

（7）防振措施的安装规定；

（8）按档距长度需要安装的间隔棒数量；

（9）杆塔及基础使用条件一览表，基础型式的选用原则；

（10）各型杆塔接地装置选配一览图及选配规定；

（11）各型杆塔使用的原则（使用范围、杆、塔混合使用的原则等）；

（12）导线对地及各种建筑物的间距及交叉跨越方式的要求；

（13）边导线与建筑物等之间距离的规定；

（14）耐张段长度的规定；

（15）线路纵断面图的比例、图幅、里程及标高的选取、杆塔编号等规定；

（16）定位使用的模板 K 值，摇摆角、悬垂角及各种验算曲线及图表等；

（17）导线弧垂对地裕度及有关交叉跨越的特殊校验条件；

（18）转角杆塔或换位杆塔的杆位中心数据；

（19）通信保护要求及明确一、二级通信线的位置；

（20）其他特殊要求，如水淹区、蓄洪区的水位标准和定位原则，路径协议中有关杆塔定位的特殊事项等。

二、 常用定位方法

杆塔定位是一项实践性很强的技术工作，与勘测工作密切相关。塔位、塔高和塔型需要根据现场的地形地物情况才能作出合理安排。常用的定位方法有院内定位法、现场定位法和现场室内定位法和一次定位法。

1. 院内定位法

勘测人员到现场进行勘测，回设计院后提出勘测资料（包括测量、水文、地质资料），供设计人员进行排位，然后再到现场交桩修正部分塔位。

院内定位法的主要特点是测断面、定位、交桩三项工作串接进行，因而工序流程时间较长，近年来已很少采用。

2. 现场定位法

由测量、地质、水文、设计人员在现场边测断面边定塔位。定位后按塔位进行地质鉴定，供设计基础及选配接地装置用。

现场定位法的主要特点是测断面、定位、交桩三项工作在一道工序内完成，工序简单。同时具有"以位正线"的反馈作用，即在定位过程中发现某些塔位非常不合理时，可通过修改部分路径来解决。其缺点主要是不易对整个定位段进行方案比较，经济合理性较差。现场定位法常用于 220kV 以下线路。

3. 现场室内定位法

测量人员先在现场测平断面，完成两转角塔或两死塔位之间够一定位段（一般 3～8km）的平断面后，即交给设计人员在现场住地进行室内定位，然后共同到现场交桩，同时由地质、水文人员按塔位进行地质、水文鉴定。

现场室内定位法的主要特点是测断面、定位、交桩三项工作可平行交叉进行，因而工序流程时间接近于现场定位，也具有"以位正线"的反馈作用。投资较高的 220kV 及以上线路多采用现场室内定位法。

4. 一次定位法

随着全数字摄影测量技术在工程中的推广应用，勘测人员可应用高清卫片或航片，获得线路的平断面数据。设计人员通过排位优化后，现场直接人工交桩，根据现场塔位情况进行调整或修正，实现现场一次完成定位工作。

一般情况下，这种方法适用于具备高清卫片或航片数据、能够提取出供设计人员应用的断面数据的工程，在地形起伏较大的地区可减轻勘测及设计人员的劳动强度，更具优越性。

三、 定位弧垂曲线模板及其选用

在绘制完成线路平断面图后，设计人员即可通过手工或计算机的方式，在平断面图上进行杆塔的排位和优化。在进行杆塔排位之前，首先需要按照导线安装后的实际最大弧垂悬链线形状制作弧垂曲线模板，然后以此比量档内导线各点对地及跨越物的垂直间距，通过保证导线对地和对交叉跨越物电气间隙要求的方法，进行塔位配置。

（1）弧垂曲线模板。坐标原点选取在弧垂最低点时，架空线的悬链线方程为

$$y = \frac{\sigma_0}{\gamma}\left(\mathrm{ch}\,\frac{\gamma x}{\sigma_0} - 1\right) \approx \frac{\gamma x^2}{2\sigma_0} + \frac{\gamma^3 x^4}{24\sigma_0^3} \tag{11-1}$$

式（11-1）中约等号的右侧是将双曲余弦按级数展开，并取其前三项后化简得到的。若令

$$K = \frac{\gamma}{2\sigma_0} \tag{11-2}$$

式中 γ——导线最大弧垂时的比载；

σ_0——导线最大弧垂时的应力；

K——弧垂模板 K 值。

则有

$$y = \frac{1}{2K}\left[\mathrm{ch}(2Kx) - 1\right] \approx Kx^2 + \frac{1}{3}K^3 x^4 \tag{11-3}$$

从式（11-3）可以看出，不论何种导线，只要其 K 值相同，其悬链线（弧垂）形状完全相同。因此可按不同的 K 值，以 x 为横坐标，y 为纵坐标，采用与纵断面图相同的纵横比例作出一组弧垂曲线，并将其刻制在 $1\sim2\mathrm{mm}$ 厚的透明赛璐珞板上，就形成通用弧垂曲线模板，如图 11-2 所示。可每隔 0.1×10^{-4}（m^{-1}）的 K 值作一曲线，每块模板上可作 $2\sim4$ 条，模板的刻制范围，一般平地线路 $-400\mathrm{m}<x<400\mathrm{m}$，山区线路 $-400\mathrm{m}<x<700\mathrm{m}$。

（2）弧垂曲线模板的选用。由于各耐张段的代表档距不同，导线最大弧垂时的应力和控制气象条件不同，对应的弧垂模板 K 值也不同。为方便定位时选择模板，可事先根据不同的代表档距，得到导线最大弧垂时的应力和比载，算出相应的 K 值，绘制成模板 K 值曲线，如图 11-3 所示。

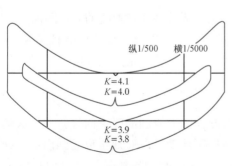

图 11-2 通用弧垂模板

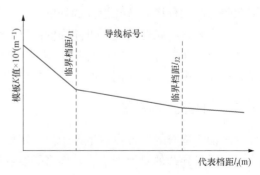

图 11-3 弧垂模板 K 值曲线

定位时，根据待定耐张段的代表档距，从图 11-3 曲线上查得相应的 K 值，选出弧垂曲线模板。

四、 杆塔定位原则

1. 塔位的选择原则

（1）尽量少占耕地和农田，减少对林木的砍伐和房屋的拆迁，减少土石方量。

（2）要充分注意杆塔位的地形地质条件，应尽量避开洼地、泥塘、水库、陡坡、冲沟、熔岩、断层、矿脉、滑坡以及对杆塔具有威胁性的滚石、危石等地段。

（3）当在陡坡布置杆塔时，应注意基础可能受到的冲刷，要采取适当的防护措施，如挖排水沟、砌护坡等。

（4）非直线杆塔应立于地势较平坦的地方，以便于施工紧线、机具运输和运行检修。

（5）杆（塔）位处应具有较好的组杆、立塔条件。

（6）在使用拉线杆塔时，应特别注意拉线位置。在山区，应避免拉线位于过大的斜坡而使拉线过长，拉线落地点之间高差不应超过 15m，与主柱基础之间高差不超过 10m；在平地及丘陵区，应避免拉线打在公路、河流及泥塘、洼地、稻场等地方。

2. 档距的配置原则

（1）排杆（塔）位时应最大限度地利用杆塔的高度和强度。

（2）避免出现过大和过小的档距。尽量不要使相邻杆塔之间的档距相差太悬殊，以免在正常运行中杆塔承受过大的纵向不平衡张力。

（3）应尽量避免出现孤立档，尤其是档距较小的孤立档，因其易使杆塔的受力情况变坏，施工较困难，检修不便。

（4）轻、中、重冰区的耐张段长度分别不宜大于 10、5、3km，且单导线线路不宜大于 5km。当耐张段长度较长时，应采取防串倒措施。在高差或档距相差悬殊的山区等运行条件较差的地段，耐张段长度应适当缩短。输电线路与主干铁路、高速公路交叉时，应采取独立耐张段。

（5）当不同杆型或不同导线排列方式的杆塔相邻时，应注意档距中央导线的接近情况。

3. 杆塔的选用原则

（1）尽可能地使用经济的杆塔型式和杆塔高度，充分发挥杆塔的使用条件，注意尽可能避免使用特殊杆塔和特殊设计的杆塔。

（2）大转角耐张杆塔应尽可能降低高度，但在山区要特别注意跳线的对地距离。

（3）导线布置方式不同的杆塔、不同结构的杆塔（有无拉线、铁塔和钢筋混凝土杆）应结合运输、塔位条件使用。在人口密集区和重要交叉跨越处不采用拉线塔。

五、 杆塔的定位高度

为了便于检查导线各点对地的距离，定位时在断面图上绘制的弧垂曲线并非导线的真实高度，而是导线的对地安全线，即将导线悬挂点向下移动一段对地距离后画出的悬挂曲线，只要该线不与地面相交，即满足对地距离的要求。此时的导线悬挂点对地高度 H_D，称为杆塔定位高度，如图 11-4 所示。

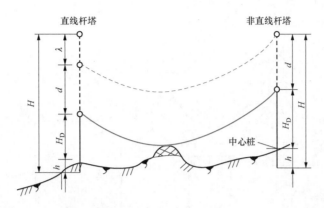

图 11-4　杆塔的定位高度

对直线型杆塔，杆塔定位高度为

$$H_D = H - d - \lambda - h - \delta \qquad (11-4)$$

对耐张型杆塔，杆塔定位高度为

$$H_D = H - d - h - \delta \qquad (11-5)$$

式中　H——杆塔的呼称高度，即杆塔下横担的下弦边线到地面的垂直距离；

　　　d——导线的对地安全距离；

　　　λ——悬垂绝缘子串的长度；

　　　h——杆塔的施工基面，指有坡度的塔位计算基础埋深的起始基面，也是计算杆塔定位高度的起始基面；

　　　δ——考虑勘测、设计和施工误差，在定位时预留的限距裕度，一般档距 700m 以下取 1.0m，大于 700m 以及孤立档取 1.5m，大跨越取 2~3m。

六、 杆塔定位的具体内容和步骤

1. 确定转角杆塔和耐张杆塔位

线路转角处必须要安排一基转角杆塔，可先行确定。再根据各类交叉跨越物的类别、耐张段长度的规定等，确定出其他需要立耐张杆塔的地点。在丘陵、山区，要注意充分利用有利地形，并尽量使用减低型杆塔。

2. 用弧垂曲线模板排定直线杆塔位

（1）针对待定耐张段，根据地形及常用杆塔的排位经验，估计待定耐张段的代表档距，计算或查得相应的模板 K 值，初选最大弧垂曲线模板，并确定杆塔定位高度 H_D。

（2）对每一耐张段自耐张杆塔位 A 点起进行排位，如图 11-5 所示。左右平移模板，使所选的模板曲线经过 B 点（AB 为耐张杆塔的定位高度 H_{D1}），并和地面相切，然后在模板曲线的右侧找出 C 点，使 CD 等于所用直线杆塔的定位高度 H_{D2}，则 C 点（在地形适宜时）即为所排的第一基直线杆塔的位置。再向右平移模板，使模板曲线经过 D 点，并和地面相切，再在模板曲线上找出 E 点，使 EF 等于 E 点所用杆塔的定位高度 H_{D3}，此时 E 点即为第二基直线杆塔的位置。用同样的方法，依次排完整个耐张段。

若定位时不能充分利用标准杆塔的设计档距，可考虑使用减低型杆塔。由于河流、洼

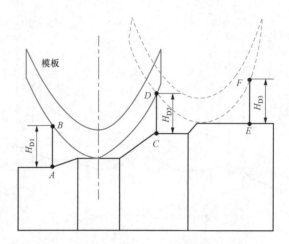

图 11-5　排定直线杆塔位

地等控制点的限制，虽采用了减低型杆塔，但其高度仍不能充分利用时，应考虑减少杆塔数量后，重新排位；或考虑重新布置杆塔位置，将耐张段内的导线对地距离均匀提高，避免在同一耐张段内某些档距的导线对地电气间距特别紧，而另一些档距特别宽裕的不合理现象。

若塔位处地面起伏不平，应确定一标高，作为施工基面，杆塔定位高度从该处算起。

(3) 根据所排的杆塔位置，算得该耐张段的代表档距，查取或计算出导线应力，再求出模板 K 值，检查该值是否与所选用模板 K 值相符（误差应在 0.05×10^{-4} 以内）。如果相符，则表明模板选得恰当，该段杆塔位置初步排妥。否则，应按计算出的 K 值再选模板，重新排位，直到前后两次的模板 K 值相符时为止。

排定杆塔工作应自左向右，再自右向左在平断面图上反复进行，通过各种塔位方案的比较和各项校验，使耐张段内杆塔数量和杆塔型式布排得技术经济比较合理。

(4) 排完一个耐张段以后，再排下一个耐张段，直至排完全线路的杆塔。

3. 现场落实修正

上述定位工作在平断面图上完成后，杆塔位和杆塔型式已经基本上确定。但现场的地质、地形是否完全和定位使用的勘测资料一致，尤其是山地和丘陵地带地形起伏很大，地质变化复杂，而定位所掌握的地形情况，仅为顺线路中心线的纵断面，有时虽测有横断面可提供垂直线路方向的一些地形变化，但其范围有限，平面图的比例又很小，很难完全掌握塔位现场的地形全貌，此外塔位不可能完全是地质钻探时钻孔的地点，所以有必要对定位方案进行现场落实修正。逐基查看塔位的施工、运行条件，校测和补测危险点和控制点断面。根据实际情况调整定位方案，埋设塔位标桩，测量施工基面、高低腿等，并填绘于平断面图上。

4. 进行内业整理

在平断面图的下方标注出塔位标高、杆塔档距、耐张段长度、代表档距以及弧垂模板 K 值等，在纵断面图上绘出杆塔位置、定位高度、弧垂安全地面线等，并标注杆塔编号、型号、呼称高及施工基面等数据。填写杆塔明细表，如表 11-1 所示。完成其他内业整理。

表 11 - 1

线路杆（塔）位明细表

设计_____ 校核_____ 图号_____

耐张段长/代表档距（m）	塔位里程（100m+m）	运行塔号	运行桩号	杆塔型式	杆塔呼称高（m）	档距（m）	线路水平转角（°）	水平档距（m）	垂直档距（m）	设计施工基面（m）	长短腿（m）	基础形式	地下水（m）	接地形式	导线绝缘子组合（悬挂方式×每组每基组数×每组片数及绝缘子形式）	重锤片数（片/相）	屏蔽线金具组合 悬垂（组/基）	屏蔽线金具组合 耐张（组/基）	地线金具组合 悬垂（组/基）	地线金具组合 耐张（组/基）	防振锤 导线（个/基）	防振锤 地线（个/基）	防振锤 屏蔽线（个/基）	导线与地线接头	间隔棒（个/档）	被交叉跨越设施名称及保护措施	备注

填表说明：

1. 长短腿栏如 A、B 为长腿，C、D 为短腿，用 2.0m 接腿，则写 C、D-2.0。
2. 导线、地线不许接头时，应在导线与地线接头栏填入"不许"二字。
3. 同隔棒栏应填为 3×n（n 为档内一相用量）。
4. 被跨越设施名称及保护措施填写被跨越电力线、通信线、果园、房屋、铁路、公路等。
5. 备注栏一般填写杆（塔）位是否有变动，转角、换位杆塔位移距离、风区分界点、屏蔽地线安装范围及一般导线与特殊导线的分界点等需特殊说明的事项。

247

第三节 杆塔定位校验

在初步排定杆塔位置、型式和呼称高度后，应对线路的使用条件进行全面检查和校验，以保证各使用条件在规定的允许范围内。

一、 杆塔使用条件校验

1. 杆塔荷载校验

杆塔荷载校验是检查杆塔所受荷载是否在允许值范围内，即要求水平档距、垂直档距、最大档距、转角角度等不应超过杆塔相应的设计允许值。

（1）水平档距校验。定位后，杆塔的水平档距可直接从断面图上量得。大高差时，应量取两档悬挂点连线的平均值。若实际水平档距超过杆塔设计允许值，则应调整杆塔位置或换用强度大的杆塔。

（2）垂直档距校验。杆塔的垂直档距也可在定位图上直接量得，但需注意量得的是最大弧垂时的数值。此值接近或超过杆塔设计条件时，应换算成杆塔设计气象条件（如大风、覆冰或低温）下的数值，换算后的垂直档距值不应超过设计条件。

（3）转角角度校验。转角杆塔的转角角度略超过设计值时，应校验杆塔的强度，必要时更换杆塔。

（4）不平衡张力校验。直线型杆塔在两侧档距相差很大、高差亦较大时，风荷或覆冰不均会产生较大的不平衡张力，应予以校验。特别是线路通过覆冰季节的迎风面侧和背风面侧时，对山顶杆塔尤其应注意校验不平衡张力。

耐张型杆塔作为不同气象条件或不同安全系数的分界杆塔，或两侧代表档距相差悬殊时，也应验算不平衡张力。

2. 杆塔最大档距校验

在杆塔选定后，杆塔上的线间距离是一定的。为保证最大风速时档距中央导线的相间距离，不同型式的杆塔所能使用的最大档距为

$$l_{max} = \sqrt{\frac{8\sigma_0 f_{max}}{\gamma_1}} \qquad (11\text{-}6)$$

式中 σ_0——最大风速时的导线应力，MPa；

γ_1——导线自重比载，MPa/m；

f_{max}——杆塔线距所允许的最大弧垂，m。

对 1000m 以下的档距，导线水平排列时，f_{max} 为

$$D = 0.4\lambda + \frac{U}{110} + 0.65\sqrt{f_{max}} \qquad (11\text{-}7)$$

式中 D——水平线距，m；

λ——悬垂绝缘子串长度，m；

U——线路标称电压，kV。

导线三角排列的等效水平线距为

$$D_x = \sqrt{D_h^2 + (4D_v/3)^2} \tag{11-8}$$

式中 D_x——导线三角排列的等效水平线距，m；

$\qquad D_h$——导线之间的水平投影距离，m；

$\qquad D_v$——导线之间的垂直投影距离，m。

若档距两端杆塔的水平线距不等时，可取其平均值计算。杆塔的定位档距应小于最大档距。常用直线杆塔的水平线距与最大档距的关系见表 11-2。

3. 悬垂绝缘子串摇摆角（风偏角）校验

在风荷载作用下，悬垂绝缘子串产生摇摆，使带电部分与杆塔构件（包括拉线、脚钉等）间的空气间隙减小，因此需限制其摇摆角在允许值范围内。

（1）最大允许摇摆角。在雷电过电压、操作过电压、工频电压下以及带电上人检修时，输电线路的带电部分与杆塔构件之间应保证一定的电气间距，其最小间隙见表 11-3。校验带电作业空气间隙时，对操作人员需要停留工作的部位，还应考虑人体活动范围 0.5m。

表 11-2　　　　　使用悬垂绝缘子串的杆塔的水平线距与档距的关系（m）

水平线间距离（m） 标称电压（kV）	3.5	4.0	4.5	5.0	5.5	6.0	6.5	7.0	7.5	8.0	8.5	10	11	13.5	14.0	14.5	15.0
110	300	375	450	—	—	—	—	—	—	—	—	—	—	—	—	—	—
220	—	—	—	—	440	525	615	700	—	—	—	—	—	—	—	—	—
330	—	—	—	—	—	—	—	—	525	600	700	—	—	—	—	—	—
500	—	—	—	—	—	—	—	—	—	—	—	525	650	—	—	—	—
750	—	—	—	—	—	—	—	—	—	—	—	—	—	500	600	700	800

注　表中数据不适用于覆冰厚度 15mm 及以上的地区。

表 11-3　　　　　带电部分与杆塔构件间的最小间隙

线路标称 电压（kV）	35	110	220	330	500		750		1000					
					海拔 $H\leqslant$ 500m	海拔 500m< $H\leqslant$ 1000m	海拔 500m	海拔 1000m	海拔 500m		海拔 1000m		海拔 1500m	
									单回	双回	单回	双回	单回	双回
雷电过电压 R_1（m）	0.45	1.00	1.90	2.30	3.30		4.2（或按绝缘子 串放电电压的 0.8 配合）		—	6.7	—	7.1	—	7.6
操作过电压 R_2（m）	0.25	0.70	1.45	1.95	2.50	2.70	3.8 (4.6)	4.0 (4.8)	5.6 (6.7) (7.9*)	6.0	6.0 (7.2) (8.0*)	6.2	6.4 (7.7) (8.1*)	6.4
工频电压 R_3（m）	0.10	0.25	0.55	0.90	1.25	1.30	1.8	1.9	2.7		2.9		3.1	

续表

线路标称电压（kV）	35	110	220	330	500		750		1000					
					海拔 $H\leqslant$ 500m	海拔 500m< $H\leqslant$ 1000m	海拔 500m	海拔 1000m	海拔 500m		海拔 1000m		海拔 1500m	
									单回	双回	单回	双回	单回	双回
带电作业 R_4（m）	0.60	1.00	1.80	2.20	3.20		4.0（4.3）		5.6（6.2）	5.5（塔身）5.4（下横担）6.5（顶部）	6.0（6.7）	—	6.4（7.2）	—

注 1. 按工频电压校验间隙采用最大风速及相应气温；按操作过电压和雷电过电压校验间隙采用其相应风速和气温。

2. 表中330kV及以下电压的数据以及带电作业的数据为海拔 $H\leqslant$ 1000m时的间隙值，当 $H>$ 1000m时，每增高100m，操作过电压和运行工频电压的间隙值应增大1%。当因高海拔需增加绝缘子数量时，雷电过电压最小间隙也应相应增大。

3. 括号中的数据用于中相Ｖ串，＊号标注的数据用于中相Ｖ串对上横担的最小间隙。

4. 校验带电作业间隙的气象条件是：气温＋15℃、风速10m/s。

5. 1000kV线路为避免塔头尺寸过大，带电作业安全距离加上人体活动范围后不宜大于操作过电压要求的最小间隙。

根据杆塔头部的结构尺寸和允许的最小间隙 $R_1\sim R_4$，作出电气间隙圆，得到相应运行情况下的最大允许摇摆角 $\varphi_1\sim\varphi_4$，如图11-6所示。

在求取最大允许摇摆角时，对宽身及拉线杆塔应考虑导线在塔身边缘（如瓶口、横担、拉线）附近由于上扬和下垂在风偏时对构件接近的影响，预留一定的裕度 δ（见图11-6、图11-7），一般可取 $\delta=100\sim300$mm。对拉线杆塔，应根据拉线与导线之间的空间关系确定裕度 δ。

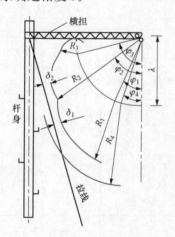

图11-6 拉线塔的最大允许摇摆角

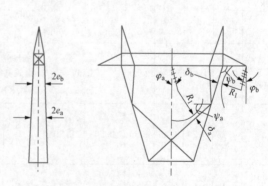

图11-7 宽身塔的最大允许摇摆角

宽身塔也可按下式计算

$$\delta = \alpha_r e\cos\psi + e\frac{\gamma_6 l}{2\sigma_0}\cos(\psi-\eta) + R\left\{\sqrt{1+\left[\alpha_r\cos\psi+\frac{\gamma_6 l}{2\sigma_0}\cos(\psi-\eta)\right]^2}-1\right\} \quad (11-9)$$

式中　　α_r——杆塔某一侧可能出现的较大的高差系数（h/l），一般山地取 $\alpha_r=\pm0.1\sim$
　　　　　　0.2，如酒杯型塔对瓶口取正值，对边线斜材或横担则取负值；

　　　　　ψ——塔头外廓构件与水平面的夹角，当 α_r 取正值时 ψ 为 $0°\sim90°$ 之间的锐角，α_r
　　　　　　取负值时 ψ 取 $90°\sim180°$ 间的钝角；

σ_0，γ_6，η——各种运行条件下的导线应力、比载及风偏角；

　　　　　l——与 α_r 相应侧的档距，α_r 为正值时取较大的值，反之取较小值；

　　　　　e——与导线接近处的塔身构件侧面宽度之半；

　　　　　R——各种运行条件下的允许空气间隙。

（2）实际摇摆角的计算。视悬垂绝缘子串为均布荷载的刚性直棒，设校验气象条件下悬垂绝缘子串的垂向荷载为 G_J，横向水平风荷载为 P_J，末端作用的导线荷载为 G_d、P_d，如图 11-8 所示。对 A 点列力矩平衡方程式，有

$$\left(P_d\lambda+\frac{P_J\lambda}{2}\right)\cos\varphi=\left(G_d\lambda+\frac{G_J\lambda}{2}\right)\sin\varphi \quad (11-10)$$

所以

$$\varphi=\arctan\frac{P_d+P_J/2}{G_d+G_J/2}=\arctan\frac{\gamma_4 Al_h+P_J/2}{\gamma_1 Al_v+G_J/2} \quad (11-11)$$

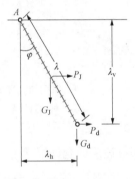

图 11-8　悬垂串风偏受力图

式中　γ_1，γ_4——导线的自重比载和风压比载；

　　　l_h，l_v——该基杆塔的水平档距和垂直档距；

　　　　　A——导线的截面积。

（3）摇摆角临界曲线。显然，在校验气象条件下，悬垂绝缘子串的实际摇摆角应不大于相应的最大允许摇摆角，即 $\varphi_i\leqslant[\varphi]_i$。但采用式（11-11）计算工作量大，工程上为方便起见，常利用杆塔定位图上可以直接得到的垂直档距和水平档距进行校验。为此，需要将校验气象下的垂直档距转换为最大弧垂气象下的数据。若杆塔的水平档距为 l_h，最大弧垂时的垂直档距为 l_{vm}，校验气象条件下的垂直档距为 l_v，由于

$$l_{vm}=l_h+\left(\frac{h_1}{l_1}-\frac{h_2}{l_2}\right)\frac{\sigma_{0m}}{\gamma_m}$$

$$l_v=l_h+\left(\frac{h_1}{l_1}-\frac{h_2}{l_2}\right)\frac{\sigma_0}{\gamma_1}$$

所以垂直档距 l_{vm} 与 l_v 的关系为

$$l_v=l_h+(l_{vm}-l_h)\frac{\sigma_0\gamma_m}{\sigma_{0m}\gamma_1} \quad (11-12)$$

令式（11-11）表示的摇摆角达到临界值最大允许摇摆角 $[\varphi]$，有

$$l_v=\frac{\gamma_4 Al_h+(P_J-G_J\tan[\varphi])/2}{\gamma_1 A\tan[\varphi]} \quad (11-13)$$

与式（11-12）联立，求得 l_{vm} 的表达式为

$$l_{\text{vm}} = \frac{\sigma_{0\text{m}}}{\sigma_0 \gamma_{\text{m}} A} \left[\frac{P_{\text{J}} - G_{\text{J}} \tan[\varphi]}{2\tan[\varphi]} + l_{\text{h}} A \left(\frac{\gamma_4}{\tan[\varphi]} + \frac{\sigma_0 \gamma_{\text{m}}}{\sigma_{0\text{m}}} - \gamma_1 \right) \right] \qquad (11\text{-}14)$$

若最大弧垂发生在最高气温，$\gamma_{\text{m}} = \gamma_1$，则式（11-14）简化为

$$l_{\text{vm}} = \frac{\sigma_{0\text{m}}}{\sigma_0 \gamma_1 A} \left[\frac{P_{\text{J}} - G_{\text{J}} \tan[\varphi]}{2\tan[\varphi]} + \gamma_1 A l_{\text{h}} \left(\frac{\gamma_4}{\gamma_1 \tan[\varphi]} + \frac{\sigma_0}{\sigma_{0\text{m}}} - 1 \right) \right] \qquad (11\text{-}15)$$

式中　　l_{vm}——验算条件要求的最大弧垂气象下的垂直档距；

$\sigma_{0\text{m}}$，σ_0——最大弧垂气象下的导线应力和验算条件下的导线应力。

以 l_{h} 为横坐标，l_{vm} 为纵坐标，在某一代表档距下，利用式（11-14）或式（11-15），四种运行情况可以作出四条曲线，其包络线即为该代表档距下的摇摆角临界曲线。给出一系列代表档距，可得到一簇临界曲线，图11-9所示为两种校验情况下的摇摆角临界曲线。若定位图上某基杆塔的垂直档距和水平档距的交点落在临界曲线以上，说明摇摆角在允许值范围内，否则说明该基杆塔的摇摆角太大，电气间距不足。

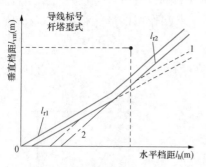

图 11-9　摇摆角临界曲线
1—第一种运行情况；
2—第二种运行情况

（4）摇摆角太大时的解决方法。在山区及丘陵地带，由于地势起伏高差太大，应注意对摇摆角的校验。当摇摆角超过允许值时，可采取以下措施解决：

1）调整杆塔位置。此方法不增加线路原材料，一般应优先采用。

2）加挂重锤。悬垂绝缘子串加挂重锤后的情形如图11-10所示，这相当于增大了式（11-11）中的 G_{d}，因此可使实际摇摆角减小。加挂不同锤重后，同样可以作出相应的摇摆角临界曲线，如图11-11所示，图中仅绘出了一种运行情况。使用重锤时，应注意重锤的长度对杆塔电气间隙的影响，必要时应计算使用重锤后的允许摇摆角。

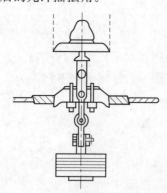

图 11-10　悬垂绝缘子串加挂的重锤

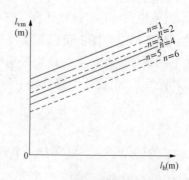

图 11-11　加挂重锤后的临界曲线
n—重锤片数

3）采用其他绝缘子串固定方式。如采用 V 型绝缘子串，缩短摆动长度或限制摇摆角。

4）换用较高杆塔或允许摇摆角较大的杆塔。此方法因增大线路投资，仅在极个别情况下使用。换用的杆塔应是设计中已有的，而非是特殊设计的。

5）降低导线使用应力。这种方法可使档内线长增加，导线对悬垂绝缘子串的垂直荷

载增大，从而实际摇摆角减小。由于会影响该耐张段内其他各档的对地安全距离，该方法一般在其他方法不便采用时才考虑。

4.直线杆塔的上拔校验

杆塔产生上拔的临界条件是垂直档距等于零。上拔力使悬垂绝缘子串上扬，导线与横担电气距离减小，严重时横担受较大上拔力，甚至电杆受破坏，因此应对上拔进行校验。

在最低气温气象条件下，架空线收缩使应力增大、弧垂减小，弧垂最低点有可能位于低悬挂点之外的延长线上，低悬挂点处的直线杆塔的垂直档距出现负值而产生上拔。所以通常将最低气温作为校验直线杆塔上拔的气象条件。

若定位时发现位于低处的直线杆塔（见图 11-12 中的 3 号杆）在最大弧垂时的垂直档距较小，则在最低气温时其垂直档距可能变为负值，对此应予以校验。校验上拔的常用方法有最小弧垂模板（冷线模板）和上拔临界直线两种。

（1）最小弧垂模板校验。利用定位时最大弧垂模板采用的代表档距，在应力弧垂曲线上查得最低气温时的架空线应力，计算出模板 K 值，选出相应的模板。因该模板是根据最低气温时的架空线应力选出的，即称之为冷线模板或最小弧垂模板。用最小弧垂模板在定位图上进行杆塔上拔校验时，平移该模板，使其曲线通过被校验杆塔的两基相邻

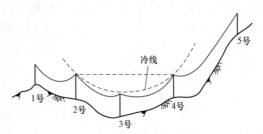

图 11-12　用冷线模板检查上拔

杆塔的架空线悬挂点，如图 11-12 中虚线所示，如被校验杆塔的悬挂点在最小弧垂模板曲线以下，即表示有上拔力存在，否则不会产生上拔。

由于导线和地线在最低气温时的应力和比载不同，所用最小弧垂模板的 K 值也就不同，因此应该采用不同的模板进行校验。

（2）上拔临界直线校验。同摇摆角临界曲线的制作类似，需将验算条件下的垂直档距 l_v，折算为最大弧垂气象下的垂直档距 l_{vm}。根据式（11-12），得

$$l_{vm} = l_h + (l_v - l_h)\frac{\sigma_{0m}\gamma_1}{\sigma_0\gamma_m} \tag{11-16}$$

考虑到上拔的临界条件 $l_v = 0$，则有

$$l_{vm} = l_h\left(1 - \frac{\sigma_{0m}\gamma_1}{\sigma_0\gamma_m}\right) \tag{11-17}$$

式中　l_h——水平档距；

σ_{0m}，σ_0——最大弧垂时和最低气温时的架空线应力；

γ_m，γ_1——最大弧垂时和最低气温时的架空线比载。

以 l_h 为横坐标，l_{vm} 为纵坐标，利用式（11-17）即可作出上拔临界直线，如图 11-13 所示。一种代表档距对应一条临界直线。临界直线的上方为不上拔区，下方为上拔区。若最大弧垂时杆塔的实际垂直与水平档距的坐标交点落在临界直线下方，则表示该杆塔在最低气温时产生上拔。

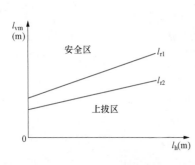

图 11-13　上拔临界直线

产生上拔时的解决方法和摇摆角的基本相同。若仅地线上拔，扬起无碍时可不采取措施，否则可将地线在杆塔处断开，改为耐张连接。

二、 架空线运行条件检验

1. 架空线悬挂点应力核验

高悬点处的架空线应力最大，其值不能超过许用值。由高悬点应力决定的容许高差 h 可按下式计算

$$h = \frac{2[\sigma_0]}{\gamma} \text{sh} \frac{\gamma l}{2[\sigma_0]} \text{sh} \left(\text{arche} - \frac{\gamma l}{2[\sigma_0]} \right) \tag{11-18}$$

式中 $[\sigma_0]$——控制条件下架空线最低点的许用应力；

γ——与 $[\sigma_0]$ 对应气象条件下的架空线比载；

ε——架空线的悬挂点许用应力 $[\sigma_B]$ 与 $[\sigma_0]$ 之比值。

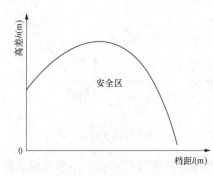

图 11-14　悬挂点应力临界曲线

工程上常利用上式作出悬挂点应力临界曲线，供校验悬挂点应力时使用，如图 11-14 所示。控制条件不同，可有多条临界曲线。若被检查档的实际档距和悬挂点高差的交点落在所用曲线的下方，则表明悬挂点应力未超过许用值。否则表明超过许用值，需采取相应措施：

（1）调整杆塔位置或高度，以降低悬挂点间高差。

（2）降低该耐张段架空线的使用应力，即按照放松系数放松架空线。架空线放松后，应根据此时的水平应力求出最大弧垂时的应力，再选弧垂模板重新对该耐张段定位。

2. 架空线悬垂角校验

在垂直档距较大的地方，架空线在悬垂线夹出口处的悬垂角（倾斜角）可能会超过线夹的许用值，致使附加弯曲应力增大，架空线在线夹出口处受到损坏，因而需要对架空线的悬垂角进行校验。校验架空线悬垂角的气象条件是最大弧垂气象，相应悬垂角可由下式计算

$$\theta_1 = \arctan\left(\text{sh} \frac{\gamma l_{v1}}{\sigma_0} \right) \approx \arctan \frac{\gamma l_{v1}}{\sigma_0} \tag{11-19}$$

$$\theta_2 = \arctan\left(\text{sh} \frac{\gamma l_{v2}}{\sigma_0} \right) \approx \arctan \frac{\gamma l_{v2}}{\sigma_0} \tag{11-20}$$

对于一般船体能自由转动的悬垂线夹，其临界条件为

$$\theta_1 + \theta_2 = 2[\theta] \tag{11-21}$$

式（11-19）～式（11-21）略加整理得

$$l_{v1} = \frac{\sigma_0}{\gamma} \tan\left(2[\theta] - \arctan \frac{l_{v2}\gamma}{\sigma_0} \right) \tag{11-22}$$

利用三角恒等式可进一步简化为

$$l_{v1} = \frac{\frac{\sigma_0}{\gamma} \tan 2[\theta] - l_{v2}}{1 + \frac{\gamma l_{v2}}{\sigma_0} \tan 2[\theta]} \tag{11-23}$$

式中 $[\theta]$ ——悬垂线夹的允许悬垂角，可取 25°；

σ_0，γ ——架空线最大弧垂时的应力和比载；

l_{v1}，l_{v2} ——被验杆塔两侧的单侧垂直档距，即悬挂点距两侧弧垂最低点间的水平距离。

根据式（11-23）作出的悬垂角临界曲线如图 11-15 所示，一种代表档距，对应一条临界曲线。定位时，要注意校验悬挂点最高杆塔的悬垂角。从图上量得被验杆塔两侧的垂直档距 l_{1v} 和 l_{2v}，如交点位于悬垂角临界曲线的下方为安全，否则为不安全。

当悬垂角超过线夹的允许值时，可以通过调整杆塔位置或杆塔高度，以减少一侧或两侧的悬垂角；或改用悬垂角较大的线夹；或用两个悬垂线夹组合在一起悬挂。

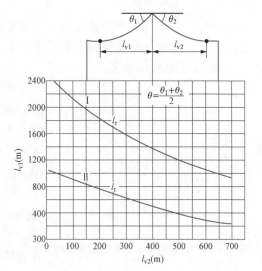

图 11-15 悬垂角临界曲线

l_r—代表档距（m）；I—导线；II—地线

三、 绝缘子串强度和倒挂检查

1. 绝缘子串强度检查

（1）悬垂绝缘子串的强度检查。在平地线路中，垂直档距与水平档距相差较小，由于设计杆塔时已考虑到绝缘子串的机械强度，因此杆塔定位不会发生因垂直荷载过大造成绝缘子串强度不足的问题。但在山区线路中，由于地势起伏高差大，垂直档距往往大于水平档距较多，甚至达 2 倍以上，这时就会出现垂直荷载超过绝缘子串允许荷载的情况。因此，定位时必须对绝缘子串所受荷载进行验算。该验算仍可采用制作临界曲线的方法进行。

正常运行情况下，检查悬垂绝缘子串强度的气象条件是最大比载和年均气温。由于靠近杆塔横担的第一片绝缘子所受荷载最大，悬垂绝缘子串强度检查的临界状态是其所受综合荷载等于允许机电荷载，即 $T_J = [T_J]$，也就是

$$\sqrt{(G_d + G_J)^2 + (P_d + P_J)^2} - g_1 = [T_J] \tag{11-24}$$

以水平档距和垂直档距表示为

$$\sqrt{(\gamma_v A l_v + G_J)^2 + (\gamma_h A l_h + P_J)^2} - g_1 = [T_J] \tag{11-25}$$

所以校验气象下的垂直档距与悬垂绝缘子串允许机电荷载的关系为

$$l_v = \frac{1}{\gamma_v A}\left[\sqrt{([T_J] + g_1)^2 - (\gamma_h A l_h + P_J)^2} - G_J\right] \tag{11-26}$$

式中 $[T_J]$ ——绝缘子的允许机电荷载；

G_J，P_J ——绝缘子串的重量和水平风荷载；

γ_v，γ_h ——校验气象下架空线的垂直比载和水平比载；

g_1 ——悬垂串近杆塔横担第 1 片绝缘子及其上部金具的综合荷载；

A ——架空线的截面积。

将式（11-26）的垂直档距 l_v 转换为定位气象下的垂直档距 l_{vm} 表示时，有

$$l_{vm} = l_h + (l_v - l_h)\frac{\sigma_{0m}\gamma_v}{\sigma_0\gamma_m}$$

$$= l_h + \frac{\sigma_{0m}\gamma_v}{\sigma_0\gamma_m}\left\{\frac{1}{\gamma_v A}\left[\sqrt{([T_J]+g_1)^2-(\gamma_h Al_h+P_J)^2}-G_J\right]-l_h\right\} \tag{11-27}$$

式中　l_h——水平档距；

　σ_{0m}，σ_0——定位气象和校验气象下架空线的应力；

　γ_m，γ_v——定位气象和校验气象下架空线的垂直总比载；

　　其他符号的意义同前。

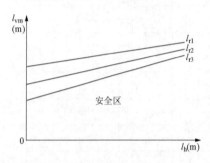

图 11-16　悬垂绝缘子串强度临界曲线

根据式（11-27）作出悬垂绝缘子串强度临界曲线，如图 11-16 所示。若 l_{vm} 与 l_h 交于临界曲线的下方，表示满足单联绝缘子串机电强度的要求，否则需采取措施，如调整杆塔位置、改用双联或多联绝缘子串、换大吨位绝缘子等。

（2）耐张绝缘子串强度检查。架空线悬挂点的最大张力不应大于耐张绝缘子串的允许荷载，否则需要增加耐张绝缘子串联数或改用较大吨位的绝缘子，或者放松该耐张段的架空线以降低张力。

2. 耐张绝缘子串倒挂检查

山区线路因地形起伏较大，某些杆塔的耐张绝缘子串可能经常上仰，如此时仍按正常方式悬挂，则其裙槽向上，容易积存雨、污垢，致使绝缘强度降低，如图 11-17 所示。因此宜将上仰耐张绝缘子串倒挂。

检查耐张绝缘子串是否需要倒挂的气象条件是年平均气温、无风无冰。倒挂的临界条件是架空线产生的上拔力等于耐张绝缘子串重量的一半。根据倒挂的临界条件，有

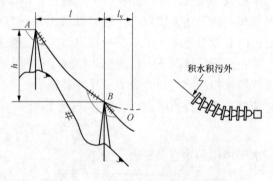

图 11-17　耐张绝缘子串上扬情况

$$\gamma_1 Al_v = \frac{1}{2}G_J$$

$$l_v = -\left(\frac{l}{2}-\frac{\sigma_0 h}{\gamma_1 l}\right)=\frac{\sigma_0 h}{\gamma_1 l}-\frac{l}{2}$$

根据上两式得

$$h = \frac{l}{2\sigma_0 A}(G_J+\gamma_1 Al) \tag{11-28}$$

式中　h——需要倒挂时的临界高差；

　σ_0——年均气温、无风无冰时的架空线应力；

　A，γ_1——架空线的截面积和自重比载；

　G_J——耐张串的重量；

　l——档距。

当定位高差小于式（11-28）的计算值时，耐张串不倒挂，否则需倒挂。若以定位气象条件下的有关参数表示，则由于

$$l_{vm} = \frac{\sigma_{0m}h}{\gamma_m l} - \frac{l}{2}$$

将式（11 - 28）代入，解得

$$l_{vm} = \frac{\sigma_{0m}\gamma_1}{\sigma_0\gamma_m}\left(\frac{G_J}{2A\gamma_1} + \frac{l}{2}\right) - \frac{l}{2} \qquad (11 - 29)$$

式中　l_{vm}——折算到定位气象下的倒挂临界垂直档距；

　　σ_{0m}，γ_m——定位气象下（最大弧垂时）架空线的应
　　　　力和比载；

　　l，h——档距和高差；

利用式（11 - 29）检查耐张绝缘子串是否倒挂
时，常事先制成耐张绝缘子串倒挂临界曲线，如图11
- 18 所示。在耐张绝缘子串所在某档距下，若耐张杆
塔的负垂直档距大于临界曲线的相应数值，则该耐张
绝缘子串需倒挂。

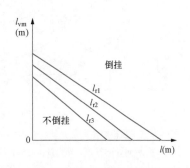

图 11 - 18　耐张绝缘子串倒挂临界曲线

四、 对跨越物及对地限距的校验

1. 交叉跨越限距的校验

当线路跨越铁路、公路、通航河流、通信线以及电力线路等时，按照规范规定及有关
协议，要保证导线在最大弧垂时对其有足够的电
气安全距离 D，如图 11 - 19 所示。

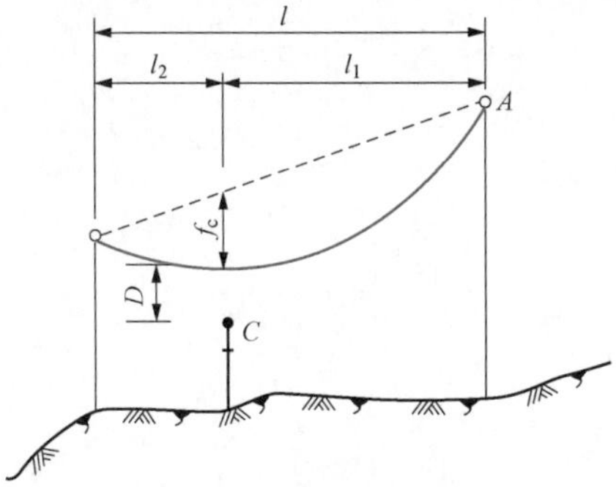

（1）正常情况下的跨越距离校验。正常运行
情况下，跨越间距的最小值发生在最大弧垂气象，
其大小一般可由杆塔定位图直接量得。当量得值
与规范规定值接近时，为避免因误差造成间距不
足，需用公式进行计算，计算式为

$$D = (A - C) - f_c - (A - B)\frac{l_1}{l}$$

图 11 - 19　交叉跨越距离示意图

$$(11 - 30)$$

式中　f_c——交叉跨越点导线弧垂；

　　A，B——导线悬挂点标高；

　　C——被跨越设施标高；

　　l_1——交叉超越点距杆塔 A 的水平距离。

（2）断线情况下跨越距离的校验。当采用直线杆塔跨越各种设施时，如需验算邻档断
线后导线与被跨越物间的垂直距离，仍可利用式（11 - 30）。但应注意此时的 f_c 须使用导
线断线后的残余应力和断线时的比载计算，并应按断线后导线与被跨越设施的间距最小为
原则选定断线档。

2. 边线风偏后对地距离的校验

定位时，若导线对地距离裕度不大，而且边线断面比线路中心线断面高出许多时，应
验算边线风偏，尤其应注意山区边线对地或对树的净空距离。这种危险点在线路勘测时不
难发现，应测好横断面备用。校验边线风偏用到的各参数如图 11 - 20 所示。

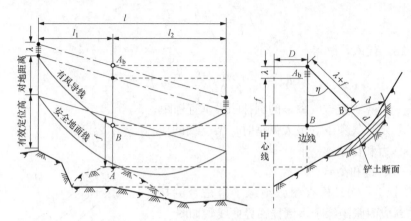

图 11 - 20　校验边线风偏用到的参数

A—被检查横断面处线路中心线地面标高，m；A_b—边导线悬垂绝缘子串悬挂点连线在被检查
横断面处的标高，m；B—被检查横断面处边导线的标高，m；f—导线在最大风偏时的弧垂，m；
η—导线风偏角，(°)；λ—悬垂绝缘子串长度，m；d—导线风偏后要求的净空距离，m

　　校验风偏的气象条件，由覆冰有风和最大风速两种气象条件较严重的一种决定。被检查处的导线弧垂，可由定位图量得，然后转换为检查气象条件下的弧垂。转换式为

$$f = \frac{\gamma \sigma_{0m} f_m}{\gamma_m \sigma_0}$$ 　　　　　(11 - 31)

式中　f——校验气象下危险点处的导线弧垂；

　　　f_m——定位气象下被检查处的导线弧垂；

　　σ_0，γ——校验气象下导线的应力和比载；

σ_{0m}，γ_m——定位气象下导线的应力和比载。

　　风偏后对地间距不足时，可采取下述措施：

　　(1) 土方量较少时，可铲土解决；

　　(2) 采用较高杆塔；

　　(3) 调整杆位；

　　(4) 改变路径。

第四节　杆塔中心位移及施工基面

　　当线路转角时，转角杆塔中心的位置应保证其中相导线在线路的中心线上，以避免与之相邻的直线杆塔受到角度荷载的作用。当利用直线杆塔换位时，应使换位杆塔所受的横向荷载最小。因此，杆塔的结构中心和线路中心不再重合，应考虑转角杆塔和换位杆塔的中心相对线路中心的位移问题。

一、耐张转角杆塔的中心位移

　　耐张转角杆塔因承受荷载较大，横担往往较宽；大转角时，为解决跳线的电气间隙问题，横担通常采取不对称布置，如图 11 - 21 所示。为尽量减少转角杆塔两侧相邻直线杆

塔受到的角度力，转角杆塔中心 O 必须相对线路转角中心桩 B 位移一段距离 S。由图 11 - 21 可得

$$S = S_1 + S_2 = S_1 + \frac{e}{2}\tan\frac{\psi}{2}$$

$$(11 - 32)$$

式中　e——横担两侧悬挂点的间距（横担宽度）；

图 11 - 21　耐张转角杆塔的中心位移

　　　　ψ——线路的转角角度；

　　　　S_1——导线悬挂点预偏距离；

　　　　S_2——横担宽度引起的位移量。

二、直线转角杆塔的中心位移

直线杆塔带小转角时，由于角度力的作用其悬垂绝缘子串产生一定的偏斜。确定具体塔位时应考虑此偏移量，使该转角杆塔两侧相邻直线杆塔上的悬垂绝缘子串不致偏斜。此时的杆塔中心位移大小 S 可据图 11 - 22 得到

$$S = \lambda\sin\varphi - S_1 \tag{11 - 33}$$

$$\tan\varphi = \frac{2\sigma_{cp}A\sin\dfrac{\psi}{2}}{\dfrac{G_J}{2} + \gamma_1 A l_v} \tag{11 - 34}$$

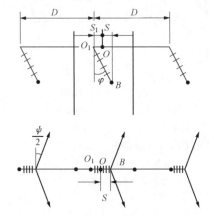

图 11 - 22　直线转角杆塔的中心位移

式中　λ——绝缘子串长度；

　　　　S_1——悬挂点向转角外侧预留距离；

　　　　φ——年平均气温、无风无冰时的悬垂绝缘子串偏斜角；

　　　　σ_{cp}——年均气温时的导线应力；

　　　　γ_1——导线的自重比载；

　　　　A——导线截面积；

　　　　ψ——线路转角；

　　　　l_v——年均气温时的垂直档距。

当计算值 S 为正时，杆塔位应向转角外侧位移；S 为负值时，则应向转角内侧位移。位移量不超过 0.5m 时，可不位移。

三、直线换位杆塔的中心位移

当采用直线杆塔换位时，为了尽量减少由于导线换位引起的直线杆塔及其绝缘子串上的附加横向分力，可将换位杆塔中心桩侧向位移一段距离。

直线换位杆塔的中心位移方向和大小，与档距和采用的杆塔类型有关，常用的方法是作出如图 11 - 23 所示的导线换位平面布置图，试画出换位杆塔的位移方向与距离，使各杆塔导线悬挂点向杆塔侧向出现的水平分力最小。当导线水平排列时，根据图 11 - 23，可

得到换位杆塔的位移量为

$$d_1 = \frac{Dl_1}{l_1 + l_2 + l_3} \tag{11-35}$$

$$d_2 = \frac{Dl_3}{l_1 + l_2 + l_3} \tag{11-36}$$

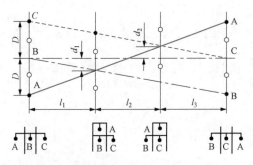

图 11-23　直线换位杆塔的中心位移

式中　D——导线的水平间距。

其他导线排列形式的滚式换位，直线换位杆塔的位移量也可类似得到。

四、施工基面及长短腿

施工基面要保证在杆塔基础的上部有足够的土壤体积，以满足基础受上拔力或倾覆力矩时的稳定要求。受上拔力作用的基础，其边缘的土壤上拔角 α 方向线与天然地面相交，通过该交线的水平面即为施工基面，如图 11-24 所示（b 点为该交线的投影）。施工基面与塔位中心桩之间的高差 h，称为施工基面值。

施工基面值过大时，为减少施工铲土量，保护水土和环境，一般应采用长短腿和不等高基础。对定型杆塔，长短腿的设计高差一般为 2m。根据塔位的实际测量数据，是否采用长短腿，可分为三种情况：

（1）$h_1 = h_0$ 时，选用长短腿。此时长短腿的施工基面分别为 H_4 和 H_3，而 $H_3 = H_4 + h_0$。

（2）$h_1 < h_0$ 时，一般可不选用长短腿。若选用，需将长腿的施工基面标高降低 $h_1 - h_0$，定位塔高也降低此值。

（3）$h_1 > h_0$ 时，选用长短腿。此时长腿的施工基面标高为 H_4，短腿的施工基面标高降低 $h_1 - h_0$ 值。

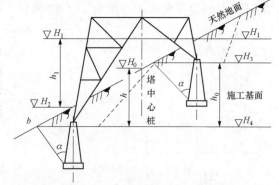

图 11-24　施工基面及长短腿

H_0——中心桩标高；H_1——短腿地面标高；
H_2——长腿地面标高；H_3——短腿的施工基面标高；H_4——长腿的施工基面标高；
h_0——长短腿的设计高差；
h_1——长短腿之间的地面高差

第五节　环　境　保　护

输电线路在建设和运行过程中，会对自然环境产生影响，主要包括施工对环境的影响、电磁环境影响及生态环境影响。具体体现在建设期间的短期影响和项目运行期间的长期影响。

输电线路建设期间的短期影响包括：施工过程中线路和塔基需要临时占用部分土地，

如施工便道、施工堆料场、张牵场等，使部分植被遭到短期损坏；施工人员及车辆的进出、施工爆破等对当地生态环境也将产生不良影响；杆塔基础施工时基面的开挖，破坏了原有地貌及植被，产生水土流失。这些影响属于有限和暂时的，随着施工的完成影响也不复存在。

输电线路运行期间的长期影响主要是指电气方面的影响，如电磁场、无线电干扰、可听噪声及线路在途经居民区、生态敏感区对人和动物的生活产生的影响等。低电压等级线路的影响有限，但超高压和特高压交直输电线路的电磁环境影响已成为线路设计和建设的制约因素。

一、电磁环境保护

输电线路电磁环境参数限值应满足相关规范、规程的规定。

交流输电线路的电磁环境影响因子包括工频电场、工频磁场、无线电干扰和可听噪声。在工程电场和工频磁场限值方面，居民区及线路跨越公路、铁路、水运等交通干线时，线下附近地面的未畸变工频电场强度不应大于 7kV/m，非居民区不应大于 10kV/m；500kV 及以上电压等级交流输电线路跨越非长期住人的建筑物邻近民房时，房屋所在位置离地面 1.5m 处的未畸变电场不得超过 4kV/m；线路附近工频磁感应强度不应大于 $100\mu T$。

在无线电干扰限值方向，在距离边相导线地面投影外 20m 处，频率为 0.5MHz 时的无线电干扰值应符合表 11 - 4 的规定，湿导线条件下的可听噪声限值应符合表 11 - 5 的规定。

表 11 - 4　　距离边相导线地面投影外 20m 处，频率为 0.5MHz 时的无线电干扰限值

标称电压（kV）	110	220～330	500	750	1000
海拔（m）	≤1000				≤500
限值［dB（μV/m）］	46	53	55	58	58

表 11 - 5　　　　　　　　　　　　湿导线条件下可听噪声限值

标称电压（kV）	110～750	1000
海拔（m）	≤1000	≤500
限值［dB（A）］	55	55

直流输电线路的电磁环境影响因子包括合成电场、离子流、直流磁场、无线电干扰和可听噪声。

直流输电线路下地面的合成电场强度和离子流密度限值不应超过表 11 - 6 的规定。±400kV 及以上电压等级直流输电线路跨越非长期住人的建筑物或邻近民房时，在湿导线情况下房屋所在地面的未畸变合成电场不得超过 15kV/m。

表 11 - 6   **直流输电线路下地面合成电场强度和离子流密度限值**

区域	合成电场强度（kV/m）		离子流密度（nA/m²）	
	晴天	雨天	晴天	雨天
居民区	25	30	80	100
一般非居民区（如跨越农田）	30	36	100	150
人烟稀少的非农耕作区	35	42	150	180

直流输电线路电流产生的地面磁感应强度应不超过 10mT。海拔 1000m 以下地区，距直流架空输电线路正极性导线对地投影外 20m 处，频率 0.5MHz 时的无线电干扰限值不超过 58dB（μV/m），可听噪声不超过 45dB（A）。对于海拔超过 1000m 的线路，其无线电干扰限值应进行高海拔修正。

二、 生态环境保护

输电线路不可避免地要经过居民区、集中林区、草场、各类保护区等生态敏感区。输电线路的建设和运行对这些生态敏感区域必须做好保护，设计中应采取必要的措施，确保环境的可持续发展。

线路路径方案选择时应充分听取地方政府、规划、国土资源、环保、林业、水利等部门的意见，尽量避开自然保护区、森林公园、风景名胜区、水源保护区、地质公园、集中林区、果园、经济作物区、居民区、城镇规划区、文物保护单位等重点生态保护目标；尽量远离居民区、军事设施、机场、火车站、码头等设施。穿（跨）越生态敏感区应及时取得相应级别行政主管部门的同意文件，优化线路设计，尽量减少工程建设对环境的影响；对于协议允许通过的集中林区、官林地、果园、经济作物区，按树木自然生长高度跨越设计，减少树木砍伐和对生态的影响，保护生态环境，在初步设计、施工图设计阶段，应进一步优化线路路径及塔位，选择植被稀疏处及生态价值较低的土地立塔，最大限度减轻植被破坏，降低生态影响。

输电线路选线时，尽量避开民房，减少拆迁民房的数量。在跨越河流时，尽量不在主河道中立塔，避免线路对航运和河道泄洪能力的影响，并按相应的最高通航水位及最大空载船舶高度设计，留有足够的安全净空距离，以利航运安全。

输电线路与公路、铁路、通信线、电力线等交叉跨越时，严格按照不影响其安全距离的要求留有足够净空距离；经过草场时，应适当提高导线对地距离，减小对人和牲畜的影响，避免采用大开挖基础，减少施工期间的植被破坏。

在山丘区段采用全方位高低腿铁塔、改良型基础，尽量少占土地、减少土石方开挖量和水土流失，保护生态环境。施工单位在施工时严禁随意倾倒、丢弃开挖出的土石方，应在塔基处就地平衡；塔位有坡度时应修筑护坡、排水沟等；施工结束应及时恢复植被，避免水土流失。

在输电线路途经的危险位置建立各种警告、防护标识，避免人身和设备意外事故。同时对当地群众进行有关输电线路的环境宣传工作，帮助群众建立环境保护意识和自我安全防护意识，减少环境纠纷。

三、 塔基水土保持

输电线路塔基水土保持主要包括塔基范围内环境保护、余土处理及生态植被护坡等主要措施。

1. 塔基范围内环保措施

塔基范围内的环保措施在基础设计时就需要考虑。设计时，应根据塔位实际条件推荐不等高基础与铁塔全方位长短腿配合使用，并尽可能优先选用原状土基础，减少基础的土石方开挖量，减轻对环境的破坏，从而有利于水土保持和塔基稳定。

在基础开挖时，应将表层的熟土和下部的生土分开堆放，同时定时洒水使施工区域保持一定的湿度，防止起尘。施工结束后，应开展土地整治措施，将熟土覆盖在表层，根据原土地类型，尽量恢复其原来的土地功能；同时针对农耕区采取复耕的方法，针对非农耕区采取播散草籽的方法，尽快恢复原塔基植被。

2. 余土处理

余土处理方案应兼顾塔位稳定、环境保护、施工方便等诸多因素。余土堆放位置尽量选择在塔位水平方向前后侧。在平地段，余土堆放于基础的塔基范围内，堆土高度不得超过基础主柱顶面。在丘陵、山地段则根据岩石类地质和黏性土类地质条件进行相应处理。

对于岩石类地质条件，当塔位位于场地开阔、坡度小于 15° 的地形时，可将余土在塔基范围内平摊堆放，同时做好基面排水，并在施工结束后恢复植被或采取表面固化措施；位于坡度在 15°~25° 地形时，对塔位附近的地形进行勘察，在远离塔位的下坡处选择恰当的位置设置余土堡坎；位于坡度大于 25° 地形时，不能直接顺坡堆放余土，且不宜在塔位 30m 范围内堆放余土，应在塔位下方或侧面选择地形坡度 25° 以下、合适的位置设置余土堡坎堆放余土。

对于黏性土、黄土类地质条件，当塔位位于场地开阔、坡度在 20° 以内地形时，将余土在塔基范围内平摊堆放，并做好基面排水，在施工结束后恢复原始植被；位于坡度为 20°~30° 地形时，在塔位附近选择较平缓的位置设置土堡坎，将余土堆放到堡坎内，并做好基面排水，在施工结束后恢复原始植被；位于坡度超过 30° 地形时，将余土及时外运至远离塔位的合适位置处堆放。

3. 生态植被护坡

生态植被护坡是随着人们环保意识和技术水平的提高，提出的一种集边坡加固、植被防护和环境美化与一体的复合防护技术。它不仅可以起到稳固坡体上的土体的作用，还可以通过植被的恢复美化环境。

植被护坡适用于开挖后风化严重的岩质边坡和坡面稳定的较高土质边坡，主要有直接喷播、土工格室和格构植被护坡等形式。

练 习 题

1. 杆塔定位用平断面图的比例尺，常用的是哪几种？
2. 杆塔定位前的准备工作主要有哪些？
3. 什么是弧垂曲线模板？最大弧垂曲线模板、最小弧垂曲线模板是怎么区分的？

4. 试简述直线杆塔的定位过程。

5. 试给出各种杆塔定位校验临界曲线的临界条件，包括摇摆角、上拔、悬挂点应力、悬垂角、绝缘子串强度、耐张串倒挂等临界曲线。

6. 什么叫悬垂绝缘子串的摇摆角？最大允许摇摆角与哪些因素有关？

7. 计算和绘制各种校验曲线时，要将什么气象条件下的垂直档距换算到什么气象情况下的垂直档距？为什么？

8. 某输电线路的最大弧垂出现在最高气温气象，此时一个耐张段的导线应力 $\sigma_0 = 65\text{MPa}$，自重比载 $\gamma_1 = 36 \times 10^{-3} \text{MPa/m}$。某基杆塔的垂直档距 $l_{1v} = 600\text{m}$、$l_{2v} = 500\text{m}$，试校验该基杆塔的悬垂角。

9. 为什么要进行杆塔中心位移？何种情况下要进行杆塔中心位移？

10. 什么是施工基面？为何要采用长短腿？

11. 架空输电线路可能对环境造成哪些影响？如何在设计阶段避免或者减小这些影响？

第十二章　输电线路设计的数字化技术

第一节　输电线路的设计技术及其数字化

一、输电线路工程设计技术发展历程

输电线路工程设计技术的发展经历了手工设计制图、计算机设计制图和数字化设计三个阶段。

1. 手工设计制图阶段

中华人民共和国成立后，我国电网建设开始有序发展。从 1952 年第一条自主设计的 110kV 输电线路，到 20 世纪 90 年代计算机的大规模应用，在这个时间范围内，设计人员利用专业技能和工程设计经验，借助铅笔、橡皮、计算尺、计算器、硫酸纸和图板，手工完成线路工程的方案设计和图纸绘制工作。设计人员使用铅笔在网格纸上绘制的设计图，先通过校审，再交给描图员描图，形成的底图再交回设计人员校核，确认无误后才能出版（晒蓝图）。这整个设计过程全部手工完成，称为手工设计制图阶段。

在这个阶段，几乎没有信息技术介入，工作效率低，制图准确性较差，设计错误在所难免，设计资源几乎无法共享，纸质成品图纸存储、查询也不方便。

2. 计算机设计制图阶段

20 世纪末，随着计算机硬件的高速发展，个人计算机成本迅速降低到商业化水平。基于个人计算机的计算机辅助设计（computer aided design，CAD）软件不断成熟，使用计算机软件设计、制图的方式，在各工程设计行业迅速普及，从而将设计人员从繁重的手工劳动中解放出来。

在这个背景下，个别有软件编程能力的设计院和一些商业公司，开始使用计算机编程技术，将输电线路的设计方法、专业经验等编制成桌面版软件，从而实现计算机软件自动完成工程计算工作，极大提高了设计人员计算架空线应力、弧垂及线路杆塔排位设计的效率。桌面版软件还可以输出 CAD 格式的图形成果，原来需要人工手描的设计图，变成了计算机软件自动生成规范、精确、美观的图形成果，审核通过后，即可直接打印出纸质成果。

使用计算机设计、制图，设计人员彻底甩掉了图板，实现了线路设计行业的一次变革。但在这个阶段，设计流程没有发生本质性变化。同时，线路设计工作仍以提交工程卷册图纸等设计成果为目的开展，设计软件多从满足生成图纸成果的要求进行研发，虽能满足设计各部门各专业内的具体设计需求，但对专业内、部门间的配合设计和信息复用等，

未做更多的考虑。设计完成后，设计成果为非结构化、非参数化的图纸，只能通过人工翻阅纸质图纸或查阅电子版图纸的方式，手工提取相关信息，才能在后续工程设计中使用。

3. 数字化设计阶段

进入 21 世纪后，随着网络技术（互联网、私有云等）、计算机硬件技术（服务器、高性能图形显示卡等）、设计平台技术（CAD、三维设计、空间地理信息平台、各类计算软件工具等）、项目管理技术（工程项目管理系统）、辅助决策技术（数据挖掘、指标分析等）等各领域技术的全面发展和充分融合，我国线路工程设计进入了数字化设计阶段。

数字化设计技术主要包含三个层次的内容：一是利用三维建模技术，建立设计对象模型，实现设计对象的数字化表达；二是利用网络技术，统一设计工作平台，实现多专业设计协同；三是统一设计成品的移交要求，实现设计成品的跨平台空间表达，确保设计成果包含全部基础信息，且具备关联性、唯一性、溯源性等特征，满足从规划设计到建设运行各阶段的要求。

当前，我国输电线路设计正在向三维化、集成化、数字化的方向发展，通过数字化技术，在设计过程中建立唯一信息源进行信息交流，实现输电线路工程的三维可视化和信息一体化，形成统一规范的数字化设计成果。在后续的技术发展中，将通过数据挖掘技术使三维线路数字化设计成果可支撑线路工程模拟施工、数字工地、智能运检等后期应用，最终构建数字孪生电网，服务工程项目全生命周期管理需求。

二、 输电线路三维数字化设计的特点

与传统线路设计技术相比，输电线路三维数字化设计的突出特点是改变了设计工作模式，还原了真实世界场景并提高设计精度。具体特征包括以下几个方面：

（1）地理信息系统（GIS）平台一体化。输电线路空间跨度大、模型分散的特点，决定了三维数字化设计必须以 GIS 平台为载体，统一工作平台和数据，用北斗及遥感技术，动态更新数据，覆盖输电线路可研、初步和施工图等设计阶段，实现工程设计各阶段的连贯性。

（2）设计对象标准化。输电线路设计对象包括导地线、绝缘子串及金具、杆塔、基础及附属设施等。在三维数字化设计开展前，需要建立标准化的线路设备模型，并赋予相应的设计参数属性，录入工程数据库。各专业进行工程设计时，统一调用工程数据库中的设备模型及相应设计参数，进行校核、计算等工作，从而为输电线路设计对象标准化提供了依据。

（3）设计过程可视化。三维数字化设计包含可视化技术，能够在三维场景中直接对线路设备模型及信息进行操作，打破了传统二维平面图思维的束缚，有较强的身临其境感，通过对遥感影像、数字地面高程、专题图（风区、冰区、污区、保护区等）、倾斜测量数据、激光点云数据等的综合应用，地理信息数据和线路设备模型直观、方便地展现在设计人员面前，可在三维空间中进行杆塔排位、距离量测、计算分析等设计工作。

（4）专业设计协同化。输电线路设计工作涉及勘测、电气、结构、技经等专业，各专业交叉进行，共同完成设计工作。数字化设计技术结合各专业特点，通过数据同步、碰撞处理、版本管理、数据发布等技术，在统一的数据模型、统一的平台下，各专业共同完成各自的设计工作，设计成果和信息在统一平台对外发布，实现异地设计、工程管理、互提

资料等专业协同设计工作。

（5）设计成果数字化。输电线路三维数字化设计的最终成果，包括工程数据、地理信息数据、文件资料、三维模型等各类数据和各类图纸。这些数据以数字化的形式进行存储、组织管理，通过统一的模型描述，具备可查询、可追溯的特点，在输变电工程全生命周期内有序流转。

三、三维数字化设计的相关规范及工程应用

1. 三维设计的规范

随着三维数字化设计技术的发展，相关的设计规范和软件平台也逐渐完善。按（GB/T 38436—2019）《输变电工程数据移交规范》的规定，三维数字化设计相关的规范有建模规范、交互规范、功能规范、移交规范等，具体如下。

（1）设计技术导则。设计技术导则规定了输变电工程三维设计的范围和深度、各专业三维协同设计、设备编码规则等要求，指导开展三维设计工作，为精细化设计创造了技术条件。

（2）建模规范。建模规范规定了线路三维模型的构建要求，包括建模方法、图形精细度、属性颗粒度等要求，为三维模型在各业务环节的应用与管理奠定基础。

（3）模型交互规范。模型交互规范规定了三维模型文件的格式、架构、存储结构、层级管理等技术要求，可以实现三维设计数据在不同软件、平台之间交互贯通，为工程三维设计成果规范管理及应用奠定技术基础。

（4）软件功能规范。软件功能规范对三维设计软件的各专业三维设计、协同设计、输入输出、流程管理、自动校验等功能提出要求，引导软件的开发方向，提供完善便捷的设计功能，输出满足工程数字化移交标准的三维设计成果。

（5）数字移交导则。数字移交导则规定了输变电工程三维设计数字化移交内容、深度、文件存储结构、格式与命名规则，明确了三维设计数字化移交工作流程和成果形式，为施工、运检等业务环节提供了标准的工程数据支撑。

2. 三维设计的工程应用

国家电网有限公司于2017年启动输变电工程三维设计应用工作，并在2018年发布了相关标准，包括Q/GDW 11798.1—2017《输变电工程三维设计技术导则　第1部分：变电站（换流站）》、Q/GDW 11798.2—2018《输变电工程三维设计技术导则　第2部分：架空输电线路》等8项企业标准，规范了数据标准、建模标准、软件功能、移交要求等内容。自2018年5月，上述标准已在国家电网有限公司35kV以上输变电工程推广应用。

中国南方电网有限责任公司在2020年发布了《35kV及以上输变电工程数字化移交标准》等9项三维设计试行标准，主要包括数据模型标准、建模标准、成果移交标准和数据管理标准等方面。标准借鉴国家电网有限公司的三维设计标准，数据模型标准与建模方法基本一致，并已开展了试点应用。

中国电力企业联合会在2021年6月正式发布了输变电工程三维设计系列标准，包括T/CEC 5055—2021《输变电工程三维设计模型数据交互规范》等8项标准，规定了输变电工程三维设计模型数据交互、建模、应用范围与设计深度、移交、设计软件功能等内容。这些标准与国家电网有限公司和中国南方电网有限责任公司的企业标准基本一致。

随着这些标准对输电线路三维数字化设计及数据移交提出的具体要求，中国电力科学研究院、北京道亨软件股份有限公司、北京洛斯达公司等设计软件提供商推出了从 35kV 线路到±800、1000kV 特高压线路工程设计的三维数字化设计产品。

第二节　架空输电线路三维设计的典型案例

下面基于北京道亨软件股份有限公司三维线路设计平台，以某 220kV 线路实例工程举例，说明输电线路三维数字化设计的全过程。该线路起始点坐标为 N40.2804，E115.1444；终止点坐标 N40.2739，E115.2026。线路架设方式为常规双回路，经过典型气象Ⅶ区，导线采用 2×JL/G1A‐300/25，地线采用 JLB40‐100，沿线海拔范围为500～800m。杆塔型式采用国家电网典型设计 2D5 模块，基础型式采用刚性台阶基础、柔性底板基础和掏挖基础。

一、路径设计

道亨数字地球已内置卫星影像及低精度公开地形数据，可以使设计人员了解工程设计范围内地理环境情况、地物分布等信息，在室内即可快速完成初步的选址选线、确定航测区域、方案比选等工作，满足线路初步设计基本要求。道亨数字地球界面如图 12‐1 所示。

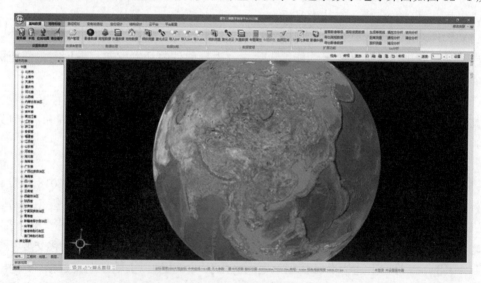

图 12‐1　道亨数字地球界面

本例已提供了线路起讫点经纬度坐标，可通过导入桩位成果功能，导入线路首尾桩。然后根据数字地球内置影像及高程，人工识别需要避让的区域，通过添加桩功能，生成线路路径。生成的路径如图 12‐2 所示。

路径设计完成后，可以导出各种路径成果，其中的三维场景就是用来进行详细线路杆塔排位及电气校验的基础数据。按一定的比例尺配置图纸比例、图纸大小和方向、底图精度等内容，可调用系统安装的 CAD 软件打开如图 12‐3 所示的路径图。

图 12-2 路径设计

图 12-3 线路路径图

二、 线路设计

数字地球生成的线路三维场景工程数据，用 SLW3D 线路设计模块打开，进行详细的线路设计。

1. 工程数据库和信息设置

首先要准备当前工程用到的塔串线等模型，设置回路、电压、塔串型号，设置规范版本、计算参数等内容。道亨软件提供了国家电网有限公司、中国南方电网有限责任公司的杆塔、金具部件、金具串等典型设计成果，也可通过杆塔建模和金具组装模块，自行建立铁塔及金具串模型。由于导地线的模型均为参数化模型，新的导地线型号不需要建模，数据库中填写导地线力学参数后可直接使用。

本例已确定了导地线、杆塔型号，因此可在准备库直接选择系统内置的相应型号，以生成工程数据库，然后配置默认的工程气象库信息。

针对杆塔和绝缘子串的配合，工程上需根据不同塔型的设计条件，设置排位时各类型杆塔的型号、呼高；同时选择不同强度的串型号，以实现杆塔、绝缘串的强度匹配要求。最后，选择不同的设计规范，如安全系数等，设置荷载、比载、基本风压、代表档距、水平档距等各项关键计算选项，完成设计向导的设置工作。

2. 杆塔排位

道亨软件有快速排位和手工排位两种选项，用于杆塔排位设计。

快速排位在线路可行性研究、初步设计阶段使用，依据线路交跨距离要求、铁塔档距使用条件要求，确保各个铁塔使用到最大档距。此时，快速排位中使用到的塔型呼高和绝缘串为设计向导中指定的默认值。全线路杆塔快速排位效果如图12-4所示。在快速排位结果基础上，在档距分布、高差、重要跨越等位置，需要人工调整塔位、塔型、呼高等，或者修改串型。在线路断面附近选取需要修改的铁塔，可直接修改塔型、呼高等信息，如图12-5所示。

图 12-4　快速排位

图 12-5　杆塔参数调整

　　道亨软件也具有二、三维联动模式的手工排位方式，如图 12 - 6 所示，可双屏或左右分割同时显示二维和三维窗口，在任意窗口中都可以在快速排位结果上，逐塔修改塔型、呼高，或直接手工输入杆塔坐标进行排位，并自动生成当前线路的二维平断面图。

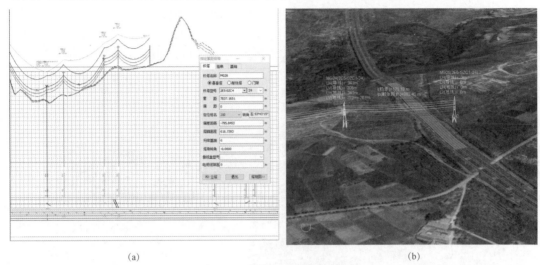

(a)　　　　　　　　　　　　　　　　　(b)

图 12 - 6　二、三维联动的排位

(a) 二维排位；(b) 三维排位

　　在排位过程中，按向导设置的气象条件、导地线型号及安全系数、默认塔串配合型号等参数，以及公式设置中选择的规范及计算参数，自动计算当前导地线应力特性，以及排位生成的代表档距（在未形成完整耐张段前按默认值计算）、档距、高差等，最终自动绘制导地线悬链线。这些计算方法与本书中架空线应力弧垂的计算完全一致。

　　3. 电气校验

　　杆塔排位设计完成后，必须进行电气校验。可以进行全线路校验，也可以选择三维场景内任意两物体检查空间距离。如图 12 - 7 所示，切换导地线工况列表，根据当前工况的导地线应力、比载，刷新电线模型的空间姿态，进行精确的悬链线与其他物体的距离校核工作。

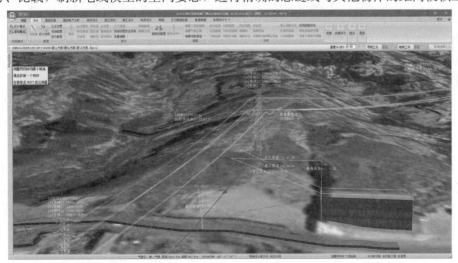

图 12 - 7　三维空间距离校核

塔头间隙校核用于分析绝缘串带电部分金具到铁塔杆件的距离是否满足要求，主要分析四个工况下的安全距离，即最大风速、雷电过电压、操作过电压、带电作业。道亨软件可以在三维场景中显示空间球体，绿色球体表明校验结果安全，红色球体表明不符合要求，同时生成校核计算书，将四个工况的结果列在表格中，如图 12-8 所示。

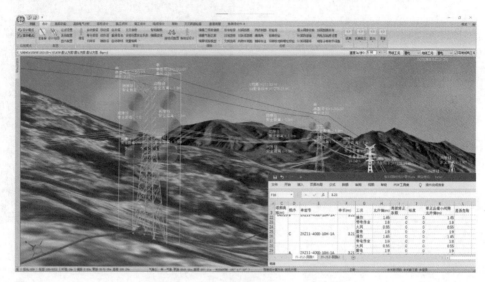

图 12-8　全线路计算塔头间隙

三维场景中的球体显示为单个工况下的，不同工况球体显示通过切换工况实现。计算书中结果分回路输出，不同回路允许不同的设计条件计算。

三、　塔腿配置及基础设计

1. 配置铁塔长短腿

山区线路工程设计需要用到全方位接腿塔型，也即长短腿塔，以减少开方量，满足环境保护相关要求。本例在线路中部，有山地部分，需要进行杆塔长短腿配置工作。

数字地球加载的数字高程模型（digital elevation model，DEM）数据可以作为塔基地形数据的一种来源。软件可以自动根据塔位处地形切出塔基断面。长短腿配置模块加载塔基断面后，根据铁塔根开信息以及当前呼高接腿信息，自动计算降基并配置接腿长度，配置原则为接腿位置与地面高程差值最小，也可以通过开关项控制接腿都高于地面。

在施工图设计阶段，可以导入将外业实测的塔基地形，进行更精确的长短腿配置设计。

2. 配置基础

长短腿塔型配置完接腿后，可接着进行基础配置。基础配置时，需要考虑基础计算露头是否符合保护范围要求，并且可以判断基础库中作用力是否满足铁塔基础作用力的要求。

道亨软件可以根据工程塔型典型基础作用力以及地质条件，从典型基础中选择匹配的模型，导入工程数据库，或者根据当前工程所选塔型的基础作用力计算值以及地质条件，设计新的基础，并导入工程数据库。

本例中，可直接选用软件系统数据库中的基础型号，进行配置。在道亨软件长短腿配置窗口，根据基础配置设计结果，选择 ABCD 四个接腿的基础型号，塔基断面自动显示基础轮廓，同时三维场景自动更新基础模型。也可以通过 Excel 表格形式，批量导入全线路塔位的基础型号，生成当前线路基础配置表。

三维场景查看基础模型窗口如图 12-9 所示。

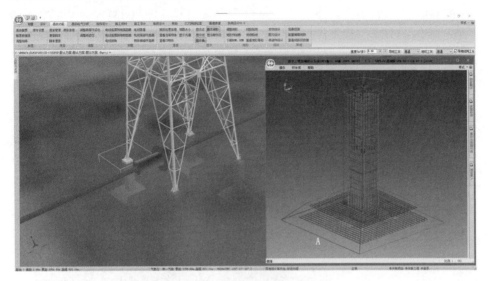

图 12-9　三维场景查看基础模型

四、成果输出

架空输电线路三维设计的成果，包括传统二维线路设计对应的各类图表、计算书等内容，还包括三维线路 GIM 移交数据。

道亨软件可自动生成基于当前加载电网信息模型（grid information model，DEM）精度的平断面图，并调起 SLW2D 平断面图设计软件打开生成的平断面图，如图 12-10 所示。由于平断面图一般较大，一般需要按横 A1 图纸格式要求进行分幅。

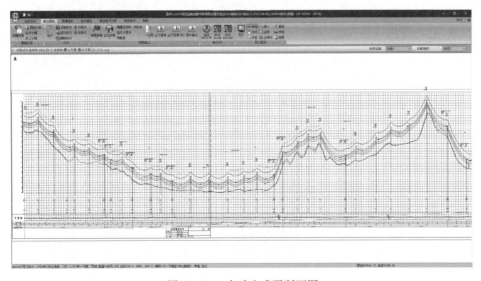

图 12-10　自动生成平断面图

273

除平断面图外，道亨软件还可生成当前线路工程对应的材料表和明细表。前者可导出 Excel 表格，后者可选择矢量和 xls 两种格式，矢量格式可直接生成 CAD 格式图表文件。最后，通过"三维归档"功能，生成全线路 GIM 移交数据。

导出的 GIM 文件，还需要通过单独的 GIM 检测工具解析 GIM 文件以进行检查。检测工具首先将线路 GIM 工程文件加载到地球中，判断 GIM 数据加载是否正常，然后生成检测报告，检测内容包括属性字段是否完整、属性参数与模型是否匹配等信息，最终结果如图 12-11 所示。

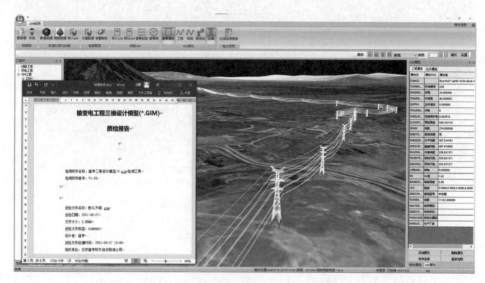

图 12-11　GIM 检查平台加载数据

至此，基于道亨三维线路设计平台，完成了本例的三维线路设计内容。

附录 A　常用架空导线和地线的规格和性能

表 A-1　　　　　　　　　　　　　　　LGJ 钢芯铝绞线

标称截面（铝/钢）（mm²）	根数/直径（mm）		计算截面（mm²）			外径（mm）	直流电阻（不大于，Ω/km）	计算拉断力（N）	单位长度质量（kg/km）	交货长度（m）
	铝	钢	铝	钢	总计					
10/2	6/1.50	1/1.50	10.60	1.77	12.37	4.50	2.706	4120	42.9	3000
16/3	6/1.85	1/1.85	16.13	2.69	18.82	5.55	1.779	6130	65.2	3000
25/4	6/2.32	1/2.32	25.36	4.23	29.59	6.96	1.131	9290	102.6	3000
35/6	6/2.72	1/2.72	34.86	5.81	40.67	8.16	0.8230	12630	141.0	3000
50/8	6/3.20	1/3.20	48.25	8.04	56.29	9.60	0.5946	16870	195.1	2000
50/30	12/2.32	7/2.32	50.73	29.59	80.32	11.60	0.5692	42620	372.0	3000
70/10	6/3.80	1/3.80	68.05	11.34	79.39	11.40	0.4217	23390	275.2	2000
70/40	12/2.72	7/2.72	69.73	40.67	110.40	13.60	0.4141	58300	511.3	2000
95/15	26/2.15	7/1.67	94.39	15.33	109.72	13.61	0.3058	35000	380.8	2000
95/20	7/4.16	7/1.85	95.14	18.82	113.96	13.87	0.3019	37200	408.9	2000
95/55	12/3.20	7/3.20	96.51	56.30	152.81	16.00	0.2992	78110	707.7	2000
120/7	18/2.90	1/2.90	118.89	6.61	125.50	14.50	0.2422	27570	379.0	2000
120/20	26/2.38	7/1.85	115.67	18.82	134.49	15.07	0.2496	41000	466.8	2000
120/25	7/4.72	7/2.10	122.48	24.25	146.73	15.74	0.2345	47880	526.6	2000
120/70	12/3.60	7/3.60	122.15	71.25	193.40	16.00	0.2364	98370	895.6	2000
150/8	18/3.20	1/3.20	144.76	8.04	152.80	16.00	0.1989	32860	461.4	2000
150/20	24/2.78	7/1.85	145.68	18.82	164.50	16.67	0.1980	46630	549.4	2000
150/25	26/2.70	7/2.10	148.86	24.25	173.11	17.10	0.1939	54110	601.0	2000
150/35	30/2.50	7/2.50	147.26	34.36	181.62	17.50	0.1962	65020	676.2	2000
185/10	18/3.60	1/3.60	183.22	10.18	193.40	18.00	0.1572	40880	584.0	2000
185/25	24/3.15	7/2.10	187.04	24.25	211.29	18.90	0.1542	59420	706.1	2000
185/30	26/2.98	7/2.32	181.34	29.59	210.93	18.88	0.1592	64320	732.6	2000
185/45	30/2.80	7/2.80	184.73	43.10	227.83	19.60	0.1564	80190	848.2	2000
210/10	18/3.80	1/3.80	204.14	11.34	215.48	19.00	0.1411	45140	650.7	2000
210/25	24/3.33	7/2.22	209.02	27.10	236.12	19.98	0.1380	65990	789.1	2000
210/35	26/3.22	7/2.50	211.73	34.36	246.09	20.38	0.1363	74250	853.9	2000
210/50	30/2.98	7/2.98	209.24	48.82	258.06	20.86	0.1381	90830	960.8	2000
240/30	24/3.60	7/2.40	244.29	31.67	275.96	21.60	0.1181	75620	922.2	2000
240/40	26/3.42	7/2.66	238.85	38.90	277.75	21.66	0.1209	83370	964.3	2000
240/55	30/3.20	7/3.20	241.27	56.30	297.57	22.40	0.1198	102100	1108	2000
300/15	42/3.00	7/1.67	296.88	15.33	312.21	23.01	0.09724	68060	939.8	2000
300/20	45/2.93	7/1.95	303.42	20.91	324.33	23.43	0.09520	75680	1002	2000
300/25	48/2.85	7/2.22	306.21	27.10	333.31	23.76	0.09433	83410	1058	2000
300/40	24/3.99	7/2.66	300.09	38.90	338.99	23.94	0.09614	92220	1133	2000
300/50	26/3.83	7/2.98	299.54	48.82	348.36	24.26	0.09636	103400	1210	2000
300/70	30/3.60	7/3.60	305.36	71.25	376.61	25.20	0.09463	128000	1402	2000
400/20	42/3.51	7/1.95	406.40	20.91	427.31	26.91	0.07104	88850	1286	1500
400/25	45/3.33	7/2.22	391.91	27.10	419.01	26.64	0.07370	95940	1295	1500
400/35	48/3.22	7/2.50	390.88	34.36	425.24	26.82	0.07389	103900	1349	1500
400/50	54/3.07	7/3.07	399.73	51.82	451.55	27.63	0.07232	123400	1511	1500
400/65	26/4.42	7/3.44	398.94	65.06	464.00	28.00	0.07236	135200	1611	1500
400/95	30/4.16	19/2.50	407.75	93.27	501.02	29.14	0.07087	171300	1860	1500
500/35	45/3.75	7/2.50	497.01	34.36	531.37	30.00	0.05812	119500	1642	1500
500/45	48/3.60	7/2.80	488.58	43.10	531.68	30.00	0.05912	128100	1688	1500
500/65	54/3.44	7/3.44	501.88	65.06	566.94	30.96	0.05760	154000	1897	1500
630/45	45/4.20	7/2.80	623.45	43.10	666.55	33.60	0.04633	148700	2060	1200
630/55	48/4.12	7/3.20	639.92	56.30	696.22	34.32	0.04514	164400	2209	1200
630/80	54/3.87	19/2.32	635.19	80.32	715.51	34.82	0.04551	192900	2388	1200
800/55	45/4.80	7/3.20	814.30	56.30	870.60	38.40	0.03547	191500	2690	1000
800/70	48/4.63	7/3.60	808.15	71.25	879.40	38.58	0.03574	207000	2791	1000
800/100	54/4.33	19/2.60	795.17	100.88	896.05	38.98	0.03635	241100	2991	1000

注　综合拉断力为计算拉断力的 95%。

表 A-2　　　　　　　　　　　镀锌钢绞线（YB/T 5004—2012）

结构	钢绞线用钢丝公称直径（mm）	钢绞线公称直径（mm）	钢绞线公称横截面（mm²）	参考质量（kg/km）	公称抗拉强度（MPa）				
					1270	1370	1470	1570	1670
					钢绞线最小破断拉力（kN）				
1×3	2.90	6.20	19.82	160.00	23.16	24.98	26.80	28.63	30.45
	3.20	6.40	24.13	195.00	28.19	30.41	32.63	34.85	37.07
	3.50	7.50	28.86	233.00	33.72	36.38	39.03	41.69	44.34
	4.00	8.60	37.70	304.00	44.05	47.52	50.99	54.45	57.92
1×7	1.00	3.00	5.50	43.70	6.43	6.93	7.44	7.94	8.45
	1.20	3.60	7.92	62.90	9.25	9.98	10.71	11.44	12.17
	1.40	4.20	10.78	85.60	12.60	13.59	14.58	15.57	16.56
	1.60	4.80	14.07	112.00	16.44	17.73	19.03	20.32	21.62
	1.80	5.40	17.81	141.00	20.81	22.45	24.09	25.72	27.36
	2.00	6.00	21.99	175.00	25.69	27.72	29.74	31.76	33.79
	2.20	6.60	26.61	210.00	31.10	33.55	36.00	38.45	40.88
	2.60	7.80	37.17	295.00	43.43	46.85	50.27	53.69	57.11
	3.00	9.00	49.50	411.90	57.86	62.42	66.98	71.54	76.05
	3.20	9.60	56.30	447.00	65.78	70.96	76.14	81.32	86.50
	3.50	10.50	67.35	535.00	78.69	84.89	91.08	97.28	103.48
	3.80	11.40	79.39	630.00	92.76	100.10	107.40	114.70	121.97
	4.00	12.00	87.96	698.00	102.80	110.90	119.00	127.00	135.14
1×19	1.60	8.00	38.20	304.00	43.66	47.10	50.54	53.98	57.41
	1.80	9.00	48.35	385.00	55.26	59.62	63.97	68.32	72.67
	2.00	10.00	59.69	475.00	68.23	73.60	78.97	84.34	89.71
	2.20	11.00	72.20	569.00	82.58	89.00	95.58	102.09	108.52
	2.30	11.50	78.94	628.00	90.23	97.33	104.40	111.50	118.65
	2.60	13.00	100.90	803.00	115.30	124.40	133.50	142.60	151.65
	2.90	14.50	125.50	999.00	143.40	154.70	166.00	177.30	188.63
	3.20	16.00	152.80	1220.00	174.70	188.40	202.20	215.90	229.66
	3.50	17.50	182.80	1460.00	208.90	225.40	241.80	258.30	274.75
	4.00	20.00	238.80	1900.00	272.90	294.40	315.90	337.40	358.92
1×37	1.60	11.20	74.39	595.00	80.30	86.63	92.95	99.27	105.60
	1.80	12.60	94.15	753.00	101.60	109.60	117.60	125.60	133.65
	2.00	14.00	116.20	930.00	125.40	135.30	145.20	155.10	164.95
	2.30	16.10	153.70	1230.00	165.90	179.000	192.00	205.10	218.18
	2.60	18.20	196.40	1570.00	212.00	228.70	245.40	262.10	278.79
	2.90	20.30	244.40	1950.00	263.80	284.600	305.40	362.20	346.93
	3.20	22.40	297.60	2380.00	321.30	346.60	371.90	397.10	422.44
	3.50	24.50	356.00	3050.00	384.30	414.60	444.80	475.10	505.34
	4.00	28.00	465.00	3720.00	502.00	541.50	581.00	620.50	660.07

注　1. 镀锌层厚度分 3 级：A、B、C。
　　2. 标记示例：结构 1×7、直径 9.0mm、抗拉强度 1670MPa、A 级锌层的钢绞线标记为：1×7 - 9.0 - 1670 - A - YB/T 5004—2012。
　　3. 表中未列入的中间规格钢绞线，最小破断拉力按公式计算。钢绞线最小破断拉力＝钢绞线内钢丝破断拉力综合×换算系数。结构 1×3、1×7、1×19、1×37 的换算系数分别为 0.92、0.92、0.9、0.85。
　　4. 镀锌钢丝的密度按 7.79g/cm³ 计算。

表 A-3　LH$_A$GJ、LH$_B$GJ 钢芯铝合金绞线（GB 9329—1988）

标称截面 (mm²)	根数/直径 (mm)		计算截面 (mm²)			外径 (mm)	单位长度质量 (kg/km)					计算拉断力 (kN)	直流电阻（不大于）(Ω/km)	交货长度 (m)
	铝合金	钢	铝合金	钢	总计		铝合金	钢	LH$_A$GJ / LH$_B$GJ	LH$_A$GJF$_1$ / LH$_B$GJF$_1$	LH$_A$GJF$_2$ / LH$_B$GJF$_2$			
10/2	6/1.50	1/1.50	10.60	1.76	12.37	4.50	29.0	13.7	42.8	42.8	42.8	5.18	3.14026	3000
16/3	6/1.85	1/1.85	16.12	2.68	18.81	5.55	44.2	20.9	65.1	65.1	65.1	7.89	2.06494	3000
25/4	6/2.32	1/2.32	25.36	4.22	29.59	6.96	69.5	32.8	102.4	102.4	102.4	12.26	1.31272	3000
35/6	6/2.72	1/2.72	34.86	5.81	40.67	8.16	95.5	45.2	140.7	140.7	140.7	16.86	0.95487	3000
50/8	6/3.20	1/3.20	48.25	8.04	56.29	9.60	132.2	62.5	194.8	194.8	194.8	23.05	0.68999	2000
50/30	12/2.32	7/2.32	50.72	29.59	80.31	11.60	139.9	231.2	371.1	378.7	382.6	48.58	0.65628	3000
70/10	6/3.80	1/3.80	68.04	11.34	79.38	11.40	186.5	88.2	274.7	274.7	274.7	32.51	0.48930	2000
70/40	12/2.72	7/2.72	69.72	40.67	110.40	13.60	192.3	317.7	510.1	520.6	525.9	66.78	0.47743	2000
95/15	26/2.15	7/1.67	94.39	15.33	109.72	13.61	260.4	119.7	380.2	384.1	400.8	45.72	0.35508	2000
95/55	12/3.20	7/3.20	96.50	56.29	152.80	16.00	266.2	439.8	706.0	720.6	728.0	90.46	0.34494	2000
120/7	18/2.90	1/2.90	118.89	6.60	125.49	14.50	327.1	51.3	378.5	378.5	396.7	42.47	0.28114	2000
120/20	26/2.38	7/1.85	115.66	18.81	134.48	15.07	319.1	147.0	466.1	471.0	491.4	56.05	0.2878	2000
120/70	12/3.60	7/3.60	122.14	71.25	193.39	18.00	336.9	556.6	893.6	912.0	921.3	114.50	0.27253	2000
150/8	18/3.20	1/3.20	144.76	8.04	152.80	16.00	398.3	62.5	460.9	460.9	483.0	51.43	0.23090	2000
150/25	26/2.70	7/2.10	148.86	24.24	173.10	17.10	410.7	189.4	600.1	606.4	632.7	72.18	0.22361	2000
185/10	18/3.60	1/3.60	183.21	10.17	193.39	18.00	504.1	79.1	583.3	583.3	611.3	65.09	0.18244	2000
185/30	26/2.98	7/2.32	181.34	29.59	210.93	18.88	500.3	231.2	731.5	739.1	771.3	86.98	0.18356	2000
210/10	18/3.80	1/3.80	204.14	11.34	215.48	19.00	561.7	88.2	649.9	649.9	681.1	72.52	0.16374	2000
210/35	26/3.22	7/2.50	211.72	34.36	246.08	20.38	584.1	268.4	852.6	861.5	898.7	101.35	0.15722	2000
240/30	24/3.60	7/2.40	244.29	31.66	275.95	21.60	673.6	247.4	921.0	929.2	971.3	107.85	0.13626	2000
240/40	26/3.42	7/2.66	238.84	38.90	277.74	21.66	658.9	303.9	962.9	972.9	1015.2	114.48	0.13937	2000
300/20	45/2.93	7/1.95	303.41	20.90	324.32	23.43	837.7	163.3	1001.0	1006.4	1071.1	113.70	0.10791	2000
300/50	26/3.83	7/2.98	299.54	48.82	348.36	24.26	826.4	381.4	1207.9	1220.5	1273.5	143.62	0.11189	2000
300/70	30/3.60	7/3.60	305.36	71.25	376.61	25.20	843.3	556.6	1400.0	1418.4	1474.7	168.36	0.10987	2000
400/25	45/3.33	7/2.22	391.91	27.09	419.00	26.64	1082.0	211.6	1293.7	1300.7	1384.9	146.97	0.08493	1500
400/50	54/3.07	7/3.07	399.72	51.81	451.54	27.63	1104.7	404.8	1509.6	1522.9	1611.6	174.67	0.08328	1500
440/95	30/4.16	19/2.50	407.75	93.26	501.01	29.14	1126.1	731.2	1857.4	1884.1	1959.6	226.01	0.08164	1500
500/35	45/3.75	7/2.50	497.00	34.36	531.37	30.00	1372.2	268.4	1640.6	1649.5	1756.2	185.22	0.06698	1500
500/65	54/3.44	7/3.44	501.88	65.05	566.93	30.96	1387.0	508.3	1895.4	1912.2	2023.5	219.31	0.06632	1500
630/45	45/4.20	7/2.80	623.44	43.10	666.54	33.60	1721.3	336.7	2058.0	2069.2	2203.0	232.34	0.05339	1200
630/80	54/3.87	19/2.32	635.19	80.31	715.51	34.82	1755.5	629.7	2385.2	2408.2	2548.8	278.14	0.05285	1200
800/55	45/4.80	7/3.20	814.30	56.29	870.59	38.40	2248.2	439.8	2688.1	2702.6	2877.5	301.50	0.04087	1000
800/100	54/4.33	19/2.60	795.16	100.87	896.04	38.98	2197.6	790.8	2988.5	3017.4	3194.1	348.57	0.04186	1000
1000/45	72/4.21	7/2.80	1002.7	43.10	1045.37	42.08	2769.2	336.7	3105.9	3117.1	3353.3	343.71	0.03348	1000
1000/125	54/4.84	19/2.90	993.51	125.49	1119.01	43.54	2745.8	983.9	3729.8	3765.7	3985.2	434.91	0.03379	1000

注　1. 钢芯铝合金绞线线型号：LH$_A$GJ 为钢芯热处理铝镁硅合金绞线，LH$_B$GJ 为钢芯热处理铝镁硅稀土合金绞线；LH$_A$GJF$_1$、LH$_B$GJF$_1$，LH$_A$GJF$_2$、LH$_B$GJF$_2$ 分别为轻防腐、防腐钢芯热处理铝镁硅合金绞线、防腐钢芯热处理铝镁硅稀土合金绞线。

2. 产品型号、规格及标准编号方法举例：标称截面铝合金 400mm²，钢 50mm² 的钢芯热处理铝镁硅稀土合金绞线，表示为 LH$_B$GJ-400/50-GB（9329—1988）。

表 A - 4　　　　　　　　JL 铝绞线性能 （GB/T 1179—2017）

标称截面 （铝） （mm²）	计算截面 （mm²）	单线根数	直径 （mm）		单位长度 质量 （kg/km）	额定拉断力 （kN）	直流电阻 20℃ （Ω/km）
			单线	绞线			
10	10.0	7	1.35	4.05	27.4	1.95	2.8578
16	16.1	7	1.71	5.13	44.0	3.05	1.7812
25	24.9	7	2.13	6.39	68.3	4.49	1.1480
35	34.4	7	2.50	7.50	94.1	6.01	0.8333
40	40.1	7	2.70	8.10	109.8	6.81	0.7144
50	49.5	7	3.00	9.00	135.5	8.41	0.5787
63	63.2	7	3.39	10.2	173.0	10.42	0.4532
70	71.3	7	3.60	10.8	195.1	11.40	0.4019
95	95.1	7	4.16	12.5	260.5	15.22	0.3010
100	100	19	2.59	13.0	275.4	17.02	0.2874
120	121	19	2.85	14.3	333.5	20.61	0.2374
125	125	19	2.89	14.5	343.0	21.19	0.2309
150	148	19	3.15	15.8	407.4	24.43	0.1943
160	160	19	3.27	16.4	439.1	26.33	0.1803
185	183	19	3.50	17.5	503.0	30.16	0.1574
200	200	19	3.66	18.3	550.0	31.98	0.1439
210	210	19	3.75	18.8	577.4	33.58	0.1205
240	239	19	4.00	20.0	657.0	38.20	0.1205
250	250	19	4.09	20.5	686.9	39.94	0.1153
300	298	37	3.20	22.4	820.7	49.10	0.0969
315	315	37	3.29	23.0	867.6	51.90	0.0917
400	400	37	3.71	26.0	1103.2	64.00	0.0721
450	451	37	3.94	27.6	1244.2	72.18	0.0639
500	503	37	4.16	29.1	1387.1	80.46	0.0573
560	560	37	4.39	30.7	1544.7	89.61	0.0515
630	631	61	3.63	32.7	1743.8	101.0	0.0458
710	710	61	3.85	34.7	1961.5	113.6	0.0407
800	801	61	4.09	36.8	2213.7	128.2	0.0360
900	898	61	4.33	39.0	2481.1	143.7	0.0322
1000	1001	61	4.57	41.1	2763.8	160.1	0.0289
1120	1121	91	3.96	43.6	3099.2	170.4	0.0258
1250	1249	91	4.18	46.0	3453.1	189.8	0.0232
1400	1403	91	4.43	48.7	3878.5	213.2	0.0206
1500	1499	91	4.58	50.4	4145.6	227.9	0.0193

表 A - 5　　　　　　　　　JLHA2 铝合金绞线性能（GB/T 1179—2017）

标称截面（mm²）	计算截面（mm²）	单线根数	直径（mm）		单位长度质量（kg/km）	额定拉断力（kN）	直流电阻20℃（Ω/km）
			单线	绞线			
16	16.1	7	1.71	5.13	44.0	4.74	2.0500
20	18.4	7	1.83	5.49	50.4	5.43	1.7900
25	24.9	7	2.13	6.39	68.3	7.36	1.3213
30	28.8	7	2.29	6.87	79.0	8.51	1.1431
35	34.9	7	2.52	7.56	95.6	10.30	0.9439
45	45.9	7	2.89	8.67	125.7	13.55	0.7177
50	50.1	7	3.02	9.06	137.3	14.79	0.6573
70	70.1	7	3.57	10.7	191.9	20.67	0.4703
75	72.4	7	3.63	10.9	198.4	21.37	0.4549
95	95.1	7	4.16	12.5	260.5	28.07	0.3464
120	115	19	2.78	13.9	317.3	34.02	0.2871
145	143	19	3.10	15.5	394.6	42.30	0.2309
150	150	19	3.17	15.9	412.6	44.24	0.2208
185	184	19	3.51	17.6	505.9	54.24	0.1801
210	210	19	3.75	18.8	577.4	61.91	0.1578
230	230	19	3.93	19.7	634.2	67.99	0.1437
240	240	19	4.01	20.1	660.3	70.79	0.1380
300	299	37	3.21	22.5	825.9	88.33	0.1109
360	362	37	3.53	24.7	998.8	106.8	0.0917
400	400	37	3.71	26.0	1103.2	118.0	0.0830
465	460	37	3.98	27.9	1269.6	135.8	0.0721
500	500	37	4.15	29.1	1380.4	147.6	0.0663
520	518	37	4.22	29.5	1427.4	152.7	0.0641
580	575	37	4.45	31.2	1587.2	169.8	0.0577
630	631	61	3.63	32.7	1743.8	186.2	0.0527
650	645	61	3.67	33.0	1782.4	190.4	0.0515
720	725	61	3.89	35.0	2002.5	213.9	0.0459
800	801	61	4.09	36.8	2213.7	236.4	0.0415
825	817	61	4.13	37.2	2257.2	241.1	0.0407
930	929	61	4.38	39.4	2538.8	271.1	0.0362
1000	1001	61	4.57	41.1	2763.8	295.2	0.0332
1050	1037	91	3.81	41.9	2868.8	290.8	0.0321
1150	1161	91	4.03	44.3	3209.7	325.3	0.0287
1300	1291	91	4.25	46.8	3569.7	361.8	0.0258
1450	1441	91	4.49	49.4	3984.2	403.8	0.0231

JLHA1 铝合金绞线性能 （GB/T 1179—2017）

标称截面 （mm²）	计算截面 （mm²）	单线根数	直径（mm）		单位长度 质量 （kg/km）	额定拉断力 （kN）	直流电阻 （20℃） （Ω/km）
			单线	绞线			
16	16.1	7	1.71	5.13	44.0	5.22	2.0695
20	18.4	7	1.83	5.49	50.4	5.98	1.8070
25	24.9	7	2.13	6.39	68.3	8.11	1.3339
30	28.8	7	2.29	6.87	79.0	9.37	1.1540
35	34.9	7	2.52	7.56	95.6	11.35	0.9529
45	45.9	7	2.89	8.67	125.7	14.92	0.7246
50	50.1	7	3.02	9.06	137.3	16.30	0.6635
70	70.1	7	3.57	10.7	191.9	22.07	0.4748
75	72.4	7	3.63	10.9	198.4	22.82	0.4593
95	95.1	7	4.16	12.5	260.5	29.97	0.3497
120	115	19	2.78	13.9	317.3	37.48	0.2899
145	143	19	3.10	15.5	394.6	46.61	0.2331
150	150	19	3.17	15.9	412.6	48.74	0.2229
185	184	19	3.51	17.6	505.9	57.91	0.1818
210	210	19	3.75	18.8	577.4	66.10	0.1593
230	230	19	3.93	19.7	634.2	72.60	0.1451
240	240	19	4.01	20.1	660.3	75.59	0.1393
300	299	37	3.21	22.5	825.9	97.32	0.1119
360	362	37	3.53	24.7	998.8	114.1	0.0925
400	400	37	3.71	26.0	1103.2	126.0	0.0838
465	460	37	3.98	27.9	1269.6	145.0	0.0728
500	500	37	4.15	29.1	1380.4	157.7	0.0670
520	518	37	4.22	29.5	1427.4	163.0	0.0648
580	575	37	4.45	31.2	1587.2	181.3	0.0582
630	631	61	3.63	32.7	1743.8	198.9	0.0532
650	645	61	3.67	33.0	1782.4	203.3	0.0520
720	725	61	3.89	35.0	2002.5	228.4	0.0463
800	801	61	4.09	36.8	2213.7	252.5	0.0419
825	817	61	4.13	37.2	2257.2	257.4	0.0411
930	929	61	4.38	39.4	2538.8	289.5	0.0365
1000	1001	61	4.57	41.1	2763.8	315.2	0.0335
1050	1037	91	3.81	41.9	2868.8	310.5	0.0324
1150	1161	91	4.03	44.3	3209.7	347.4	0.0289
1300	1291	91	4.25	46.8	3569.7	386.3	0.0260
1450	1441	91	4.49	49.4	3984.2	431.2	0.0233

表 A‑7　　　　JL/G1A、JL/G2A、JL/G3A 钢芯铝绞线（GB/T 1179—2017）

标称截面（铝/钢）(mm²)	比例 (%)	计算截面 (mm²)			单线根数		单线直径 (mm)		直径 (mm)		单位长度质量 (kg/km)	额定拉断力 (kN)			直流电阻 (20℃) (Ω/km)
		铝	钢	总计	铝	钢	铝	钢	钢芯	绞线		JL/G1A	JL/G2A	JL/G3A	
10/2	16.7	10.6	1.78	12.4	6	1	1.50	1.50	1.50	1.50	42.8	4.14	4.38	4.63	2.7062
16/3	16.7	16.1	2.67	18.8	6	1	1.85	1.85	1.85	5.55	65.2	6.13	6.51	6.88	1.7791
25/4	16.7	24.9	4.15	29.1	6	1	2.30	2.30	2.30	6.90	100.7	9.10	9.68	10.22	1.1510
35/6	16.7	34.9	5.81	40.7	6	1	2.72	2.72	2.72	8.16	140.9	12.55	13.36	16.20	0.8230
40/6	16.7	39.9	6.65	46.6	6	1	2.91	2.91	2.91	8.73	161.2	14.37	15.30	16.16	0.7190
50/8	16.7	48.3	8.04	56.3	6	1	3.20	3.20	3.20	9.60	195.0	16.81	17.93	19.06	0.5946
50/30	58.3	50.7	29.6	80.3	12	7	2.32	2.32	6.96	11.6	371.3	42.61	46.75	50.60	0.5693
65/10	16.7	63.1	10.5	73.6	6	1	3.66	3.66	3.66	11.0	255.1	21.67	22.41	24.20	0.4546
70/10	16.7	68.0	11.3	79.3	6	1	3.80	3.80	3.80	11.4	275.0	23.36	24.16	26.08	0.4217
70/40	58.3	69.7	40.7	110	12	7	2.72	2.72	8.16	13.6	510.4	58.22	63.92	69.21	0.4141
95/15	16.2	94.4	15.3	110	26	7	2.15	1.67	5.01	13.6	380.5	34.93	37.08	39.22	0.3059
95/20	19.8	95.1	18.8	114	7	7	4.16	1.85	5.55	13.9	408.5	37.24	39.87	42.51	0.3020
95/55	58.3	96.5	56.3	153	12	7	3.20	3.20	9.60	16.0	706.4	77.85	85.73	93.61	0.2992
100/17	16.7	100	16.7	117	6	1	4.61	4.61	4.61	13.8	404.7	34.38	35.55	38.39	0.2865
120/7	5.6	119	6.6	125	18	1	2.90	2.90	29.0	14.5	378.9	27.74	28.67	29.53	0.2422
120/20	16.3	116	18.8	134	26	7	2.38	1.85	5.55	15.1	466.4	42.26	44.89	47.53	0.2496
120/25	19.8	122	24.2	147	7	7	4.72	2.10	6.30	15.7	526.0	47.96	51.36	54.75	0.2327
120/70	58.3	122	71.3	193	12	7	3.60	3.60	10.8	18.0	894.0	97.92	102.9	115.0	0.2364
125/7	5.6	125	6.93	132	18	1	2.97	2.97	2.97	14.9	397.4	29.10	30.07	30.97	0.2310
125/20	16.3	125	20.3	145	26	7	2.47	1.92	5.76	15.6	502.4	45.51	48.35	51.19	0.2318
150/8	5.6	145	8.04	153	18	1	3.20	3.20	3.20	16.0	461.3	32.73	33.86	34.98	0.1990
150/20	12.9	146	18.8	164	24	7	2.78	1.85	5.55	16.7	549.0	4.678	49.41	52.05	0.1981
150/25	16.3	148	24.2	173	26	7	2.70	2.10	6.30	17.1	600.5	53.67	57.07	60.46	0.1940
150/35	23.3	147	34.4	182	30	7	2.50	2.50	7.50	17.5	675.4	64.94	69.75	74.22	0.1962
160/9	5.6	160	8.87	168	18	1	3.36	3.36	3.36	16.8	508.6	37.33	37.33	38.57	0.1805
185/10	5.6	183	10.2	193	18	1	3.60	3.60	3.60	18.0	583.8	40.51	41.22	42.95	0.1572
185/25	13.0	187	24.2	211	24	7	3.15	2.10	6.30	18.9	705.5	59.23	62.62	66.02	0.1543
185/30	16.3	181	29.6	228	30	7	2.80	2.80	8.40	19.6	847.2	80.54	86.57	92.18	0.1564
185/45	23.3	185	43.1	228	30	7	2.80	2.80	8.40	19.6	847.2	80.54	86.57	92.18	0.1564
200/11	5.6	200	11.1	211	18	1	3.76	3.76	3.76	18.8	636.9	44.19	44.97	46.86	0.1441
210/10	5.6	204	11.3	215	18	1	3.80	3.80	3.80	19.0	650.5	45.14	45.93	47.86	0.1411
210/25	13.0	209	27.1	236	24	7	3.33	2.22	6.66	20.0	788.4	66.19	69.98	73.78	0.1380
210/35	16.2	212	34.4	246	26	7	3.22	2.50	7.50	20.4	853.1	74.11	78.92	83.38	0.1364
210/50	23.3	209	48.8	258	30	7	2.98	2.98	8.94	20.9	959.7	91.23	98.06	104.4	0.1381
240/30	13.0	244	31.7	276	24	7	3.60	2.40	7.20	21.6	921.5	75.19	79.62	83.74	0.1181

标称截面(铝/钢)(mm²)	比例(%)	计算截面(mm²) 铝	钢	总计	单线根数 铝	钢	单线直径(mm) 铝	钢	直径(mm) 钢芯	绞线	单位长度质量(kg/km)	额定拉断力(kN) JL/G1A	JL/G2A	JL/G3A	直流电阻(20℃)(Ω/km)
240/40	16.3	239	38.9	278	26	7	3.42	2.66	7.98	21.7	963.5	83.76	89.20	94.26	0.1209
240/55	23.3	241	56.3	298	30	7	3.20	3.20	9.60	22.4	1106.6	101.7	109.6	117.5	0.1198
250/25	9.8	250	24.5	274	22	7	3.80	2.11	6.33	21.5	879.4	68.56	71.99	75.41	0.1156
250/40	16.3	250	40.7	291	26	7	3.50	2.72	8.16	22.2	1008.6	87.64	93.34	98.66	0.1155
300/15	5.2	297	15.3	312	42	7	3.00	1.67	5.01	23.0	940.2	68.41	70.56	72.70	0.0973
300/20	6.2	303	18.8	322	45	7	2.93	1.85	5.55	23.1	985.4	73.60	76.23	78.86	0.0952
300/25	8.8	306	27.1	333	48	7	2.85	2.22	6.66	23.8	1057.9	83.76	87.55	91.34	0.0944
300/40	13.0	300	38.9	339	24	7	3.99	2.66	7.98	23.9	1132.0	92.36	97.81	102.9	0.0961
300/50	16.3	300	48.8	348	26	7	3.83	2.98	8.94	24.3	1208.6	103.6	110.4	116.8	0.0964
300/70	23.3	305	71.3	377	30	7	3.60	3.60	10.8	25.2	1400.6	127.2	132.2	144.3	0.0946
315/22	6.9	316	21.8	338	45	7	2.99	1.99	5.97	23.9	1043.2	79.19	82.24	85.28	0.0914
400/20	5.1	406	20.9	427	42	7	3.51	1.95	5.85	26.9	1286.3	89.48	92.41	95.34	0.0711
400/25	6.9	392	27.1	419	45	7	3.33	2.22	6.66	26.6	1294.7	96.37	100.2	104.0	0.0737
400/35	8.8	391	34.4	425	48	7	3.22	2.50	7.50	26.8	1348.6	103.7	108.5	112.9	0.0739
400/50	3.0	400	51.8	452	54	7	3.07	3.07	9.21	27.6	1510.5	123.0	130.2	137.5	0.0724
400/65	16.3	399	56.1	464	26	7	4.42	3.44	10.3	28.0	1610.0	135.4	144.5	153.6	0.0724
400/95	22.9	408	93.3	501	30	19	4.16	2.50	12.5	29.1	1857.9	171.6	184.6	196.7	0.0709
450/30	6.9	450	31.1	482	45	7	3.57	2.38	7.14	28.6	1488.0	107.6	111.9	116.0	0.0641
450/60	13	451	58.4	509	54	7	3.26	3.26	9.78	29.3	1703.2	138.6	146.8	155.0	0.0642
500/35	6.9	500	34.6	534	45	7	3.76	2.51	7.53	30.1	1651.3	119.4	124.3	128.8	0.0578
500/45	8.8	489	43.1	532	48	7	3.60	2.80	8.40	30.0	1687.0	127.3	133.3	138.9	0.0591
500/65	13.0	499	64.7	564	54	7	3.43	3.43	10.3	30.9	1885.5	153.5	162.5	171.6	0.0580
560/40	6.9	560	38.6	598	45	7	3.98	2.65	7.95	31.8	1848.7	133.6	139.0	144.0	0.0516
560/70	12.7	559	70.9	630	54	19	3.63	2.18	10.9	32.7	2101.8	172.4	182.3	192.2	0.0518
630/45	6.9	629	43.4	673	45	7	4.22	2.81	8.43	33.8	2078.4	150.4	156.5	161.9	0.0459
630/55	8.8	640	56.3	696	48	7	4.12	3.20	9.60	34.3	2208.3	164.3	172.2	180.1	0.0452
630/80	12.7	629	79.6	708	54	19	3.85	2.31	11.6	34.7	2363.1	191.4	202.5	212.9	0.0460
710/50	6.9	709	49.2	758	45	7	4.48	2.99	8.97	35.9	2344.2	169.5	176.4	182.8	0.0407
710/90	12.6	709	89.9	799	45	19	4.09	2.45	12.3	36.8	2664.6	215.6	228.2	239.8	0.0408
720/50	6.9	725	50.1	775	45	7	4.53	3.02	9.06	36.2	2395.9	171.2	178.2	185.2	0.0398
800/35	4.3	799	34.6	834	72	7	3.76	2.51	7.53	37.6	2481.7	159.0	163.6	167.9	0.0362
800/55	6.9	814	56.3	871	45	7	4.80	3.20	9.60	38.4	2690.0	192.2	200.1	208.0	0.0355
800/65	8.3	799	66.6	866	84	7	3.48	3.48	10.4	38.3	2731.7	194.8	203.7	212.5	0.0362
800/70	8.8	808	71.3	879	48	7	4.63	3.60	10.8	38.6	2790.1	207.7	212.7	224.8	0.0358
800/100	12.7	799	102	901	54	19	4.34	2.61	13.1	39.1	3006.6	243.7	257.9	271.1	0.0362

标称截面（铝/钢）（mm²）	比例（%）	计算截面（mm²）			单线根数		单线直径（mm）		直径（mm）		单位长度质量（kg/km）	额定拉断力（kN）			直流电阻（20℃）（Ω/km）
		铝	钢	总计	铝	钢	铝	钢	钢芯	绞线		JL/G1A	JL/G2A	JL/G3A	
900/40	4.3	900	38.9	939	72	7	3.99	2.66	7.98	39.9	2793.8	179.0	184.1	188.9	0.0321
900/75	8.3	898	74.9	973	84	7	3.69	3.69	11.1	40.6	3071.3	214.8	219.7	231.8	0.0322
1000/45	4.3	1002	43.1	1045	72	7	4.21	2.80	8.40	42.1	3108.8	199.0	204.8	210.1	0.0286
1000/80	8.1	1003	81.7	1085	84	19	3.90	2.34	11.7	42.9	3418.0	241.0	251.9	262.0	0.0288
1120/50	4.2	1120	47.3	1167	72	19	4.45	1.78	8.90	44.5	3467.7	222.8	229.1	235.3	0.0258
1120/90	8.1	1120	91.0	1211	84	19	4.12	2.47	12.4	45.3	3813.4	268.8	280.9	292.2	0.0258
1250/70	5.6	1252	70.1	1322	76	7	4.58	3.57	10.07	47.4	4011.1	263.5	268.2	279.5	0.0231
1250/100	8.1	1248	102	1350	84	19	4.35	2.61	13.1	47.9	4252.3	299.8	313.4	325.9	0.0232
1400/135	9.6	1400	134	1534	88	19	4.50	3.00	15.0	51.0	4926.4	358.2	376.0	392.6	0.0207
1440/120	8.1	1439	117	1556	84	19	4.67	2.80	14.0	51.4	4899.7	345.4	361.0	375.4	0.0200

表 A-8　JLHA2/G1A、JLHA2/G2A、JLHA2/G3A 钢芯铝合金绞线性能（GB/T 1179—2017）

标称截面（铝合金/钢）（mm²）	钢比（%）	计算截面（mm²）			单线根数		单线直径（mm）		直径（mm）		单位长度质量（kg/km）	额定拉断力（kN）			直流电阻20℃（Ω/km）
		铝合金	钢	总计	铝	钢	铝合金	钢	钢芯	绞线		JLHA2/G1A	JLHA2/G2A	JLHA2/G3A	
16/3	16.70	16.1	2.69	18.8	6	1	1.85	1.85	1.85	5.55	65.3	7.90	8.28	8.66	2.0476
35/6	16.70	34.9	5.81	40.7	6	1	2.72	2.72	2.72	8.16	140.9	16.91	17.72	18.48	0.9472
50/8	16.71	48.3	8.04	56.3	6	1	3.20	3.20	3.20	9.60	195.0	23.08	24.21	25.33	0.6844
70/10	6.70	68.0	11.3	79.3	6	1	3.80	3.80	3.80	11.4	275.0	32.55	33.34	35.27	0.4853
120/7	5.60	119	6.61	125	18	1	2.90	2.90	2.90	14.3	378.9	42.60	43.53	44.39	0.2788
150/8	5.6	145	8.04	153	18	1	3.20	3.20	3.20	16.0	461.3	51.55	52.68	53.80	0.2290
150/25	16.3	149	24.2	173	26	7	2.70	2.10	6.30	17.1	600.5	72.28	75.68	79.07	0.2232
185/10	5.6	183	10.2	193	18	1	3.60	3.60	3.60	18.0	583.8	65.25	65.96	67.69	0.1809
185/30	16.3	181	29.6	211	26	7	2.98	2.32	6.96	18.9	732.0	87.23	91.37	95.20	0.1833
210/10	5.6	204	11.3	215	18	1	3.80	3.80	3.80	19.0	650.5	72.70	73.49	75.42	0.1624
240/40	16.3	239	38.9	278	26	7	3.42	2.66	7.98	21.7	963.5	114.8	120.3	125.3	0.1391
300/25	8.8	306	27.1	333	48	7	2.85	2.22	6.66	23.8	1057.9	122.0	125.8	129.6	0.1086
300/50	16.3	300	48.8	348	26	7	3.83	2.98	8.94	24.3	1208.6	144.0	150.9	157.2	0.1109
400/25	6.9	392	27.1	419	45	7	3.33	2.22	6.66	26.6	1294.7	147.3	151.1	154.9	0.0849
400/65	16.3	399	65.1	464	26	7	4.42	3.44	10.3	28.0	1610.0	189.3	198.4	207.5	0.0833
400/95	22.9	408	93.3	501	30	19	4.16	2.50	12.5	29.1	1857.9	226.6	239.7	251.8	0.0816
460/60	13.0	465	60.2	525	54	7	3.31	3.31	9.93	29.8	1755.9	203.3	211.8	220.0	0.0716
500/35	6.9	500	34.6	534	45	7	3.76	2.51	7.53	30.1	1651.3	186.4	191.7	196.2	0.0666
500/65	13.0	502	65.1	567	54	7	3.44	3.44	10.3	31.0	1896.5	219.6	228.7	237.8	0.0663
630/45	6.9	629	43.4	673	45	7	4.22	2.81	8.43	33.8	2078.4	247.7	253.8	259.5	0.0533

标称截面（铝合金/钢）（mm²）	钢比（%）	计算截面（mm²）			单线根数		单线直径（mm）		直径（mm）		单位长度质量（kg/km）	额定拉断力（kN）			直流电阻（20℃）（Ω/km）
		铝合金	钢	总计	铝	钢	铝合金	钢	钢芯	绞线		JLHA2/G1A	JLHA2/G2A	JLHA2/G3A	
630/55	8.8	640	56.3	696	48	7	4.12	3.20	9.60	34.3	2208.3	250.7	258.6	266.5	0.0520
630/80	12.7	622	78.9	701	54	19	3.83	2.30	11.5	34.5	2339.7	273.5	284.6	294.8	0.0535
710/50	6.9	709	49.2	758	45	7	4.48	2.99	8.97	35.9	2344.2	265.3	272.2	278.6	0.0469
710/90	12.6	709	89.6	799	54	19	4.09	2.45	12.3	36.8	2664.6	311.4	323.9	335.6	0.0469
720/50	6.9	725	50.1	775	45	7	4.53	3.02	9.06	36.2	2395.9	269.1	276.1	283.2	0.0459
800/35	4.3	799	34.6	834	72	7	3.76	2.51	7.53	37.6	2481.9	261.6	266.2	270.4	0.0416
800/100	12.7	799	101.7	901	54	19	4.34	2.61	13.1	39.1	3006.6	351.5	365.8	379.0	0.0417
900/40	4.3	900	38.9	939	72	7	3.99	2.66	7.98	39.9	2793.8	294.4	299.6	304.4	0.0370
900/75	8.3	898	74.9	973	84	7	3.69	3.69	11.1	40.6	3071.3	330.0	335.0	347.0	0.0371
1000/45	4.3	1002	43.1	1045	72	7	4.21	2.80	8.40	42.1	3108.8	327.6	333.3	338.6	0.0332
1120/90	8.1	1120	91.0	1211	84	19	4.12	2.47	12.4	45.3	3813.4	412.4	424.5	435.8	0.0297
1250/100	8.1	1248	102	1350	84	19	4.35	2.61	13.1	47.9	4252.3	460.0	473.5	486.0	0.0267
1300/105	8.1	1301	106	1406	84	19	4.44	2.66	13.3	48.8	4427.6	478.8	492.9	505.9	0.0256

表 A-9　JLHA1/G1A、JLHA1/G2A、JLHA1/G3A 钢芯铝合金绞线性能（GB/T 1179—2017）

标称截面（铝合金/钢）（mm²）	钢比（%）	计算截面（mm²）			单线根数		单线直径（mm）		直径（mm）		单位长度质量（kg/km）	额定拉断力（kN）			直流电阻（20℃）（Ω/km）
		铝合金	钢	总计	铝	钢	铝合金	钢	钢芯	绞线		JLHA1/G1A	JLHA1/G2A	JLHA1/G3A	
16/3	16.7	16.1	2.69	18.8	6	1	1.85	1.85	1.85	5.55	65.3	8.39	8.76	9.14	2.0671
35/6	16.7	34.9	5.81	40.7	6	1	2.72	2.72	2.72	8.16	140.9	17.96	18.77	19.52	0.9563
50/8	16.7	48.3	8.04	56.3	6	1	3.20	3.20	3.20	9.60	195.0	24.53	25.66	26.78	0.6909
70/10	6.7	68.0	11.3	79.3	6	1	3.80	3.80	3.80	11.4	275.0	33.91	34.70	36.63	0.4899
120/7	5.6	119	6.61	125	18	1	2.90	2.90	2.90	14.3	378.9	46.17	47.10	47.95	0.2815
150/8	5.6	145	8.04	153	18	1	3.20	3.20	3.20	16.0	461.3	55.90	57.02	58.15	0.2312
150/25	16.3	149	24.2	173	26	7	2.70	2.10	6.30	17.1	600.5	76.75	80.14	83.54	0.2254
185/10	5.6	183	10.2	193	18	1	3.60	3.60	3.60	18.0	583.8	68.91	69.62	71.35	0.1826
185/30	16.3	181	29.6	211	26	7	2.98	2.32	6.96	18.9	732.0	92.67	96.81	100.7	0.1850
210/10	5.6	204	11.3	215	18	1	3.80	3.80	3.80	19.0	650.5	76.78	77.57	79.50	0.1639
240/40	16.3	239	38.9	278	26	7	3.42	2.66	7.98	21.7	963.5	122.0	127.4	132.5	0.1405
300/25	8.8	306	27.1	333	48	7	2.85	2.22	6.66	23.8	1057.9	131.2	135.0	138.8	0.1096
300/50	16.3	300	448.8	348	26	7	3.83	2.98	8.94	24.3	1208.6	150.0	156.8	163.2	0.1120
400/25	6.9	392	27.1	419	45	7	3.33	2.22	6.66	26.6	1294.7	159.1	162.9	166.7	0.0857
400/65	16.3	399	65.1	464	26	7	4.42	3.44	10.3	28.0	1610.0	197.2	206.3	215.4	0.0841

标称截面（铝合金/钢）（mm²）	钢比（%）	计算截面（mm²）			单线根数		单线直径（mm）		直径（mm）		单位长度质量（kg/km）	额定拉断力（kN）			直流电阻（20℃）（Ω/km）
		铝合金	钢	总计	铝	钢	铝合金	钢	钢芯	绞线		JLHA1/G1A	JLHA1/G2A	JLHA1/G3A	
400/95	22.9	408	93.3	501	30	19	4.16	2.50	12.5	29.1	1857.9	234.8	247.8	259.9	0.0823
460/60	13.0	465	60.2	525	54	7	3.31	3.31	9.93	29.8	1755.9	217.3	225.7	234.1	0.0723
500/35	6.9	500	34.6	534	45	7	3.76	2.51	7.53	30.1	1651.3	196.9	201.7	206.2	0.0672
500/65	13.0	502	65.1	567	54	7	3.44	3.44	10.3	31.0	1896.5	234.7	243.8	252.9	0.0670
630/45	6.9	629	43.4	673	45	7	4.22	2.81	8.43	33.8	2078.4	247.7	253.8	259.5	0.0533
630/55	8.8	640	56.3	696	48	7	4.12	3.20	9.60	34.3	2208.3	263.5	271.4	279.3	0.0525
630/80	12.7	622	78.9	701	54	19	3.83	2.30	11.5	34.5	2339.7	286.0	297.0	307.3	0.0540
710/50	6.9	709	49.2	758	45	7	4.48	2.99	8.97	35.9	2344.2	279.9	286.4	292.7	0.0473
710/90	12.6	709	89.6	799	45	19	4.09	2.45	12.3	36.8	2664.6	325.5	338.1	349.8	0.0474
720/50	6.9	725	50.1	775	45	7	4.53	3.02	9.06	36.2	2395.9	283.6	290.6	297.7	0.0463
800/35	4.3	799	34.6	834	72	7	3.76	2.51	7.53	37.6	2481.9	276.8	281.4	285.6	0.0420
800/100	12.7	799	101.7	901	54	19	4.34	2.61	13.1	39.1	3006.6	367.5	381.5	395.0	0.0421
900/40	4.3	900	38.9	939	72	7	3.99	2.66	7.98	39.9	2793.8	311.5	316.7	321.5	0.0373
900/75	8.3	898	74.9	973	84	7	3.69	3.69	11.1	40.6	3071.3	347.0	352.0	364.1	0.0374
1000/45	4.3	1002	43.1	1045	72	7	4.21	2.80	8.40	42.1	3108.8	346.6	352.3	357.7	0.0335
1120/90	8.1	1120	91.0	1211	84	19	4.12	2.47	12.4	45.3	3813.4	433.7	445.8	457.1	0.0300
1250/100	8.1	1248	102	1350	84	19	4.35	2.61	13.1	47.9	4252.3	483.7	497.2	509.7	0.0269
1300/105	8.1	1301	106	1406	84	19	4.44	2.66	13.3	48.8	4427.6	503.5	517.6	530.6	0.0259

表 A-10　　　　JL/LHA2 铝合金芯铝绞线性能（GB/T 1179—2017）

标称截面（铝/铝合金）（mm²）	直径（mm）		单线直径（mm）		单线根数		计算截面（mm²）			单位长度质量（kg/km）	额定拉断力（kN）	直流电阻（20℃）（Ω/km）
	铝合金芯	绞线	铝	铝合金	铝	铝合金	铝	铝合金	总计			
25/20	—	8.34	2.78	2.78	4	3	24.3	18.2	42.5	116.6	9.23	0.7155
40/30	—	10.5	3.49	3.49	4	3	38.3	28.7	67.0	183.7	14.36	0.4540
60/45	—	13.2	4.40	4.40	4	3	60.8	45.6	106	292.0	22.52	0.2856
80/50	8.91	14.9	2.97	2.97	12	7	83.1	48.5	132	362.4	27.72	0.2298
105/60	10.1	16.8	3.36	3.36	12	7	106	62.1	168	463.8	34.95	0.1796
130/140	15.3	21.4	3.05	3.05	18	19	132	139	270	744.3	60.60	0.1142
135/80	11.3	18.9	3.77	3.77	12	7	134	78.1	212	583.9	43.33	0.1426
135/140	15.4	21.6	3.08	3.08	18	19	134	142	276	760.2	61.80	0.1122
135/145	15.5	21.7	3.10	3.10	18	19	136	143	279	770.1	62.61	0.1107
165/170	17.0	23.8	3.40	3.40	18	19	163	173	336	926.4	75.31	0.0921

续表

标称截面（铝/铝合金）（mm²）	直径（mm）		单线直径（mm）		单线根数		计算截面（mm²）			单位长度质量（kg/km）	额定拉断力（kN）	直流电阻（20℃）（Ω/km）
	铝合金芯	绞线	铝	铝合金	铝	铝合金	铝	铝合金	总计			
165/175	17.1	23.9	3.42	3.42	18	19	165	175	340	937.3	76.20	0.0910
170/95	12.6	21.1	4.21	4.21	12	7	167	97.4	204	729.6	54.04	0.1146
210/220	19.2	26.8	3.83	3.83	18	19	207	219	426	1175.5	94.53	0.0726
210/230	19.7	27.6	3.94	3.94	18	19	219	232	451	1244.0	100.0	0.0686
235/250	20.5	28.7	4.10	4.10	18	19	238	251	488	1347.1	108.3	0.0633
260/275	21.6	30.2	4.32	4.32	18	19	264	278	542	1495.6	120.3	0.0570
265/60	10.0	23.4	3.34	3.34	30	7	263	61.3	324	894.2	60.56	0.0913
270/420	26.6	34.2	3.80	3.80	24	37	272	420	692	1910.5	161.1	0.0454
307/470	28.2	36.3	4.03	4.03	24		306	472	778	2148.7	181.2	0.0403
335/80	11.3	26.4	3.77	3.77	30	377	335	78.1	413	1139.3	75.48	0.0716
345/530	30.0	38.5	4.28	4.28	24	37	345	532	878	2423.6	204.4	0.0358
365/165	16.7	30.0	3.33	3.33	42	19	366	165	531	1467.2	106.7	0.0567
375/85	12.0	27.9	3.99	3.99	30	7	375	87.5	463	1276.2	84.55	0.0639
415/95	12.6	29.5	4.21	4.21	30		418	97.4	515	1420.8	94.13	0.0574
455/205	18.6	33.5	3.72	3.72	42	719	456	207	663	1831.0	130.9	0.0454

表 A-11　　JL/LHA1 铝合金芯铝绞线性能（GB/T 1179—2017）

标称截面（铝/铝合金）（mm²）	计算截面（mm²）			单线根数		单线直径（mm）		直径（mm）		单位长度质量（kg/km）	额定拉断力（kN）	直流电阻20℃（Ω/km）
	铝	铝合金	总计	铝	铝合金	铝	铝合金	铝合金芯	绞线			
25/20	24.3	18.2	42.5	4	3	2.78	2.78	—	8.34	116.6	9.75	0.7347
40/30	38.3	28.7	67.0	4	3	3.49	3.49	—	10.5	183.7	15.17	0.4662
60/45	60.8	45.6	106	4	3	4.40	4.40	—	13.2	292.0	23.38	0.2933
80/50	83.1	48.5	132	12		2.97	2.97	8.91	14.9	362.4	29.11	0.2351
105/60	106	62.1	168	12	77	3.36	3.36	10.1	16.8	463.8	36.72	0.1837
130/140	132	139	270	18	19	3.05	3.05	15.3	21.4	744.3	64.56	0.1180
135/80	134	78.1	212	12	7	3.77	3.77	11.3	18.9	583.9	44.82	0.1459
135/140	134	142	276	18	19	3.08	3.08	15.4	21.6	760.2	65.84	0.1159
135/145	136	143	279	18	19	3.10	3.10	15.5	21.7	770.1	66.69	0.1144
165/170	163	173	336	18	19	3.40	3.40	17.0	23.8	926.4	80.23	0.0951
260/275	264	278	542	18	19	4.32	4.32	21.6	30.2	1495.6	125.6	0.0589
265/60	263	61.3	324	30	7	3.34	3.34	10.0	23.4	894.2	62.31	0.0923
270/420	272	420	692	24	37	3.80	3.80	26.6	34.2	1910.5	169.1	0.0472
307/470	306	472	778	24	37	4.03	4.03	28.2	36.3	2148.7	190.2	0.0419
335/80	335	78.1	413	30	7	3.77	3.77	11.3	26.4	1139.3	76.96	0.0724

续表

标称截面（铝/铝合金）（mm²）	计算截面(mm²)			单线根数		单线直径（mm）		直径（mm）		单位长度质量（kg/km）	额定拉断力（kN）	直流电阻20℃（Ω/km）
	铝	铝合金	总计	铝	铝合金	铝	铝合金	铝合金芯	绞线			
465/110	469	109	578	30	7	4.46	4.46	13.4	31.2	1594.5	107.7	0.0518
465/210	464	210	674	42	19	3.75	3.75	18.8	33.8	1860.6	137.0	0.0456
505/65	505	65.4	570	54	7	3.45	3.45	10.4	31.1	1575.2	103.5	0.0518
515/230	515	233	748	42	19	3.95	3.95	19.8	35.6	2064.4	152.0	0.0411
535/240	533	239	772	42	37	4.02	2.87	20.1	36.2	2135.0	159.2	0.0397
570/390	568	389	957	54	37	3.66	3.66	25.6	40.3	2646.7	197.0	0.0327
580/260	579	262	841	42	19	4.19	4.19	21.0	37.7	2322.9	171.1	0.0365
630/430	632	433	1065	54	37	3.86	3.86	27.0	42.5	2943.8	219.1	0.0294
650/295	650	294	944	42	19	4.44	4.44	22.2	40.0	2608.3	192.1	0.0325
665/300	668	301	969	42	37	4.50	3.22	22.5	40.5	2679.0	199.9	0.0317
705/485	709	468	1196	54	37	4.09	4.09	28.6	45.0	3305.1	246.0	0.0262
745/335	747	336	1083	42	37	4.76	3.40	23.8	42.8	2994.2	223.3	0.0282
790/540	792	542	1334	54	37	4.32	4.32	30.2	47.5	3687.3	274.5	0.0234
800/550	803	550	1352	54	37	4.35	4.35	30.5	47.9	3738.7	278.3	0.0230
820/215	817	215	1032	72	19	3.80	3.80	19.0	41.8	2852.9	185.4	0.0290
915/240	914	241	1155	72	19	4.02	4.02	20.1	44.2	3192.8	207.5	0.0261
1020/270	1021	270	1291	72	19	4.25	4.25	21.3	46.8	3568.6	231.9	0.0233
1145/300	1145	302	1447	72	19	4.50	4.50	22.5	49.5	4000.8	260.0	0.0208

表 A-12　　　　JL/LB14 铝包钢芯铝绞线性能（GB/T 1179—2017）

标称截面（铝/铝包钢）（mm²）	钢比（%）	计算截面（mm²）			单线根数		单线直径(mm)		直径（mm）		单位长度质量（kg/km）	额定拉断力（kN）	直流电阻（20℃）（Ω/km）
		铝	铝包钢	总计	铝	铝包钢	铝	铝包钢	铝包钢芯	绞线			
25/4	16.7	24.1	4.01	28.1	6	1	2.26	2.26	2.26	6.78	94.7	9.87	1.1476
40/5	16.7	38.3	6.38	44.7	6	1	2.85	2.85	2.85	8.55	150.6	15.50	0.7216
50/8	16.7	48.3	8.04	56.3	6	1	3.20	3.20	3.20	9.60	189.8	19.06	0.5724
60/10	16.7	60.4	10.1	70.5	6	1	3.58	3.58	3.58	10.7	237.6	23.15	0.4573
95/15	16.7	95.9	16.00	112	6	1	4.51	4.51	4.51	13.5	377.1	36.74	0.2882
120/7	5.6	119	6.61	125	18	1	2.90	2.90	2.90	14.5	374.6	29.53	0.2391
120/70	58.3	122	71.3	193	12	7	3.60	3.60	10.8	18.0	848.2	115.0	0.2081
150/8	5.6	145	8.04	153	18	1	3.20	3.20	3.20	16.0	456.2	34.98	0.1964
150/35	23.3	147	34.4	182	30	7	2.50	2.50	7.50	17.5	653.3	74.22	0.1861
200/10	5.6	198	11.0	209	18	1	3.74	3.74	3.74	18.7	623.1	46.36	0.1438

标称截面（铝/铝包钢）（mm²）	钢比（%）	计算截面（mm²）			单线根数		单线直径(mm)		直径（mm）		单位长度质量（kg/km）	额定拉断力（kN）	直流电阻（20℃）（Ω/km）
		铝	铝包钢	总计	铝	铝包钢	铝	铝包钢	铝包钢芯	绞线			
200/30	16.3	192	31.4	224	26	7	3.07	2.39	7.17	19.5	756.6	76.04	0.1445
250/25	9.8	244	24.0	268	22	7	3.76	2.09	6.27	21.3	846.0	72.95	0.1154
250/40	16.3	240	39.2	279	26	7	3.43	2.67	8.01	21.7	944.4	94.90	0.1149
300/40	13.0	300	38.9	339	24	7	3.99	2.66	7.98	23.9	1106.9	102.9	0.0933
300/50	16.3	300	48.8	348	26	7	3.83	2.98	8.94	24.3	1177.2	106.8	0.0929
400/65	16.3	399	65.1	464	26	7	4.42	3.44	10.3	28.0	1568.1	153.6	0.0697
400/95	31.8	408	93.3	501	30	19	4.16	2.50	12.5	29.1	1797.8	196.7	0.0673
440/30	6.9	443	30.6	474	45	7	3.54	2.36	7.08	28.3	1443.4	114.0	0.0642
435/55	13.0	437	56.6	494	54	7	3.21	3.21	9.63	28.9	1615.0	150.3	0.0642
490/35	6.9	492	34.1	526	45	7	3.73	2.49	7.47	29.9	1603.2	126.7	0.0578
485/60	13.0	485	62.8	547	54	7	3.38	3.38	10.1	30.4	1790.6	166.6	0.0579
550/40	6.9	551	38.0	589	45	7	3.95	2.63	7.89	31.6	1796.5	141.8	0.0516
620/40	6.9	620	42.8	663	45	7	4.19	2.79	8.37	33.5	2021.4	159.6	0.0458
610/75	12.7	609	77.6	687	54	19	3.79	2.28	11.4	34.1	2243.2	206.9	0.0461
630/55	8.8	640	56.3	696	48	7	4.12	3.20	9.60	34.3	2172.1	180.1	0.0442
700/50	6.9	697	48.2	745	45	7	4.44	2.96	8.88	35.5	2270.7	179.4	0.0408
700/85	12.7	689	87.4	776	54	19	4.03	2.42	12.1	36.3	2543.0	233.4	0.0408
790/35	4.3	791	34.1	825	72	7	3.74	2.49	7.47	37.4	2432.0	165.9	0.0632
785/65	8.3	785	65.4	851	84	7	3.45	3.45	10.4	38.0	2642.7	208.9	0.0362
775/100	12.7	777	98.6	875	54	19	4.28	2.57	12.9	38.5	2858.1	263.3	0.0362
900/40	4.3	900	38.9	939	72	7	3.99	2.66	7.98	39.9	2768.8	188.9	0.0318
880/75	8.3	884	73.6	957	84	7	3.66	3.66	11	40.3	2974.2	228.1	0.0321
990/45	4.3	988	42.8	1031	72	7	4.18	2.79	8.37	41.8	3039.5	207.5	0.0290
1135/50	4.3	1135	49.2	1184	72	7	4.48	2.99	8.97	44.8	3491.4	238.4	0.0252
1100/90	8.2	1098	89.6	1188	84	19	4.08	2.45	12.3	44.9	3684.2	286.9	0.0259
1225/100	8.2	1226	100	1326	84	19	4.31	2.59	13.0	47.4	4112.3	320.4	0.0230
1270/105	8.1	1271	103	1375	84	19	4.39	2.63	13.2	48.3	4261.9	331.5	0.0222
1405/115	8.1	1408	114	1523	84	19	4.62	2.77	13.9	50.8	4721.4	367.4	0.0200

表 A - 13　　　JLHA1/LB14 铝包钢芯铝合金绞线性能（GB/T 1179—2017）

标称截面 （铝/铝包钢） （mm²）	钢比 （%）	计算截面（mm²）			单线根数		单线直径(mm)		直径（mm）		单位长 度质量 （kg/km）	额定 拉断力 （kN）	直流 电阻 （20℃） （Ω/km）
		铝	铝包钢	总计	铝	铝包钢	铝	铝包钢	铝包钢芯	绞线			
25/4	16.7	24.1	4.01	28.1	6	1	2.26	2.26	2.26	6.78	94.7	13.48	1.3254
40/5	6.9	38.3	6.38	44.7	6	1	2.85	2.85	2.85	8.55	150.6	21.43	0.8334
50/8	8.8	48.3	8.04	56.3	6	1	3.20	3.20	3.20	9.60	189.8	26.78	0.6611
60/10	12.7	60.4	10.1	70.5	6	1	3.58	3.58	3.58	10.7	237.6	32.51	0.5282
70/10	8.3	68.0	11.3	79.3	6	1	3.80	3.80	3.80	11.4	267.7	36.63	0.4688
70/40	12.7	69.7	40.7	110	12	7	2.72	2.72	8.16	13.6	484.2	80.01	0.4154
95/15	4.3	95.9	16.0	112	6	1	4.51	4.51	4.51	13.5	377.1	51.60	0.3328
95/55	4.3	96.5	56.3	153	12	7	3.20	3.20	9.60	16.0	670.2	109.1	0.3002
120/7	4.3	119	6.61	125	18	1	2.90	2.90	2.90	14.5	374.6	47.95	0.2773
120/70	4.3	122	71.3	193	12	7	3.60	3.60	10.8	18.0	848.2	134.0	0.2372
150/8	8.2	145	8.04	153	18	1	3.20	3.20	3.20	16.0	456.2	58.15	0.2277
150/35	8.1	147	34.4	182	30	7	2.50	2.50	7.50	17.52	653.3	96.31	0.2144
250/40	16.3	240	39.2	279	26	7	3.43	3.60	8.01	1.72	944.4	133.3	0.1337
300/40	13.0	300	38.9	339	24	7	3.99	2.10	7.98	3.92	1106.9	149.4	0.1079
300/50	16.3	300	48.8	348	26	7	3.83	2.32	8.94	4.3	1177.2	163.2	0.1073
440/30	6.9	443	30.6	474	45	7	3.54	2.36	7.08	28.3	1443.4	182.7	0.0744
435/35	13.0	437	56.6	494	54	7	3.21	3.21	9.63	28.9	1615.0	220.2	0.0743
490/35	6.9	492	34.1	526	45	7	3.73	2.49	7.47	29.9	1603.2	203.0	0.0670
485/60	13.0	485	62.8	547	54	7	3.38	3.38	10.1	30.4	1790.6	244.1	0.0670
550/40	6.9	551	38.0	589	45	7	3.95	2.63	7.89	31.6	1796.5	227.3	0.0598
620/40	6.9	620	42.8	663	45	7	4.19	2.79	8.37	33.5	2021.4	255.8	0.0531
610/75	12.7	609	77.6	687	54	19	3.79	2.28	11.4	34.1	2243.2	301.3	0.0533
630/45	6.9	623	43.1	667	45	7	4.20	2.80	8.40	33.6	2031.8	257.2	0.0529
630/55	8.8	640	56.3	696	54	7	4.12	3.20	9.60	34.3	2172.1	279.3	0.0512
700/50	6.9	697	48.2	745	45	7	4.44	2.96	8.88	35.5	2270.7	287.4	0.0473
800/100	12.7	795	101	896	54	19	4.33	2.60	13.0	39.0	2925.2	382.7	0.0409
880/75	8.3	884	73.6	957	84	7	3.66	3.66	11.0	40.3	2974.2	358.2	0.0372
890/115	12.7	890	113	1002	54	19	4.58	2.75	13.8	41.2	3274.4	439.4	0.0365
900/40	4.3	891	38.6	930	72	7	3.97	2.65	7.95	39.7	2743.7	318.4	0.0373
900/75	8.3	898	74.9	973	84	7	3.69	3.69	11.1	40.6	3023.2	364.1	0.0366

标称截面 (铝/铝包钢) (mm²)	钢比 (%)	计算截面 (mm²)			单线根数		单线直径 (mm)		直径 (mm)		单位长 度质量 (kg/km)	额定 拉断力 (kN)	直流 电阻 (20℃) (Ω/km)
		铝	铝包钢	总计	铝	铝包钢	铝	铝包钢	铝包钢芯	绞线			
990/45	4.3	988	42.8	1031	72	7	4.18	2.79	8.37	41.8	3041.6	353.0	0.0336
1025/45	4.3	1021	44.3	1066	72	7	4.25	2.84	8.52	42.5	3145.1	365.1	0.0325
1015/85	8.3	1014	84.5	1098	84	7	3.92	3.92	11.8	43.1	3411.8	410.9	0.0324
1140/50	4.3	1135	49.2	1184	72	7	4.48	2.99	8.97	44.8	3491.4	405.5	0.0293
1100/90	8.2	1098	89.6	1188	84	19	4.08	2.45	12.3	44.9	3684.2	448.6	0.0300
1225/100	8.2	1226	100	1326	84	19	4.31	2.59	13.0	47.4	4112.3	500.8	0.0268
1270/105	8.1	1271	103	1375	84	19	4.39	2.63	13.2	48.3	4406.5	510.6	0.0231
1405/115	8.1	1408	114	1523	84	19	4.62	2.77	13.9	50.8	4721.4	574.8	0.0234

表 A-14　JG1A、JG2A、JG3A、JG4A、JG5A 钢绞线性能 (GB/T 1179—2017)

标称截面 (钢) (mm²)	计算 截面 (mm²)	单线 根数	直径 (mm)		单位长度 质量 (kg/km)	额定拉断力 (kN)					直流电阻 (20℃) (Ω/km)
			单线	绞线		JG1A	JG2A	JG3A	JG4A	JG5A	
20	22.0	7	2.00	6.00	173.0	29.47	31.89	35.63	41.12	43.10	8.8079
40	38.2	7	1.60	8.00	301.9	51.19	55.39	61.89	71.44	74.88	5.0939
65	67.3	7	3.50	10.5	529.8	86.88	94.96	104.4	119.2	125.9	2.8761
90	88.0	7	4.00	12.0	692.0	113.5	121.4	133.7	151.3	160.1	2.2020
100	101	19	2.60	13.0	797.2	132.1	142.2	160.4	183.6	192.7	1.9291
125	125	19	2.90	14.5	991.8	164.4	177.0	199.5	228.4	239.7	1.5506
150	153	19	3.20	16.0	1207.6	197.1	215.5	236.9	270.5	285.7	1.2735
240	239	19	4.00	20.0	1886.9	308.0	329.5	362.9	410.7	434.5	0.8150
245	244	37	2.90	20.3	1936.4	320.2	344.6	388.6	444.8	466.8	0.7983
300	298	37	3.20	22.4	2357.7	383.9	419.6	461.2	526.7	556.5	0.6556

表 A-15　JLB14 和 JLB20A 铝包钢绞线性能 (GB/T 1179—2017)

标称 截面 (mm²)	计算截面 (mm²)	单线 根数	直 径 (mm)		单位长度质量 (kg/km)		额定拉断力 (kN)		直流电阻 (20℃) (Ω/km)	
			单线	绞线	JLB14	JLB20A	JLB14	JLB20A	JLB14	JLB20A
30	29.1	7	2.30	6.90	210.4	194.2	46.24	38.97	4.2899	2.9540
35	34.4	7	2.50	7.50	248.6	229.4	54.63	46.04	3.6309	2.5002
40	41.6	7	2.75	8.25	300.7	277.6	66.11	55.71	3.0008	2.0663
45	46.2	7	2.90	8.70	334.5	308.7	73.52	61.96	2.6984	1.8581
50	49.5	7	3.00	9.00	357.9	330.3	78.67	66.30	2.5215	1.7363

标称截面（mm²）	计算截面（mm²）	单线根数	直径（mm）		单位长度质量（kg/km）		额定拉断力（kN）		直流电阻（20℃）（Ω/km）	
			单线	绞线	JLB14	JLB20A	JLB14	JLB20A	JLB14	JLB20A
70	71.3	7	3.60	10.8	515.4	475.7	108.3	90.49	1.7510	1.2057
120	121	19	2.85	14.3	881.0	813.1	192.7	162.4	1.0343	0.7122
150	148	19	3.15	15.8	1076.2	993.3	229.5	198.4	0.8467	0.5830
210	210	19	3.75	18.8	1525.3	1407.8	319.0	262.3	0.5974	0.4114
300	298	37	3.20	22.4	2168.0	2001.0	461.2	398.7	0.4223	0.2908
350	352	37	3.48	24.4	2564.0	2366.5	545.5	446.9	0.3571	0.2459
450	451	37	3.94	27.6	3286.6	3033.5	685.7	563.9	0.2786	0.1918
600	600	37	4.54	31.9	4363.9	4027.1	910.4	682.8	0.2098	0.1445
600	600	61	3.54	32.7	4380.6	4043.2	866.9	724.4	0.2096	0.1443

表 A-16　　　　　　　　JLB27 铝包钢绞线性能（GB/T 1179—2017）

标称截面（mm²）	计算截面（mm²）	单线根数	直径（mm）		单位长度质量（kg/km）	额定拉断力（kN）	直流电阻（20℃）（Ω/km）
			单线	绞线			
35	34.4	7	2.50	7.50	205.7	37.11	1.8828
55	56.3	7	3.20	9.60	337.1	60.8	1.1492
90	90.2	7	4.05	12.2	539.9	97.39	0.7174
100	101	19	2.60	13.0	606.9	108.9	0.6444
150	148	19	3.15	15.8	890.8	159.9	0.4390
210	210	19	3.75	18.8	1262.5	226.6	0.3098
300	298	37	3.20	22.4	1794.5	321.4	0.2190
350	352	37	3.48	24.4	2122.3	381.0	0.1852
450	451	37	3.94	27.6	2720.5	487.2	0.1444
500	503	37	4.16	29.1	3032.7	543.1	0.1296

附录 B　常用杆塔的结构型式和有关尺寸

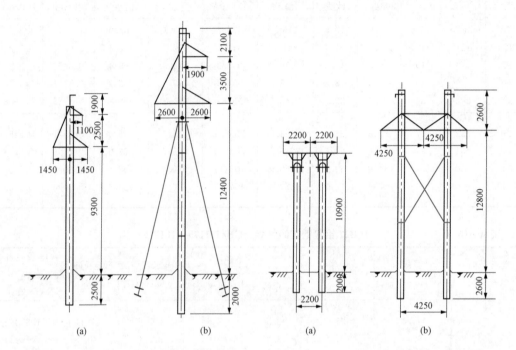

图 B-1　35～110kV 钢筋混凝土直线单杆
(a) 35kV 单杆；(b) 110kV 单杆

图 B-2　35～110kV 钢筋混凝土直线双杆
(a) 无地线的 35kV 双杆；(b) 有地线的 110kV 双杆

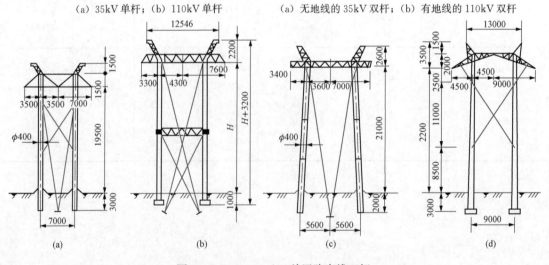

图 B-3　220～330kV 单回路直线双杆
(a) 220kV 带叉梁、拉线钢筋混凝土直线双杆；(b) 220kV 带横梁、拉线钢筋混凝土直线双杆；
(c) 220kV 带拉线八字型钢筋混凝土直线双杆；(d) 330kV 钢筋混凝土直线双杆

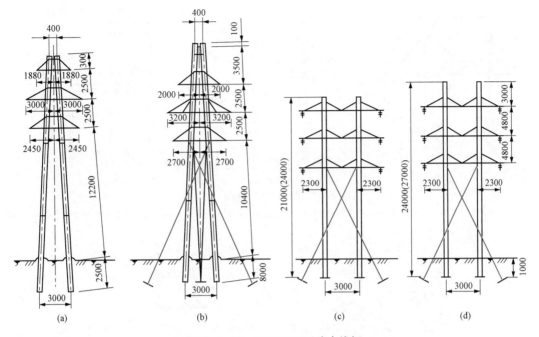

图 B-4 35～110kV 双回路直线杆

(a) 无地线不带拉线的 A 字型双杆；(b) 有地线带叉梁拉线的 A 字型双杆；
(c) 无地线带拉线的门型双杆；(d) 有地线带拉线的门型双杆

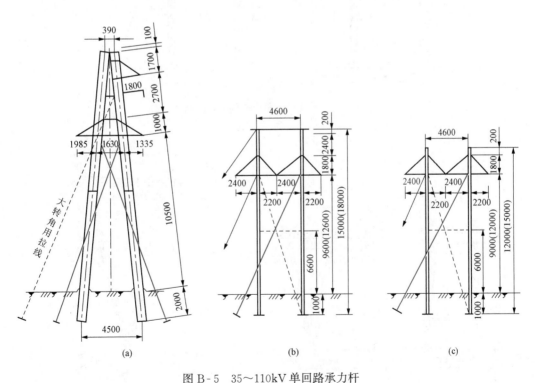

图 B-5 35～110kV 单回路承力杆

(a) 无地线带叉梁、拉线 A 字型杆；(b) 有地线带拉线门型杆；(c) 无地线带拉线门型杆

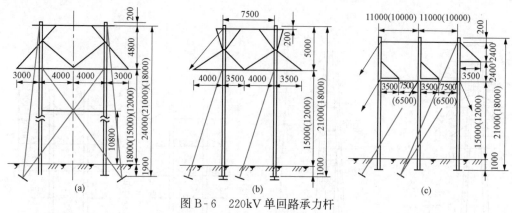

图 B- 6　220kV 单回路承力杆

（a）NL0°～5°直线耐张杆；（b）JL5°～25°转角耐张杆；（c）JL60°～90°转角耐张杆（横向尺寸线括号内数字为 25°～60°用）

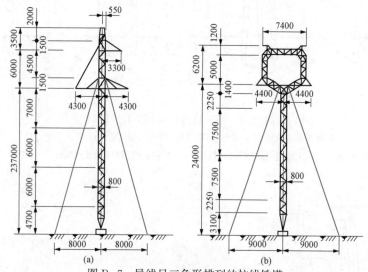

图 B- 7　导线呈三角形排列的拉线铁塔

（a）上字型；（b）猫头型

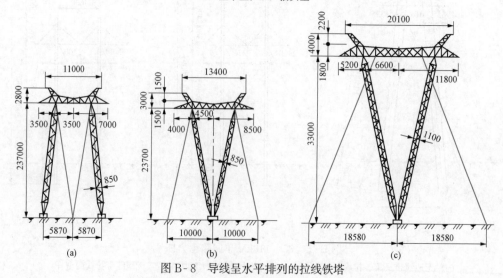

图 B- 8　导线呈水平排列的拉线铁塔

（a）220kV 门型拉线塔；（b）220kV 拉 V 型拉线塔；（c）500kV 拉 V 型拉线塔

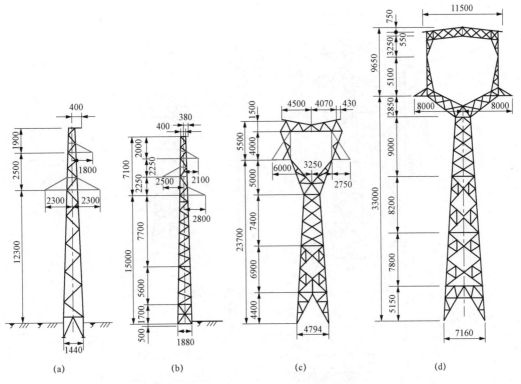

图 B-9　导线呈三角形排列的自立式铁塔

(a) 上字型；(b) 鸟骨型；(c) 猫头型；(d) 500kV 猫头型

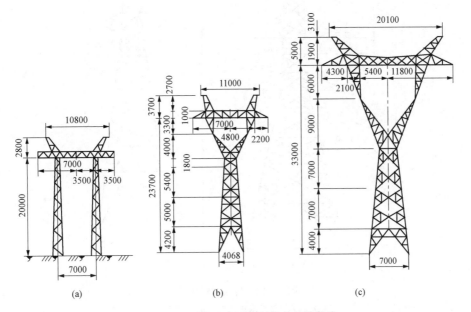

图 B-10　导线呈水平排列的自立式铁塔

(a) 门型；(b) 220kV 酒杯型；(c) 500kV 酒杯型

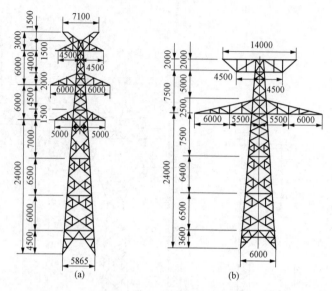

图 B-11 自立式双回路铁塔

（a）鼓型；（b）蝴蝶型

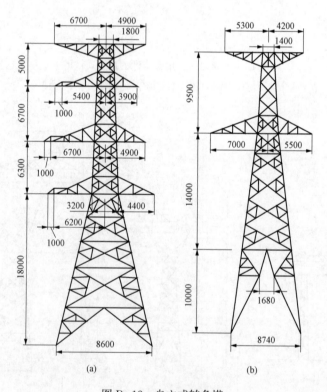

图 B-12 自立式转角塔

（a）220kV 鼓型塔；（b）220kV 干字型塔

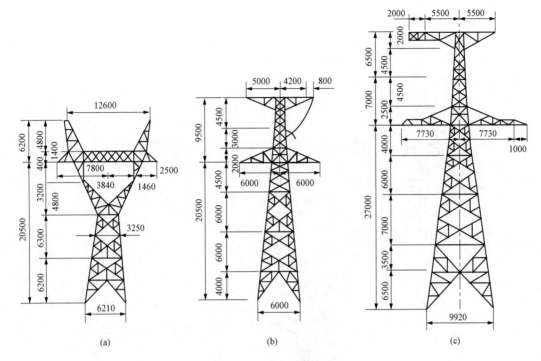

图 B-13　自立式承力塔

(a) 酒杯型；(b) 220kV 干字型；(c) 500kV 干字型

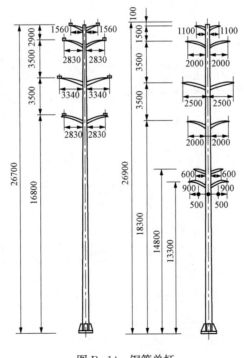

图 B-14　钢管单杆

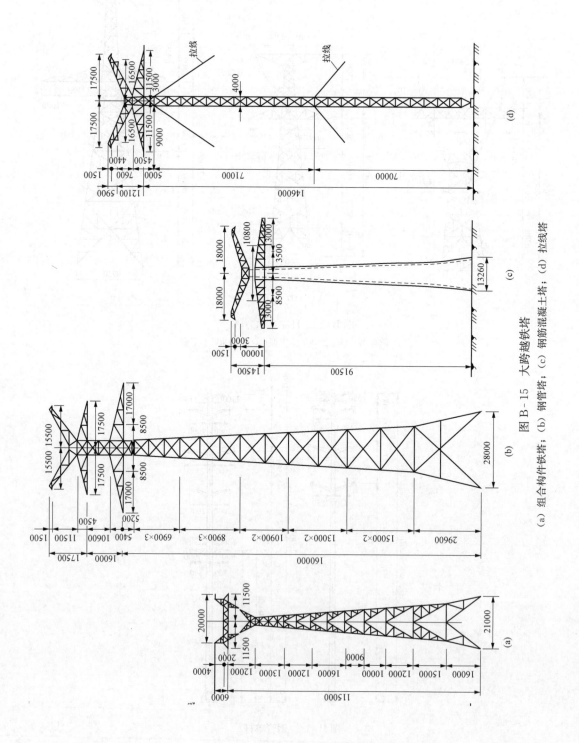

图 B-15　大跨越铁塔

(a) 组合构件铁塔；(b) 钢管塔；(c) 钢筋混凝土塔；(d) 拉线塔

附 录 C　弱 电 线 路 等 级

一级弱电线路——首都与各省（市）、自治区政府所在地及其相互间联系的主要线路；首都至各重要工矿城市、海港的线路以及由首都通达国外的国际线路，由工业和信息化部指定的其他国际线路和国防线路。铁路总公司与各铁路分公司之间联系用的线路，以及铁路信号自动闭塞装置专用线路。

二级弱电线路——各省（市）、自治区政府所在地与各地（市）、县及相互间的通信线路；相邻两省（自治区）各地（市）、县相互间的通信线路，一般市内电话线路，铁路分公司及各站、段及站段相互间的线路，以及铁路信号闭塞装置的线路。

三级弱电线路——县至区、乡的县内线路和两对以下的城郊线路，铁路的地区线路及有线广播线路。

附录 D 公 路 等 级

高速公路——专供汽车分向、分车道行驶并应全部控制出入的多车道公路。四车道高速公路应能适应将各种汽车折合成小客车的年平均日交通量为 25000～55000 辆，六车道高速公路应能适应将各种汽车折合成小客车的年平均日交通量为 45000～85000 辆，八车道高速公路应能适应将各种汽车折合成小客车的年平均日交通量为 60000～100000 辆。

一级公路——供汽车分向、分车道行驶，并可根据需要控制出入的多车道公路。四车道一级公路应能适应将各种汽车折合成小客车的年平均日交通量为 15000～30000 辆，六车道一级公路应能适应将各种汽车折合成小客车的年平均日交通量为 25000～55000 辆。

二级公路——供汽车行驶的双车道公路。双车道二级公路应能适应将各种汽车折合成小客车的年平均日交通量为 5000～15000 辆。

三级公路——主要供汽车行驶的双车道公路。双车道三级公路应能适应将各种汽车折合成小客车的年平均日交通量为 2000～6000 辆。

四级公路——主要供汽车行驶的双车道或单车道公路。双车道四级公路应能适应将各种汽车折合成小客车的年平均日交通量为 2000 辆以下，单车道四级公路应能适应将各种汽车折合成小客车的年平均日交通量为 400 辆以下。

参 考 文 献

[1] 中国电力工程顾问集团有限公司，等．电力工程设计手册：架空输电线路设计．北京：中国电力出版社，2019.

[2] 东北电力设计院．电力工程高压送电线路设计手册．2版．北京：中国电力出版社，2003.

[3] 唐波．特高压输电线路无源干扰的基本理论与方法．北京：科学出版社，2018.

[4] 邵天晓．架空送电线路的电线力学计算．2版．北京：中国电力出版社，2003.

[5] 曾宪凡．高压架空线路设计基础．北京：中国水利电力出版社，1995.

[6] 孟遂民．架空输电线路设计．宜昌：三峡出版社，2000.

[7] 程慕尧．架空输电线路导线换位及绝缘地线运行方式的优化方案．中国电力，2000 (1)：57 - 58.

[8] 孔伟，甘凤林，等．连续倾斜档架线施工的计算．电力建设，1999 (7)：49 - 51.